高等院校计算机应用系列教材

MATLAB基础教程

(第六版)(微课版)

薛 山 编著

清華大學出版社
北 京

内 容 简 介

本书基于 MATLAB R2023b，重点介绍 MATLAB 的基础应用，包括利用 MATLAB 进行科学计算、编写程序、绘制图形等。本书以简洁的语言和富有代表性的示例向读者介绍 MATLAB 的功能和用法，为 MATLAB 初级用户提供指导。全书共分 12 章，对 MATLAB 的常用函数和功能进行了详细介绍，并通过示例及大量的图形进行了说明，包括 MATLAB R2023b 简介，MATLAB 的基本用法，数组和向量，MATLAB 的数学运算，字符串、单元数组和结构体，MATLAB 编程，MATLAB 的符号处理，MATLAB 绘图，MATLAB 图形句柄，MATLAB GUI 设计，Simulink 的建模与仿真，文件和数据的导入与导出。此外，本书每章最后都配有习题，辅助读者学习 MATLAB。

本书结构清晰、内容详尽，既可作为理工科院校相关专业的教材，也可作为 MATLAB 初、中级用户学习的参考书。

本书配套的电子课件、实例源文件和习题答案可以通过 http://www.tupwk.com.cn/downpage 网站下载，也可以扫描前言中的二维码获取。扫描前言中的视频二维码可以直接观看微课视频。

图书在版编目（CIP）数据

MATLAB 基础教程：微课版 / 薛山编著. -- 6 版.
北京：清华大学出版社，2024. 9. -- (高等院校计算机应用系列教材). -- ISBN 978-7-302-66985-2
Ⅰ. TP317
中国国家版本馆 CIP 数据核字第 202472UL68 号

责任编辑： 胡辰浩
封面设计： 高娟妮
版式设计： 芃博文化
责任校对： 孔祥亮
责任印制： 刘 菲

出版发行： 清华大学出版社
网　　址：https://www.tup.com.cn，https://www.wqxuetang.com
地　　址：北京清华大学学研大厦 A 座　　邮　　编：100084
社 总 机：010-83470000　　邮　　购：010-62786544
投稿与读者服务：010-62776969，c-service@tup.tsinghua.edu.cn
质 量 反 馈：010-62772015，zhiliang@tup.tsinghua.edu.cn
印 装 者： 三河市铭诚印务有限公司
经　　销： 全国新华书店
开　　本： 185mm×260mm　　印　　张：20.75　　字　　数：493 千字
版　　次： 2011 年 3 月第 1 版　　2024 年 10 月第 6 版　　印　　次：2024 年 10 月第 1 次印刷
定　　价： 79.00 元

产品编号：097683-01

前言

MATLAB是当前最优秀的科学计算软件之一，也是许多科学领域中用于分析、应用和开发的基本工具。MATLAB的全称是 Matrix Laboratory，是由美国MathWorks公司于20世纪80年代推出的一款数学软件。最初，它是一种专门用于矩阵运算的软件，经过多年的发展，MATLAB现已成为一款功能全面的软件，是用于算法开发、数据可视化、数据分析以及数值计算的高级技术计算语言和交互式环境，MATLAB几乎可以解决科学计算中的所有问题。另外，由于MATLAB具有编写简单、代码效率高等优点，因此它在工程计算与仿真、图像处理、通信、信号处理、金融计算等领域的应用都十分广泛。

MATLAB R2023b为2023年推出的最新版本，不仅包含了Simulink的许多新功能，而且简化了MATLAB应用的构建流程，有助于加快模型开发和仿真速度。本书详细介绍了MATLAB R2023b的功能和用法，并且按照由浅入深的顺序安排章节，依次讲解了MATLAB R2023b的基本应用以及数学计算功能及高级应用，如编程功能、绘图、GUI设计及Simulink建模等。通过详细介绍MATLAB R2023b各功能中的常用函数及其用法，并讲解这些函数的具体应用，使读者掌握这些功能。每一章的开头简要介绍了该章的基本内容，并且指定学习目标，使读者能够明确学习任务。重点章节的结尾部分都有一个综合应用实例，以便读者掌握该章的内容和提高实际应用能力。每章最后的“习题”部分帮助读者加深对MATLAB的了解和应用。阅读本书，读者可以快速、全面地掌握MATLAB R2023b的用法。利用书中的示例及每章后的习题，读者可以熟练应用和融会贯通所学知识。

本书内容共分12章。第1章介绍MATLAB的发展历史、基本功能特点和软件使用界面；第2章介绍MATLAB数学运算的基本用法，包括MATLAB的常用数学函数、数据类型、操作函数及MATLAB脚本文件等；第3章介绍MATLAB数组和向量，包括数组和向量的创建、数组的基本运算、数组和向量的操作；第4章介绍MATLAB的数学运算功能，包括数据插值、函数运算及微分方程求解等；第5章介绍MATLAB的其他数据结构，包括字符串、单元数组和结构体，为MATLAB编程及更多功能的实现打下基础；第6章介绍MATLAB编程，包括MATLAB程序设计的脚本文件、程序设计与开发、基本语法、语句结构及程序调试等；第7章介绍MATLAB的符号运算工具箱，包括功能和实现等；第8章介绍MATLAB的重要功能——绘图，主要介绍基本图形的绘制、绘制图形的常用操作、特殊图形的绘制等内容；第9章介绍MATLAB图形句柄，为学习MATLAB图形用户界面(GUI)设计做好准备；第10章介绍MATLAB GUI设计；第11章介绍Simulink，主要介绍Simulink建模的基本操作、Simulink的功能模块库、常见的Simulink模型以及S函数；第12章介绍MATLAB中常用的导入与导出操作。

由于作者水平有限，书中难免有不足之处，恳请专家和广大读者批评指正。在编写本书的过程中参考了相关文献，在此向这些文献的作者深表感谢。我们的电话是010-62796045，信箱是992116@qq.com。

本书配套的电子课件、实例源文件和习题答案可以通过http://www.tupwk.com.cn/downpage网站下载，也可以扫描下方左侧的二维码获取。扫描下方右侧的二维码可以直接观看微课视频。

配套资源

扫描下载

扫一扫

看视频

作　者

2024年6月

目录

第1章

MATLAB R2023b 简介

MATLAB是一种将数据结构、编程特性及图形用户界面完美结合的软件。MATLAB的核心是矩阵和数组，其中所有数据以数组形式表示和存储。MATLAB 不仅提供了常用的矩阵代数运算功能，还提供了非常广泛和灵活的数组运算功能，用于数据集的处理。MATLAB的编程特性与其他高级语言类似，同时它还可以与其他语言(如FORTRAN和C语言)混合编程，从而进一步扩展了它的功能。在图形可视化方面，MATLAB提供了大量的绘图函数，方便用户绘制图形；MATLAB还提供了图形用户界面 (GUI)，用户通过GUI可以进行可视化编程。而基于MATLAB的框图设计环境Simulink，可用来对各种动态系统进行建模、分析和仿真，它的建模范围十分广泛，可以针对任何能够用数学来描述的系统进行建模，如航空航天动力学系统、卫星控制制导系统、通信系统等。在MATLAB中，Simulink还提供了丰富的功能块及不同的专业模块集合，利用 Simulink几乎可以实现不编写代码就能够完成整个动态系统的建模工作。

本章介绍 MATLAB的一些基本知识，主要包括MATLAB的功能、发展历史及MATLAB R2023b的新功能等。由于MATLAB软件在不断更新，因此还介绍了获取MATLAB最新信息的途径。另外，本章将对MATLAB的界面及路径管理等相关内容进行介绍。

本章的学习目标

- 了解MATLAB的基本功能和特点。
- 了解MATLAB的基本界面。
- 了解MATLAB的路径搜索。

1.1 MATLAB简介

MATLAB是一款由MathWorks公司用C语言开发的软件，其中的矩阵算法来自Linpack和Eispack课题的研究成果。本节主要介绍MATLAB的整体情况及其特点。

1.1.1 MATLAB概述

MATLAB作为一种高级科学计算软件，是进行算法开发、数据可视化、数据分析及数值计算的交互式应用开发环境。世界上的许多科研工作者都在使用MATLAB产品来加快他们的科研进程，缩短数据分析和算法开发的时间，研发出更加先进的产品和技术。相对于传统的 C、C++和FORTRAN语言，MATLAB提供了高效解决各种科学计算问题的快捷方法。目前，MATLAB产品已经被广泛认可为科学计算领域的标准软件之一。

MATLAB被广泛应用于不同领域，如信号与图像处理、控制系统设计与仿真、通信系统设计与仿真、测量测试与数据采集、金融数理分析及生物科学等领域。在MATLAB 中内嵌了丰富的数学、统计和工程计算函数，使用这些函数进行问题的分析解答，无论是问题的提出还是结果的表达，都可采用工程师习惯的数学描述方法，这一特点使MATLAB 成为数学分析、算法开发及应用程序开发的良好环境。MATLAB是MathWorks产品系列中所有产品的基础，附加的工具箱扩展了MATLAB基本环境，可用于解决特定领域的工程问题。MATLAB具有以下几个特点。

- 高级科学计算语言。
- 代码、数据文件的集成管理环境。
- 算法设计开发的交互式工具。
- 用于线性代数、统计、傅里叶分析、滤波器设计、优化和数值计算的基本数学函数。
- 2D和3D数据可视化。
- 创建自定义图形界面的工具。
- 与第三方算法开发工具(如C/C++、FORTRAN、Java、COM、Microsoft Excel等)集成开发基于 MATLAB的算法。

MATLAB中有许多附加的软件模块，这些软件模块也称为工具箱，它们可以执行更加复杂的计算。用户可以单独购买这些模块，但所有模块都必须在核心MATLAB程序下运行。工具箱处理类似于图像和信号处理、财务分析、控制系统设计和模糊逻辑等应用。用户也可以在MathWorks网站上找到最新的清单，相关内容将在本章稍后章节中进行讨论。

1.1.2 MATLAB的基本功能

MATLAB将高性能的数值计算和可视化功能相集成，并提供了大量的内置函数，从而被广泛应用于科学计算、控制系统和信息处理等领域的分析、仿真和设计。另外，利用MATLAB的开放式结构，可以很容易地对MATLAB的功能进行扩充，从而在不断深化对问题认识的同时，逐渐完善MATLAB产品以提高产品自身的竞争力。

目前，MATLAB的基本功能如下。

1. 数学计算功能

数学计算功能是MATLAB的重要组成部分，也是最基础的部分，包括矩阵运算、数值运算及各种算法。

2. 图形化显示功能

MATLAB可以将数值计算的结果通过图形化的界面显示出来，包括2D和3D界面。

3. M 语言编程功能

用户可以在MATLAB中使用M语言编写脚本文件或函数来实现用户所需要的功能，而且M语言语法简单，方便用户学习和使用。

4. 编译功能

MATLAB可以通过编译器将用户自己编写的M文件或函数生成为函数库，支持Java语言编程，提供COM服务和COM控制，能输入输出各种MATLAB及其他标准格式的数据文件。通过这些功能，MATLAB能够同其他高级编程语言混合使用，大大提高了实用性。

5. 图形用户界面开发功能

利用图形化的工具创建图形用户界面开发环境(Guide)，支持多种界面元素：按钮(Push Button)、单选按钮(Radio Button)、复选框(Check Box)、滑块(Slider)、文本编辑框(Edit Box)和ActiveX控件，并提供界面外观、属性、行为响应等设置方式来实现相应的功能。利用图形界面，用户可以很方便地和计算机进行交流。

6. Simulink 建模仿真功能

Simulink是MATLAB的重要组成部分，可以用来对各种动态系统进行建模、分析和仿真。Simulink包含强大的功能模块，利用简单的图形拖曳、连线等操作可构建出系统框图模型。同时，Simulink与基于有限状态机理论的Stateflow紧密集成，可以针对任何能用数学来描述的系统进行建模。

7. 自动代码生成功能

自动代码生成工具主要有Real-Time Workshop和Stateflow Coder。通过这些工具，可以直接将Simulink与Stateflow建立的模型转换为简洁可靠的程序代码。由于操作简单，整个代码生成过程都是自动完成的，因此极大地方便了用户。

1.1.3 MATLAB的更新

MATLAB处于不断的发展中，MathWorks公司每年会定期发布MATLAB的新版本。MATLAB R2023b更新了多个产品模块，添加了新的特性，包括MATLAB、Simulink和Polyspace产品的新功能，以及对其他产品的更新和补丁修复。

相较于之前的版本，新版R2023b增加了一些新的功能和改进，加强了自动化的功能，如向量化、并行计算、机器学习、信号处理等方面的新算法；改进了图形界面和性能；同时还加强了与其他编程语言(如Python、Java等)的集成，方便用户进行跨语言开发。

1.2 MATLAB R2023b的用户界面

MATLAB的用户界面包含6个常用窗口和大量功能强大的工具按钮。对这些窗口和工具按钮的认识是掌握和应用MATLAB R2023b的基础。本节将介绍这些窗口和工具按钮的基本知识。

1.2.1 启动MATLAB R2023b

在正确完成安装并重新启动计算机之后，选择“开始”|“所有程序”| MATLAB R2023b命令，或者直接双击桌面上的MATLAB图标，可启动 MATLAB R2023b。

1.2.2 MATLAB R2023b的主界面

MATLAB R2023b的主界面(默认窗口)如图1-1所示，其中包括功能区(带状工具栏)、命令行窗口、编辑器窗口、工作区窗口和当前文件夹窗口等。MATLAB从2013版本开始，采用功能区(带状工具栏)的界面风格，把能够完成相对近似或具有同类功能和属性的命令或按钮，集中分类存放在各类功能区内，以方便直观地执行和调用，从而提高软件的运用效率。

相比以前的传统菜单型界面，这种界面主要有以下优点。

- 所有功能有组织地集中存放，不再需要查找级联菜单、工具栏等。
- 在每个应用程序中可以更好地组织命令。
- 提供足够显示更多命令的空间。
- 丰富的命令布局可以帮助用户更容易地找到重要的、常用的功能。
- 可以显示图示，对命令的效果进行预览，如改变文本的格式等。
- 更加适合触摸屏操作。
- 减少了鼠标操作。

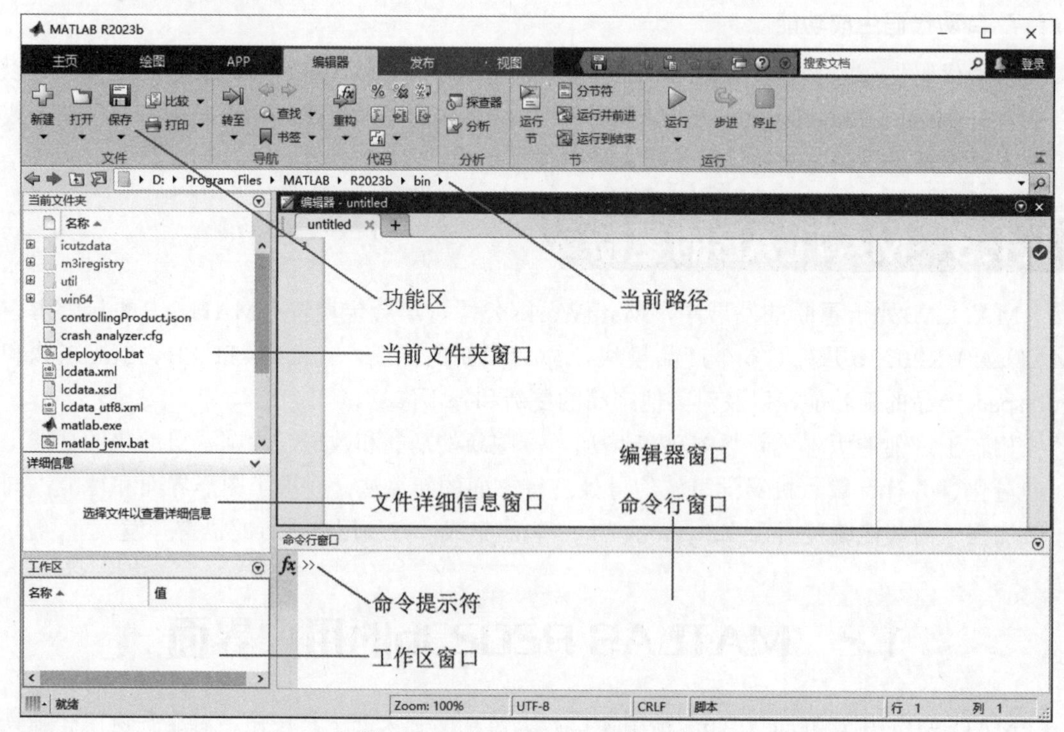

图 1-1 MATLAB R2023b 的主界面

❖ 注意

本书默认安装的是MATLAB中文版，习惯英文界面的用户可以通过新建或编辑环境变量MWLOCALE_TRANSLATED=OFF(如图1-2所示)切换为英文界面。当再设置MWLOCALE_TRANSLATED=ON时，可重新切换回中文界面。本书主要以中文界面讲述各种功能与应用，必要时会包含英文说明，以帮助各类读者学习。

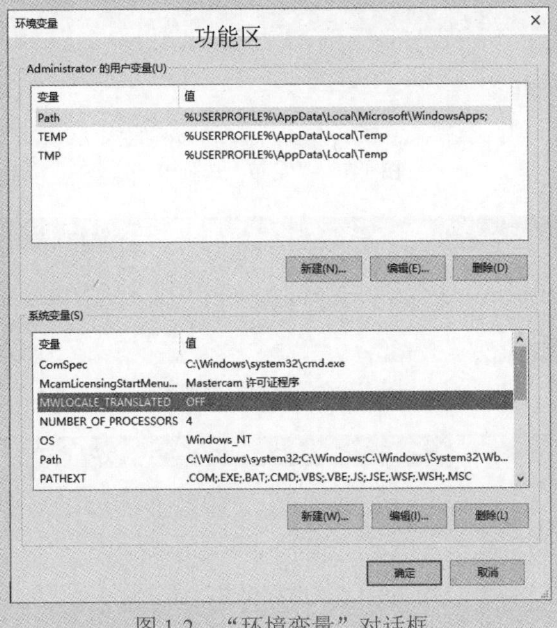

图 1-2　“环境变量”对话框

1.2.3　MATLAB R2023b的功能区介绍

MATLAB R2023b主界面的最上层是功能区的选项卡名称，主要有“主页”“绘图”“APP(应用程序)”“编辑器”/“实时编辑器”“发布”“视图”，或“实时编辑器”下的“插入”和“视图”等，如图1-3~图1-11所示。

图 1-3　“主页”选项卡

图 1-4　“绘图”选项卡

图 1-5　“APP”选项卡

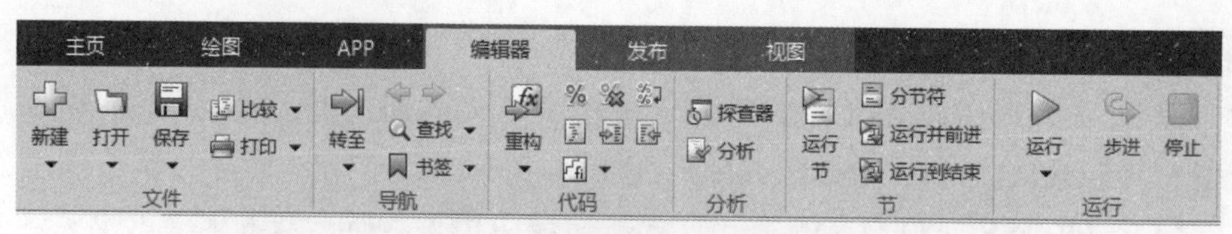

图 1-6 “编辑器”选项卡

图 1-7 “发布”选项卡

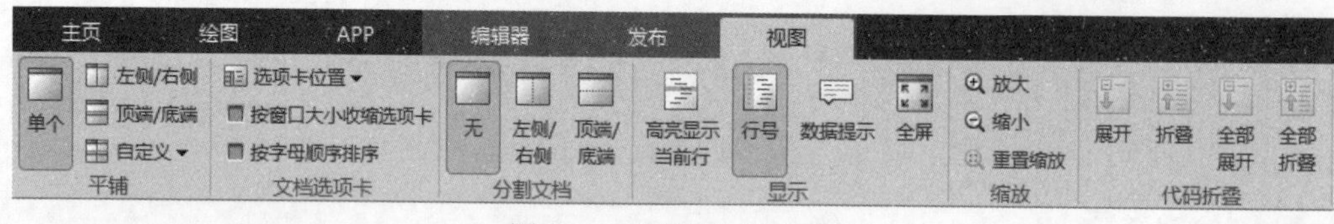

图 1-8 “视图”选项卡

图 1-9 “实时编辑器”选项卡

图 1-10 “实时编辑器”下的“插入”选项卡

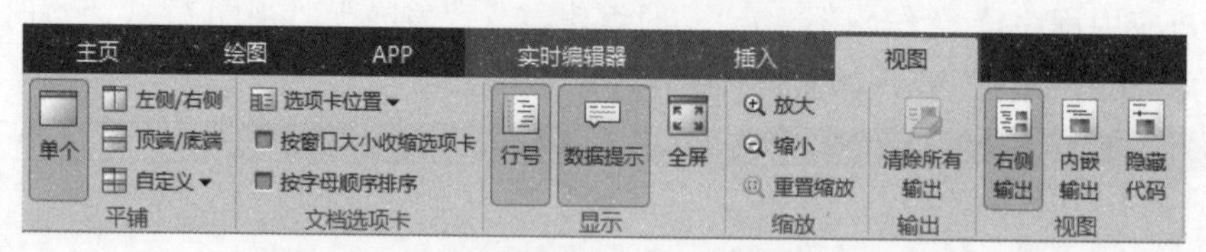

图 1-11 “实时编辑器”下的“视图”选项卡

每个选项卡由若干组(选项面板)构成，如“主页”选项卡中包含“文件”“变量”“代码”、SIMULINK、“环境”和“资源”6个选项面板，每个选项面板里存放的就是同类功能或属性的功能按钮。

因篇幅原因及基于对MATLAB基础学习的需要，本书只对“主页”和“编辑器”选项卡中的主要功能按钮或命令进行介绍。对于其他功能与命令，读者可以通过悬停按钮显示的注释(例如图1-5中对“App打包”的注释)来了解其功能，在应用中逐步学习和掌握MATLAB中的各种功能。

1. “主页”选项卡

在MATLAB R2023b的主界面中，“主页”选项卡从左到右依次包括“文件”“变量”“代码”、SIMULINK、“环境”和“资源”6个选项面板。

在图1-3所示的“主页”选项中，各个选项面板的功能命令介绍如下。

(1)“新建脚本”：创建空白脚本文件，快捷键为Ctrl+N。

(2)“新建实时脚本”：创建空白实时脚本文件。

(3)“新建”：创建新文档，用于建立新的.m文件、新的.mlx文件、函数及实时函数、图形、模型和图形用户界面等。图1-12为其下拉菜单，从中可以选择各种新建文档的类型。

(4)“打开”：用于打开MATLAB的.m、.mlx、.mat、.mdl等文件，快捷键是Ctrl+O。

(5)“查找文件”：基于名称或内容搜索文件，快捷键是Ctrl+Shift+F。

(6)“比较”：比较两个文件的内容。

(7)“导入数据”：用于从其他文件导入数据。

(8)“清洗数据”：打开“数据清洗器”窗口，对导入的原始数据中的噪声、异常值和缺失值进行处理，提高数据的质量和可信度，如图1-13所示。

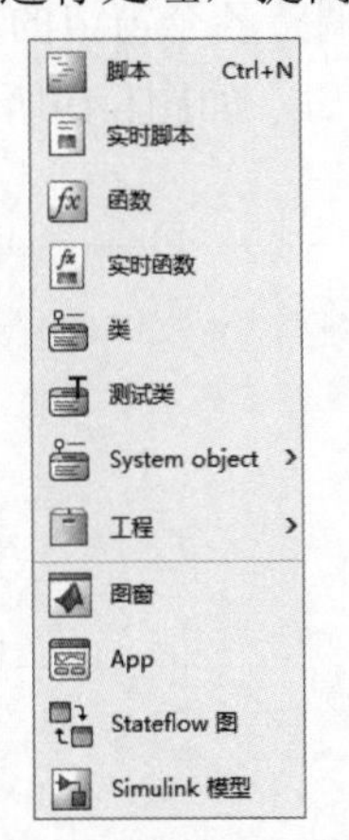

图 1-12 “新建”下拉菜单

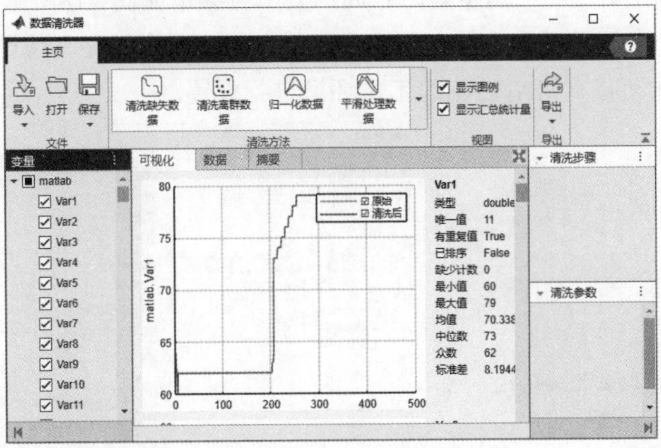

图 1-13 “数据清洗器”窗口

(9)“变量”：用于创建新变量或打开现有工作区变量进行编辑，图1-14为其下拉菜单。

(10)“保存工作区”：选择路径，并将工作区的数据存放到所选路径的文件中，快捷键是Ctrl+S。

(11)“清空工作区”：清空工作区的对象，图1-15为其下拉菜单，在其中可以定义要清空的对象的类型。

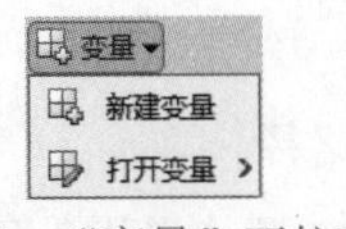

图 1-14 “变量”下拉菜单

图 1-15 “清空工作区”下拉菜单

(12)“收藏夹”：创建收藏夹命令。图1-16为其下拉菜单，在其中可以新建收藏夹项，新建类别，或者将快捷方式添加到快速访问工具栏。

(13)“分析代码”：分析当前文件夹中的MATLAB代码，查找效率低下的编码和潜在错误。

(14)“运行并计时”：运行代码并测量运行时间以改善性能。

(15) “清除命令”：清除命令行窗口中显示的内容，图1-17为其下拉菜单，在其中可以定义清除命令行窗口或命令历史记录的命令。

(16) Simulink：打开Simulink模块库。

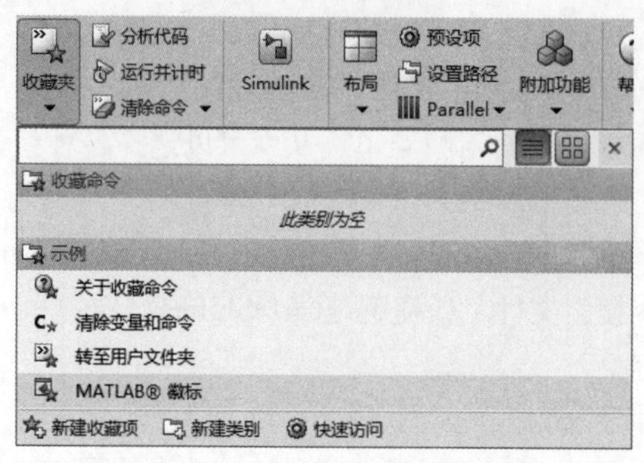

图 1-16 “收藏夹”下拉菜单

图 1-17 “清除命令”下拉菜单

(17)“布局”：调整桌面布局，其下拉菜单如图1-18所示，可以调整各个窗口的布局。

(18)“预设项”：指定预设项，单击此按钮将打开“预设项”窗口，如图1-19所示，在此窗口中可以对MATLAB的工作环境进行设置。

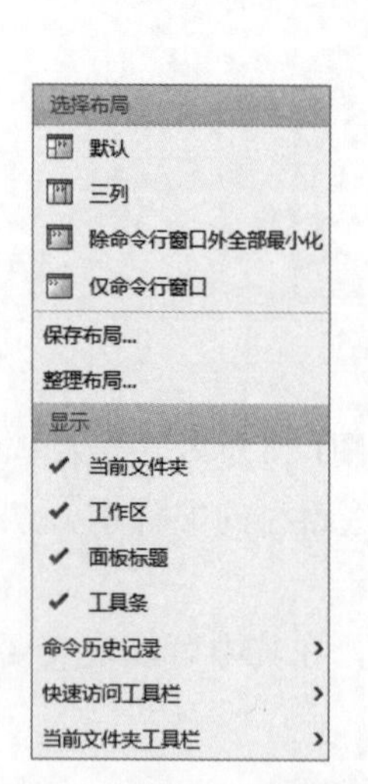

图 1-18 “布局”下拉菜单

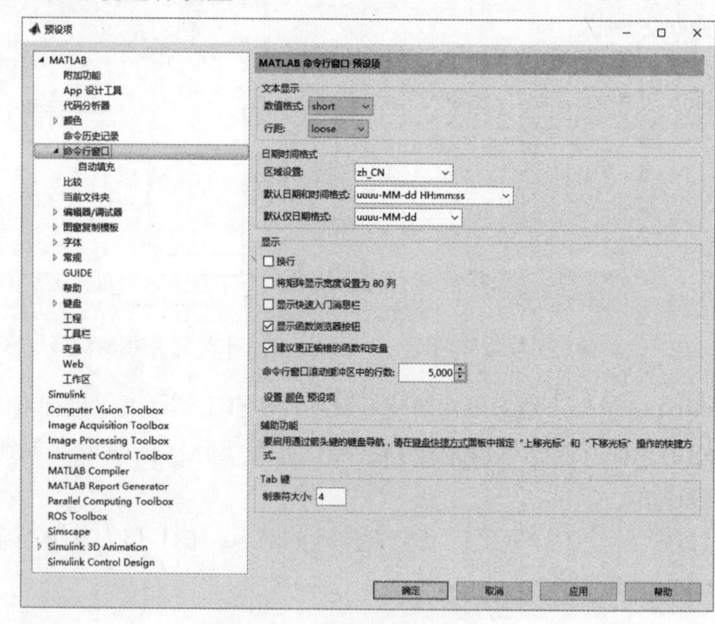

图 1-19 “预设项”窗口

(19)“设置路径”：设置MATLAB用于查找文件的搜索路径。

(20) Parallel：并行计算设置，其下拉菜单如图1-20所示。Parallel菜单中的各主要选项介绍如下。

- Select Parallel Environment：选择并行环境。
- Select GPU Environment：选择GPU环境。
- Discover Clusters：发现集群。
- Create and Manage Clusters：创建和管理集群。
- Monitor Jobs：监测工作。

- Parallel Preferences：并行参数选择。

(21)“附加功能”：获取包括硬件支持在内的附加功能，其下拉菜单如图1-21所示。

(22)“帮助”：查看产品帮助文档等，其下拉菜单如图1-22所示。

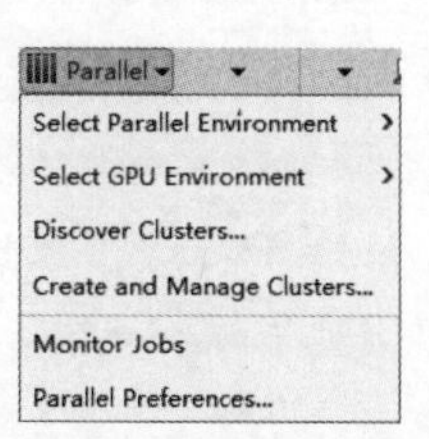

图 1-20　Parallel 下拉菜单

图 1-21　“附加功能”下拉菜单

图 1-22　“帮助”下拉菜单

(23)“社区”：访问MathWorks在线社区。

(24)“请求支持”：提交技术支持请求。

(25)“了解MATLAB”：按需访问学习资料。

2. “编辑器”选项卡

在MATLAB R2023b的主界面中，“编辑器”选项卡中从左到右依次包括“文件”“导航”“代码”“分析”“节”和“运行”6个选项面板。

对应图1-6，其中各个选项面板的功能命令介绍如下。

(1)“新建”：创建新文档，快捷键是Ctrl+N。

(2)“打开”：打开文件，快捷键是Ctrl+O。

(3)“保存”：将编辑器文档保存到文件中，快捷键是Ctrl+S。

(4)“比较”：比较两个文件的内容。

(5)“打印”：打印编辑器文档，其中可以对打印页面进行设置，快捷键是Ctrl+P。

(6)“转至”：将光标移至行、函数或节，其下拉菜单如图1-23所示。

(7) ⇦ ⇨：返回/前进。

(8)“查找”：查找并选择替换文本，快捷键是Ctrl+F(其中的“查找文件”功能，可基于名称或内容搜索文件，快捷键是Ctrl+Shift+F)。

(9)“书签”：在行中添加新书签，快捷键是Ctrl+F2。

(10)“重构”：将所选内容转换为函数。

(11) % % %：用于注释，从左到右依次为“注释”按钮、“取消注释”按钮和“注释换行”按钮。

(12) 用于缩进编辑方式，从左到右依次为“智能缩进”按钮、“增加缩进”按钮和“减少缩进”按钮。

(13) ：用于在编辑器文档里插入节、函数、固定点数据等。

(14)“探查器”：打开探查器，探查运行代码并测量运行时间以改善性能。

(15)“分析”：分析当前文件夹中的MATLAB代码文件，查找效率低下的编码和潜在的缺陷。

❖ 注意

可通过以下功能命令(16)~(22)进行运行调试。

(16)“运行节”：运行当前节，进行运行控制，快捷键是Ctrl+Enter。

(17)“分节符”：插入分节符，快捷键是Ctrl+Alt+Enter。

(18)“运行并前进”：运行当前节并前进到下一节，进行运行控制，快捷键是Ctrl+Shift+Enter。

(19)“运行到结束”：从当前节运行到结束节。

(20)“运行”：运行所有节，包括正在编辑或调入编辑器的M文件及函数等，其下拉菜单如图1-24所示。其中“断点”列表显示用于暂停代码执行的选项，可以对“断点”进行设置和操作。

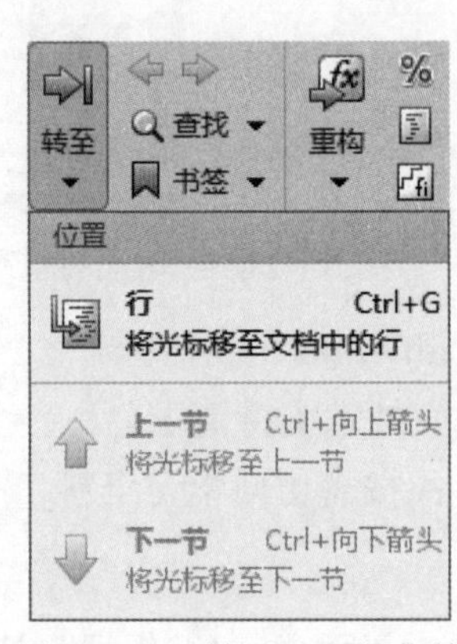

图 1-23 “转至”下拉菜单

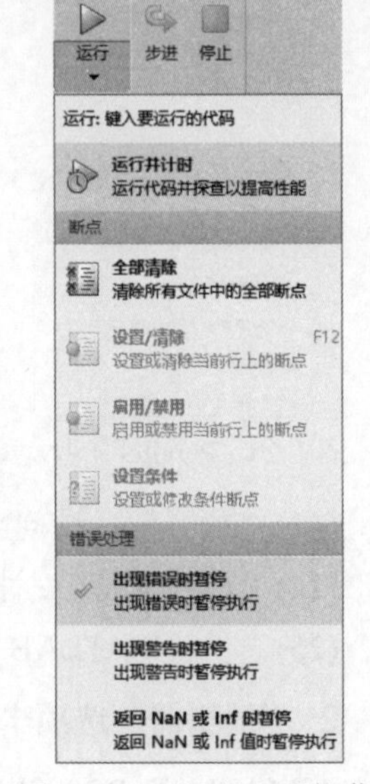

图 1-24 “运行”下拉菜单

(21)“步进”：运行下一行。

(22)“停止”：退出执行。

3. 快捷按钮

在MATLAB R2023b的主界面的右上方，有一个“快速访问”工具栏，如图1-25所示。单击工具栏上的按钮可以快速执行常用的功能或命令，其下拉菜单如图1-26所示。

图 1-25 “快速访问”工具栏

对应图1-26，各命令的介绍如下。

(1)“保存”(Save)：保存文件，操作快捷键为Ctrl+S。

(2)“剪切”(Cut)：剪切选中的对象，操作快捷键为Ctrl+X。

(3)“复制”(Copy)：复制选中的对象，操作快捷键为Ctrl+C。

(4)“粘贴”(Paste)：粘贴剪贴板中的内容，操作快捷键为Ctrl+V。

(5)“撤销”(Undo)：撤销上一步操作，操作快捷键为Ctrl+Z。

(6)“重做”(Redo)：重新执行上一步操作，操作快捷键为Ctrl+Y。

(7)“打印”(Print)：打印文件，操作快捷键为Ctrl+P。

(8)“查找文本”(Find)：查找目标文件，操作快捷键为Ctrl+F。

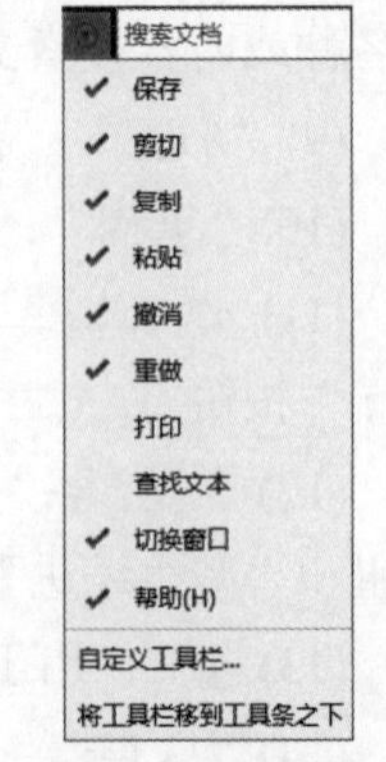

图 1-26 “快速访问”工具栏下拉菜单

(9)“切换窗口”：单击此按钮会弹出如图1-27所示的“切换窗口”菜单，通过该菜单可以对MATLAB 的主要功能窗口以及面板进行切换和管理。

(10)“帮助”(Help)：帮助快捷键为F1。

(11)“自定义工具栏”：在图1-26所示下拉菜单中选择“自定义工具栏”命令，将打开如图1-28所示的“预设项”窗口，通过此窗口可以自定义工具栏，创建新的快捷方式。

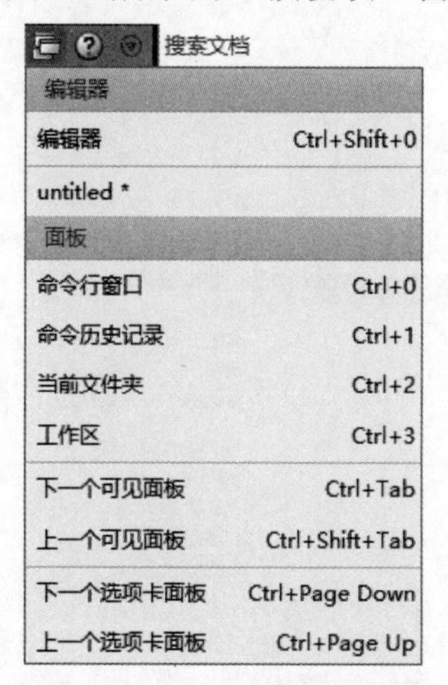

图 1-27 “切换窗口”菜单

图 1-28 在“预设项”窗口中自定义工具栏

1.2.4 MATLAB R2023b的主要窗口

MATLAB R2023b的主要窗口包括命令行窗口、命令历史记录窗口、编辑器窗口或实时编辑器窗口、文件详细信息窗口、工作区窗口和当前目录窗口。

本节主要对MATLAB工作界面的其中4个主要窗口进行介绍。

1. 命令行窗口

打开 MATLAB时，命令行窗口自动显示于 MATLAB的工作界面中。命令行窗口是和MATLAB编译器连接的主要窗口。“>>”为运算(命令)提示符，表示 MATLAB处于准备状态，用户可以输入命令，按Enter键执行命令，并在命令行窗口中显示运行结果。例如，可在命令行窗口中输入如下内容：

```
>> x=[-5:5];
>> y=x.^2
```

得到结果为：

```
y =
     25    16     9     4     1     0     1     4     9    16    25
```

继续输入命令，绘制x-y平面上的图形，如下所示：

```
>> plot(x,y)
```

得到的图形如图1-29所示。

2. 命令历史记录窗口

选择“快速访问”|“切换窗口”|“命令历史记录”命令或按快捷键Ctrl+1，将打开命

令历史记录窗口，显示用户曾经输入过的命令，并显示输入的时间，方便用户查询。对于命令历史记录窗口中的命令，用户可以在某节点上右击，在弹出的快捷菜单中选择命令进行相应的操作，如图1-30所示。

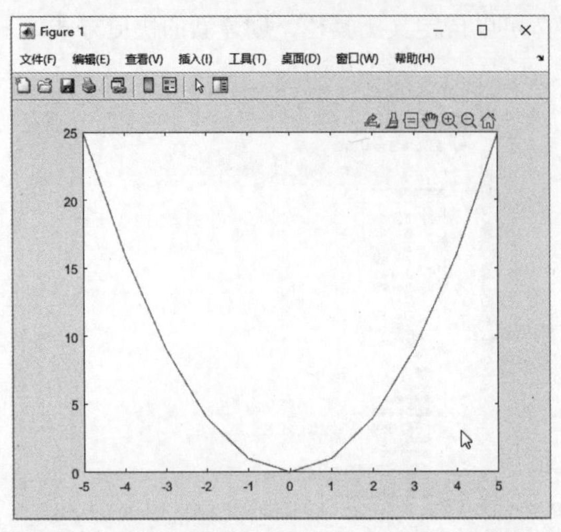

图 1-29　通过 MATLAB 命令行窗口绘制图形的示例

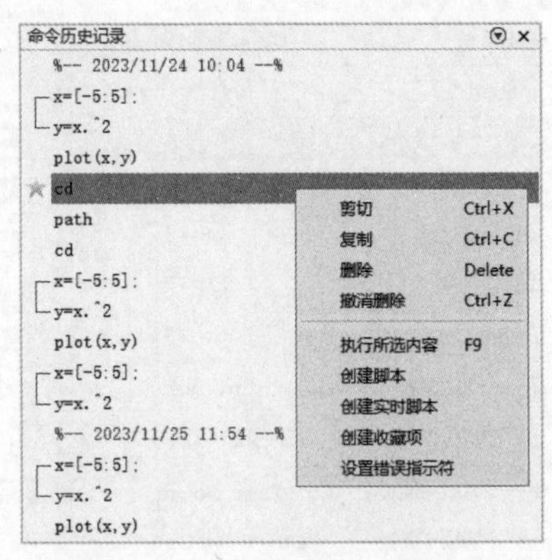

图 1-30　命令历史记录窗口

3. 工作区窗口

在MATLAB中，可以显示或隐藏工作区窗口。工作区窗口中显示当前工作区中的所有变量及其大小和类型等。通过工作区窗口可以对这些变量进行管理，如图1-31所示。使用MATLAB的工具栏可以新建或删除变量、导入和导出数据、绘制变量的图形等。另外，右击工作区窗口中的变量名可以在弹出的快捷菜单中选择命令，对该变量执行各种操作(例如复制、生成副本、重命名等)，如图1-32所示。

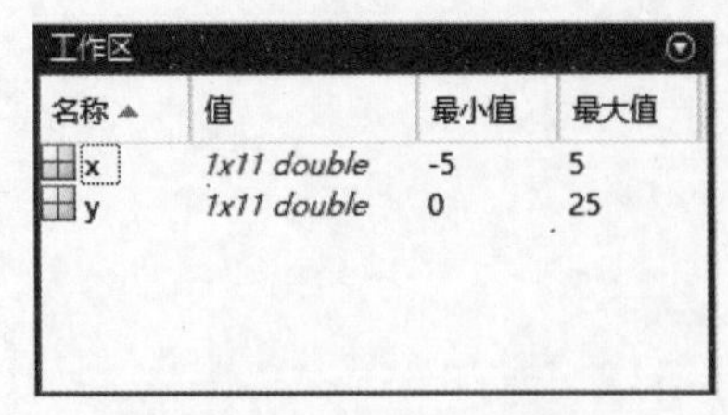

图 1-31　工作区窗口

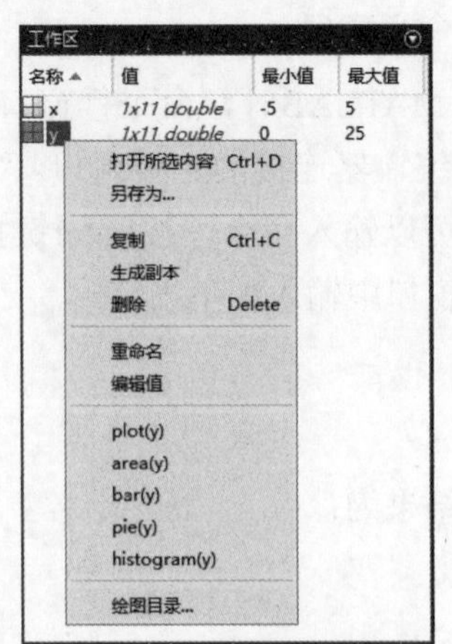

图 1-32　对变量执行的操作

4. 当前文件夹窗口

当前文件夹窗口显示当前路径下的所有文件和文件夹及其相关信息，可以通过单击当前文件夹窗口中的按钮或右击文件，在打开的快捷菜单中选择相应的命令对这些文件进行操作，如图1-33所示。

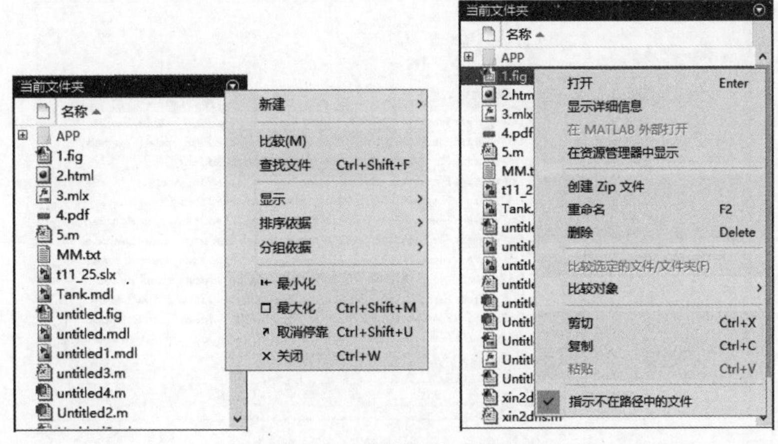

图 1-33　当前文件夹窗口

1.3 MATLAB R2023b的路径搜索

1.3.1 MATLAB R2023b的当前路径

查看 MATLAB当前路径的方式有两种：查看工具栏中的当前路径栏，或者在命令行窗口中输入以下查看命令。

```
>> cd
D:\Program Files\MATLAB\R2023b\bin
```

用户可以通过工具栏中的当前路径工具改变当前路径，如图1-34所示。

图 1-34　改变当前路径

1.3.2 MATLAB R2023b的路径搜索概述

MATLAB中有一个路径搜索器，专门用于查找文件系统中的M文件。默认情况下，MATLAB的搜索路径包含MATLAB产品中的所有文件。在MATLAB中所有要运行的命令必须存在于搜索路径中，或者存在于当前文件夹中。本节将介绍 MATLAB的路径搜索。

1. 路径设置

除MATLAB默认的搜索路径外，用户还可以设置其他搜索路径。设置方法为：选择MATLAB主界面中的“主页”|“环境”|“设置路径”命令，打开“设置路径”窗口，如图1-35所示。用户可以通过单击“添加文件夹”或“添加并包含子文件夹”按钮来添加选中目录，或者添加选中目录及其子目录。单击后，打开浏览文件夹对话框，选择待添加的路径。

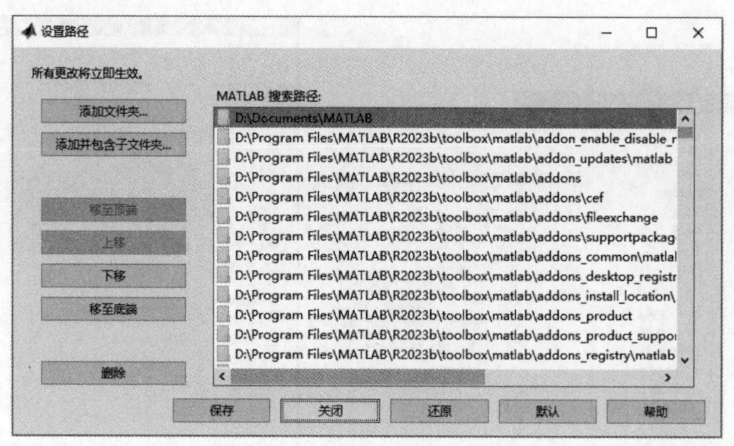

图 1-35 “设置路径”窗口

另外，在命令行窗口中输入path命令可以查看MATLAB中的搜索路径，如下所示。

```
>> path
    MATLABPATH
D:\Documents\MATLAB
D:\Program Files\MATLAB\R2023b\toolbox\matlab\addon_enable_disable_management\matlab
D:\Program Files\MATLAB\R2023b\toolbox\matlab\addon_updates\matlab
D:\Program Files\MATLAB\R2023b\toolbox\matlab\addons
...
```

2. MATLAB 的搜索顺序

当在命令行窗口中或M文件中输入一个元素名称时，MATLAB会按照下面的顺序搜索该元素。下面以元素foo为例进行介绍。

(1) 查找工作区中是否存在名为foo的变量。

(2) 在当前路径中查找是否存在名为foo.m的文件。

(3) 按照顺序查找搜索路径中是否存在该文件。如果存在多个名为foo.m的文件，则调用首先查到的文件。

因此，在为变量和函数命名时，必须考虑MATLAB的路径搜索顺序，合理地进行命名，保证程序的正确运行。

1.4 习题

1. 阐述 MATLAB的功能。
2. 访问http://www.mathworks.cn/，了解MATLAB的更多信息。
3. 认识和了解MATLAB R2023b(带状工具栏)界面，掌握基本功能按钮的应用。
4. 认识并了解MATLAB的各个主要窗口，查看其中的菜单及工具栏的内容。
5. 查看MATLAB的当前路径，将其设置为MATLAB根目录。

第2章

MATLAB 的基本用法

本章将介绍MATLAB R2023b的基本使用方法，包括其简单操作、数据类型、操作符、基本数学函数和MATLAB脚本文件等。用户在学习完本章的内容后，可以进行基本的数学运算，能够解决学习和科研中遇到的数学问题，编写简单的脚本文件。

本章的学习目标

- 掌握利用MATLAB R2023b的命令行窗口进行简单的数学运算。
- 掌握常用的操作命令和快捷键。
- 了解MATLAB R2023b的数据类型。
- 了解MATLAB R2023b的操作符。
- 了解MATLAB R2023b的基本数学函数。
- 了解MATLAB R2023b脚本编程。

2.1 简单的数学运算

2.1.1 最简单的计算器使用法

MATLAB R2023b的命令行窗口为用户提供了一个很好的交互平台，当命令行窗口处于激活状态时，会出现“>>”提示符。用户可以在该提示符的后面输入命令或直接输入数学表达式进行运算。

下面介绍几种基本的数学计算方法。

1. 直接输入法

在命令行窗口中直接输入数学表达式，按Enter键即可得到运算结果。

例2-1　圆锥体的底面半径为5，高为10，计算该圆锥体的体积。

在MATLAB的命令行窗口中直接输入以下表达式。

```
>> 1/3*pi*5^2*10
ans =
    261.7994
```

当没有将结果赋予一个变量时，MATLAB会自动为结果赋予临时变量名ans，即answer的简写。

2. 存储变量法

例2-2　使用存储变量法再次求解例2-1。

首先计算圆锥体的底面积，再利用底面积和高计算圆锥体的体积，如下所示。

```
>>  s= pi*5^2
s =
    78.5398
>> v=1/3*s*10
v =
    261.7994
```

在本例中，计算圆锥体的底面积时，将结果保存为s，在求体积时直接利用该结果，避免了重复计算，并且思路清晰，运算过程一目了然。

在大多数情况下，MATLAB对空格不予处理，因此在书写表达式时，可以利用空格调整表达式的格式，使表达式更易于阅读。在MATLAB表达式中，遵循的是四则运算法则，与通常法则相同。即运算从左到右进行，乘法和除法优先于加减法，指数运算优先于乘除法，括号的运算级别最高；在有多重括号存在的情况下，从括号的最里边向最外边逐渐扩展。需要注意的是，在MATLAB中只用小括号代表运算级别，中括号只用于生成向量和矩阵，花括号用于生成单元数组。

2.1.2　MATLAB中的常用数学函数

MATLAB提供一系列的函数来支持基本的数学运算，其中大多数函数的调用格式和人们平时的书写习惯一致，方便用户记忆和书写。

例2-3　已知三角形三条边的长度分别为1、2、$\sqrt{3}$，求长度为1和2的两条边的夹角大小。利用余弦定理进行求解。在命令行窗口中输入如下命令。

```
>> a=1;b=2;c=sqrt(3);
>> cos_alpha = (a^2+b^2-c^2)/(2*a*b)
cos_alpha =
    0.5000
>> alpha=acos(cos_alpha)
alpha =
    1.0472
>> alpha=alpha*180/pi
alpha =
    60.0000
```

在该例中，首先计算夹角的余弦，然后通过反余弦函数求夹角的大小，得到的值为弧度，因此需要转换为角度。此时，还可以使用函数acosd返回夹角的度数，即在命令行窗口中输入如下内容。

```
>> clear alpha;
>> alpha=acosd(cos_alpha)
alpha =
    60.0000
```

可见，返回的结果与上面相同，但是直接返回了夹角的度数。

MATLAB提供的基本初等函数包括三角函数(见表2-1)、指数函数和对数函数(见表2-2)、复数函数(见表2-3)、取整和求余函数(见表2-4)、坐标变换函数(见表2-5)、数理函数(见表2-6)和一些特殊函数。限于篇幅，对于一些特殊函数这里不再一一介绍。

表2-1 MATLAB中的三角函数

函数名	描述
acos/acosd	反余弦函数，返回值为弧度/角度
acot/acotd	反余切函数，返回值为弧度/角度
acsc/acscd	反余割函数，返回值为弧度/角度
asec/asecd	反正割函数，返回值为弧度/角度
asin/asind	反正弦函数，返回值为弧度/角度
atan/atand	反正切函数，返回值为弧度/角度
cos/cosd	余弦函数，输入值为弧度/角度
cot/cotd	余切函数，输入值为弧度/角度
csc/cscd	余割函数，输入值为弧度/角度
sec/secd	正割函数，输入值为弧度/角度
sin/sind	正弦函数，输入值为弧度/角度
tan/tand	正切函数，输入值为弧度/角度
atan2	四个象限内反正切
acosh/cosh	(反)双曲余弦函数
acoth/coth	(反)双曲余切函数
acsch/csch	(反)双曲余割函数
asech/sech	(反)双曲正割函数
asinh/sinh	(反)双曲正弦函数
atanh/tanh	(反)双曲正切函数

表2-2 MATLAB中的指数函数和对数函数

函数名	描述
^	乘方运算符
exp	求幂(以e为底)
expm1	指数减1(exp(x)−1)(以e为底)
log	求自然对数(以e为底)
log10	求以10为底的对数
log1p	求x+1的自然对数

(续表)

函数名	描述
log2	求以2为底的对数，用于浮点数分割
nthroot	返回实数的n次根
pow2	求以2为底的幂
reallog	求非负实数的自然对数
realpow	求非负实数的乘方
realsqrt	求非负实数的平方根
sqrt	求平方根
nextpow2	求最小的p，使得2^p不小于给定的数n

表2-3 MATLAB中的复数函数

函数名	描述
abs	求实数的绝对值或者复数的模
angle	求复数的相角(以弧度为单位)
conj	求复数的共轭值
imag	求复数的虚部
real	求复数的实部
unwrap	复数的相角展开
isreal	判断是否为实数
cplxpair	将矢量按共轭复数对重新排列
complex	由实部和虚部创建复数

表 2-4 MATLAB 中的取整和求余函数

函数名	描述
fix	取整
floor	floor(x)，取不大于x的最大整数
ceil	ceil(x)，取不小于x的最小整数
round	四舍五入
mod	求模或有符号取余
rem	求除法的余数
sign	符号函数

表2-5 MATLAB中的坐标变换函数

函数名	描述
cart2sph	笛卡儿坐标到球坐标的转换
cart2pol	笛卡儿坐标到柱坐标或极坐标的转换
pol2cart	柱坐标或极坐标到笛卡儿坐标的转换
sph2cart	球坐标到笛卡儿坐标的转换

表2-6 MATLAB中的数理函数

函数名	描述
factor	factor(n)，返回n的全部素数因子
factorial	阶乘

(续表)

函数名	描述
gcd	最大公因数
isprime	判断是否为素数
lcm	最小公倍数
nchoosek	多项式系数或所有组合
perms	所有排列
primes	生成素数列表
rat, rats	进行分数估计

2.1.3 MATLAB的数学运算符

数学表达式中的各种运算符在MATLAB R2023b中的对应运算符如表2-7所示。

表2-7 MATLAB中的数学运算符及其功能

运算符	功能	示例
+	加法	3+5=8
−	减法	3−5= −2
*	矩阵乘法	
.*	乘，点乘，即数组乘法	
/	右除	3/5 =0.6000
./	数组右除	
\	左除	3\5= 1.6667
.\	数组左除	
^	乘方	3^5= 243
.^	数组乘方	
'	矩阵共轭转置	
.'	矩阵转置	

需要注意的是，右除和左除的意义并不相同。右除为常规的除法，而左除的意义如下。

a\b=b/a

例2-4 矩阵乘法和点乘。

```
>> A = magic(3)
A =
     8     1     6
     3     5     7
     4     9     2
>> B = round(rand(3)*10)
B =
     8     9     3
     9     6     5
     1     1    10
```

```
>> C1=A*B
C1 =
    79    84    89
    76    64   104
   115    92    77
>> C2=A.*B
C2 =
   64     9    18
   27    30    35
    4     9    20
```

在该例中，C1为两个矩阵**A**和**B**的乘积，C2的每个元素为**A**和**B**对应元素的乘积。

例2-5　矩阵乘方和数组乘方。

继续例2-4的输入。

```
>> C3 =A^2
C3 =
   91    67    67
   67    91    67
   67    67    91
>> C4 =A.^2
C4 =
   64     1    36
    9    25    49
   16    81     4
```

在该例中，C3为矩阵**A**的平方，C4为矩阵**A**对应元素的平方。

2.1.4　标点符号的使用

在 MATLAB中，标点符号有着充分的意义，可以用标点符号进行运算，或者用标点符号包含特定的意义。MATLAB中一些常用标点符号的含义如表2-8所示。

表2-8　MATLAB中的标点符号

标点符号	定义	标点符号	定义
分号(;)	数组行分隔符；取消运行显示	点(.)	小数点；访问结构体成员
逗号(,)	数组列分隔符；函数参数分隔符	省略号(…)	续行符
冒号(:)	在数组中应用较多，如生成等差数列	引号(' ')	定义字符串
圆括号(( ))	指定运算优先级；函数参数调用；数组索引	等号(=)	赋值语句
方括号([ ])	定义矩阵	感叹号(!)	调用操作系统命令
花括号({ })	定义单元数组	百分号(%)	注释语句的标识

下面对常用的符号进行介绍。

1. 分号 (;)

分号用于区分数组的行，或者用在一条语句的结尾处，取消运行显示。

例2-6 分号的作用。

```
>> A=ones(3);
>> B=ones(3)
B =
     1     1     1
     1     1     1
     1     1     1
```

该例共有两条语句，第一条语句生成3×3的全1矩阵，以分号结尾，命令行窗口中没有显示语句运行的结果；第二条语句与第一条类似，直接按Enter键，在命令行窗口中显示该语句的运行结果。要显示矩阵*A*的内容，可查看第一条语句的运行结果，如下所示。

```
>> A
A =
     1     1     1
     1     1     1
     1     1     1
```

2. 百分号 (%)

百分号用于在程序文本中添加注释，增强程序的可读性。百分号之后的文本都将视作注释，系统不对其进行编译。

例2-7 添加注释语句。

```
>> A = magic(3)                    % create a 3*3 magic matrix
A =
     8     1     6
     3     5     7
     4     9     2
```

该语句生成3×3的魔术矩阵，%后面的语句没有执行。可以参考“例2-4”中的结果进行比较。

❖ 注释

魔术矩阵为具有相同的行数和列数，且每行、每列以及对角线上的数之和均相等的矩阵。

2.2 常用的操作命令和快捷键

为方便用户操作，MATLAB中定义了一些快捷键。掌握一些常用的操作命令和快捷键，可以使用户对MATLAB的操作更加便利。MATLAB中的常用快捷键和操作命令分别如表2-9和表2-10所示。

表2-9 MATLAB中的常用快捷键

快捷键	功能	快捷键	功能
↑(Ctrl + P)	调用上一行	Home(Ctrl+A)	移到命令行开头

(续表)

快捷键	功能	快捷键	功能
↓(Ctrl + N)	调用下一行	End(Ctrl+E)	移到命令行结尾
←(Ctrl + B)	光标左移一个字符	Ctrl + Home	移到命令行窗口顶部
→(Ctrl + F)	光标右移一个字符	Ctrl + End	移到命令行窗口底部
Ctrl + ←	光标左移一个单词	Shift + Home	选中光标和表达式开头之间的内容
Ctrl + →	光标右移一个单词	Shift + End	选中光标和表达式结尾之间的内容
Esc	取消当前输入行	Ctrl + K	剪切光标和表达式结尾之间的内容

表2-10 MATLAB中的常用操作命令

命令	功能	命令	功能
cd	显示或改变工作目录	hold	图形保持命令
clc	清空命令行窗口	load	加载指定文件中的变量
clear	清除工作区中的变量	pack	整理内存碎片
clf	清除图形窗口	path	显示搜索目录
diary	日志文件命令	quit	退出MATLAB
dir	显示当前目录下的文件	save	保存内存变量
disp	显示变量或文字的内容	type	显示文件内容
echo	命令行窗口信息显示开关		

2.3 MATLAB的数据类型

数字为数学运算的最基本对象。在MATLAB中，数字的数据类型有双精度型、单精度型以及各种有符号和无符号整型。本节主要介绍这些数据类型。

2.3.1 整数

MATLAB支持8位、16位、32位和64位的有符号和无符号整数数据类型，如表2-11所示。

表2-11 MATLAB中的整数数据类型

整数数据类型	描述
uint8	8位无符号整数，范围为0~255(即0~2^8−1)
int8	8位有符号整数，范围为−128~127(即−2^7~2^7−1)
uint16	16位无符号整数，范围为0~65535(即0~2^{16}−1)
int16	16位有符号整数，范围为−32768~32767(即−2^{15}~2^{15}−1)
uint32	32位无符号整数，范围为0~4294967295(即0~2^{32}−1)
int32	32位有符号整数，范围为−2147483648~2147483647(即−2^{31}~2^{31}−1)
uint64	64位无符号整数，范围为0~18446744073709551615(即0~2^{64}−1)
int64	64位有符号整数，范围为−9223372036854775808~9223372036854775807(即−2^{63}~2^{63}−1)

上述整数数据类型除定义范围不同外，皆具有相同的性质。

由于MATLAB默认的数据类型为双精度型，因此在定义整型变量时，需要指定变量的数据类型。

例2-8　整数数据类型的定义。

```
>> x=int8(50)              %指定x的数据类型为int8
x =
  int8
    50
>> class(x)
ans =
    'int8'
>> y=50                    %未指定y的数据类型
y =
    50
>> class(y)
ans =
    'double'
```

类型相同的整数之间可以进行运算，返回相同类型的结果。在进行加、减和乘法运算时比较简单，在进行除法运算时稍微复杂一些，因为在多精度情况下，整数的除法不一定能得到整数的结果。在进行除法运算时，MATLAB首先将两个数视为双精度类型进行运算，然后将结果转换为相应的整型数据。

例2-9　整数的运算。

```
>> x=int8(45)
x =
  int8
    45
>> y=int8(-2)
y =
  int8
    -2
>> z1=x+y
z1 =
  int8
    43
>> z2=x-y
z2 =
  int8
    47
>> z3=x*y
z3 =
  int8
    -90
>> z4=x/y
z4 =
  int8
    -23
>> class(z1),class(z2),class(z3),class(z4)
```

```
ans =
      'int8'
ans =
      'int8'
ans =
      'int8'
ans =
      'int8'
```

在MATLAB中不允许进行不同整数类型之间的运算。

例2-10　不同整数类型之间不允许进行运算。

```
>> x=int8(40);
>> y=int16(20);
>> z=x+y
错误使用 +
整数只能与同类的整数或双精度标量值组合使用。
```

由于每种整数类型都有相应的取值范围，因此数学运算的结果有可能产生溢出。MATLAB利用饱和处理解决此类问题，即当运算结果超出此类数据类型的上限或下限时，系统将结果设置为该上限或下限。

例2-11　整数运算中的数据溢出。

```
>> x=int8(100);
>> y=int8(90);
>> z=x+y
z =
  int8
    127
>> x-3*y
ans =
  int8
    -27
>> x-y-y-y
ans =
  int8
    -128
```

当计算$x+y$时，结果溢出上限，因此结果为127；计算$x-3*y$时，$3*y$溢出上限，结果为127，继续计算，得到最后结果为-27；计算$x-y-y-y$时，从左到右进行计算，结果溢出下限，因此结果为-128。

2.3.2　浮点数

MATLAB的默认数据类型是双精度类型(double)。为了节省存储空间，MATLAB也支持单精度数据类型的数组。

单精度和双精度数据类型的取值范围和精度可以通过例2-12所示的方式进行查看。

例2-12　单精度和双精度数据类型的取值范围和精度。

```
>> realmin('single')
ans =
  single
    1.1755e-38
>> realmax('single')
ans =
  single
    3.4028e+38
>> eps('single')
ans =
  single
    1.1921e-07
>> realmin('double')
ans =
  2.2251e-308
>> realmax('double')
ans =
  1.7977e+308
>> eps('double')
ans =
  2.2204e-16
```

与创建整型变量类似，创建单精度类型的变量时也需要声明变量的类型。单精度数据类型的数据在进行运算时，返回值为单精度。

2.3.3 复数

复数由两部分组成：实部和虚部。基本虚数单位等于 $\sqrt{-1}$，在MATLAB中虚数单位由i或j表示。

MATLAB中可以通过两种方法创建复数，第一种方法为直接输入法，见下面的例子。

例2-13　通过直接输入法创建复数。

```
>> z = 6 + 7i
z =
    6.0000 + 7.0000i
>> x= 9;
>> y =5;
>> z = x+y*i
z =
    9.0000 + 5.0000i
```

另一种创建复数的方法为通过complex函数。该函数的调用方法如下。

- c = complex(a,b)，返回结果c为复数，其实部为a，虚部为b。输入参数a和b可以为标量，或为维数、大小相同的向量、矩阵或多维数组；输出参数与a和b的结构相同。a和b可以有不同的数据类型，当a和b的类型不同时，返回值分别如下。

- ✧ 当a和b中有一个为单精度类型时，返回结果为单精度类型。
- ✧ 如果a和b中有一个为整数类型，则另一个必须为相同的整数类型，或为双精度类型，返回结果c为相同的整数类型。

- ❍ c = complex(a)，只有一个输入参数，返回结果c为复数，其实部为a，虚部为0。但是此时c的数据类型为复数。

例2-14　通过complex函数创建复数。

```
>> a = uint8([1;2;3;4]);
>> b = uint8([2;2;7;7]);
>> c = complex(a,b)
c =
  4×1 uint8 列向量
    1 +       2i
    2 +       2i
    3 +       7i
    4 +       7i
```

例2-15　通过complex函数创建复数和直接进行复数的比较。

```
>> x=4;y=0;
>> z1=x+i*y;
>> z2=complex(x,y);
>> isreal(z1),isreal(z2)
ans =
  logical
    1
ans =
  logical
    0
```

2.3.4　逻辑变量

逻辑数据类型通过1和0分别表示逻辑真和逻辑假。一些MATLAB函数或操作符会返回逻辑真或逻辑假以表示条件是否满足，如表达式(5 * 10) > 40返回逻辑真。

在MATLAB中，存在逻辑数组，比如下面的表达式就会返回逻辑数组。

```
>> [30 40 50 60 70] > 40
ans =
  1×5 logical 数组
  0   0   1   1   1
```

1. 逻辑数组的创建

创建逻辑数组最简单的方法为直接输入元素的值true或false。

例2-16　直接创建逻辑数组。

```
>> x = [true, true, false, true, false]
x =
```

```
  1×5 logical 数组
  1  1  0  1  0
>> class(x)
ans =
    'logical'
```

逻辑数组也可以通过逻辑表达式生成，如下例所示。

例2-17　通过逻辑表达式生成逻辑数组。

```
>> x = magic(4) >= 9
x =
  4×4 logical 数组
    1    0    0    1
    0    1    1    0
    1    0    0    1
    0    1    1    0
```

MATLAB中返回逻辑值的函数和操作符如表2-12所示。

表2-12　MATLAB中返回逻辑值的函数和操作符

函数和操作符	说明
true、false	将输入参数转换为逻辑值
logical	将数值转换为逻辑值
& (and)、| (or)、~ (not)、xor、any、all	逻辑操作符
&&、||	“并”和“或”的简写方式
== (eq)、~= (ne)、< (lt)、> (gt)、<= (le)、>= (ge)	关系操作符
所有的 is* 类型的函数，cellfun	判断函数
strcmp、strncmp、strcmpi、strncmpi	字符串比较函数

对于大型的逻辑数组，如果其中只有少数元素为1，可以采用稀疏矩阵的方式进行存储和运算，如下例所示。

```
>> x = sparse(magic(20) > 395)
x =
  20×20 稀疏 logical 数组
  (1,1)        1
  (1,4)        1
  (1,5)        1
  (20,18)      1
  (20,19)      1
```

2. 逻辑数组的应用

MATLAB中的逻辑数组主要有两种应用：用于条件表达式和用于数组索引。

如果仅当条件成立时执行某段代码，可以应用逻辑数组进行判断和控制，如下例所示。

例2-18　通过逻辑数组控制程序流程。

```
>> str = 'Hello';
>> if ~isempty(str) && ischar(str)
    sprintf('Input string is "%s"', str)
```

```
    end
ans =
    'Input string is 'Hello''
```

在该段程序中，只有当str非空并且为字符串时，才执行sprintf语句。

在MATLAB中可以通过一个数组对另一个数组进行索引，如下面的代码所示。

```
>> A = 5:5:50
A =
    5    10    15    20    25    30    35    40    45    50
>> B = [1 3 6 7 10];
>> A(B)
ans =
    5    15    30    35    50
```

通过数组B对数组A的第1、第3、第6、第7、第10个元素进行访问。另外，MATLAB允许以逻辑数组作为数组索引，对数组元素进行访问，如下例所示。

例2-19　通过逻辑数组对数组进行索引，将数组A中值超过0.5的元素置为0。

```
>> A = rand(5);
>> B = A > 0.5;
>> A(B) = 0
A =
    0.2760    0.4984         0         0         0
         0         0    0.2551         0    0.2543
         0    0.3404         0    0.1386         0
    0.1626         0         0    0.1493    0.2435
    0.1190    0.2238         0    0.2575         0
```

例2-20　通过逻辑数组对数组进行索引，将数组A中的非素数置为0。

```
>> A = magic(4)
A =
    16     2     3    13
     5    11    10     8
     9     7     6    12
     4    14    15     1
>> B = isprime(A)
B =
  4×4 logical 数组
     0     1     1     1
     1     1     0     0
     0     1     0     0
     0     0     0     0
>> A(~B) = 0
A =
     0     2     3    13
     5    11     0     0
     0     7     0     0
     0     0     0     0
```

3. 逻辑数组的判断

MATLAB提供了一组函数，用于判断数组是否为逻辑数组，如表2-13所示。

表2-13 MATLAB中用于判断数组是否为逻辑数组的函数

函数	功能
whos(*x*)	显示数组*x*的元素值及数据类型
islogical(*x*)	判断数组*x*是否为逻辑数组，若是，则返回真
isa(*x*, 'logical')	判断数组*x*是否为逻辑数组，若是，则返回真
class(*x*)	返回数组*x*的数据类型
cellfun('islogical', *x*)	判断单元数组的每个单元是否为逻辑值

例2-21 判断数组是否为逻辑数组。

```
>> C{1,1} = pi;
>> C{1,2} = 1;
>> C{1,3} = ispc;
>> C{1,4} = magic(3)
C =
  1×4 cell 数组
    {[3.1416]}    {[1]}    {[1]}    {3×3double}
>> for k = 1:4
>> x(k) = islogical(C{1,k});
>> end
>> x
x =
  1×4 logical 数组
  0  0  1  0
```

2.3.5 各种数据类型之间的转换

在MATLAB中，各种数据类型之间可以相互转换，转换方式如下。

(1) datatype(variable)，其中datatype为目标数据类型，variable为待转换的变量。

(2) cast(*x*,'type')，将*x*的类型转换为'type'指定的类型。

例2-22 数据类型之间的转换。

```
>> x=single(6.9)
x =
  single
    6.9000
>> x1=int8(x)
x1 =
  int8
    7
>> class(x1)
ans =
    'int8'
>> x2=double(x)
x2 =
```

```
      6.9000
>> class(x2)
ans =
      'double'
```

转换时，如果由高精度数据类型转换为低精度数据类型，则对数据进行四舍五入；如果由定义范围大的数据类型转换为定义范围小的数据类型，则返回目标数据类型的上限或下限。

2.3.6 数据类型操作函数

MATLAB R2023b提供了大量与数据类型相关的操作函数，如表2-14所示。

表2-14 MATLAB R2023b中与数据类型相关的操作函数

函数	描述
double	创建或转换为双精度类型
single	创建或转换为单精度类型
int8、int16、int32、int64	创建或转换为相应的有符号整数类型
uint8、uint16、uint32、uint64	创建或转换为相应的无符号整数类型
isnumeric	判断是否为整数或浮点数，若是，则返回true(或1)
isinteger	判断是否为整数，若是，则返回true(或1)
isfloat	判断是否为浮点数，若是，则返回true(或1)
isa(*x*,'type')	判断是否为'type'指定的类型，若是，则返回true(或1)
cast(*x*,'type')	设置*x*的类型为'type'
intmax('type')	'type'类型的最大整数值
intmin('type')	'type'类型的最小整数值
realmax('type')	'type'类型的最大浮点实数值
realmin('type')	'type'类型的最小浮点实数值
eps('type')	'type' 类型eps值
eps('*x*')	变量*x*的eps值

❖ 注释

其中的'type'包括'numeric'、'integer'、'float'和所有的数据类型。

2.3.7 变量

变量是程序的基本元素之一。与其他语言不同，在MATLAB中不需要对变量进行事先声明，也不需要指定变量的类型，系统会根据对变量赋予的值为变量自动指定类型。本节主要介绍变量的命名规则。关于变量的其他更多知识，将在第6章进行进一步介绍。

MATLAB的变量命名规则与其他计算机语言类似。首先，变量名必须是一个单一的词，不能包含空格；其次，变量的命名必须符合下列规则。

(1) 变量名区分大小写，比如pi和Pi是两个不同的变量。在命令行窗口中输入如下命令，查看结果。

```
>> pi
ans =
    3.1416
>> Pi
函数或变量 'Pi' 无法识别。
>> Pi=2.0
Pi =
    2
>> pi
ans =
    3.1416
```

pi是系统预定义的变量，在命令行窗口中输入pi，显示该变量的值为3.1416。输入Pi，系统提示该变量不存在，可见pi和Pi为两个不同的变量。将Pi赋值为2.0，再次查看变量pi的值，仍旧为3.1416，即Pi的改变不影响pi的值。

(2) 变量名的长度不要超过63个字符，超过的部分将被忽略。

(3) 变量名必须以字母开头，其后可以为字母、数字或下画线。MATLAB中的变量名不支持其他符号，因为其他符号在MATLAB中具有特殊的意义。

除上述3条规则，还有一些其他规定，如用户不能利用 MATLAB中的关键字(保留字)作为变量名。用户可以利用iskeyword命令查看系统的预定义关键字，或者使用该函数判断一个字符串是否为预定义关键字。

```
>> iskeyword
ans =
20×1 cell 数组
    {'break'      }
    {'case'       }
    {'catch'      }
    {'classdef'   }
    {'continue'   }
    {'else'       }
    {'elseif'     }
    {'end'        }
    {'for'        }
    {'function'   }
    {'global'     }
    {'if'         }
    {'otherwise'  }
    {'parfor'     }
    {'persistent' }
    {'return'     }
    {'spmd'       }
    {'switch'     }
    {'try'        }
    {'while'      }
```

```
>> iskeyword if
ans =
  logical
    1
>> iskeyword keyword
ans =
  logical
    0
```

另外，可以使用isvarname函数判断一个变量名是否合法，如下所示。

```
>> isvarname keyword
ans =
  logical
    1
```

该例显示keyword为合法变量名，用户可以使用。

2.3.8 系统预定义的特殊变量

除了用户定义的变量，MATLAB还定义了一些特殊变量。如果用户没有对这些变量另行赋值，则采用其默认值。MATLAB的预定义特殊变量如表2-15所示。

表2-15 MATLAB的预定义特殊变量

变量名	描述
ans	结果显示的默认变量名
beep	使计算机发出“嘟嘟”声
pi	圆周率
eps	浮点数的精度(2.2204e−16)，MATLAB中的最小数
inf	无穷大，比如当除数为0时系统返回inf
NaN或nan	表示不定数，即结果不能确定
i或j	虚数单位
nargin	函数的输入参数的个数
nargout	函数的输出参数的个数
realmin	可用的最小正实数值2.2251e−308
realmax	可用的最大正实数值1.7977e+308
bitmax	可用的最大正整数(以双精度格式存储)
varargin	可变的函数输入参数的个数
varargout	可变的函数输出参数的个数

下面以虚数单位i为例说明这些变量的用法。

例2-23 系统预定义变量的使用。

```
>> clear i                          %清除该变量的定义
>> i
ans =
     0.0000 + 1.0000i
>> i=1:3                            %重新定义变量i的值
```

```
i =
     1     2     3
>> clear i                          %清除该变量的定义
>> i
ans =
     0.0000 + 1.0000i
```

该例中首先清除变量i的定义，查看i的值，为虚数单位，再对i重新赋值，则其原来的值被覆盖，清除其定义后，i的值回到默认值。

在MATLAB中，允许用户再次定义这些变量，对这些变量赋值，比如在例2-23中对i再次赋值。但是在编写程序时，应尽量避免对系统预定义的变量重新赋值，或者使用已有函数名作为变量名，以免程序产生非预期结果。

2.4 MATLAB的运算符

在前面已经介绍了MATLAB中的数学运算符，本节将介绍MATLAB的其他运算符，即关系运算符、逻辑运算符及一些其他运算符。

MATLAB提供了一些关于逻辑运算的运算符和函数，这些运算符和函数用于求解真假命题的答案。逻辑运算的重要应用之一在于控制程序执行流程，具体体现在根据真假命题的结果决定命令的执行顺序。

作为所有关系和逻辑表达式的输入，MATLAB把任何非零数值当作真，而只把零当作假。对于所有关系和逻辑表达式的输出，当结果为真时输出为1，当结果为假时输出为0。

2.4.1 关系运算符

MATLAB中的关系运算符能用来比较两个相同大小的数组，或用来比较一个数组和一个标量。MATLAB中的关系运算符包括所有常用的比较运算符，如表2-16所示。

表2-16 MATLAB中的关系运算符

运算符	说明	运算符	说明
<	小于	<=	小于或等于
>	大于	>=	大于或等于
==	等于	~=	不等于

❖ 注意

等于运算符由两个等号而不是一个简单的等号组成。在MATLAB中，一个等号表示赋值或替换运算符。

例2-24 关系运算符的运用。

```
>> A=round(rand(1,10)*10)
A =
     6     3     7     7     7     5     1     2     9     2
```

```
>> B=ones(1,10)+2
B =
    3    3    3    3    3    3    3    3    3    3
>> R_Comp1=A>B
R_Comp1 =
1×10 logical 数组
    1    0    1    1    1    1    0    0    1    0
>> R_Comp2=A>5
R_Comp2 =
  1×10 logical 数组
    1    0    1    1    1    0    0    0    1    0
>> R_Comp3=A==7
R_Comp3 =
  1×10 logical 数组
    0    0    1    1    1    0    0    0    0    0
```

本例简单说明了关系运算符的用法，在以后的章节中也会涉及关系运算。

2.4.2 逻辑运算符

逻辑运算符主要包括“与”“或”和“非”。使用逻辑运算符可以将多个表达式组合在一起，或者对关系表达式取反。MATLAB中的逻辑运算符如表2-17所示。

表2-17 MATLAB中的逻辑运算符

运算符	描述
&	与
&&	与，只适用于标量。a && b，当a的值为假时，忽略b的值
|	或
||	或，只适用于标量。a || b，当a的值为真时，忽略b的值
~	非

例2-25 逻辑运算符的运用。

```
>> a=5,b=9
a =
     5
b =
     9
>> c1 = (a<b) && (b/a==fix(b/a))
c1 =
     logical
     0
>> c2 = (a<b) || (b/a==fix(b/a))
c2 =
     logical
     1
```

该例中，当a小于b并且a是b的因子这两个条件同时满足时，$c1$为1，否则为0；当两个条件中至少有一个满足时，$c2$为1，否则为0。

2.4.3 运算符的优先级

MATLAB在执行含有关系运算和逻辑运算的数学运算时，同样遵循一套优先级原则。MATLAB首先执行具有较高优先级的运算，然后执行具有较低优先级的运算；如果两个运算的优先级相同，则按从左到右的顺序执行。MATLAB中各运算符的优先级如表2-18所示，表中按照优先级从高到低的顺序排列各运算符。

表2-18 MATLAB中运算符的优先级

<table>
<tr><th>序号</th><th>运算符</th></tr>
<tr><td>1</td><td>圆括号()</td></tr>
<tr><td>2</td><td>转置(.')、共轭转置(')、乘方(.^)、矩阵乘方(^)</td></tr>
<tr><td>3</td><td>标量加法(+)、减法(−)、取反(~)</td></tr>
<tr><td>4</td><td>乘法(.*)、矩阵乘法(*)、右除(./)、左除(.\)、矩阵右除(/)、矩阵左除(\)</td></tr>
<tr><td>5</td><td>加法(+)、减法(−)、逻辑非(~)</td></tr>
<tr><td>6</td><td>冒号运算符(:)</td></tr>
<tr><td>7</td><td>小于(<)、小于或等于(<=)、大于(>)、大于或等于(>=)、等于(==)、不等于(~=)</td></tr>
<tr><td>8</td><td>数组逻辑与(&)</td></tr>
<tr><td>9</td><td>数组逻辑或(|)</td></tr>
<tr><td>10</td><td>逻辑与(&&)</td></tr>
<tr><td>11</td><td>逻辑或(||)</td></tr>
</table>

2.5 MATLAB的一些基本函数

2.5.1 位操作函数

所有数据在计算机中都是以二进制形式进行存储的，位操作就是直接对整数在内存中的二进制位进行操作。MATLAB中提供了一些函数用于数据的按位操作，这些函数如表2-19所示。

表2-19 MATLAB中的位操作函数

函数	功能	调用格式举例
bitand	按位进行“与”操作	C=bitand(A, B)
bitcmp	按位进行“补”操作	C=bitcmp(A)，C=bitcmp(A, assumedtype)
bitget	获取指定位置的值	C=bitget(A, bit)
bitor	按位进行“或”操作	C=bitor(A, B)
bitset	设定指定位置的值	C=bitset(A, bit)，C=bitset(A, bit, v)
bitshift	移位操作	C=bitshift(A, k)，C=bitshift(A, k, n)
bitxor	按位进行“异或”操作	C=bitxor(A, B)
swapbytes	按字节进行“逆”操作	Y=swapbytes(X)

例2-26 MATLAB的位操作函数。

```
>> A=28;                % binary 11100
```

```
>> B = 21;              % binary 10101
>> bitand(A,B)
ans =
    20
>> bitor(A,B)
ans =
    29
>> bitcmp(A,'int8')
ans =
    -29
>> bitxor(A,B)
ans =
    9
```

2.5.2 逻辑运算函数

除逻辑运算符外，MATLAB还提供了大量的逻辑运算函数，可以满足程序中的更多需求。MATLAB中的逻辑运算函数如表2-20所示。

表2-20 MATLAB中的逻辑运算函数

函数	功能	调用格式举例
all	判断数组元素是否全部非零	B = all(A)，B = all(A, dim)
any	判断数组是否存在非零元素	B = any(A)，B = any(A, dim)
false	逻辑0(假)	false、false(n)等
find	查找非零元素的下标及其值	ind = find(X)、ind = find(X, k)等
is*	查看元素状态	代表一类函数，如iscell等
isa	判断输入是否为给定类的对象	K = isa(obj, 'class_name')
iskeyword	判断字符串是否为MATLAB关键字	tf = iskeyword('str')，iskeyword str
isvarname	判断字符串是否为有效变量名	tf = isvarname('str')，isvarname str
logical	将数值变量转换为逻辑变量	K = logical(A)
true	逻辑 1(真)	true、true(n)等
xor	逻辑“异或”	C = xor(A, B)

例2-27 逻辑运算函数。

```
>> A = [1 2 3; 4 5 6; 7 8 9];
>> B = logical(eye(3))
B =
3×3 logical 数组
    1    0    0
    0    1    0
    0    0    1
>> A(B)
ans =
    1
    5
    9
```

```
>> X = [1 0 4 -3 0 0 0 8 6];
>> indices = find(X)
indices =
     1     3     4     8     9
```

2.5.3 集合函数

MATLAB中的集合函数如表2-21所示。

表2-21　MATLAB中的集合函数

函数	功能	调用格式举例
intersect	计算两个集合的交集	c = intersect(A, B)
ismember	集合的数组成员	tf = ismember(A, S) tf = ismember(A, S, 'rows')
setdiff	向量的集合差	c = setdiff(A, B) c = setdiff(A, B, 'rows')
issorted	判断集合中的元素是否按序排列	tf = issorted(A) tf = issorted(A, 'rows')
setxor	集合异或	c = setxor(A, B) c = setxor(A, B, 'rows')
union	两个向量的集合并	c = union(A, B) c = union(A, B, 'rows')
unique	删除集合中的重复元素	b = unique(A) b = unique(A, 'rows')

例2-28　集合函数的操作。

```
>> A = [1 2 3 6];
>> B = [1 2 3 4 6 10 20];
>> [c, ia, ib] = intersect(A, B)
c =
     1     2     3     6
ia =
     1
     2
     3
     4
ib =
     1
     2
     3
     5
>> A = magic(5);
>> B = magic(4);
>> [c, i] = setdiff(A(:), B(:));
>> c'
```

```
ans =
      17     18     19     20     21     22     23     24     25
>> i'
ans =
       1     10     14     18     19     23      2      6     15
```

2.5.4 时间与日期函数

MATLAB中的时间与日期函数如表2-22所示。

表2-22 MATLAB中的时间与日期函数

函数	功能	调用格式举例
addtodate	通过域修改日期	R = addtodate(D, N, F)
calendar	返回指定月份的日历	c = calendar，c = calendar(d)
clock	返回当前时间的向量	c = clock
cputime	返回CPU运行时间	cputime
date	返回当前日期字符串	str = date
datenum	将时间和日期转换为数值格式	N = datenum(V)，N = datenum(S, F)
datestr	将时间和日期转换为字符串格式	S = datestr(V)，S = datestr(N)
datevec	将时间和日期转换为向量格式	V = datevec(N)，V = datevec(S, F)
eomday	返回指定月份的最后一天	E = eomday(Y, M)
etime	时间向量之间的时间间隔	e = etime(t2, t1)
now	当前日期及时间	t = now
tic、toc	计时器，用来记录命令执行的时间。tic用来保存当前的时间；toc用来记录程序完成时间	tic any statements toc
weekday	返回指定日期的星期日期	[N, S] = weekday(D)

例2-29 时间函数的应用。

```
>> d1 = datenum('02-Oct-2023')
d1 =
     739161
>> d2 = datestr(d1 + 10)
d2 =
     '12-Oct-2023'
>> dv1 = datevec(d1)
dv1 =
     2023     10      2      0      0      0
>> dv2 = datevec(d2)
dv2 =
     2023     10     12      0      0      0
```

例2-30 通过datestr函数转换输出格式。

```
>> d = '01-Mar-2023'
d =
     '01-Mar-2023'
```

```
>> datestr(d)
ans =
    '01-Mar-2023'
>> datestr(d, 2)
ans =
    '03/01/23'
>> datestr(d, 17)
ans =
    'Q1-23'
```

2.6　MATLAB脚本文件

对于一些简单的问题，当需要的命令数很少时，用户可以直接在MATLAB的命令行窗口中输入命令。但对于多数问题，所需的命令较多，或者需要逻辑运算、进行流程控制等，此时采用直接输入命令的方法会引起不便。针对这些问题，一个合理的解决方法是使用脚本文件。脚本文件不接收输入参数，不返回任何值，而是代码的结合。该方法允许用户将一系列MATLAB命令输入到一个简单的脚本文件中，只要在MATLAB命令行窗口中执行该文件，就会依次执行该文件中的命令。

2.6.1　脚本文件的用法

新建脚本文件(即M文件)可以通过4种方式进行：单击“主页”的“文件”面板区域的“新建脚本”按钮；单击“主页”工具面板区域的“新建”按钮，在打开的下拉菜单中选择“脚本”选项；在当前文件夹窗口中右击，在弹出的快捷菜单中选择“新建”|“脚本”命令；使用快捷键Ctrl+N。新建后系统会打开文件编辑窗口，在窗口中输入文件内容。

下面通过示例来了解脚本文件的用法。

例2-31　编写求解圆柱体的表面积和体积的脚本文件。

新建一个脚本文件，在编辑窗口中输入如下命令。

```
% script m-file example: calculate the volume and surface area of a colume
r=1;                                  % the radius of the colume
h=1;                                  % the hight of the colume
s=2*r*pi*h + 2*pi*r^2;                % calculate the surface area
v=pi*r^2*h;                           % calculate the volume
disp('The surface area of the colume is:'),disp(s);
disp('The volume of the colume is:'),disp(v);
```

编辑完成后，可以单击“编辑器”选项卡中的“运行”按钮(或使用快捷键F5)执行该脚本，或单击“编辑器”选项卡中的“保存”按钮或使用快捷键Ctrl+S进行保存。这里选择只进行保存，将其保存为文件colume。在命令行窗口中执行该文件，显示结果如下。

```
>> colume
The surface area of the colume is:
    12.5664
```

```
The volume of the colume is:
    3.1416
```

在使用脚本文件时需要注意一点：如果在当前工作区中存在与该脚本同名的变量，那么在输入该文件名时，系统会将其作为变量名执行，如下所示。

```
>> colume = 30;
>> colume
colume =
    30
```

在工作区中定义变量colume后，输入命令colume，显示的为变量colume的值，此时可以使用clear命令清除该变量的值，如下所示。

```
>> clear('colume')
>> colume
The surface area of the colume is:
    12.5664
The volume of the colume is:
    3.1416
```

MATLAB提供了一些用于控制文件执行的函数，这些函数如表2-23所示。

表2-23　MATLAB中用于控制文件执行的函数

函数	描述
beep	使计算机发出“嘟嘟”声
disp	显示变量的内容
echo	在脚本文件执行时，控制脚本文件的内容是否显示
input	提示用户输入数据
keyboard	临时终止M文件的执行，让键盘控制脚本的执行。按Enter键，则返回到脚本文件
pause/pause(n)	暂停，直到用户按下任意键
waitforbuttonpress	暂停，直到用户按下按钮

2.6.2　块注释

在MATLAB较早的版本中，注释是逐行进行的，采用百分号(%)进行标记。逐行注释不利于用户增加和修改注释内容。在MATLAB 7.0及以后的版本中，用户可以使用“%{”和“%}”符号进行块注释，“%{”和“%}”分别代表注释块的起始和结束。

2.6.3　代码单元

在以往的版本中，MATLAB通过编译器提供的操作命令和工具执行一段选中的代码。在MATLAB 7.0及后续版本中，用户可以使用代码单元完成这一操作。代码单元指用户在M文件中指定的一段代码，以一个代码单元符号(两个百分号加空格，即“%% ”)为开始标志，到另一个代码单元符号结束。如果不存在代码单元符号，就直到该文件结束。用户可以通过MATLAB编辑器中的cell菜单来创建和管理代码单元。

需要注意的是，代码单元只能在MATLAB编辑器窗口中创建和使用，而在MATLAB命令行窗口中是无效的。当在命令行窗口中运行M文件时，将执行文件中的所有语句。

2.7 习题

1. 创建double类型的变量，并进行计算。

(1) a=87，b=190，计算a+b、a−b、a*b。

(2) 创建 uint8 类型的变量，数值与(1)中的相同，进行相同的计算。

2. 计算以下表达式。

(1) $\sin(60^\circ)$

(2) e^3

(3) $\cos\left(\frac{3}{4}\pi\right)$

3. 设$u=2$、$v=3$，计算以下表达式。

(1) $4\frac{uv}{\log v}$

(2) $\frac{(\mathrm{e}^u+v)^2}{v^2-u}$

(3) $\frac{\sqrt{u-3v}}{uv}$

4. 计算以下表达式。

(1) $(3-5i)(4+2i)$

(2) $\sin(2-8i)$

5. 判断下面语句的运算结果。

(1) $4<20$

(2) $4<=20$

(3) $4==20$

(4) $4\sim=20$

(5) 'b'<'B'

6. 设$a=39$、$b=58$、$c=3$、$d=7$，判断下面表达式的值。

(1) $a>b$

(2) $a<c$

(3) $a>b\,\&\&b>c$

(4) $a==d$

(5) $a\,|\,b>c$

(6) $\sim\sim d$

7. 编写脚本，计算本章习题第2题中的表达式。

8. 编写脚本，输出本章习题第6题中的表达式的值。

第3章

数组和向量

MATLAB的一个重要功能是能够进行向量和矩阵运算，MATLAB中的多数功能也都基于向量和矩阵运算。因此，矩阵在 MATLAB中具有非常重要的位置。在 MATLAB中，向量和矩阵主要由数组表示，数组是 MATLAB的核心数据结构。本章重点介绍数组及数组运算。

本章的学习目标

- 掌握数组和向量的概念与性质。
- 掌握数组与向量的操作和运算方法。
- 了解数组与向量的实际应用。

3.1 MATLAB数组

数组是MATLAB中的基本构件，数组中的单个数据项称为元素。任何变量在MATLAB中都是以数组形式存储和运算的。

1. 按照数组元素的个数和排列方式分类

按照数组元素的个数和排列方式，MATLAB中的数组可以分为5种。

(1) 没有元素的空数组(empty array)。

(2) 只有一个元素的标量(scalar)，实际上是一行一列的数组。

(3) 只有一行或一列的向量(vector)，分别称为行向量(row vector)或列向量(column vector)，也可统称为一维数组。

(4) 普通的具有多行多列元素的二维数组。

(5) 超过二维的多维数组(具有行、列、页等多个维度)。

数组中的元素同样具有由取值和位置组合而成的唯一属性。在二维数组中，位置是指元素所在的行号与列号(按顺序)。一般而言，n维数组中元素的位置是一个包含n个索引值的向量。

应用于n维数组A时，函数size()按下面两种方式之一返回信息。

- 如果按照只有一个返回值的形式调用，如sz=size(A)，将返回一个n维向量，其中包含数组每一维的大小。
- 如果按照具有多个返回值的形式调用，如[rows,cols]=size(A)，将返回具有所要求数量的数组A的各维大小。为了避免出错，应当给定与数组维数相同的变量个数。

length()函数返回数组的最大维值。如果创建一个具有2×8×3大小的三维数组，size(A)将返回[2 8 3]，而length(A)将返回8。

对于$m\times n$数组的转置，将返回一个$n\times m$的数组，其行与列的数值发生了互换。转置操作由置于数组标识符后面的撇号字符(')来标识。图3-1和图3-2给出了一个转置数组的示例。

$$A_{(m\times n)}=\begin{bmatrix} a_{11} & a_{12} & \cdots & a_{1n} \\ a_{21} & a_{22} & \cdots & a_{2n} \\ \vdots & & \ddots & \\ a_{m1} & a_{m2} & \cdots & a_{mn} \end{bmatrix}$$

图 3-1 数组

$$A'_{(n\times m)}=\begin{bmatrix} a_{11} & a_{21} & \cdots & a_{m1} \\ a_{12} & a_{22} & \cdots & a_{m2} \\ \vdots & & \ddots & \\ a_{1n} & a_{2n} & \cdots & a_{mn} \end{bmatrix}$$

图 3-2 数组的转置

值得注意的特殊情况如下。

(1) 当一个二维矩阵具有相同的行数和列数时，称之为方阵(square)。

(2) 当数组中的非零值仅出现在行号和列号相同的位置时，称该数组为对角数组。

2. 按照数组的存储方式分类

按照数组的存储方式，MATLAB中的数组可以分为两种。

- 普通数组。
- 稀疏数组(常称为稀疏矩阵)。

稀疏矩阵适用于那些大部分元素为0，只有少部分非零元素的数组的存储，主要是为了提高数据的存储和运算效率。

3.1.1 创建数组

用户可以通过直接输入数值来创建数组，也可以通过MATLAB内置函数来创建具有某一特点的数组。

使用“；”或另起一行表明一行的结束，如A＝[2,5,7；1,3,42]。

函数zeros(m,n)与ones(m,n)分别生成填充值为0或1的m行n列的数组。

函数rand(m,n)与randn(m,n)分别生成取值为0~1的随机数的数组。

函数diag()具有多种形式，最常用的是diag(A)，其中A为数组，它将A中对角线上的元素作为向量返回；diag(V)是函数diag()的另外一种形式，其中V为一个向量，它返回一条对角线为V的方阵。

MATLAB还提供了magic(m)函数，它生成一个填充1和m^2之间数字的数组，其组织方式使得每一行、每一列以及对角线上的元素分别加起来等于相同的数。

例3-1　创建数组。

在命令行窗口中输入以下命令，并观察输出结果：

```
>> A = [2, 5, 7; 1, 3, 42]
A =
     2     5     7
     1     3    42
>> z = zeros(3,2)
z =
     0     0
     0     0
     0     0
>> [z ones(3, 4)]          % 将数组串联
ans =
     0     0     1     1     1     1
     0     0     1     1     1     1
     0     0     1     1     1     1
>> rand(3,4)
ans =
    0.4387    0.7952    0.4456    0.7547
    0.3816    0.1869    0.6463    0.2760
    0.7655    0.4898    0.7094    0.6797
>> rand(size(A))
ans =
    0.6551    0.1190    0.9597
    0.1626    0.4984    0.3404
>> diag(A)
ans =
     2
     3
>> diag(diag(A))
ans =
     2     0
     0     3
>> magic(4)
ans =
    16     2     3    13
     5    11    10     8
     9     7     6    12
     4    14    15     1
```

3.1.2　数组操作

1. 获取数组中的元素

通过将需要获取元素的索引值用括号括起来，可以对数组中的元素进行寻址，其中第一个值为行索引值，第二个值为列索引值。考虑例3-1中A(2, 3)生成的值：将返回第2行、

第3列的元素42。如果试图读取超出行或列索引值范围的数据，将会出错。

也可以向数组中存储数值，例如，继续进行例3-1，输入A(2,3)=0，将得到如下结果。

```
A =
    2    5    7
    1    3    0
```

如果在超出数组范围的位置写入，MATLAB将自动对数组进行扩充。如果在数组当前元素的位置和将要写入新数值的位置之间缺失数据的话，MATLAB会将缺失数据填充为0。例如，继续进行例3-1，输入A(4, 1)=3，将得到如下结果。

```
A =
    2    5    7
    1    3    0
    0    0    0
    3    0    0
```

2. 各类型的数组操作

数组操作包括：算术与逻辑运算、函数的使用、连接和切片。本节还将讨论数组特有的两个议题：数组重排与线性化数组(请参考3.2.5节中的相关内容)。

1) 数组算术操作

如果两个数组的维数相同或者其中一个是标量(即长度为1的向量，向量将在3.2节介绍)，对于两个数组中单个元素的算术操作就可以共同执行。加法与减法具有预期的语法，如例3-2所示；而乘法、除法与指数运算必须使用“.”操作符，例如.*、./与.^(点号是符号的一部分，顿号不是)，分别用来进行标量的乘、除与指数运算。

❖ 注意

如果不使用点操作符进行数组的乘、除和指数运算，则需要进行特殊的矩阵操作。在没有预期的条件下发生这种情况时，给出的错误信息是非常难以理解的，如下所示。

```
Error using    *
Inner matrix dimensions must agree.
```

数组的维数恰好一致时(如方阵数组相乘)，情形会更加复杂难懂，此时得到的并不是标量相乘的结果。

例3-2　数组数学运算练习。

在命令行窗口中输入如下命令，并观察输出。

```
>> A = [2 5 7
1 3 2]
A =
    2    5    7
    1    3    2
>> A + 5
ans =
    7    10    12
```

```
    6     8     7
>> B = ones(2, 3)
B =
    1     1     1
    1     1     1
>> B = B * 2
B =
    2     2     2
    2     2     2
>> A.*B                    % 标量乘法
ans =
    4    10    14
    2     6     4
>> A*B                     % 矩阵乘法在这里不适用
错误使用  *
```

用于矩阵乘法的维度不正确。请检查并确保第一个矩阵中的列数与第二个矩阵中的行数匹配。要对矩阵的每个元素分别进行运算，可以使用(.*)运算符来执行按元素相乘。

2) 数组逻辑运算

如果两个数组的维数相同或者其中一个是标量(即具有长度为1的向量)，对于两个数组中单个元素的逻辑操作就可以共同执行。结果将是与原数组具有相同大小，且取布尔值的数组。完成例3-3以了解数组逻辑运算的工作方式。

在这里，成功地将数组A与一个标量以及与A具有相同维数的数组B进行比较。但是在和具有相同数量的元素而形状不同的数组C进行比较时，出现了错误。

例3-3　数组逻辑运算练习。

在命令行窗口中输入如下命令。

```
>> A = [2 5; 1 3]
A =
    2     5
    1     3
>> B = [0 6; 3 2];
>> A >= 4
ans =
2×2 logical 数组
    0     1
    0     0
>> A >= B
ans =
2×2 logical 数组
    1     0
    0     1
>> C = [1 2 3 4]
C =
    1     2     3     4
>> A > C
对于此运算，数组的大小不兼容。
```

3) 使用库函数

对于多数MATLAB函数，可以输入数值数组并返回具有相同形状的数组。下面的函数要特别注意，因为它们是这一规则的例外，并且所具有的特定功能会被经常用到。

当sum(v)与mean(v)函数被应用于二维数组时，将返回一个行向量，分别包含数组中每一列的和与平均值。如果需要计算整个数组中所有元素的和，可以使用sum(sum(v))函数。

min(v)与max(v)函数返回两个行向量：每一列中的最大值或最小值以及它们在每一列中出现的行号。例如：

```
>> [values rows]=max([2   7   42;
 9   14    8;
10   12   −6])
values=
     10      14      42
rows=
      3       2       1
```

这意味着每一列中的最大值分别是10、14和42，它们分别出现在第3行、第2行和第1行。如果确实需要得到整个数组中包含最大值的行号与列号，可以继续使用以下命令。

```
>> [value col]=max(values)
value=
     42
col=
      3
```

这就找出了整个数组中的最大值并确定它出现在第3列。为了进一步确定最大值出现的行位置，这里使用最大值出现的列位置对最大行位置向量rows进行索引。

```
>> row= rows(col)
row =
     1
```

因此，可以正确地得出该数组中的最大值是42，它出现在行号为1、列号为3的位置。

4) 数组连接

MATLAB允许程序设计者按照以下方式将其他数组连接起来创建新的数组。

水平向连接，需要每一分量具有相同的行数。

```
A=[B C D ... X Y Z]
```

垂直向连接，需要每一分量具有相同的列数。

```
A=[B; C; D; ... X; Y; Z]
```

结果将是一个数组，其列数为单个分量的列数，行数为每一个分量的行数之和。

例3-4　连接数组操作练习。

在命令行窗口中输入以下命令。

```
>> A = [2 5; 1 7];
>> B = [1 3]';              % 生成一个列向量
```

```
>> [A B]
ans =
    2    5    1
    1    7    3
```

5) 数组切片

将数组中的一部分移入另一数组中的语句一般如下。

```
B(<rangeBR>, <rangeBC>)=A(<rangeAR>, <rangeAC>)
```

其中，每一个<range...>为一个索引向量，A为已存在数组，B可以是已存在数组、一个新数组或者根本不存在(B取名为ans)。B中指定的索引位置的值将被赋予从A中相应位置赋值过来的值。使用这一模板的规则如下。

- 每个切片数组的每个维度必须相等，或者A中的切片大小为1×1。
- 如果执行这一语句之前B不存在，其中没有被显式赋值的位置将填充为0。
- 如果执行这一语句之前B存在，没有直接赋值的部分值保持不变。

6) 数组重排

有时候对数组采取一种维数形式并将其重排为另一种维数形式是非常有用的。函数reshape()可以实现此功能。命令reshape(A, rows, cols, ...)，可将数组A(无论其维数是多少)重排后返回具有以下大小的数组并按照需要的维数输出。

```
(rows×cols×...)
```

但是，reshape()函数并不会在空白位置填充数据，数组A原始维数的乘积必须与新数组维数的乘积相等。试通过例3-5来理解如何重排数组。

在这里，首先得到一个1×10的数组A，并尝试将其重排为4×3的维数。由于数组元素数不相符，因此导致出现错误。在数组A中连接两个0后，有了正确的元素个数，然后重排成功。

例3-5　数组重排操作练习。

在命令行窗口中输入以下命令。

```
>> A = 1:10
A =
    1    2    3    4    5    6    7    8    9    10
>> reshape(A, 4, 3)
错误使用 reshape
元素数不能更改。请使用 [] 作为其中一个尺寸输入，以自动计算该维度的适当大小。
>> reshape([A 0 0], 4, 3)
ans =
    1    5    9
    2    6   10
    3    7    0
    4    8    0
```

7) 线性化数组

如果不揭露一个MATLAB“并不光彩”的秘密，那么对于数组的讨论就不够完整。即多维数组并不是存储在标准的、矩形块的内存中。与其他的内存块一样，存储数组的内存块也是顺序排列的，数组按照列的顺序存放在内存中。通常，如果MATLAB的表现如用户期望的那样，用户就不用关心数组是如何存储的。但是有些情况下，MATLAB的设计者需要暴露这些秘密。

数组线性化比较明显的基本情形是find()函数的机制。如果在数组上执行逻辑操作，结果将是与原数组具有相同大小但是取逻辑值的数组。一般true值将会随机散布在结果数组内。如果想把这些转换为索引集合，那么希望看到些什么呢？一个具有[row column]索引对的数组处理起来确实很笨拙。因此，MATLAB的设计者决定返回这些true值的线性位置。用这一结果进行索引暴露了MATLAB数组的线性化本质。证实这一点的方法可参见例3-6。

例3-6 线性化数组操作练习。

在命令行窗口中输入以下命令。

```
>> A = [2 5 7 3
        8 0 9 42
        1 3 4 2]
A =
    2     5     7     3
    8     0     9    42
    1     3     4     2
>> A > 5
ans =
3×4 logical 数组
    0     0     1     0
    1     0     1     1
    0     0     0     0
>> ix = find(A > 5)
ix =
     2
     7
     8
    11
>> A(ix) = A(ix) + 3
A =
     2     5    10     3
    11     0    12    45
     1     3     4     2
>> A(11)
ans =
    45
```

在这里，建立了一个3×4的数组A并计算A大于5的逻辑数组。当用户将查找这些位置得出的结果存储到变量ix中时，可以看到它是一个数值向量。如果按列从左上角往下数，会看到A的线性化形式下的第2、第7、第8、第11位置处的值确实是true，也可以看到使用这一线性化的索引向量获取原来数组中的元素是合法的。在本例中，为每一个元素加3。最后，当在仅有三行的数组中试图检索第11个元素时，用户本来料想MATLAB可能会出现错误，而实际上MATLAB将数组的存储值展开，然后数到第11个元素(第一列3个，第二列3个，第三列3个)之后抽取出第四列的第二个元素。

❖ 注意

(1) 不暴露数组中寻找逻辑结果的详细步骤，而是采用比较好的综合方式，如下所示。

```
A(A>5)=A(A>5)+3
```

该语句产生期望的结果而没有暴露下面隐藏的不好的秘密。

(2) 不要把使用数组线性化作为程序逻辑的一部分，它将使得程序阅读或理解起来非常困难，而且它从来也不是做某件事情的唯一途径。

为了更充分地理解这些数组操作的思想，需要仔细阅读代码清单3-1中的脚本，研究后面的解释性注释，并完成例3-7。

代码清单3-1　数组操作脚本

```
1. A = [2 5 7 3
2. 1 3 4 2];
3. [rows, cols] = size(A);
4. odds = 1:2:cols;
5. disp('odd columns of A using predefined indices')
6. A(:, odds)
7. disp('odd columns of A using anonymous indices')
8. A(end, 1:2:end)
9. disp('put evens into odd values in a new array')
10. B(:, odds) = A(:, 2:2:end)
11. disp('set the even values in B to 99')
12. B(1, 2:2:end) = 99
13. disp('find the small values in A')
14. small = A < 4
15. disp('add 10 to the small values')
16. A(small) = A(small) + 10
17. disp('this can be done in one ugly operation')
18. A(A < 4) = A(A < 4) + 10
19. small_index = find(small)
20. A(small_index) = A(small_index) + 100
```

例3-7　运行数组操作脚本。

运行代码清单3-1中的脚本，并观察结果。

```
>> s3_1
odd columns of A using predefined indices
ans =
    2    7
    1    4
odd columns of A using anonymous indices
ans =
    1    4
```

```
put evens into odd values in a new array
B =
     5     0     3
     3     0     2
set the even values in B to 99
B =
     5    99     3
     3     0     2
find the small values in A
small =
  2×4 logical 数组
     1     0     0     1
     1     1     0     1
add 10 to the small values
A =
    12     5     7    13
    11    13     4    12
this can be done in one ugly operation
A =
    12     5     7    13
    11    13     4    12
small_index =
     1
     2
     4
     7
     8
A =
   112     5     7   113
   111   113     4   112
```

❖ 注意

(1) 不要忘记在所有脚本的开头使用clear和clc命令。

- clear命令清空当前工作区窗口中的全部变量，防止旧的变量值在脚本文件运行时产生奇怪的行为。
- clc命令清空命令窗口，防止混淆当前脚本文件和以前活动的输出。

(2) 在编写程序时，比较好的方式是一次输入少数几行命令并且逐渐增大所运行的脚本文件，而不是一次编辑一个非常大的脚本，然后一次性运行整个脚本。当用户只是在原先可以工作的脚本上仅增加几行程序时，就比较容易找到逻辑问题发生的源头。

(3) 在一行程序里，编写巨大而又复杂的向量操作表达式来解决棘手的问题是很有诱惑力的。虽然这可能是非常有趣的智力锻炼，但如果解决方案是一次解决一步而且使用中间变量的话，那么代码更易于维护。

在代码清单3-1中：

第1行和第2行：创建一个2×4的数组A。

第3行：得到行数与列数。

第4行：创建向量odds，它包含了奇数列的索引值。

第6行：使用odds得到A中的奇数列，“:”表明使用A中的所有行。

第8行：第7行命令的匿名实现。注意，可以在数组中的任意维使用end，它意味着该维的末端。

第10行：由于B事先并不存在(在脚本文件开始时运行clear的一个理由就是可以确信这一点)，因此创建一个新的数组。B中没有被赋值的元素被填充为0。

第12行：将B中选中位置的元素设为99。

第14行：数组上的逻辑操作产生具有逻辑结果的数组。

第16行：对在A中的较小元素加10。

第18行：该命令不仅非常复杂，而且效率不高，因为它对A使用了两次逻辑操作。

第19行：函数find()实际上返回原数组线性化形式下索引值的列向量。

第20行：如上所述，在索引一个数组之前使用find()函数是不必要的，但是它仍能正常工作。

❖ 注意

所有的结果均与预期相符合。

3.2 MATLAB向量

向量是对相似数据项的集合进行分组的最简单方式。对于向量，首先需要考虑的是数值或逻辑值组成的向量。许多语言也称向量为线性数组或线性矩阵，顾名思义，向量是数据的一维分组，如图3-3所示。

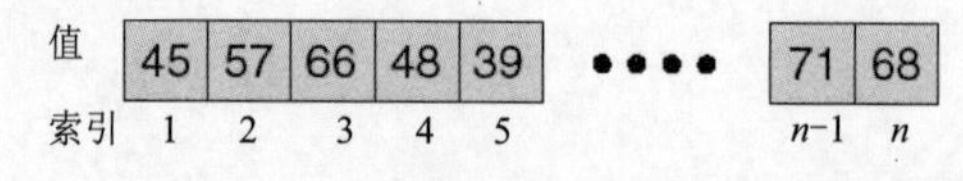

图 3-3 向量

向量中的单个数据项通常称为元素(element)。向量元素的两个独立且截然不同的属性(数值及其在向量中的位置)决定了其在某一特定向量中的唯一性。例如，图3-3中处在向量中第3个位置的数据项66，其值为66，其位置为3。在向量中可能存在其他取值为66的元素，但是没有其他元素会处于此向量中的第3个位置。

3.2.1 创建向量

与创建单独的数据项一样，创建向量也有两种方法。

(1) 使用一系列常数来创建向量。

(2) 通过对已有的向量进行操作创建新的向量。

下面说明如何由常数来创建向量。

(1) 直接输入，例如A＝[2,5,7,1,3](逗号是可选的，一般情况下可以省略)。

(2) 使用冒号输入某个范围内的数值，例如B=1:3:20，其中第一个数为起始值，第二个数为增量(如果增量为1，冒号可以省略)，第三个数为结束值。

(3) 使用 linspace() 函数创建取值位于两个数之间且具有指定长度的向量，例如C=linspace(0,20,11)，其中第一个参数为下限，第二个参数为上限，第三个参数为向量中数值的个数。

(4) 使用zeros(1,*n*)、ones(1,*n*)、rand(1,*n*)(均匀分布随机数)以及randn(1,*n*)(正态分布随机数)等函数创建填充值为0、1或介于0和1之间的随机数的向量。

例3-8　向量练习。

在命令行窗口中输入如下命令。

```
>> A = [2 5 7 1 3]
A =
     2     5     7     1     3
>> B = 1:3:20
B =
     1     4     7    10    13    16    19
>> C = linspace(0, 20, 11)
C =
     0     2     4     6     8    10    12    14    16    18    20
>> D = [4]
D =
     4
>> E = zeros(1,4)
E =
     0     0     0     0
```

然后在MATLAB窗口的工作区中查看其内容。

工作区窗口会给出所创建变量的三类信息：变量名、变量的值及变量的类，也就是变量的数据类型。

❖ 注意

如果向量的尺寸足够小，Value栏将显示其实际内容；其他情况下将看到形如<1 × 11 double>的属性描述信息。

在例3-8中有意创建了只包含一个元素的向量D，或许结果会令用户惊讶。无论是在命令行窗口还是在工作区窗口中，D的显示均类似于一个标量。在MATLAB中，所有的标量均被作为具有单位长度的向量看待。

3.2.2 向量尺寸

向量还有一个专门的属性，即向量的长度(如图3-3中所示的*n*)。在多数情况下，该长度在向量创建时就已固定。实际上，MATLAB能够通过插入或删除元素来增加或减小向量的长度。MATLAB通常提供两个函数来确定数组的大小。函数size(V)在对向量V进行操作后，将返回包含两个数值——向量的行数(总是1)和列数(向量的长度)——的另一向量。函数length(V)返回数组大小中的最大值。对于向量，该数值即为其长度。

3.2.3 向量索引

如前所述，向量中的每一个元素均具有两个属性：元素的值及其在向量中的位置。可以通过两种方式获取数组中的元素：使用数值向量索引或者通过逻辑向量索引。

1. 数值索引

通过将需要检索的一个或多个元素的索引值括在括号内可以获取单个或一组元素值。继续例3-8，输入A(3)会返回第三个元素值7。如果试图读取索引值超出向量长度或小于1的元素，则会报错。

可以通过赋值语句来改变向量中元素的值。试通过例3-9来了解怎样改变向量中的元素。

例3-9　改变向量中的元素。

对例3-8中的向量A进行如下改变。

```
>> A(5)=42
A =
     2     5     7     1    42
```

MATLAB的一个独特之处在于，当尝试向超出向量范围的位置写入时所表现出的行为。向低于1的位置写入是非法的，而在向超出当前末尾位置写入时，MATLAB将自动对向量进行扩展。如果在向量的当前元素与试图写入的新元素之间缺失元素，MATLAB将用0值填充缺失元素。试通过例3-10来理解其工作过程。

在例3-10中，要求在长度为5的向量中存入第8个元素。此时MATLAB并不报错，而是通过自动做两件事情来完成此项命令：将向量长度扩展为8，并将还没有赋值的元素存储为0。

这一过程称为向量索引(indexing a vector)，在这些简单的例子中，使用单个数作为索引值。实际上，可以使用索引向量来对另一个向量进行索引，而且索引向量的长度并不需要和待索引向量的长度相同。这一长度可长可短，但是索引向量的值必须为正，并且如果用于从向量中提取数据的话，索引值不能大于向量的长度。

例3-10　扩展向量练习。

对例3-9中的向量A进一步扩展。

```
>> A(8)=3
A =
     2     5     7     1    42     0     0     3
```

2. 逻辑索引

逻辑操作的结果为true或false。这类数据称为布尔值(boolean value)或逻辑值(logical value)。与数值一样，通过指定其中的真假值，逻辑值也可以组成数组。例如，给出如下mask变量。

```
>> mask=[true false false true]
mask =
  1×4 logical 数组
   1   0   0   1
```

❖ 注意

命令行窗口中显示的逻辑变量值用1代表真，用0代表假。

如下所示，可以用逻辑向量来索引任意向量：

```
>> A = [2 4 6 8 10];
>> A(mask)
ans =
    2    8
```

当用逻辑向量进行索引时，结果中将包含原向量中下列位置的元素：对应逻辑索引向量中取值为真的位置。逻辑索引向量的长度可以比原向量更短，但是不能更长。

3.2.4 缩短向量

有时需要从向量中移除元素。例如，一个由某仪器的测量值组成的向量，已知第三个读数的设置不正确，在对数据进行处理之前希望将错误的读数去除。可以使用空向量[ ]的一种特殊用法来完成此项任务。正如名字和符号所暗示的，空向量中不包含任何元素。如果将空向量赋予某一向量(例如A)中的一个元素，那么该元素将从A中移除，这样A就少了一个元素。

例3-11　缩短向量练习。

将例3-10中的向量A缩短。

```
>> A(4) = []
A =
     2     5     7    42     0     0     3
```

❖ 注意

现实中很少将缩短向量作为问题的正确求解方法，而且这样做可能会导致逻辑混乱。有可能的话，使用索引来对需要保留的元素进行赋值。

如上所述，原本希望将原先长度为8的向量中的第4个元素去除，结果向量中仅包含7个元素，而原先取值为1的第4个元素被移除。

3.2.5 向量操作

MATLAB语言的本质核心在于具有丰富的数组和向量操作工具。本节首先说明如何使用这些工具操作向量，并推广到对数组(多维向量)的应用，最后是对矩阵的操作。

有三种方法是直接从对标量的操作推广而来的：

- 算术操作
- 逻辑操作
- 使用库函数

有两种方法针对一般情况下的数组和特殊情况下的向量：

- 连接
- 切片(广义索引)

1. 算术操作

只要两个向量的长度相同或者其中一个是标量(即长度为1的向量)，算术操作就可以在这两个向量中的每一个元素上共同执行。如例3-12所示，其中的加、减运算具有我们预期的语法形式；而乘、除及指数运算由于实际上与每一个元素而不是矩阵操作相关，因此在语法上具有一定的特点。在设计MATLAB语言时，其常用符号是对矩阵操作默认保留的。但是，由于逐个元素相乘操作从根本上相异于矩阵操作，因此需要一套新的符号。符号.*、./和.^(.是符号的一部分而顿号不是)被分别用于逐个元素相乘、相除及指数运算。由于矩阵的加、减与逐个元素的加、减是相同的，因此它们没有特殊的运算符。

例3-12　使用向量数学运算。

在命令行窗口中输入如下命令。

```
>> A = [2 5 7 1 3];
>> A + 5
ans =
     7    10    12     6     8
>> A .* 2
ans =
     4    10    14     2     6
>> B = -1:1:3
B =
    -1     0     1     2     3
>> A .* B                              % 逐个元素相乘
ans =
    -2     0     7     2     9
>> A * B                               % 矩阵乘法！！
错误使用   *
用于矩阵乘法的维度不正确。请检查并确保第一个矩阵中的列数与第二个矩阵中的行数匹配。要对矩阵的每个元素分别进行运算，可以使用(.*)运算符来执行按元素相乘。
>> C = [1 2 3]
C =
    1     2     3
>> A .* C                              % A和C的长度必须相同
对于此运算，数组的大小不兼容。
```

这里首先演示了标量的加法和乘法，然后是关于向量A、B逐个元素的操作。第一个错误是由于在乘法符号中省略了“.”，从而调用对于向量A、B来讲不正确的矩阵操作而引起的。第二个错误的产生是由于算术操作中的两个向量必须具有相同的大小。同样应当注意，使用%符号意味着程序行的剩余部分为注释。

可以通过一元减法操作符(-)来改变向量中所有值的符号。

2. 逻辑操作

前面讨论了逻辑索引，但一直没有使用它。在本节中，你会了解到对向量进行逻辑操作将产生逻辑结果向量。然后可以应用这些逻辑结果向量来进行向量索引，这可以使复杂的逻辑表达式变得非常清晰。

与算术操作一样，如果两个向量的长度相同或者其中一个是标量(即长度为1的向量)，就可以在两个向量上执行逐个元素的逻辑操作，结果将是与原始向量具有相同长度的且取逻辑值的向量。例3-13解释了逻辑表达式是如何工作的。

首先建立向量A、B，然后执行两种合法的逻辑操作：找出A中不小于5的元素的位置，以及找出相同位置的不小于B中元素的向量A中元素的位置。与算术操作相同，如果对具有不同大小的向量(大小均不为1)使用逻辑操作，就会出现错误。

例3-13 使用向量逻辑表达式。

在命令行窗口中输入以下命令。

```
>> A = [2 5 7 1 3];
>> B = [0 6 5 3 2];
>> A >= 5
ans =
  1×5 logical 数组
    0    1    1    0    0
>> A >= B
ans =
  1×5 logical 数组
    1    0    1    0    1
>> C = [1 2 3]
C =
    1    2    3
>> A > C
对于此运算，数组的大小不兼容。
```

读者可以使用逻辑“与”(&)和“或”(|)操作将逻辑操作符组合成复杂的操作。这些逻辑操作符实际具有两种风格：& / |和&& / ||。单个操作符&和|对具有匹配尺寸的逻辑数组的单个逻辑值进行逐元素的匹配，而双操作符&&和||将单个逻辑结果结合起来，经常与条件表达式连接在一起(见第6章)。下面将通过例3-14来介绍逻辑操作符是如何工作的。

例3-14 逻辑向量的使用。

在命令行窗口中输入以下命令。

```
>> A = [true true false false];
>> B = [true false true false];
>> A & B
ans =
  1×4 logical 数组
    1    0    0    0
>> A | B
ans =
  1×4 logical 数组
```

```
    1     1     1     0
>> C = [1 0 0]
C =
    1     0     0
>> A & C
错误使用 &
对于此运算，数组的大小不兼容。
```

在例3-14中，成功地将具有相同长度的两个逻辑向量结合起来，但是与算术运算一样，在对不同长度的向量结合时没有成功。

如果要得到对应逻辑向量中元素为真的向量元素的索引值，函数find()可以完成此项任务。它需要输入一个逻辑值数组，然后输出取真值的元素所对应位置的向量。可以通过例3-15，了解该函数是如何工作的。

例3-15　使用find ()函数。

在命令行窗口中输入以下命令。

```
>> A = [2 5 7 1 3];
>> A > 4
ans =
  1×5 logical 数组
    0     1     1     0     0
>> find(A > 4)
ans =
    2     3
```

读者可以使用一元操作符~来对逻辑向量的所有元素求非(将真变为假，将假变为真)。例如：

```
>> na = ~[true true false true]
na =
  1×4 logical 数组
    0     0     1     0
```

读者可以看到，na中的每一个元素对应于原向量中元素的逻辑取非。同通常的数学和逻辑运算一样，操作符的优先级决定了操作执行的顺序。表3-1给出了MATLAB中操作符的优先级，其中同一行的操作符按照由左向右的优先级执行。操作符通常的优先级可以通过对特定的操作加上括号()来撤销。

表3-1　操作符的优先级

操作符	描述
.'、.^	标量转置与标量乘幂
'、^	矩阵转置与矩阵乘幂
+、–、~	一元操作符
.*、./、.\、*、/、\	乘、除、左除
+、–	加、减
:	冒号操作符

（续表）

操作符	描述
<、<=、>=、>、= =、~=	比较
&	元素级与
|	元素级或
&&	逻辑与
||	逻辑或

3. 使用库函数

MATLAB提供了丰富的数学函数集，覆盖了算术、三角及统计学等领域。如果想得到完整的函数列表，可以使用MATLAB“快速访问”工具栏中的Help选项。相对于单个数值，MATLAB函数多接收数值向量并返回相同长度的向量。下面的函数值得特别重视，因为它们所具备的功能经常被用到。

- sum(v)与mean(v)：输入一个向量，然后分别返回该向量中所有元素的和与平均值。
- min(v)与max(v)函数都返回两个量：这两个量分别是向量中的最大值和最小值以及该值在向量中出现的位置。例如，以下语句表明最大值为42，是向量中的第三个元素。

```
>> [value where] = max([2 7 42 9 -4])
value =
        42
where =
        3
```

- round(v)、ceil(v)、floor(v)与fix(v)函数将向量中所有数值的小数部分去掉，它们分别对应常规的舍入、向上舍入、向下舍入及向零舍入。

4. 连接

在3.2.1节中讲解了可以通过将数值组合在方括号中来创建向量，例如：

```
A=[2 5 7 1 3]
```

这实际上是连接的一种特殊情况。MATLAB还可以通过将其他向量连接在一起来创建新的向量：

```
A=[B C D ... X Y Z]
```

其中，括号里面的每一项可以是定义为常量或变量的任意向量，A的长度是各个向量的长度之和。3.2.1节给出的较为简单的向量创建方法实际上是这种规则的特例，因为每个数值也隐含为一个1×1的向量，得到结果为1×N的向量，N为括号内数值的个数。下面试着将例3-16中的向量连接起来。

例3-16　连接向量练习。

在命令行窗口中输入以下命令。

```
>> A = [2 5 7];
>> B = [1 3];
```

```
>> [A B]
ans =
     2     5     7     1     3
```

❖ 注意

结果向量不是嵌套在一起的，而是完全展开的。

5. 切片

如前所述，抽取并替换向量中的元素称为索引。但是，索引并不局限于向量中的单个元素，还可以使用索引向量。这些索引向量可以是以前命名的向量的值，也可以在需要时匿名创建。当索引一个向量中的单个元素，如A(4)时，实际上匿名创建了一个1×1的索引向量4，然后用其抽取数组A中的特定元素。

创建所需要的匿名索引向量时，使用了冒号操作符的其他一些含义。产生数值向量的一般形式如下。

```
<start> : <increment> : <end>
```

我们已经知道，当省略< increment >部分时，默认增量为1。在匿名索引向量时，同时具有以下特点。

(1) 关键字end被定义为向量的长度。

(2) 操作符:为1:end的缩写。

最后，如前所述，在MATLAB中使用具有逻辑值的向量对待索引的向量进行索引时，索引向量的长度等于或小于待索引向量的长度时均是合法的。例如，如果定义A为

```
A = [2 5 7 1 3]
```

那么A([false true false true])返回：

```
ans =
     5     1
```

产生一个仅含有两个元素的向量，它们是原向量中对应于逻辑索引值为真的位置的元素。正如在本节稍后部分所看到的，这对于索引一个向量中符合某个特定条件的数据项来说是非常有用的。

向量切片(将一个向量中的一部分移入另一个向量的一部分)的基本语句形式如下。

```
B(<rangeB>)=A(<rangeA>)
```

其中，<rangeB>与<rangeA>均为索引向量，A为一个已存在的数组，B可以是一个已存在的数组、一个新数组或者根本不存在(B取名为ans)。B中rangeB索引值范围内的数值被赋予A中rangeA上的数值。使用这一模板的规则如下。

- rangeB的大小必须与rangeA的大小相同或者rangeA的大小为1。
- 如果执行这一语句之前B不存在，其中没有被显式赋值的位置将填充为0。
- 如果执行这一语句之前B存在，没有直接在rangeB范围内赋值的部分值保持不变。

下面分析代码清单3-2中的每一条语句并运行该清单中的脚本(见例3-17)。

代码清单3-2 向量索引脚本

```
1. clear
2. clc
3. A = [2 5 7 1 3 4];
4. odds = 1:2:length(A);
5.
6. disp('odd values of A using predefined indices')
7. A(odds)
8. disp('odd values of A using anonymous indices')
9. A(1:2:end)
10. disp('put evens into odd values in a new array')
11. B(odds) = A(2:2:end)
12. disp('set the even values in B to 99')
13. B(2:2:end) = 99
14. disp('find the small values in A')
15. small = A < 4
16. disp('add 10 to the small values')
17. A(small) = A(small) + 10
18. disp('this can be done in one ugly operation')
19. A(A < 4) = A(A < 4) + 10
```

在代码清单3-2中：

第1行和第2行：clear与clc一般为脚本文件的前两行命令。

第3行：创建具有6个元素的向量A。

第4行：在预定义索引向量时，如果需要使用某一向量的大小，必须使用length()函数或size()函数。

第5行：空行旨在提高可读性。

第6行：disp()函数在命令窗口中显示其参数的内容，本例中为“odd values of A using predefined indices”。我们使用disp()函数而不使用注释，是因为注释只在脚本文件中可见，而不是程序的输出。在这里，需要后者。

第7行：使用预先定义的索引向量来获取向量A中的元素。由于没有进行赋值，变量ans为具有三个元素的向量，包含A中奇数位的元素。注意它们是处于奇数位置的元素，而不是取值为奇数的元素。

第8行：同样，disp()函数在命令窗口中显示其参数的内容，这里为“odd values of A using anonymously indices”。

第9行：第7行中命令的匿名实现方式。注意，可以在向量中使用关键字end。

第10行：显示“put evens into odd values in a new array”。

第11行：由于B事先并不存在(在脚本文件开始时运行指令clear的一个理由就是确保这一点)，因此一个具有5个(赋给B的最大索引值)元素的新向量被创建。B中没有被赋值且索引值小于5的元素被填充为0。

第12行：显示“set the even values in B to 99”。

第13行：如果在向量中的某一段索引值范围被赋值为一个标量，那么这些索引值范围内的元素均被赋予这一标量的值。

第14行：显示“find the small values in A”。

第15行：作用于向量上的逻辑操作将返回布尔值结果。它与命令行small=[1 0 0 1 1 0]并不相同。如果要创建一个逻辑向量，就必须使用true或false，比如small=[true false false true true false]。

第16行：显示“add 10 to the small values”。

第17行：这条语句实际上是在一个匿名向量上执行标量算术加法：+10。然后将结果赋予A中相应范围内的元素。

第18行：显示“this can be done in one ugly operation”。

第19行：该命令不仅非常复杂，而且效率不高，因为它对A使用了两次逻辑操作符。相比之下，应用形如第17行中的命令要好得多。

例3-17　运行向量索引脚本。

运行代码清单3-2中的脚本，将会在命令行窗口中看到如下输出。

```
odd values of A using predefined indices
ans =
    2    7    3
odd values of A using anonymous indices
ans =
    2    7    3
put evens into odd values in a new array
B =
    5    0    1    0    4
set the even values in B to 99
B =
    5    99    1    99    4
find the small values in A
small =
1×6 logical 数组
    1    0    0    1    1    0
add 10 to the small values
A =
    12    5    7    11    13    4
this can be done in one ugly operation
A =
    12    5    7    11    13    4
```

3.3 习题

1. 在命令提示符下输入以下两条命令。

```
>> x = [ 9 3 0 6 3]
>> y = mod((sqrt(length(((x+5).*[1 2 3 4 5]))*5)),3)
```

*y*值为多少？

2. 向量操作是MATLAB的主要部分，请使用下面这个向量完成如下练习。

```
vec=[4 5 2 8 4 7 2 64 2 57 2 45 7 43 2 5 7 3 3 6253 3 4 3 0 -65 -343]
```

❖ 注意

不要直接给出下列问题中任何一个问题的最终结果，不要在问题的任何部分使用迭代。

(1) 创建一个新的向量vecR，使其为vec的转置。

(2) 创建一个新的向量vecB，使其为vec中的前半部分与后半部分互换的结果，这样vecB包含的元素为vec的后半部分加上vec的前半部分。

(3) 创建一个新的向量vecS，使其包含vec中所有值小于45 的元素，且元素按照vec中的顺序排列。

(4) 创建一个新的向量vec3R，使其从vec中的最后一个元素开始，并且间隔三个元素取一个元素，直到第一个元素为止。

(5) 创建一个新的向量vecN，使其包含vec中所有值等于2或4的元素的索引值。

(6) 创建一个新的向量vecG，使其包含vec中去掉索引值为奇数且取值为2或4的元素后的所有元素。

3. 给定以下三个向量：

```
nums1=[7 1 3 5 32 12 1 99 10 24]
nums2=[54 1 456 9 20 45 48 72 61 32 10 94 11]
nums3=[44 11 25 41 84 77 998 85 2 3 15]
```

编写脚本文件以创建相应的三个向量——newNums1、newNums2和newNums3，分别包含以上三个向量中从第一个元素开始且间隔取值的元素。

❖ 注意

不能直接将相关数值输入答案中。如果在命令提示符下输入以下内容：

```
>> newNumsEx=[6 56 8 445 7 357 4]
```

将不得分。

对于三个向量而言，解决方法应当是一样的，只是变换了向量名称而已。

第4章

MATLAB的数学运算

MATLAB最早的功能是数学运算，随着发展，功能已逐渐扩展到其他领域中。但是数学运算仍然是MATLAB的核心，其他领域的应用都以这些数学运算为基础，如矩阵运算、代数运算等。本章将介绍MATLAB的数学功能，如多项式、线性插值、傅里叶变换和微分方程等。通过本章的学习，读者可以利用MATLAB编写一些简单的脚本程序，实现一些数学功能。

本章的学习目标

- 掌握多项式运算及插值。
- 掌握函数操作。
- 掌握微分方程。

4.1 多项式与插值

多项式在数学中有着极为重要的作用，同时多项式运算也是工程和应用中经常会遇到的问题。MATLAB提供了一些专门用于处理多项式的函数，用户可以应用这些函数，对多项式进行操作。MATLAB中对多项式的操作包括多项式求根、多项式的四则运算以及多项式的微积分。

4.1.1 多项式的表示

在MATLAB中多项式用一个行向量表示，向量中的元素为该多项式的系数，按照降序排列。例如，多项式$4x^3+3x^2+6x^1+9$可以表示为向量P=[4, 3, 6, 9]。用户可用创建向量的方式创建多项式，再将其显示为多项式，例如：

```
>> P=[4,3,6,9];
>> y=poly2sym(P)
```

```
y =
    4*x^3 + 3*x^2 + 6*x + 9
```

4.1.2　多项式的四则运算

由于多项式利用向量来表示，因此多项式的四则运算可以转换为向量的运算。

多项式的加减即为对应项系数的加减。因此，其可以通过向量的加减来实现。但是，在向量的加减中，两个向量需要有相同的长度。因而在进行多项式的加减时，需要在短的向量的前面补0。

多项式的乘法实际上是多项式系数向量之间的卷积运算，可以通过MATLAB中的卷积函数conv来完成。多项式的除法为乘法的逆运算，可以通过反卷积函数deconv来实现。

下面通过示例来说明多项式的四则运算。

例4-1　多项式的四则运算。

编写脚本文件s4_1.m，实现多项式的四则运算。脚本内容如下。

```
% polynomial operation
p1=[1 2 1];                                  %定义多项式
p2=[1 1];
length_of_p1=length(p1);
length_of_p2=length(p2);
if length_of_p1 == length_of_p2              %判断两个多项式的长度是否相等
    p1_plus_p2 =p1+p2;                       %多项式相加
    p1_minus_p2=p1-p2;                       %多项式相减
elseif length_of_p1 < length_of_p2
        temp_p1=[zeros(length_of_p2-length_of_p1) p1];
        p1_plus_p2 =temp_p1+p2;
        p1_minus_p2=temp_p1-p2;
else
    temp_p2=[zeros(length_of_p1-length_of_p2) p2];
    p1_plus_p2 =p1+temp_p2;
    p1_minus_p2=p1-temp_p2;
end
p1_multiply_p2=conv(p1,p2);                  %多项式相乘
p1_divide_p2   =deconv(p1,p2);               %多项式除法
p1=poly2sym(p1)                              %显示多项式 p1
p2=poly2sym(p2)                              %显示多项式 p2
p1_plus_p2 =poly2sym(p1_plus_p2)
p1_minus_p2=poly2sym(p1_minus_p2)
p1_multiply_p2=poly2sym(p1_multiply_p2)
p1_divide_p2=poly2sym(p1_divide_p2)
```

在命令行窗口中执行该脚本，得到的输出结果如下。

```
>> s4_1
p1 =
    x^2 + 2*x + 1
```

```
p2 =
     x + 1
p1_plus_p2 =
     x^2 + 3*x + 2
p1_minus_p2 =
     x^2 + x
p1_multiply_p2 =
     x^3 + 3*x^2 + 3*x + 1
p1_divide_p2 =
     x + 1
```

4.1.3 多项式的其他运算

除多项式的四则运算外，MATLAB还提供了多项式的一些其他运算。这些运算及对应的函数如表4-1所示。

表4-1 多项式运算函数

函数	功能
roots	多项式求根
polyval	多项式求值
polyvalm	矩阵多项式求值
polyder	多项式求导
poly	求矩阵的特征多项式；或者求一个多项式，其根为指定的数值
polyfit	多项式曲线拟合
residue	求解余项

下面对这些函数及其功能进行介绍。其中，将重点介绍 roots、polyval、polyder、poly和polyfit。关于其他函数的使用，用户可以参阅MATLAB帮助文档。

1. roots 函数的使用

roots函数用于求解多项式的根。该函数的输入参数为多项式的系数组成的行向量，返回值为由多项式的根组成的列向量。

例4-2 使用roots函数。

```
>> r=[1 3 5];
>> p=poly(r)
p =
     1     -9     23   -15
>> poly2sym(p)
ans =
x^3 - 9*x^2 + 23*x - 15
>> roots(p)
ans =
     5.0000
     3.0000
     1.0000
```

2. polyval 函数

polyval函数用于多项式求值。对于给定的多项式，利用该函数可以计算该多项式在任意点的值。

例4-3　多项式求值。

```
>> p=[4 3 2 1];
>> polyval(p,4)
ans =
    313
>> 4*4^3+3*4^2+2*4+1
ans =
    313
```

3. polyder 函数

MATLAB提供的polyder函数用于多项式求导。该函数可用于求解一个多项式的导数、两个多项式乘积的导数和两个多项式商的导数。下面介绍该函数的用法。

- q=polyder(p)：该命令计算多项式p的导数。
- c=polyder(a,b)：该命令计算多项式 a、b的积的导数。
- [q,d]=polyder(a,b)：该命令计算多项式a、b的商的导数，q/d为最后的结果。

例4-4　polyder函数的应用。

```
>> a=[1 2 1];
>> b=[1 -1];
>> p1=polyder(a)
p1 =
    2      2
>> p2=polyder(a,b)
p2 =
    3      2      -1
>> [p3,p4]=polyder(a,b)
p3 =
    1      -2      -3
p4 =
    1      -2      1
```

4. 多项式拟合

曲线拟合是工程中经常要用到的技术之一。MATLAB提供了曲线拟合工具箱和多项式拟合函数用以满足用户需求。

polyfit函数给出了在最小二乘意义下的最佳拟合系数。该函数的调用格式为p=polyfit(x, y, n)。其中，x、y分别为待拟合数据的x坐标和y坐标，n用于指定返回多项式的次数。

例4-5　利用三阶多项式拟合正弦函数在区间[0, 2π]的部分。

编写脚本，代码如下：

```
% fit sine between 0 and 2*pi using 3 order polyn0mial
x = 0:pi/10:2*pi;
```

```
y=sin(x);
z=polyfit(x,y,3);
plot(x,y,'r*');
hold on
f=poly2sym(z);
ezplot(f,[0,2*pi]);
```

拟合结果如图4-1所示，其中的“*”表示正弦函数的原图像，曲线为拟合结果。

脚本中涉及的绘图命令将会在后续章节中陆续介绍。

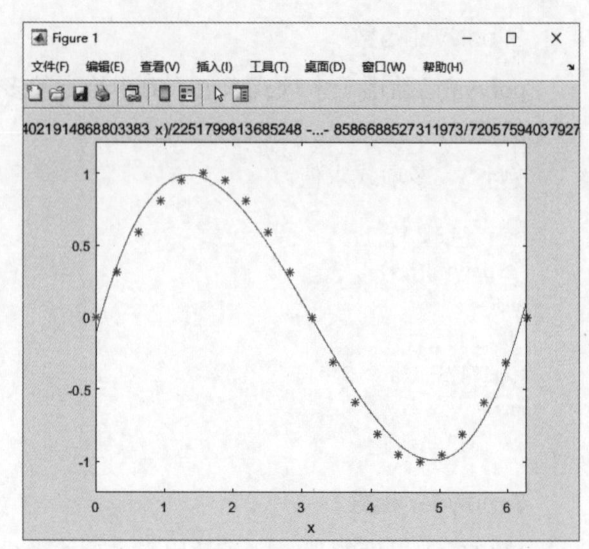

图 4-1 利用三阶多项式拟合正弦函数的结果

4.1.4 数据插值

很多时候，需要根据已知数据推断未知数据，此时就要使用数据插值。

插值运算是根据已有数据的分布规律，找到一个可以连接已知各点的函数表达式，并用这一函数表达式来预测处于已有数据两点之间任意位置的数据。MATLAB提供了对数组的任意一维进行插值的工具，这些工具大多需要用到多维数组的操作。本节主要对一维数据插值进行介绍。

一维数据插值在曲线拟合和数据分析中具有重要的地位。在MATLAB中，一维数据插值主要由函数interp1来实现。该函数的调用格式为*yi*=interp1(*x*, *y*, *xi*, *method*)，其中*x*、*y*分别为所采用数据的*x*坐标和*y*坐标，*xi*为待插值的位置，*method*为采用的插值方法，该语句返回函数在点*xi*处的插值结果。该语句中的参数*method*可以选择的内容如表4-2所示。

表4-2 插值函数中可选的方法

参数	对应方法
'nearest'	最近邻插值
'linear'	线性插值
'spline'	三次样条插值
'pchip'或'cubic'	三次插值

下面对这些方法进行介绍。

首先看下面的例子，比较4种方法的结果差异。

例4-6 利用上面4种方法进行插值。

已知数据*x*=[0，3，5，7，9，11，12，13，14，15]，*y*=[0，1.2，1.7，2.0，2.1，2.0，1.8，1.2，1.4，1.6]，采用上面4种方法进行插值，得到间隔为0.5的数据。

编写脚本文件，命名为interpolation，内容如下。

```
% Interpolation using the four methods
x=[0 3 5 7 9 11 12 13 14 15];
y=[0 1.2 1.7 2.0 2.1 2.0 1.8 1.2 1.4 1.6];
length_of_x=length(x);
scalar_x=[x(1):0.5:x(length_of_x)];
length_of_sx=length(scalar_x);
for i=1:length_of_sx
    y_nearest(i)=interp1(x,y,scalar_x(i),'nearest');
    y_linear(i)=interp1(x,y,scalar_x(i),'linear');
    y_spline(i)=interp1(x,y,scalar_x(i),'spline');
    y_cubic(i) =interp1(x,y,scalar_x(i),'pchip');
end
subplot(2,2,1),plot(x,y,'*'),hold on,plot(scalar_x,y_nearest),title('method=nearest');
subplot(2,2,2),plot(x,y,'*'),hold on,plot(scalar_x,y_linear),title('method=linear');
subplot(2,2,3),plot(x,y,'*'),hold on,plot(scalar_x,y_spline),title('method=spline');
subplot(2,2,4),plot(x,y,'*'),hold on,plot(scalar_x,y_cubic),title('method= pchip ');
```

在命令行窗口中执行该脚本，结果如图4-2所示。

最近邻插值将插值点xi的值设置为距离最近的点的对应值。线性插值用分段线性函数拟合已有数据，返回拟合函数在xi处的值。三次样条插值采用样条函数对数据进行拟合，并且任意两点之间的函数为三次函数，最后返回拟合函数在xi处的值。三次插值为一组方法，通过pchip函数对数据进行三次Hermite插值，这种方法可以保持数据的一致性和数据曲线的形状。

从图4-2中可以看出，最近邻插值效果最差，其他3种方法的差别不是很大。但是，最近邻插值计算简单、快速。由此可见，在需要考虑算法运行时间并且对结果精度要求不是很高时，通常可采用最近邻插值。

除了上述插值方法，一维插值还有另外一种方法，那就是基于快速傅里叶变换的方法。这种方法将输入数据视为周期函数的采样数据，对数据进行傅里叶变换，然后对更多点进行傅里叶逆变换。MATLAB中的interpft函数用于完成这一功能。该函数的调用格式为$y = \text{interpft}(x,n)$，其中x为周期函数的均匀采样数据，n为待返回的数据个数。下例为利用interpft函数对正弦函数在区间(1,10)进行插值的结果。

例4-7　利用interpft函数对正弦函数进行插值。

编写脚本，内容如下。

```
x = 0:pi/5:2*pi;
y = sin(x);
plot(x,y);
hold on
y1 = interpft(y,20);
x1 = linspace(0,2*pi,20);
plot(x1,y1,'.');
```

结果如图4-3所示。

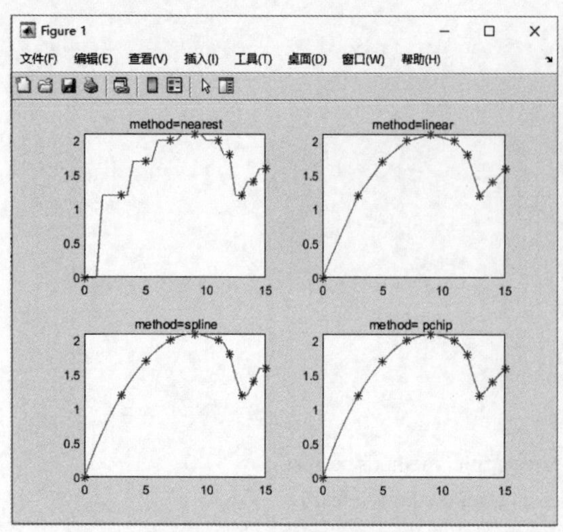

图 4-2　利用 4 种方法进行数据插值的结果

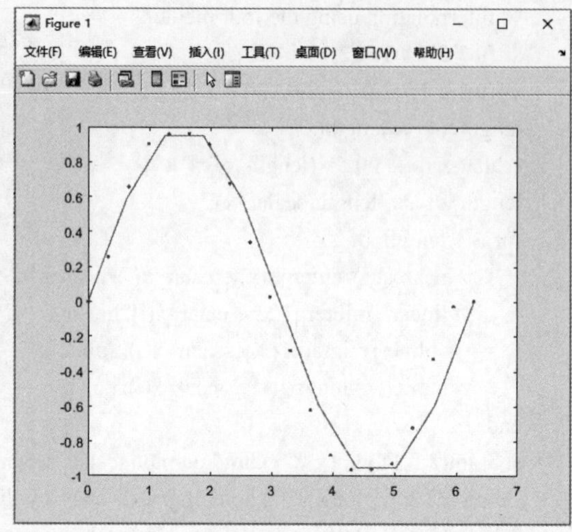

图 4-3　通过 interpft 函数对正弦函数进行插值的结果

有时候，当插值点落在已知数据集的外部时，就需要对该点进行插值估算，这种外插估值是比较困难的。在MATLAB中，当没有指定外插算法时，对已知数据集外部点上函数的估值都返回NaN。

需要外插运算时，可以通过interp1函数添加'extrap'参数，指明所用的插值算法也用于外插运算。当然，也可以直接将数据集外的函数点赋值为extraval，一般赋值为NaN或0。

例4-8　外插运算。

```
>> x=0:0.5:10;
>> y=cos(x);
>> x1 = linspace(0,2*pi,20);
>> y1=cos(x1);
>> y2=interp1(x,y,x1,'nearest')                %没有指定外插算法，估值都返回NaN
y2 =

  列 1 至 15

  1.0000   0.8776   0.8776   0.5403   0.0707   0.0707   -0.4161   -0.8011   -0.8011   -0.9900   -0.9365
-0.9365   -0.6536   -0.2108   -0.2108

  列 16 至 20
  0.2837   0.7087   0.7087   0.9602   0.9766
>> y2=interp1(x,y,x1,'nearest','extrap')       %指明插值算法也用于外插运算
y2 =

  列 1 至 15

  1.0000   0.8776   0.8776   0.5403   0.0707   0.0707   -0.4161   -0.8011   -0.8011   -0.9900   -0.9365
-0.9365   -0.6536   -0.2108   -0.2108

  列 16 至 20
```

```
    0.2837    0.7087    0.7087    0.9602    0.9766
>> y3=interp1(x,y,x1,'linear','extrap');
>> y4=interp1(x,y,x1,'spline','extrap');
>> y5= pchip (x,y,x1);
>> plot(x,y,x1,y1,'o',x1,y2,'-',x1,y3,'-.',x1,y4,'--',
x1,y5,'*')
```

各种外插算法的结果如图4-4所示。

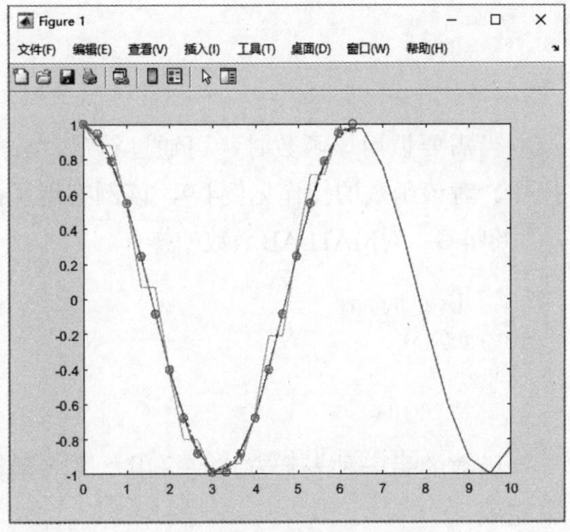

图 4-4　各种外插算法的结果

4.2　函数运算

函数是数学中的一个重要概念，因此对函数的操作也尤为重要。MATLAB提供了强大的函数操作功能，包括函数图像的绘制、函数求极值和零点、数值积分等，这些函数统称为“函数的函数”。本节将介绍MATLAB的函数功能。

4.2.1　函数的表示

MATLAB中提供了两种表示函数的方法：利用M文件将函数定义为MATLAB函数或者采用匿名函数。

以函数$f(x)=\dfrac{1}{(x-0.3)^2+0.01}+\dfrac{1}{(x-0.9)^2+0.04}-6$为例。该函数在MATLAB系统中定义在文件humps.m中，该文件的内容如下。

```
function [out1,out2] = humps(x)
%HUMPS    A function used by QUADDEMO, ZERODEMO and FPLOTDEMO.
%   Y = HUMPS(X) is a function with strong maxima near x = .3
%   and x = .9.%
%   [X,Y] = HUMPS(X) also returns X.   With no input arguments,
%   HUMPS uses X = 0:.05:1.%
%   Example:
%         plot(humps)%
%   See QUADDEMO, ZERODEMO and FPLOTDEMO.
%   Copyright 1984-2002 The MathWorks, Inc.
%   $Revision: 5.8 $   $Date: 2002/04/15 03:34:07 $
if nargin==0, x = 0:.05:1; end
y = 1 ./ ((x-.3).^2 + .01) + 1 ./ ((x-.9).^2 + .04) - 6;
if nargout==2,
   out1 = x; out2 = y;
```

```
else
   out1 = y;
end
```

当需要调用该函数时，可通过符号“@”获取函数句柄，利用函数句柄实现对函数的操作。对该函数的操作见例4-9，该例实现了函数值的计算。

例4-9　对MATLAB函数的操作。

```
>> fh = @humps;
>> fh(1.5)
ans =
      -2.8103
```

函数的另一种表示方式是采用“匿名函数”。例如，上面的操作还可以用下面的方式来完成。

例4-10　采用“匿名函数”的方式操作函数。

在MATLAB命令行窗口中输入如下命令。

```
>> clear
>> fh = @(x)1./((x-0.3).^2 + 0.01) + 1./((x-0.9).^2 + 0.04)-6;
>> fh(1.5)
ans =
      -2.8103
```

得到的结果与上面完全相同。

利用匿名函数方式还可以创建二元函数，见下例。

例4-11　利用匿名函数创建二元函数。

```
>> fh = @(x,y)y*sin(x)+x*cos(y);
>> fh(pi,2*pi)
ans =
      3.1416
```

4.2.2　数学函数图像的绘制

函数图像具有直观的特性，可以通过函数图像查看一个函数的总体特征。MATLAB提供了绘制函数图像的函数fplot，以方便用户绘制函数的图像。下面介绍该函数的用法。该函数的一般调用格式如下。

```
fplot(fun, xinterval)
```

其中，参数fun为一个函数，形式为：$y=f(x)$。fun可以为MATLAB函数的M文件名；也可以是包含变量x的字符串，该字符串可以传递给函数eval；还可以是函数句柄。

参数xinterval是一个向量，用于指定x轴的范围，格式为[$x$min $x$max]。不设置xinterval值的话，默认x轴区间为[-5, 5]。

此函数还有其他调用格式，参见其帮助文件。

例4-12 绘制函数图像。

绘制humps函数的图像。在命令行窗口中输入如下命令。

```
>> fh = @humps;
>> subplot(1,2,1),fplot(fh);
>> subplot(1,2,2),fplot(fh,[-3, 3]);
```

得到的图像如图4-5所示。

本例首先绘制了humps在默认区间[-5,5]的函数图像，然后绘制其在区间[-3,3]的函数图像。用户还可以指定线型和颜色(LineSpec)、图像的相对精确度(tol)、最少像点数(n)，可以将这些参数任意组合来控制图像的外观，如下面的语句所示。

```
fplot(fun,limits,LineSpec)
fplot(fun,limits,tol)
fplot(fun,limits,tol,LineSpec)
fplot(fun,limits,n)
```

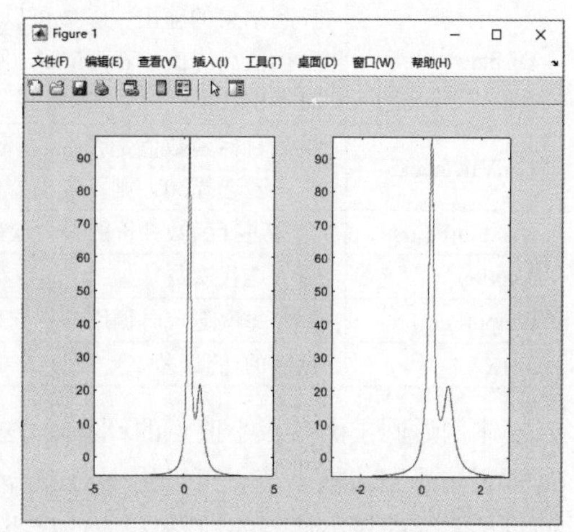

图 4-5 humps 函数的图像

上述方法绘制了函数图像，若要返回函数图像中各点的位置，可以用命令[X,Y] = fplot(fun,limits,...)来完成。该命令返回函数各点的横坐标和纵坐标，但是不绘制函数图像。

另外，用户可以指定所绘制图像的坐标系，该坐标系通过坐标系句柄指定。实现该功能的语句为fplot(axes_handle,...)。

4.2.3 函数求极值

函数求极值是最优化和运筹学中的一个重要问题，是数值计算的一个重要任务。本节将介绍函数的求极值问题，包括一元函数求极值、二元函数求极值和曲线拟合。

1. 一元函数的极小值

对于给定的MATLAB函数，可以使用函数fminbnd求得函数在给定区间内的局部极小值，见例4-13。

例4-13 求humps函数在区间(0.3, 1)内的极小值。

```
>> fh=@humps;
>> x=fminbnd(fh,0.3,1)
x =
     0.6370
>> fh(x)
ans =
     11.2528
```

本例演示了函数fminbnd的简单应用，命令x=fminbnd(fh,0.3,1)返回函数在指定区间内的局部极小值点。该函数的调用格式为x = fminbnd(*fun*, $x1$, $x2$, *options*)。其中，*fun*为函数句柄，$x1$和$x2$分别用于指定区间的左右边界，*options*用于指定程序的其他参数，该元素的取值如表4-3所示。

表4-3　options元素的取值

名称	描述
Display	控制结果的输出。参数可以为off，表示不输出任何结果；若为iter，则表示输出每个插值点的值；若为final，则表示输出最后结果；notify为默认值，仅当函数不收敛时输出结果
FunValCheck	检测目标函数值是否有效。若选择on，当函数返回的数据为复数或空数据时发出警告；若选择off，则不发出警告
MaxFunEvals	允许进行函数评价的最大次数
MaxIter	最大迭代次数
OutputFcn	指定每次迭代时调用的用户自定义函数
TolX	返回的x的误差

本例返回了函数极小值点的x坐标，通过fh(x)计算该函数的极小值。事实上，还可以令函数直接返回该极小值。可以用下面的语句实现该功能：[x, *fval*] = fminbnd(...)。该命令返回目标函数的极小值点的x值和相应的极小值。

可以通过exitflag令函数返回程序停止的条件，exitflag可能的返回值和对应的结束条件如表4-4所示。

表4-4　exitflag的取值

exitflag的返回值	对应的结束条件
1	函数在options.TolX条件下收敛到解x
0	函数因为达到最大迭代次数或函数评价次数而结束
–1	被输出函数停止
–2	边界不一致($x1> x2$)

最后，可以通过 [x,fval,exitflag,output] = fminbnd(...)语句返回函数运行的详细信息。output为一个结构体，其元素如下所示。

- output.algorithm：采用的算法。
- output.funcCount：函数评价的次数。
- output.iterations：迭代次数。
- output.message：退出信息。

例4-14　fminbnd函数的应用。

```
>> h_f=@humps;
>> [x,fval,exitflag,output] = fminbnd(h_f,0,1)
x =
     0.6370
fval =
     11.2528
exitflag =
     1
```

```
output=
  包含以下字段的 struct:
    iterations: 8
    funcCount: 9
    algorithm: 'golden section search, parabolic interpolation'
    message: '优化已终止:↵ 当前的 x 满足使用 1.000000e-04 的 OPTIONS.TolX 的终止条件↵'
>> [x,fval,exitflag,output] = fminbnd(h_f,0,1,optimset('MaxIter',5,'Display','iter'))
Func-count     x            f(x)         Procedure
    1       0.381966      57.0572        initial
    2       0.618034      11.3651        golden
    3       0.763932      15.5296        golden
    4       0.666438      11.5074        parabolic
    5       0.636638      11.2528        parabolic
    6       0.637354      11.2528        parabolic
正在退出: 超过了最大迭代数
 - 请增大 MaxIter 选项。
 当前函数值: 11.252790
x =
    0.6374
fval =
    11.2528
exitflag =
    0
output=
    iterations: 5
    funcCount: 6
    algorithm: 'golden section search, parabolic interpolation'
      message: '正在退出: 超过了最大迭代数↵ - 请增大 MaxIter 选项。↵ 当前函数值: 11.252790 ↵'
```

本例中，第一条语句取得函数humps的句柄，第二条语句查找函数在[0,1]区间的极小值，输出极小值点的x坐标、极小值、程序结束的原因和程序的运行参数。结果显示程序结束的原因为1，即程序在允许误差内收敛到解x。第二条语句与第一条语句相比，添加了程序最大迭代次数为5次，输出每个插值点的值。结果显示程序退出的原因为0，即最大迭代次数达到，并且输出了各插值点的值和属性。

2. 多元函数的极小值

MATLAB提供的函数fminsearch用于计算多元函数的极小值。fminsearch函数内部应用了Nelder-Mead单一搜索算法，通过调整x的各个元素的值来寻找$f(x)$的极小值。该算法虽然对于平滑函数的搜索效率没有其他算法高，但不需要梯度信息，从而扩展了其应用范围。因此，该算法特别适用于不太平滑、难以计算梯度信息或梯度信息价值不大的函数。

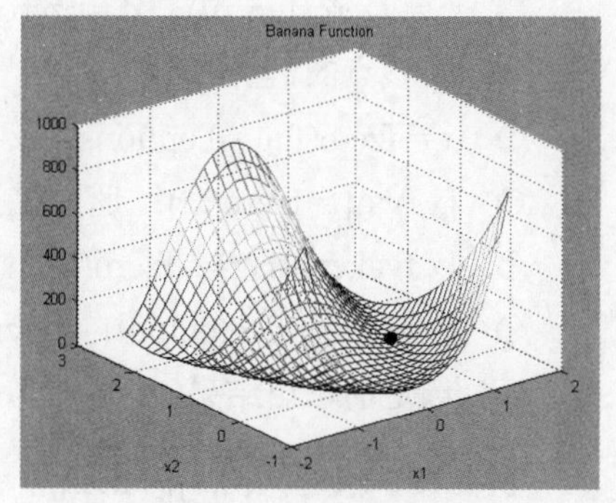

图 4-6 香蕉函数的图像

下面以香蕉函数为例说明该函数的用法。

Rosenbrock函数$f(x)=100(x_2-x_1^2)^2+(1-x_1)^2$由于

几何形状酷似香蕉，因此也被称为“香蕉函数”。该函数的图像如图4-6所示。

从图4-6中可知，该函数在x=[1;1]附近有一个唯一的最小值0。为寻找函数的极小值，首先以如下方式定义该函数。

创建文件banana，该文件的内容如下。

```
function f=banana(x)
f=100*(x(2)-x(1)^2)^2+(1-x(1))^2;
```

下面使用fminsearch函数搜索“香蕉函数”的最小值。在命令行窗口中输入以下内容。

```
>> hf=@banana;
>> [x,fvalue,flag,output]=fminsearch(hf,[-2,2])
x =
     1.0000      1.0000
fvalue =
   3.9243e-10
flag =
     1
output =
   包含以下字段的 struct:
     iterations: 112
     funcCount: 208
     algorithm: 'Nelder-Mead simplex direct search'
     message: '优化已终止:↵ 当前的 x 满足使用 1.000000e-04 的 OPTIONS.TolX 的终止条件，↵F(X)
满足使用 1.000000e-04 的 OPTIONS.TolFun 的收敛条件↵'
```

用于求解函数极小值的函数还有fminbnd。fminbnd函数的用法与fminsearch函数的用法基本相同，不同之处在于：fminbnd函数的输入参数为寻找最小值的区间，并且只能用于求解一元函数的极值，而fminsearch函数的输入参数为初始值。

4.2.4 函数求解

可以使用函数fzero来求一元函数的零点。要寻找一元函数的零点，可以指定一个初始点，或者指定一个区间。当指定一个初始点时，此函数在初始点附近寻找一个使函数值变号的区间，如果没有找到这样的区间，函数返回NaN。该函数的调用格式如下。

- x = fzero(fun,x0)，x = fzero(fun,[x1,x2])：寻找x0附近或区间[x1,x2]内fun的零点，返回该点的x坐标。
- x = fzero(fun,x0,options)，x = fzero(fun, [x1,x2],options)：通过options设置参数。
- [x,fval] = fzero(...)：返回零点的同时返回该点的函数值。
- [x,fval,exitflag] = fzero(...)：返回零点、该点的函数值以及程序退出的标志。
- [x,fval,exitflag,output] = fzero(...)：返回零点、该点的函数值、程序退出的标志以及选定的输出结果。

例4-15　求区间[0,π]内正弦等于0.6的角度。

该例求函数$f(x)=\sin(x)-0.6$在区间[0,π]内的解，代码如下。

```
>> h_f=@(x)(sin(x)-0.6);
>> [x1,y1]=fzero(h_f,[0,pi/2])
x1 =
    0.6435
y1 =
    0
>> [x2,y2]=fzero(h_f,[pi/2,pi])
x2 =
    2.4981
y2 =
    0
>> [x3,y3]=fzero(h_f,0)
x3 =
    0.6435
y3 =
    0
>> [x4,y4]=fzero(h_f,pi)
x4 =
    2.4981
y4 =
    0
```

上述代码中分别用指定区间和指定初始值的方法求解函数的零点。

例4-16　求解函数$f(x)=\log x+\sin x-2$在6附近的解。

在命令行窗口中输入以下内容。

```
>> f_h=@(x)log(x)+sin(x)-2;
>> [x1,y1]=fzero(f_h,6)
```

得到的结果如下。

```
x1 =
    6.4237
y1 =
    -2.2204e-16
```

继续以下输入，绘制其图形，如图4-7所示。

```
>> fplot(f_h,[x1-2,x1+2])
>> hold on
>> plot(x1,y1,'k*')
```

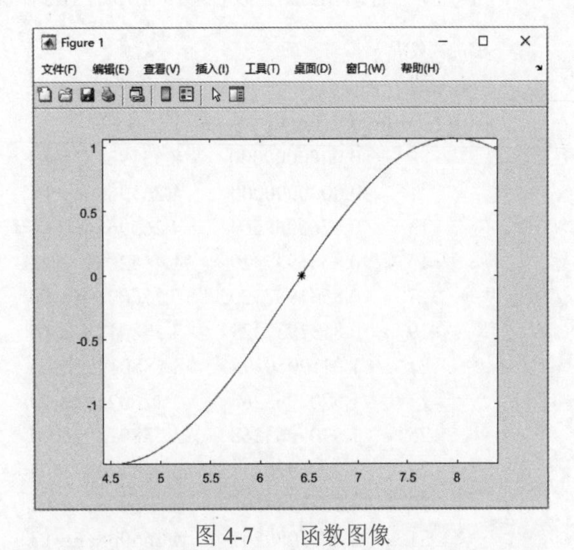

图 4-7　函数图像

4.2.5 数值积分

MATLAB中提供了用于积分的函数，包括一元函数的自适应数值积分、一元函数的矢量积分、二重积分和三重积分等，这些函数如表4-5所示。

表4-5　MATLAB中的数值积分函数

函数	功能
quad	一元函数的数值积分，采用自适应的Simpson方法
quadl	一元函数的数值积分，采用自适应的Lobatto方法
quadv	一元函数的向量数值积分
dblquad	二重积分
triplequad	三重积分

下面介绍这些函数的用法。

1. 一元函数的积分

MATLAB中一元函数的积分可以用quad和quadl两个函数来实现。函数quad采用低阶的自适应递归Simpson方法，函数quadl采用高阶的自适应Lobatto方法，该函数是quad8函数的替代者。这两个函数的调用格式如下。

- q = quad(fun,*a*,*b*)：采用自适应递归方法计算函数fun在区间[*a*,*b*]内的积分，其精确度为1e−6。
- q = quad(fun,*a*,*b*,tol)：指定允许误差，指定的误差tol需大于1e−6。该命令运行更快，但是得到的结果的精确度降低。
- q = quad(fun,*a*,*b*,tol,trace)：跟踪迭代过程，输出[fcnt *a* *b*−*a* Q]的值，分别为计算函数值的次数、当前积分区间的左边界、步长和该区间内的积分值。
- [q,fcnt] = quadl(fun,*a*,*b*,...)：输出函数值的同时输出计算函数值的次数。

下面以正弦函数为例说明函数quad的应用。

例4-17　计算正弦函数在区间[0,π]内的积分。

```
>> @(x)sin(x);
>> fun=@(x)sin(x);
>> [q,fcont]=quad(fun,0,pi,1e-6,1)
     9     0.0000000000     8.53193733e-01     0.3424195349
    11     0.0000000000     4.26596866e-01     0.0896208493
    13     0.4265968664     4.26596866e-01     0.2527987545
    15     0.8531937329     1.43520519e+00     1.3151544267
    17     0.8531937329     7.17602594e-01     0.6575803480
    19     0.8531937329     3.58801297e-01     0.3064282767
    21     1.2119950298     3.58801297e-01     0.3511521177
    23     1.5707963268     7.17602594e-01     0.6575803480
    25     1.5707963268     3.58801297e-01     0.3511521177
    27     1.9295976238     3.58801297e-01     0.3064282767
    29     2.2883989207     8.53193733e-01     0.3424195349
    31     2.2883989207     4.26596866e-01     0.2527987545
    33     2.7149957872     4.26596866e-01     0.0896208493
q =
    2.0000
fcont =
    33
```

上述代码计算了正弦函数的积分，输出了最后结果及迭代过程。下面绘制该函数的图像，并绘制出各迭代节点，如图4-8所示。在命令行窗口中继续输入以下内容。

```
>> fplot(fun,[0,pi],'b');
>> hold on;
>> trace=[
        9     0.0000000000     8.53193733e-001     0.3424195349
       11     0.0000000000     4.26596866e-001     0.0896208493
       13     0.4265968664     4.26596866e-001     0.2527987545
       15     0.8531937329     1.43520519e+000     1.3151544267
       17     0.8531937329     7.17602594e-001     0.6575803480
       19     0.8531937329     3.58801297e-001     0.3064282767
       21     1.2119950298     3.58801297e-001     0.3511521177
       23     1.5707963268     7.17602594e-001     0.6575803480
       25     1.5707963268     3.58801297e-001     0.3511521177
       27     1.9295976238     3.58801297e-001     0.3064282767
       29     2.2883989207     8.53193733e-001     0.3424195349
       31     2.2883989207     4.26596866e-001     0.2527987545
       33     2.7149957872     4.26596866e-001     0.0896208493
];
>> x=trace(:,2);
>> y=fun(x);
>> plot(x,y,'.')
```

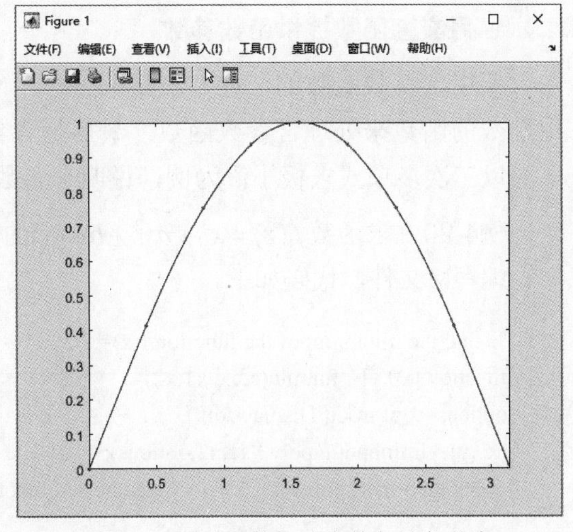

图 4-8　正弦函数积分中的各迭代节点

2. 一元函数的矢量积分

矢量积分相当于多个一元函数积分。当被积函数中含有参数，需要对该参数的不同值计算该函数的积分时，可以使用一元函数的矢量积分。

例4-18　高斯分布的均值已知为 0，求当方差分别为1和2时，自变量在区间[0,3]内的概率。

在命令行窗口中输入如下命令。

```
>> h_g=@(x,sigma2)exp(-x^2./(2.*(1:sigma2)))./sqrt(2*pi.*(1:sigma2));
>> quadv(@(x)h_g(x,3),0,2)
ans =
     0.4772     0.4214     0.3759
```

矢量积分返回一个向量，每个元素的值为一元函数的积分值。quadv函数类似于quad和quadl函数，可以设置积分参数和输出结果。

3. 二重积分和三重积分

在MATLAB中，二重积分和三重积分分别由函数dblquad和函数triplequad来实现。首先介绍函数dblquad，该函数的基本格式如下。

- q = dblquad(fun,xmin,xmax,ymin,ymax)：函数的参数分别为函数句柄、两个自变量的积分限(定积分的上限和下限)、返回积分结果。

- q = dblquad(fun,xmin,xmax,ymin,ymax,tol)：指定积分结果的精度。
- q = dblquad(fun,xmin,xmax,ymin,ymax,tol,method)：指定结果的精度和积分方法。method的取值可以是@quadl，也可以是用户自定义的积分函数句柄，该函数的调用格式必须与quad函数的调用格式相同。

例4-19　dblquad函数积分示例。

```
>> F = @(x,y)y*sin(x)+x*cos(y);
>> Q = dblquad(F,pi,2*pi,0,pi)
Q =
    -9.8696
```

triplequad函数的调用格式和函数dblquad基本相同，在调用triplequad函数时，需要使用6个参数来指定积分限。

4.2.6　含参数函数的使用

在很多情况下，需要进行运算的函数中包含参数。在 MATLAB中，使用含参数函数的方式有两种：嵌套函数和匿名函数。下面分别介绍这两种函数的用法。

1. 用嵌套函数提供函数参数

使用含参数函数的一种方法是编写一个M文件，该文件以函数参数作为输入，然后调用函数的函数来处理含参数函数，最后把含参数函数以嵌套函数的方式包含在M文件中。下面以三次多项式求极小值为例，说明含参数函数的使用。

例4-20　求函数$f(x) = x^3 + ax^2 + bx + c$的极小值。

编写M文件，代码如下。

```
% find the minimum of the function f(x)=x^3+a*x^2+b*x+c
function [x0,y] = funmin(a,b,c,x1,x2)
options = optimset('Display','off');
[x0,y] = fminbnd(@poly3,x1,x2,options);
    function y=poly3(x)          %the nested function
        y=x^3+a*x^2+b*x+c;
    end
% plot the function
fplot(@poly3,[x1,x2]);
hold on;
plot(x0,y,'.');
end
```

在命令行窗口中输入如下命令，输出图像将如图4-9所示。

```
>> [x,y]=funmin(-1000,10,0,600,800)
x =
    666.6617
y =
    -1.4814e+08
```

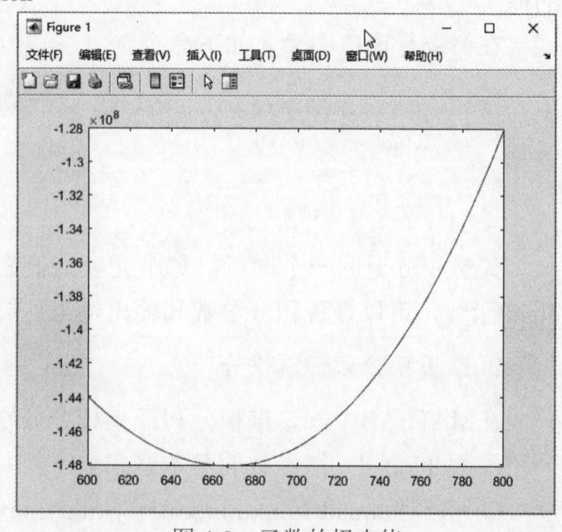

图 4-9　函数的极小值

2. 用匿名函数提供函数参数

还可以通过匿名函数来使用含参数函数，函数的参数在使用之前必须先赋值。具体步骤如下。

(1) 首先创建一个含参数函数，保存为M文件。函数的输入为自变量x和函数参数。

(2) 在调用函数的函数前对参数赋值。

(3) 用含参数函数创建匿名函数。

(4) 把匿名函数的句柄传递给函数的函数进行计算。

下例用匿名函数的方式求函数的极小值。

例4-21　用匿名函数求函数$f(x)=x^3+ax^2+bx+c$的极小值。

首先编写一个M文件用于创建该含参数函数，内容如下。

```
% the file to creat a function with parameters
function y = poly3_fun(x,a,b,c)
y = x^3+a*x^2+b*x+c;
```

编写另一个M文件用于求该函数的极小值，内容如下(下面的程序缺少输出图像的命令)。

```
% find the minimum of the function f(x)=x^3+a*x^2+b*x+c
function [x0,y] = funmin_para(a,b,c,x1,x2)
options = optimset('Display','off');
[x0,y] = fminbnd(@(x)poly3_fun(x,a,b,c),x1,x2,options);
end
```

在命令行窗口中执行该文件，结果如下。

```
>> [x,y]=funmin_para(-1000,10,0,600,800)
x =
    666.6617
y =
    -1.4814e+08
```

得出的结果与例4-20的结果相同，只不过没有输出图像。

4.3　微分方程

MATLAB能够求解的微分方程类型包括常微分方程初值问题、常微分方程边值问题、时滞微分方程初值问题及偏微分方程问题。本节重点介绍常微分方程初值问题、常微分方程边值问题。MATLAB中提供了偏微分方程工具箱，用于求解偏微分方程问题。有需要的用户可以使用该工具箱来求解实际应用中的偏微分方程问题。

4.3.1　常微分方程初值问题

MATLAB可以求解的常微分方程包括下面三种类型。

- 显式常微分方程，$y'=f(t, y)$。

- 线性隐式常微分方程，$M(t, y)y'=f(t, y)$，其中$M(t, y)$为矩阵。
- 完全隐式常微分方程$f(t, y, y')=0$。

本节介绍这三种类型的常微分方程的求解。

1. 显式常微分方程

MATLAB可以求解刚性方程和非刚性方程。求解微分方程的命令格式如下。

```
[t,y] = solver(odefun,tspan,y0,options)
```

其中，odefun为待求解方程的句柄；tspan为积分区间；y0为一个向量，包括问题的初始条件；options用于指定求解算法。对于刚性方程和非刚性方程，可以选择的算法不同。

对于非刚性方程，可以选择的算法如下。

- ode45：基于显式Runge-Kutta(4,5)规则求解，这种方法可以仅通过前一节点$y(t_{n-1})$处的信息一步求解$y(t_n)$。对于多数方程来讲，ode45函数是进行第一次尝试的最佳函数。
- ode23：基于显式Runge-Kutta(2,3)规则求解，与ode45算法相比，该方程对于更大步长及方程存在一定刚性时效果更好。ode23算法同样为单步算法。
- ode113：利用变阶Adams-Bashforth-Moulton算法求解，与ode45函数相比，该方程对于精密步长及方程难于估计时效果更好。该方程为多步算法，需要前面几个节点的信息来求解当前节点的解。

对于刚性方程，可以选择的算法如下。

- ode15s：基于数值积分公式的变阶求解算法。该算法采用向后差分的方法。该算法为多步算法。如果一个问题疑似刚性问题，或者采用ode45算法失败，则可以尝试ode15s。
- ode23s：采用二阶改进Rosenbrock公式的算法。由于该算法为单步算法，因此在粗步长求解时比ode15s算法效率更高。对于一些刚性问题，如果ode15s算法失败，可以考虑用ode23s求解。
- ode23t：采用自由内插的梯形规则。如果问题具有微弱刚性并且结果不需要数值衰减，可采用该算法。
- ode23tb：采用TR-BDF2算法，该算法为隐式Runge-Kutta公式，包含两个部分：第一个部分为梯形规则，第二个部分为二阶后向差分。在粗步长情况下，该算法比ode23s算法更有效。

例4-22　求解刚性方程示例：求解范德蒙方程$y_1''-\mu(1-y_1^2)y_1'+y_1=0$，令$\mu$等于1。

首先将该方程重写为一阶方程的形式。记$y_2=y_1'$，则上述方程可以写为

$$y_2'=\mu(1-y_1^2)y_2-y_1$$

创建函数，用于表示该方程，内容如下。

```
function dydt = vdp1(t,y)
dydt = [y(2); (1-y(1)^2)*y(2)-y(1)];
```

求解该函数，使用ode45算法。在命令行窗口中输入以下内容。

```
>> [t,y] = ode45(@vdp1,[0 20],[2; 0]);
```

结果如图4-10上图所示。结果y为一个数组，该数组具有两列，第一列为$y1$，第二列为$y2$。继续查看结果图形。

工作区

名称	值	最小值	最大值
t	237x1 double	0	20
y	237x2 double	-2.6805	2.6802

```
>> plot(t,y(:,1),'-',t,y(:,2),'--')
>> title('Solution of van der Pol Equation, \mu = 1');
>> xlabel('time t');
>> ylabel('solution y');
>> legend('y_1','y_2')
```

得到的图形如图4-10下图所示。

图 4-10 $\mu=1$ 时范德蒙方程的解

例4-23 求解非刚性方程示例：求解范德蒙方程在$\mu=1000$时的解。

首先创建函数，内容如下。

```
function dydt = vdp1000(t,y)
dydt = [y(2); 1000*(1-y(1)^2)*y(2)-y(1)];
```

当$\mu=1000$时，该方程为刚性问题。下面采用ode15s算法求解该方程在区间[0 3000]内以[2; 0]为初值的解。

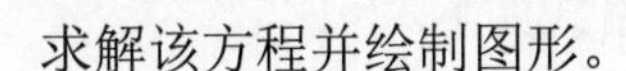

求解该方程并绘制图形。

```
>> [t,y] = ode15s(@vdp1000,[0 3000],[2; 0]);
>> plot(t,y(:,1),'-');
>> title('Solution of van der Pol Equation, \mu = 1000');
>> xlabel('time t');
>> ylabel('solution y_1');
```

结果与最终得到的图形如图4-11所示。

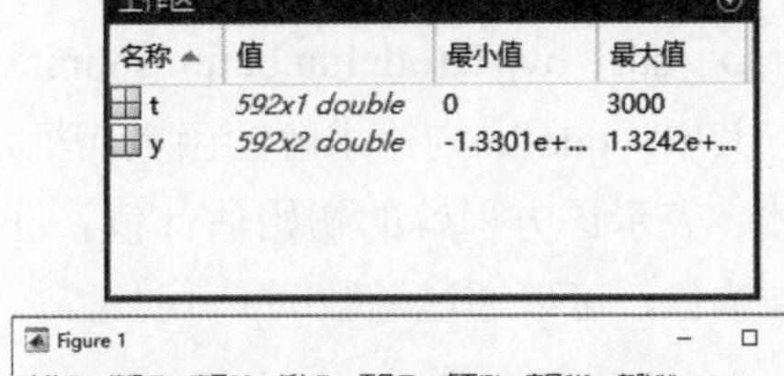

工作区

名称	值	最小值	最大值
t	592x1 double	0	3000
y	592x2 double	-1.3301e+...	1.3242e+...

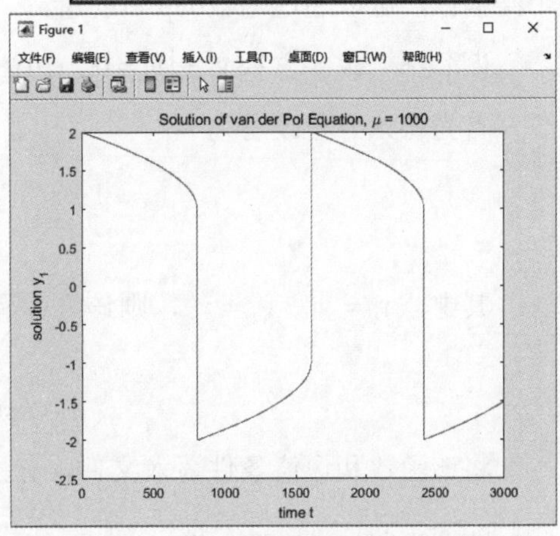

图 4-11 $\mu=1000$ 时范德蒙方程的解

2. 完全隐式常微分方程

完全隐式常微分方程的形式为：$f(t,y,y')=0$。函数ode15i用于求解完全隐式常微分方程。用法为：[t,y] = ode15i(odefun,tspan,y0,yp0,options)。其中，odefun为待求解方程，tspan用于指定积分区间，y0和yp0分别用于指定初值$y(t_0)$和$y'(t_0)$，这两个初值必须一致，即满足$f(t0,y0,yp0=0)$。options为可选参数，用于指定积分方法。该函数输出在离散节点处的近似值。

例4-24 求解$ty^2(y')^3-y^3(y')^2+t(t^2+1)y'-t^2y=0$，初值为$y(1)=\sqrt{3/2}$。

在使用ode15i函数前，首先使用函数decic计算相应初值$y'(1)$。令$y'(1)$的估计值为0，调用decic函数。

```
>> t0 = 1;
>> y0 = sqrt(3/2);
```

```
>> yp0 = 0;
>> [y0,yp0] = decic(@weissinger,t0,y0,1,yp0,0);
>> yp0
yp0 =
    0.8165
```

接下来可以调用ode15i函数求解该微分方程。

```
>> [t,y] = ode15i(@weissinger,[1 10],y0,yp0);
```

该函数的解析解为$y(t)=\sqrt{t^2+0.5}$，求该函数的解并绘制原始图形。

```
>> ytrue = sqrt(t.^2 + 0.5);
>> plot(t,y,t,ytrue,'o');
```

得到的最终图形如图4-12所示。

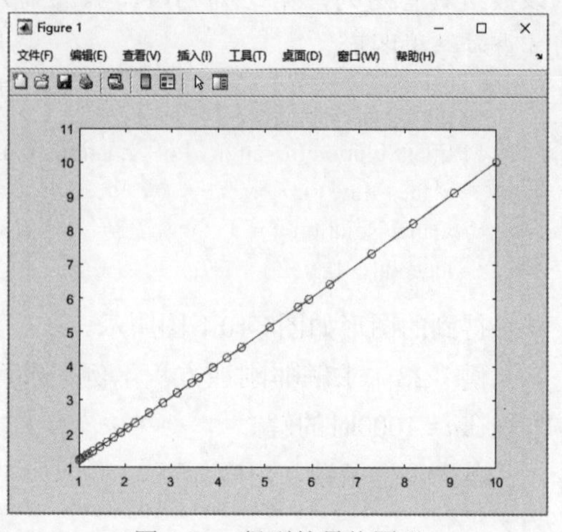

图 4-12　得到的最终图形

4.3.2 常微分方程边值问题

bvp4c函数用于求解常微分方程边值问题，该函数的调用格式如下。

- sol = bvp4c(odefun,bcfun,solinit)
- sol = bvp4c(odefun,bcfun,solinit,options)

其中，odefun为待求解的函数句柄，bcfun为函数边值条件的函数句柄，solinit为一个结构体，表示该方程解的初始估计值。options为可选参数，用于指定积分算法，该参数为一个结构体，可以通过函数bvpset创建。

例4-25　求解方程$y''+|y|=0$，边值条件为$y(0)=0$和$y(4)=-2$。

首先将该方程改写为

$$y_1' = y_2$$
$$y_2' = -|y_1|$$

其中，$y_1 = y$，$y_2 = y'$，则该方程具有如下格式。

$$y' = f(x,y)$$
$$bc(y(a),y(b)) = 0$$

将该函数和边值条件写入文件，分别为

```
function dydx = twoode(x,y)
  dydx = [ y(2)
          -abs(y(1))];
```

和

```
function res = twobc(ya,yb)
  res = [ ya(1)
         yb(1) + 2];
```

下面通过函数bvpinit创建该函数的估计值。首先创建区间[0,4]内的5个均匀分布的网格及常数值 $y_1(x)\equiv 1$ 、$y_2(x)\equiv 0$ 。

```
>> solinit = bvpinit(linspace(0,4,5),[1 0]);
```

可以通过函数bvp4c求解该方程。

```
>> sol = bvp4c(@twoode,@twobc,solinit);
```

绘制图形，如图4-13所示。

```
>> x = linspace(0,4);
>> y = deval(sol,x);
>> plot(x,y(1,:));
```

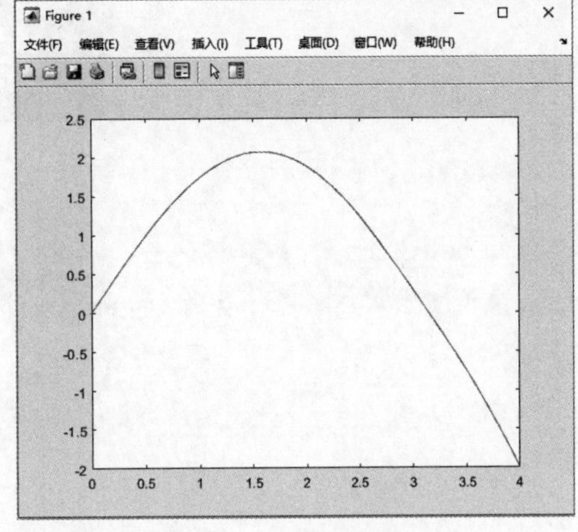

图 4-13　得到的最终图形

4.4　习题

1. 有如下数据：

x	1	1.1	1.2	1.3	1.4
y	1.00000	1.23368	1.55271	1.99372	2.61170

利用本章介绍的几种插值方法对其进行插值，得到间隔为0.05的结果。

2. 求函数 $y=e^x-x^5$ ，初始点为 $x=8$ 的解，并绘制图形。

3. 求下列函数的极值。

(1) $z=x^2-(y-1)^2$

(2) $z=(x-y+1)^2$

4. 计算下列积分。

(1) $\int_{-1}^{1} x+x^3+x^5 \mathrm{d}x$

(2) $\int_{1}^{10}\int_{1}^{10} \sin y \dfrac{x+y}{x^2+4} \mathrm{d}x\mathrm{d}y$

第 5 章

字符串、单元数组和结构体

在MATLAB的更多应用中，除了本书第3章介绍的最基本的数据结构——数组，还需要利用其他的数据结构。本章介绍3种特殊的数据结构——字符串、单元数组和结构体。字符串用于对字符型数据结构进行操作，而后两种数据类型允许用户将不同类型的数据集成为单一的变量，因此相关的数据可以通过一个单元数组或结构体进行组织和操作。

本章的学习目标

- 掌握字符串的生成及操作。
- 掌握单元数组的生成及操作。
- 掌握结构体的生成及操作。

5.1 字符串

字符和字符串是MATLAB语言的重要组成部分。本节主要讲述字符串的生成和基本操作。

5.1.1 字符串的生成

MATLAB中的字符串为ASCII值的数值数组，作为字符串表达式进行表示。在MATLAB中，生成字符串的方法为stringname='the content of the string'。

例5-1 字符串的生成。

```
>> str='Command Window'
str =
    'Command Window'
```

字符串可以由单引号创建，如果在字符串内部包含单引号，则需要输入两个连续的单引号，否则系统会提示出错。例如：

```
>> str1='The 'MATLABHelp'is a good reference for using Matlab'
str1='The 'MATLABHelp'is a good reference for using Matlab'
                    ↑
错误：表达式无效。请检查缺失的乘法运算符、缺失或不对称的分隔符或者其他语法错误。要构造矩阵，请使用方括号而不是圆括号。
>> str1='The ''MATLABHelp''is a good reference for using Matlab'
str1 =
    The 'MATLABHelp'is a good reference for using Matlab
```

字符串是一个ASCII码的字符数组，因此，与普通数组一样，字符串也可以构成矩阵(表现为一个字符串有多行)。但是，这些行必须有相同数目的列。

例5-2　字符串的多行。

```
>> str=['qinghua university'
'peiking university']
str =
  2×18 char 数组
    'qinghua university'
    'peiking university'
>> str=['qh university'
'peiking university']
错误使用 vertcat
要串联的数组的维度不一致。
```

另外，使用char函数可以创建长度不一致的字符串矩阵。char函数自动将所有字符串的长度设置为输入字符串中长度的最大值。

例5-3　利用char函数创建字符串数组。

```
>> name = ['Thomas R. Lee';'Senior Developer']
错误使用 vertcat
要串联的数组的维度不一致。
```

此时系统报错，因为两个字符串的长度不一致。下面利用char函数来创建字符串数组，在命令行窗口中输入以下内容。

```
>> name = char('Thomas R. Lee','Senior Developer')
name =
    2×16 char 数组
    'Thomas R. Lee   '
    'Senior Developer'
```

从数组中提取字符串时，可以利用deblank函数自动删除char函数添加的空格，例如：

```
>> trimname = deblank(name(1,:))
trimname =
    'Thomas R. Lee'
>> size(trimname)
ans =
    1     13
```

该字符串的长度为13，为其真实长度。如果不采用deblank函数，结果如下。

```
>> trimname1 = name(1,:)
trimname1 =
    'Thomas R. Lee   '
>> size(trimname1)
ans =
    1     16
```

5.1.2 字符串操作

字符串实质上是一个元素全部为整数的数值数组。因此，对字符串元素的读取可以完全按照数组操作进行。

1. 字符串的显示

字符串的显示有两种方式：直接显示和利用disp函数进行显示。

例5-4 字符串的显示。

```
>> str=['MATLAB 2023b']
str =
    'MATLAB 2023b'
>> str
str =
    'MATLAB 2023b'
>> disp(str)
MATLAB 2023b
```

由上面的例子可以看出两种显示方式的不同之处：用disp函数显示字符串的内容时不显示字符串的变量名。这一函数在显示文本时经常被使用。

2. 字符串的执行

在MATLAB中可以用函数eval来执行字符串。

例5-5 字符串的执行。

```
>> for n = 1:3
    magic_str = ['M', int2str(n),' = magic(n)'];
    eval(magic_str)
end
M1 =
    1
M2 =
    1     3
    4     2
M3 =
    8     1     6
    3     5     7
    4     9     2
```

3. 字符串的运算

字符串的运算主要包括判断字符串是否相等，通过字符串的运算来比较字符串中的字符，进行字符的分类、查找与替换、字符串与数值数组之间的相互转换等。MATLAB中常用的字符串运算函数如表5-1所示。

表5-1 MATLAB中的字符串运算函数

函数名	函数用途	函数名	函数用途
strcat	横向连接字符串	strvcat	纵向连接字符串
strcmp	字符串比较	strncmp	比较字符串的前*n*个字符
findstr	字符串查找	strjust	字符串对齐
strmatch	字符串匹配	strrep	字符串的查找与替换
strtok	选择字符串中的部分	blanks	创建由空格组成的字符串
deblank	删除字符串结尾的空格	ischar	判断变量是否为字符串
iscellstr	判断字符串单元数组	isletter	判断数组是否由字母组成
isspace	判断是否为空格	strings	MATLAB字符串句柄

5.1.3 字符串的比较、查找和替换

1. 字符串的比较

字符串的比较主要是比较两个字符串是否相同、字符串中的子串是否相同以及字符串中的个别字符是否相同。用于比较字符串的函数主要是strcmp和strncmp。

- strcmp：用于比较两个字符串是否相同。用法为 strcmp(str1,str2)，当两个字符串相同时，返回1，否则返回0。当所比较的两个字符串是单元字符数组时，返回值为一个列向量，元素为相应行比较的结果。
- strncmp：用于比较两个字符串的前面几个字符是否相同。用法为strncmp (str1,str2,*n*)，当字符串的前*n*个字符相同时，返回1，否则返回0。当所比较的两个字符串是单元字符数组时，返回值为一个列向量，元素为相应行比较的结果。

例5-6 字符串的比较。

```
>> str1=['MATLAB']
str1 =
    'MATLAB'
>> str2=['MATlab']
str2 =
    'MATlab'
>> strcmp(str1,str2)
ans =
    logical
    0
>> strncmp(str1,str2,3)
ans =
    logical
    1
```

```
>> strncmp(str1,str2,4)
ans =
    logical
    0
```

除了利用上面两个函数进行比较，还可以通过简单运算比较两个字符串。当两个字符串的维数相同时，可以利用MATLAB运算法则，对字符数组进行比较。字符数组的比较与数值数组的比较基本相同，不同之处在于：字符数组在进行比较时比较的是字符的ASCII码值。进行比较后返回的结果为一个数值向量，元素为对应字符比较的结果。需要注意的是：在利用这些运算比较字符串时，相互比较的两个字符串必须有相同数目的元素。

各运算符及其意义如表5-2所示。

表5-2　运算符及其意义

符号	符号意义	英文简写
==	等于	eq
~=	不等于	ne
<	小于	lt
>	大于	gt
<=	小于或等于	le
>=	大于或等于	ge

例5-7　通过字符运算比较字符串。

继续例5-6的输入：

```
>> str1==str2
ans =
1×6 logical 数组
    1     1     1     0     0     0
>> str1>=str2
ans =
1×6 logical 数组
    1     1     1     0     0     0
>> str1=='M'
ans =
1×6 logical 数组
    1     0     0     0     0     0
```

该例中，首先判断两个字符串是否相同，字符串“MATLAB”和“MATlab”的前三个字符相同，后面三个字符不同，因此返回值为三个1和三个0。第二条语句与此类似。第三条语句比较字符串str1中的字符是否为“M”，返回结果为第一个元素为1、后面五个元素为0的数组，表示该字符串的第一个字符为“M”。

除上面介绍的两个字符串之间的比较，MATLAB还可以判断字符串中的字符是否为空格字符或字母。实现这两个功能的函数分别为isspace和isletter。下面分别介绍这两个函数。

- isspace：用法为isspace(str)，判断字符串str中的字符是否为空格。若是空格字符，则返回1，否则返回0。

- isletter：用法为isletter(str)，判断字符串str中的字符是否为字母。若是字母，则返回1，否则返回0。

例5-8 判断字符串中的字符是否为空格字符或字母。

```
>> str=['Tsinghua University Press']
str =
    'Tsinghua University Press'
>> isspace(str)
ans =
    1×25 logical 数组
    0 0 0 0 0 0 0 0 1 0 0 0 0 0 0 0 0 0 0 1 0 0 0 0 0
>> isletter(str)
ans =
    1×25 logical 数组
    1 1 1 1 1 1 1 1 0 1 1 1 1 1 1 1 1 1 1 0 1 1 1 1 1
```

2. 字符串的查找和替换

查找与替换是字符串操作中的一项重要内容。用于查找的函数主要有findstr、strrep、strmatch、strtok等。下面分别介绍这些函数。

- findstr：用于在一个字符串中查找子字符串，返回子字符串出现的起始位置。用法为findstr(str1,str2)，执行时系统首先判断两个字符串的长短，然后在长的字符串中检索短的子字符串。

例5-9 查找字符串。

```
>> str=['String Searching and Replacing']
str =
    'String Searching and Replacing'
>> findstr(str,'and')
ans =
    18
>> findstr('and',str)
ans =
    18
```

由本例可以看出，两个参数可以互换。另外，虽然函数strfind能实现相同的功能，但是两个参数不能互换。

- strrep：查找字符串中的子字符串并将其替换为另一个子字符串。用法为str = strrep(str1, str2, str3)，将str1中的所有子字符串str2替换为str3。

例5-10 字符串的替换。

```
>> str1=strrep(str,'Replacing','String Replacing')
str1 =
    'String Searching and String Replacing'
```

- strmatch：在字符数组的每一行中查找是否存在待查找的字符串。若存在，则返回1，否则返回0。用法为strmatch('str', STRS)，查找str中以STRS开头的字符串。另外，可以使用strmatch('str', STRS,'exact')查找精确包含STRS的字符串。

例5-11　字符串的查找。

```
>> x = strmatch('max', strvcat('max', 'minimax', 'maximum'))
x =
    1
    3
>> x = strmatch('max', strvcat('max', 'minimax', 'maximum'),'exact')
x =
    1
```

由本例可以了解参数exact的作用。

- strtok：该函数用于选取字符串中的一部分，其简单用法为strtok(str)。

例5-12　选取字符串中的第一个单词。

```
>> s = 'This is a simple example.';
>> [token, remain] = strtok(s)
token =
    'This'
remain =
    ' is a simple example.'
```

5.1.4　字符串与数值之间的转换

字符串是由单引号括起来的简单文本，其中的每个字符都是数组中的一个元素，这些字符由ASCII字符表示。这些字符和整数之间可以相互转换。

首先，可以将字符串转换为数组。

例5-13　将字符串转换为数组。

```
>> str=['MATLAB 2023b'];
>> abs_of_str=abs(str)
abs_of_str =
    77    65    84    76    65    66    32    50    48    50    48    98
>> double_of_str=double(str)
double_of_str =
    77    65    84    76    65    66    32    50    48    50    48    98
```

本例是将字符串转换为数值数组，而利用char函数可以将数值数组转换为字符串。下面介绍char函数的用法。

- str=char(arr)，该命令将包含正数的数组arr转换为数值数组。当C是一个字符型单元数组时，str=char(arr)命令能将C中的每一个单元转换为字符型数组的对应行。使用cellstr函数可以进行逆转换。
- str=char(str1,str2,str3,...)，该命令生成的字符串矩阵包含字符串 str1、str2 和 tr3，这三个字符串的长度可以不相同。

例5-14　使用char函数将数组转换为字符串。

继续例5-13的操作：

```
>> str1=char(abs_of_str)
str1 =
    'MATLAB 2023b'
```

上面已经介绍了字符串和数值数组之间可以相互转换，除上面介绍的方法外，MTALAB还提供了更多的函数，用于字符串和其他数据类型数值数组之间的转换。常用的字符串转换函数如表5-3所示。

表5-3　常用的字符串转换函数

函数	功能	备注
uintN(例如，uint8)	将字符串转换为相应的无符号整数	uint8('ab')→ 97　98
str2num	将字符型转换为数字型	str2num('123.56') →123.5600
str2double	与上一函数的功能相同，但结果更精确一些，同时支持单元字符串数组	str2double('123.56') →123.5600
hex2num	将十六进制数转换为双精度数	hex2num('A') →-1.4917e-154
hex2dec	将十六进制数转换为正数	hex2dec('B') →11
bin2dec	将二进制数转换为十进制数	bin2dec('1010') →10
base2dec('number',N)	将N进制的数字字符串number转换为十进制数	base2dec('212',3) →23

例5-15　数字向字符串的转换。

```
>> x=-2:0.2:2;
>> y=x.^2;
>> plot(x,y)
>> str1 = num2str(min(x));
>> str2 = num2str(max(x));
>> out = ['Value of f from ' str1 ' to ' str2];
>> xlabel(out);
```

得到的图形如图5-1所示。

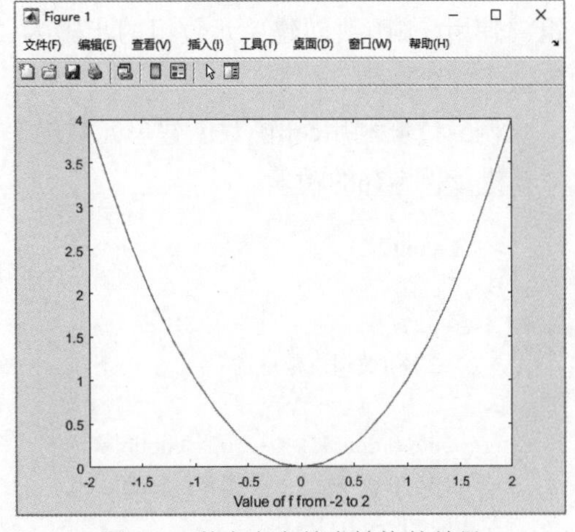

图 5-1　数字向字符串转换的结果

5.2　单元数组和结构体

MATLAB中的单元数组(cell array)和结构体(structure)数据类型均是将不同的相关数据集成到单一的变量中，使得大量的相关数据的处理与引用变得简单而方便。需要注意的是：单元数组和结构体仅仅是承载其他数据类型的容器，一般运算只针对其中的具体数据进行，而不是针对单元数组和结构体本身进行。

5.2.1 单元数组

单元数组中的每一个元素称为单元(cell)。单元中的数据可以为任何数据类型，包括数值数组、字符、符号对象、其他单元数组和结构体。不同单元中的数据类型可以不同。MATLAB中的单元数组可以为任意维，最常用的是一维和二维单元数组。

1. 单元数组的创建

用户可以通过两种方式创建单元数组：一种是通过赋值语句直接创建；另一种是利用cell函数先为单元数组分配内存空间，然后再给各个单元赋值。

直接赋值法通过给每个单元逐个赋值来创建单元数组。单元数组用花括号表示，在赋值时需要将单元内容用花括号“{ }”括起来。

例5-16 用直接赋值法创建单元数组。

```
>> A(1,1) = {[1 4 3; 0 5 8; 7 2 9]};
>> A(1,2) = {'Anne Smith'};
>> A(2,1) = {3+7i};
>> A(2,2) = {-pi:pi/4:pi}
A =
  2×2 cell 数组
    {3×3 double         }    {'Anne Smith'                                                              }
    {[3.0000 + 7.0000i]}    {[-3.1416 -2.3562 -1.5708 -0.7854 0 0.7854 1.5708 2.3562 3.1416]}
```

本例通过向每个单元赋值创建了一个单元数组。下面介绍如何用cell函数创建单元数组。使用cell函数创建单元数组的步骤为：首先用cell函数创建一个空的单元数组，然后再为数组元素赋值。

例5-17 利用cell函数创建单元数组。

继续例5-16的输入：

```
>> B=cell(2,2)
B =

  2×2 cell数组

    {0×0 double}    {0×0 double}
    {0×0 double}    {0×0 double}
>> B(1,1)=A(1,1)
B=

  2×2 cell数组

    {3×3 double}    {0×0 double}
    {0×0 double}    {0×0 double}
```

在本例中，首先创建了2×2的单元数组B，然后令B的第一个单元与A的第一个单元相同。

2. 单元数组的操作

1) 单元数组元素的访问

例5-18　单元数组元素的访问。

继续例5-17的输入：

```
>> A(1,1)
ans =

  1×1 cell 数组

    {3×3 double}
>> A{1,1}
ans =

     1     4     3
     0     5     8
     7     2     9
```

观察上面的代码，可以看出使用圆括号和花括号对单元数组索引的区别。当采用圆括号时，表示的是该单元；而采用花括号时，表示的是该单元的内容。在MATLAB单元数组索引中，圆括号用于标识单元，花括号用于按单元寻址。

2) 单元数组的显示

由例5-16和例5-17可以看出：在显示单元数组时，MATLAB有时只显示单元的大小和数据类型，而不显示每个单元的具体内容。若要显示单元数组的内容，可以使用celldisp函数。

例5-19　显示单元数组的内容。

```
>> celldisp(A)
A{1,1} =

     1     4     3
     0     5     8
     7     2     9


A{2,1} =
     3.0000 + 7.0000i

A{1,2} =

     Anne Smith

A{2,2} =

    -3.1416    -2.3562    -1.5708    -0.7854    0    0.7854    1.5708    2.3562    3.1416
```

celldisp函数用于显示单元数组的全部内容，而有时候只需要显示单元数组的一个单元，此时可以用花括号对单元进行索引，见例5-20。

例5-20　显示单元数组的一个单元。

```
>> A{1,1}
ans =
     1     4     3
     0     5     8
     7     2     9
```

3) 单元数组的图形显示

除上面的单元数组查看方式外，MATLAB 还支持以图形方式查看单元数组的内容，见例5-21。

例5-21　以图形方式查看单元数组的内容。

在命令行窗口中输入如下命令，绘制例5-19中的单元数组A。

```
>> cellplot(A)
```

得到的图形如图5-2所示。

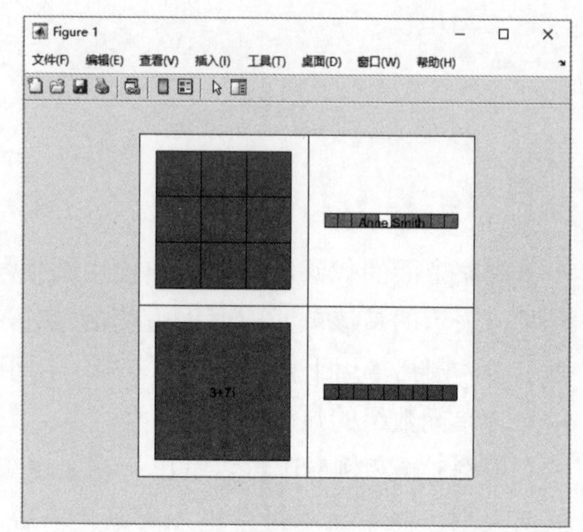

图 5-2　以图形方式查看单元数组

用这种方法可以直观地看出单元数组的结构。需要注意的是，cellplot只能用于显示二维单元数组的内容。

4) 单元数组元素的删除

单元数组元素的删除方法很简单，只需将待删除的元素置为“空”即可。需要注意的是，在删除单元数组的元素时，采用的索引方式为一维下标，格式如下。

```
A(cell_subscripts)=[ ]
```

如果操作的单元数组为多维数组，那么索引方式为逐维进行。删除元素后，系统会将该单元数组变为一维单元数组，元素按照维数逐次排序。

5) 改变单元数组的维数

改变数组的维数可以通过添加或删除数组元素来完成。删除数组元素时，得到的单元数组由原数组中剩下的元素排列而成，为一维数组；而添加数组元素时，将自动添加该数组所对应的行和列，其他元素为空。

6) 改变数组的形状

通过函数reshape可以改变数组的形状。reshape函数按照顺序将原单元数组的元素重新放置，得到的新单元数组的元素个数与原数组的元素个数相同。

5.2.2 结构体

结构体是另一种可以将不同类型数据组合在一起的数据类型。由于MATLAB是用C语言编写的，因此其中的数据继承了C语言的特色。MATLAB的结构体变量和C语言的结构体变量类似，但比C语言更直观。

结构体与单元数组的区别在于：结构体有名称，结构体的每个成员元素也有自己的名称，其元素访问是通过元素的名称来实现的。

1. 结构体的创建

与单元数组类似，结构体也有两种创建方式：一种是直接输入；另一种是使用结构体创建函数struct。

通过直接输入结构体各元素值的方法可以创建结构体。输入的同时会定义该元素的名称，并使用“.”将变量名与元素名连接起来。

例5-22 直接输入结构体。

```
>> person.name='liuhuiying';
>> person.height=162;
>> person.weight=51;
>> person.hobby='swimming';
>> person
person =
  包含以下字段的 struct:
    name: 'liuhuiying'
    height: 162
    weight: 51
    hobby: 'swimming '
```

上面创建了一个名为person的结构体变量，继续输入以下内容。

```
>> person(2).name='zhangqiang';
>> person(2).height=175;
>> person(2).weight=65;
>> person(2).hobby='Game';
>> person
person =
  包含以下字段的 1×2 struct 数组:
    name
    height
    weight
    hobby
```

通过person(2)的创建，person被扩充为一个1×2的结构体数组。查看两个对象的内容，输入以下内容。

```
>> person(1)
ans =
  包含以下字段的 struct:
    name: 'liuhuiying'
    height: 162
    weight: 51
    hobby: 'swimming'
>> person(2)
ans =
  包含以下字段的 struct:
```

```
    name: 'zhangqiang'
    height: 175
    weight: 65
    hobby: 'Game'
```

可以看出，第一次输入的结构体person默认为person(1)。

除上面的方法外，还可以用struct函数创建结构体。struct函数的最基本使用方式如下。

```
struct_name=struct('field1',V1,'field2',V2,...)
```

其中，field*n*是各成员变量名，V*n*为对应的各成员变量的内容。

例5-23　用struct函数创建结构体。

```
>> person=struct('name','liuhuiying','height',162,'weight',51,'hobby','swimming')
person =
  包含以下字段的 struct:
    name: 'liuhuiying'
    height: 162
    weight: 51
    hobby: 'swimming'
```

也可以一次输入多个变量的值，见例5-24。

例5-24　一次输入结构体多个变量的值。

```
>>person=struct('name',{'liuhuiying','zhangqiang'},'height',{162,175},'weight',{51,65},'hobby',{'swimming','
Game'})
person =
  包含以下字段的 1×2 struct 数组:
    name
    height
    weight
    hobby
>> person(1)
ans =
  包含以下字段的 struct:
    name: 'liuhuiying'
    height: 162
    weight: 51
    hobby: 'swimming'
>> person(2)
ans =
  包含以下字段的 struct:
    name: 'zhangqiang'
    height: 175
    weight: 65
    hobby: 'Game'
```

2. 结构体的操作

1) 添加成员变量

如果需要向结构体中添加新的成员，可以直接输入该变量的名称并赋值。

例5-25 向结构体中添加新的成员。

继续例5-24。添加新的成员变量“gender”，将person(1)的该变量赋值为female。

```
>> person(1).gender='female'
person =
  包含以下字段的 1×2 struct 数组:
    name
    height
    weight
    hobby
    gender
```

赋值后显示person的成员列表中新增了gender。

```
>> person(1)
ans =
  包含以下字段的 struct:
    name: 'liuhuiying'
    height: 162
    weight: 51
    hobby: 'swimming'
    gender: 'female'
>> person(2)
ans =
  包含以下字段的 struct:
    name: 'zhangqiang'
    height: 175
    weight: 65
    hobby: 'Game'
    gender: []
```

显示person(2)的内容，person(2)中包含gender一项，但是因为没有给它赋值，所以该项为空。

2) 删除成员变量

在MATLAB中可以使用函数rmfield从结构体中删除成员变量。命令S=rmfield(S,'field')将删除结构体S中的成员field，同时保留S原有的结构。

例5-26 删除结构体中的成员。

```
>> person=rmfield(person,'hobby')
person =
  包含以下字段的 1×2 struct 数组:
    name
    height
    weight
    gender
>> person(1)
ans =
  包含以下字段的 struct:
    name: 'liuhuiying'
```

```
    height: 162
    weight: 51
    gender: 'female'
>> person(2)
ans =
  包含以下字段的 struct:
    name: 'zhangqiang'
    height: 175
    weight: 65
    gender: []
```

另外，可以使用命令S=rmfield(S,fields)一次删除多个成员。其中，fields为字符型变量或单元型变量。该命令删除fields中指定的成员。

3) 调用成员变量

在MATLAB中调用成员变量非常简单。结构体中的任何信息，可以通过“结构体变量名.成员名”的方式调用。可以利用相关函数来调用结构体成员。

例5-27　结构体成员的调用。

将例5-26中的person(2)赋值为male。

```
>> person(2).gender
ans =
    []
>> person(2).gender='male';
>> person(2)
ans =
  包含以下字段的 struct:
    name: 'zhangqiang'
    height: 175
    weight: 65
    gender: 'male'
```

本例中，首先显示该成员为空，然后为其赋值。

5.3 习题

1. 编写一个脚本，查找给定字符串中指定字符出现的次数和位置。

2. 编写一个脚本，判断输入字符串中每个单词的首字母是否为大写。若不是，则将其修改为大写，其他字母为小写。

3. 创建2×2的单元数组，第1个和第2个元素为字符串，第3个元素为整型变量，第4个元素为双精度(double)类型，将其用图形表示出来。

4. 创建一个结构体，用于统计学生的情况，包括学生的姓名、学号、各科成绩等。然后使用该结构体对一个班级的学生成绩进行管理，如计算总分和平均分，排列名次等。

第6章

MATLAB 编程

MATLAB中的交互模式对于简单问题非常有用，对于较复杂的问题则需要使用脚本文件。脚本文件也可以被称为计算机程序，编写脚本文件的行为则被称为编程。本章介绍MATLAB编程。通过本章的学习，读者应能编写一个完整的MATLAB应用程序。

本章的学习目标

- 掌握MATLAB的脚本文件及其编辑和调试方法。
- 掌握MATLAB的程序设计和开发流程。
- 掌握MATLAB关系运算、逻辑运算及函数操作。
- 掌握MATLAB中的流程控制语句。
- 了解MATLAB的程序调试方法。

6.1 脚本文件和编辑器

在MATLAB中，用户可以使用以下两种方法执行运算。

(1) 在交互模式下，直接在命令行窗口中输入所有的命令。

(2) 运行脚本文件中所存储的MATLAB程序。这类文件包含MATLAB命令，所以，运行程序等效于在命令行窗口中输入所有的命令(一次输入一个命令)。用户也可以通过在命令行窗口中输入文件的名称来运行程序。

使用交互模式类似于使用计算器，但是，这只适用于较简单的问题。当问题需要许多命令、重复的命令集或具有许多元素的数组时，交互模式就不太适用了。幸而，MATLAB允许用户编写自己的程序，从而避免了这类麻烦。用户以M文件的格式(扩展名为.m)编写和保存MATLAB程序，如program1.m。

MATLAB使用两类M文件：脚本文件和函数文件。用户可以使用MATLAB内置的编辑器/调试器创建M文件。脚本文件中包含一连串的MATLAB命令，当用户必须使用许多命令或者具有许多元素的数组时，脚本文件非常有用。由于脚本文件中包含命令，因此有时也称它们为命令文件。用户在命令行窗口中输入脚本文件的名称(不带扩展名.m)，MATLAB就可以执行它。

另一类M文件是函数文件，当用户必须重复操作一组命令时，它非常有用。用户可以创建自己的函数文件。

脚本文件中可以包含任何有效的MATLAB命令或函数，其中包括用户编写的函数。当用户在命令行窗口中输入脚本文件的名称时，MATLAB得到的结果与用户在命令行窗口中输入脚本文件中存储的所有命令(一次输入一个命令)的效果相同。当用户输入脚本文件的名称时，本书表述为MATLAB“正在运行文件”或“正在执行文件”。用户也可以在工作区中使用运行脚本文件时产生的变量值，因此本书表述为“脚本文件产生的变量是全局变量”。

6.1.1 创建和使用脚本文件

2.6节详细讲解过脚本文件的创建，这里不再细述。

符号%表明注释，MATLAB不会执行注释。注释对于交互式会话来说不太有用，并且注释主要用于脚本文件，也可用于说明文件。用户可以将注释符号放在命令行中的任何地方。MATLAB会忽略%符号右边的任何内容，例如：

```
>>                    %这是一个注释。
>> x=2+3              %就是这样。
x =
     5
```

❖ 注意

只执行%符号之前的命令行部分来计算x。

编辑器功能区如图6-1所示。在该功能区，除了可以进行第2章讲解过的脚本输入以外，还可以使用键盘和编辑器/文件功能区中的选项来创建和编辑文件。创建和编辑完成后，即可对脚本文件进行保存。编辑器将自动提供扩展名.m，并且将文件保存在MATLAB当前目录中(目前，本书假设文件保存在硬盘驱动器上)。一旦保存文件，用户就可以在MATLAB命令行窗口中输入脚本文件名以执行程序。

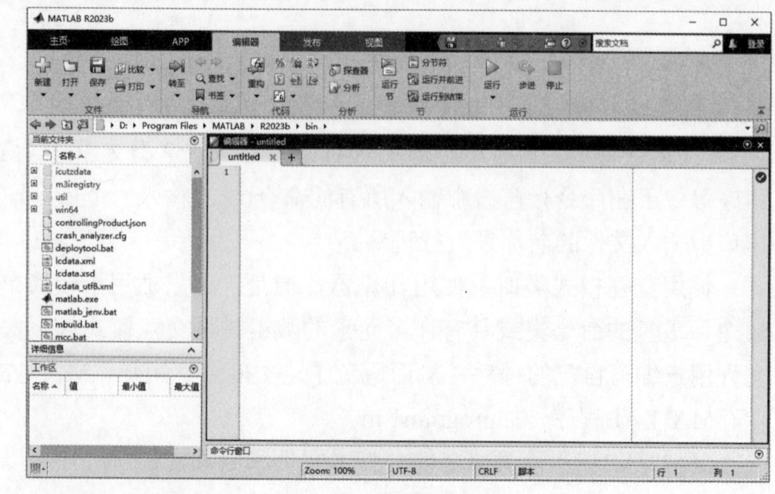

图 6-1　编辑器功能区

6.1.2 有效使用脚本文件

创建脚本文件是为了不再重新输入常用的程序。例如，要将数字从[3:2:11]改变为[2:5:27]，只需要编辑相应的命令行，并且再次保存文件即可。

❖ 注意

当修改完文件后，一定要记得再次保存。

在使用脚本文件时，用户还要记住以下几点。

(1) 脚本文件名必须满足MATLAB的变量命名约定：名称必须以字母打头，并且还可以包含数字和下画线字符，最多可以有31个字符。

(2) 在命令行窗口中输入变量名会使MATLAB显示该变量的值。因此，为脚本文件赋予的名称不要与其所计算的变量名称相同。因为除非用户清除了那个变量，否则MATLAB将无法多次执行这个脚本文件。

(3) 为脚本文件赋予的名称要与MATLAB命令或函数的名称都不相同。用户可以使用exist命令检查每一个命令、函数或文件名是否已经存在。例如，要想查看变量example1是否已经存在，可以输入exist('example1')：如果这个变量不存在，将返回0；如果这个变量存在，将返回1。要想查看M文件example1.m是否已经存在，可以在创建该文件之前输入exist('example1.m', 'file')：如果这个文件不存在，将返回0；如果这个文件存在，将返回2。最后，要想查看内置函数example1是否已经存在，可以在创建该函数之前输入exist('example1', 'builtin')：如果这个内置函数不存在，将返回0；如果这个内置函数存在，将返回5。

(4) 在交互模式中，脚本文件所创建的所有变量都是全局变量，这意味着可以在基本工作区中使用它们的值。用户还可以输入who来查看现有的变量。

(5) 函数文件所创建的变量是该函数的局部变量，这意味着用户不可以在这个函数之外使用它们的值，而脚本文件中的所有变量都是全局变量。因此，如果用户不必访问脚本文件中的所有变量，就需要考虑使用函数文件。这将避免用变量名“弄乱”工作区，并将同时减少内存需求。

(6) 在不使用文本编辑器打开M文件的情况下，用户可以使用type命令查看文件的内容。例如，要查看文件example1，就使用命令type example1。

❖ 注意

并不是MATLAB中提供的所有函数都是“内置”函数。例如，虽然MATLAB提供了函数mean.m，但它并不是一个内置函数。命令exist('mean.m', 'file')将返回2，但是命令exist('mean', 'builtin')将返回0。用户可以认为内置函数是构成其他MATLAB函数的基础原函数。同时，用户也无法在文本编辑中查看内置函数的整个文件，而只能查看注释。

6.1.3 有效使用命令行窗口和编辑器

要有效使用命令行窗口和编辑器，需要注意以下几点。

(1) 用户可以使用鼠标重新调整窗口的大小并移动窗口，从而可以同时查看它们。

(2) 如果没有进入编辑器，那么使用Alt+Tab组合键可快速在编辑器/调试器和命令行窗口之间来回切换。在命令行窗口中，使用向上箭头键检索先前输入的脚本文件名，并且按Enter键执行脚本文件。这种方法允许用户快速地检查和纠正程序。在修改了脚本文件之后，要确保在切换到命令行窗口之前保存文件。

(3) 用户可以使用编辑器作为基本的文字处理器来编写包含用户脚本文件、结果和讨论的简短报告，或者提供对某一问题的解答。首先，使用鼠标选中命令行窗口中显示的结果。其次，将它们复制和粘贴到用户脚本文件上面或下面的编辑器中(使用Edit | Copy或Paste命令)。最后，为了节约空间，删除任何额外的空行和提示符。输入用户的名字和所需要的其他任何信息，添加用户所希望的任何讨论，并且打印编辑器中的报告，或者保存文件并且将它输入到所选择的文字处理器中。

❖ 注意

用户如果希望再次使用原始脚本文件，应使用File | Save As命令保存文件，以另外的文件名保存修改后的脚本文件。

6.1.4 调试脚本文件

调试程序就是找出和删除程序中“故障”或错误的过程。这类错误通常属于以下错误类型之一。

(1) 语法错误，例如遗漏了一个圆括号或逗号，或者拼写错了命令名。MATLAB通常会发现较为明显的错误，并且显示一条描述错误及其位置的消息。

(2) 由于不正确的数学过程所造成的错误，也被称为运行时错误。MATLAB并不会在每次执行程序时都出现这种错误，它们是否出现通常取决于特殊的输入数据。常见的示例是：被0整除。

MATLAB错误消息通常使用户能够找到语法错误。但是，用户较难找到运行时错误。要找到这类错误，可以尝试以下方法。

(1) 总是使用简单问题(可以通过手算来检验答案)来测试程序。

(2) 删除语句末尾的分号，用以显示任何一个中间计算结果。

(3) 使用编辑器的调试特性。但MATLAB的一个优点是：能够使用相对简单的程序完成许多类型的任务。因此，对于在本书中遇到的许多问题来说，用户可能并不需要使用调试功能(关于调试的具体内容参见本章的6.8节)。

6.1.5 编程风格

用户可以将注释放在脚本文件中的任何地方。但至关重要的是：要注意任何一条可执行语句之前的第一个注释行，那是由lookfor命令搜索到的行(本章稍后将讨论)。因此，如果用户希望在将来使用脚本文件，就必须考虑将描述脚本文件的关键词放在第一行(也称为H1行)。

推荐的脚本文件的结构如下所示。

1. 注释部分

在这一部分要放置给出的注释语句，如下所示。

(1) 在第一行中放置程序名和任何关键词。

(2) 在第二行中放置创建的日期，以及创建者的姓名。

(3) 每个输入和输出变量的变量名定义。可以将这一部分至少分成两个子部分：一个子部分用于定义输入数据，另一个子部分则用于定义输出数据。第三个可选部分包含计算中使用的变量定义。

> ❖ 注意
>
> 注释中一定要包含所有输入变量和输出变量的度量单位。

(4) 程序中调用的每个用户自定义函数的名称。

2. 输入部分

在这一部分放置输入数据和/或输入函数，允许输入数据，并在文档中的合适地方包含注释。

3. 计算部分

在这一部分放置计算，并在文档中的合适地方包含注释。

4. 输出部分

在这一部分放置那些以所需格式传递的输出函数。例如，这一部分有可能包含在屏幕上显示的输出函数。在文档中的合适地方包含注释。

6.1.6 记录度量单位

本书建议用户为所有的输入变量和输出变量记录度量单位，因为很多工程系统所出现的惊人失败都源于用户误解了用于设计系统的程序输入和输出变量的单位。表6-1中列出了一些常见的单位及其缩写。FPS(尺-磅-秒系统)也被称为美国习惯系统和英国工程系统，而SI(国际单位制)则是国际度量系统。

表6-1 SI和FPS单位

量	单位名称和缩写	
	SI单位	FPS单位
时间	秒(s)	秒(sec)
长度	米(m)	英尺(ft)
力	牛顿(N)	磅(lb)
质量	千克(kg)	斯勒格(slug)

(续表)

量	单位名称和缩写	
	SI单位	FPS单位
能量	焦耳(J)	英尺-磅(ft-lb) 英国热量单位(Btu，1 Btu= 778 ft-lb)
功率	瓦特(W)	英尺-磅/秒(ft-lb/sec) 马力(hp)
温度	摄氏度(°C) 热力学温度(K)	华氏度(°F) 兰金氏温标(°R)

6.1.7 使用脚本文件存储数据

可能会有一些应用程序要求用户频繁地访问同一组数据。如果是这样，用户可以将数组中的数据存储在一个脚本文件中。

例6-1　创建名为mydata.m的脚本文件，存储某个特定位置的一组日常温度数据。其中，数组temp_F中所包含的温度都以华氏度为单位。

```
% 文件mydata.m：存储温度数据。
% 存储数组temp_F，该数组包含以华氏度为单位的温度数据。
temp_F = [72, 68, 75, 77, 83, 79]
```

从命令行窗口中访问这些数据，并将华氏度转换为摄氏度：

```
>> mydata
temp_F =
    72    68    75    77    83    79
>> temp_C = 5*(temp_F - 32)/9
temp_C =
    22.2222   20.0000   23.8889   25.0000   28.3333   26.1111
```

由以上程序结果可以看出，68华氏度对应于20摄氏度。

6.1.8 控制输入和输出

MATLAB为从用户获取输入以及为格式化输出(执行MATLAB命令而获得的结果)提供了许多有用的命令。表6-2中总结了这些命令。本节中介绍的方法对于脚本文件的使用特别有用。

用户已经知道如何确定任何一个变量的当前值：在命令提示符处输入变量的名称，然后按下Enter键。这个方法在交互模式中很有用，但是对于脚本文件则不太有用。用户也可以使用disp函数(“display”的简写)加以替代，语法是disp(A)，其中，A代表MATLAB变量名。因此，输入disp(Speed)会导致在屏幕上出现变量Speed的值而不是变量名。

表6-2　输入/输出命令

命令	说明
disp(A)	显示数组A的内容而不是数组的名称
disp('text')	显示单引号内部的文本串
format	控制屏幕输出的显示格式
fprintf	格式化地写入屏幕或文件中
x = input('text')	显示单引号中的文本，等待用户从键盘输入，并且将输入值存储在x中
x = input('text','s')	显示单引号中的文本，等待用户从键盘输入，并且将输入作为字符串存储在x中
k =menu('title','option1','option2',...)	显示菜单，菜单的名称在字符串变量'title'中，并且菜单的选项是'option1'、'option2'等

6.1.9　用户输入

input函数用以在屏幕上显示文本，等待用户从键盘输入某些内容，然后将输入内容存储到指定变量中。

例6-2　input函数的应用。

```
>> x = input('Please enter the value of x: ')
Please enter the value of x: 5
x =
     5
```

x = input('Please enter the value of x: ')命令会导致屏幕上出现消息Please enter the value of x:。如果用户输入5，并且按下Enter键，那么变量x将被赋值为5。

字符串变量由文本(包含文字和数字的字符)组成。如果用户希望将文本输入存储为字符串变量，就可以使用其他形式的input命令。

例6-3　其他形式的input命令。

```
>> Calendar = input('Enter the day of the week:', 's')
Enter the day of the week:Wednesday
Calendar =
     'Wednesday'
```

命令Calendar = input('Enter the day of the week:', 's')提示用户输入一周的日期。如果用户输入Wednesday，那么MATLAB将把这个文本存储在字符串变量Calendar中。

使用menu函数可以产生一个选项菜单，供用户输入，语法如下。

```
k = menu('title', 'option1', 'option2',...)
```

该函数显示了一个菜单，这个菜单的名称出现在字符串变量'title'中，菜单选项是字符串变量'option1'、'option2'等。根据用户是否为option1、option2等单击按钮，返回的k值将是1、2…。例如，以下脚本文件使用菜单为图形选择数据标记符，其中，假设矢量x和y已经存在。

```
k = menu('Choose a data marker','o','*','x');
type = ['o','*','x'];
plot(x,y,x,y,type(k))
```

6.1.10 脚本文件示例

以下这个简单的脚本文件示例显示了推荐的程序风格。以初速度0 m/s下落的一个物体，速度v是时间t的函数：$v = gt$，其中，g是重力加速度。在SI单位系统中，$g = 9.81\text{m/s}^2$。此例希望在区间$0 \leqslant t \leqslant t_f$内计算$t$的函数$v$，并绘制它的图形，其中，$t_f$是用户输入的最终时间。脚本文件如下所示。

```
% 程序Falling_Speed.m：绘制一个下落物体的速度图形。
% W. Palm III于2004年3月1日创建。
%
% 输入变量：
% tf =最终时间(单位为秒)
%
% 输出变量：
% t =计算速度的时间数组(单位为秒)
% v =速度数组(米/秒)
% 参数值：
g = 9.81; %以SI为单位的重力加速度
%
% 输入部分：
tf = input('Enter the final time in seconds: ');
%
% 计算部分：
dt = tf/500;
t = [0:dt:tf]; %创建一个有501个时间值的数组。
v = g*t;
%
% 输出部分：
plot(t,v),xlabel('Time (seconds)'),ylabel('Speed (meters/second) ')
```

在创建这个文件之后，用户使用名称Falling_Speed.m保存文件。要运行这个文件，可以在命令行窗口中的提示符处输入Falling_Speed(不需加扩展名.m)。然后，MATLAB将要求用户输入t_f的值：

```
>> Falling_Speed
Enter the final time in seconds:
```

用户输入一个值，并且在按下Enter键之后，将在屏幕上看到图形。

6.2 程序设计和开发

用户必须以系统的方式从头开始设计计算机程序来解决复杂问题，这样才能避免浪费时间和在编程过程的后续部分碰到倍受挫折的困难。在本节中，将说明如何构造和管理这一设计过程。

6.2.1 算法和控制结构

算法是精确定义的并在有限时间内执行某个任务的一连串有序指令。有序序列意味着指令可以被编号，但是，算法必须能够通过结构(也称为控制结构)来改变它的指令顺序。程序中有三类运算。

(1) 顺序运算。这些运算是按顺序执行的指令。

(2) 条件运算。这些运算是控制结构：首先询问一个问题，必须用真(true)或假(false)答案进行回答，然后根据答案选择下一条指令。

(3) 迭代运算(循环)。这些运算是重复执行一批指令的控制结构。

并不是每个问题都可以通过算法来解决，并且一些可能的算法解决方案可能会失败，这是因为它们找到答案所需要的时间太长。

6.2.2 结构化程序设计

结构化程序设计是程序设计的一种方法，用户在其中使用了模块化层次结构(每个模块都有一个输入点和一个输出点)，并且在其中，控制将通过结构向下传递给较高层次的结构，其过程并不需要无条件分支。在MATLAB中，这些模块可以是内置函数或用户自定义函数。

程序流程控制使用与算法相同的三类控制结构：顺序结构、条件结构和迭代结构。通常，用户可以使用这三类结构编写任何计算机程序。但由于编程过程中无限制地使用转移语句，使得程序流程无序可循，因此需要开发结构化的程序设计。因此，在适合结构化程序设计的语言(如MATLAB)中，并没有用户可能在Basic和Fortran语言中所看到的goto语句的等效语句。goto语句的不良结果是混淆代码(也被称为意大利式细面条代码)，而代码则由复杂的混乱分支组成。

如果能够正确地使用结构化程序设计，那么所编写的程序将易于理解和修改。结构化程序设计的优点如下所示。

(1) 编写结构化程序较容易，因为程序员可以首先研究总体问题，然后详细研究细节问题。

(2) 为一个应用编写的模块(函数)也可以用于其他的应用(这也被称为可重用代码)。

(3) 调试结构化程序较容易，因为每个模块都被设计成只执行一项任务，因此可以与其他模块分开并单独进行测试。

(4) 结构化程序设计在团队环境中非常有效，因为多个人可以同时编写一个公共程序，每个人只需开发一个或多个模块。

(5) 理解和修改结构化程序较容易，特别是当用户为模块选择了有寓意的名称，并且说明文档可以明确地确定模块任务时。

6.2.3 自顶向下的设计和程序文档

创建结构化程序的一种方法是自顶向下设计，目的是从一开始就在一个非常高的层次上描述一个程序的预定目标，然后重复地将问题分割到更为详细的层次(一次一个层次)，直到用户可以足够理解程序结构，从而可以为之进行编码为止。表6-3中总结了自顶向下设计的过程。在步骤(4)中，用户创建了可以用于获得解的算法。步骤(5)只是自顶向下设计过程的一部分。在这个步骤中，用户创建了必需的模块，并且对它们分别进行了测试。

表6-3 开发一个计算机解决方案的步骤

步骤序号	步骤内容
(1)	简明地陈述问题
(2)	指定程序所使用的数据，这就是“输入”
(3)	指定程序所产生的信息，这就是“输出”
(4)	通过手算或计算器完成解决方案的步骤。如果需要的话，可以使用一个较简单的数据集
(5)	编写和运行程序
(6)	用手算结果检验程序的输出
(7)	用输入数据运行程序，并且对输出进行真实性检验
(8)	如果用户在将来把该程序作为一个通用工具，那么必须通过一组合理的数据值来运行它以进行测试，并对结果进行真实性检验

有两类图有助于开发结构化程序和记录它们。这两类图是结构图和流程图，其中结构图是图形描述，显示了程序的不同部分是如何连接在一起的。这类图在自顶向下设计的初始阶段特别有用。

结构图显示了程序的构成，其中并没有显示出计算和判断过程的细节。例如，用户使用执行特定的、易于确认的任务函数文件来创建程序模块。较大的程序通常由一个主程序组成，在需要时主程序可以调用并执行专门任务的模块。结构图则显示了主程序和模块之间的连接。

例如，假设用户希望编写一个游戏(Tic-Tac-Toe，即井字游戏)程序。该程序需要一个允许玩家输入一次运动的模块、一个修改和显示游戏网格的模块，以及一个包含计算机选择运动策略的模块。图6-2显示了这类程序的结构图。

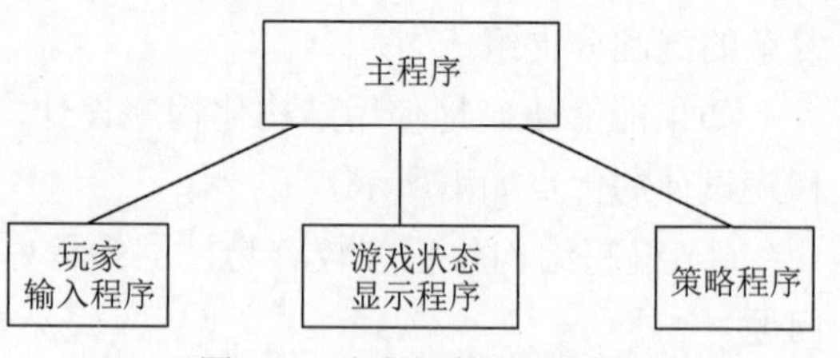

图 6-2 游戏程序的结构图

流程图对于开发和记录包含条件语句的程序很有用，这是因为它们可以显示程序根据条件语句的执行结果而采用的各条路径(也被称为“分支”)。if语句的流程图表示如图6-3所示。流程图使用菱形符号指示判断点。

结构图和流程图的有效性受限于程序的大小。对于较复杂的大型程序来说，绘制这类图形可能不太实际。但是，对于较小的程序来说，勾画一幅流程图和/或结构图可能有助于用户在开始编写特定的MATLAB代码之前组织思路(建议用户在解决问题时使用它们)。

即使用户永远也不会将自己的程序提供给其他人，正确地记录程序也非常重要。如果需要修改自己的某个程序，那么用户将会发现：如果有段时间没有使用它，通常会很难记起它是如何进行操作的。通过使用以下方法可以有效地记录文档。

(1) 合适地选择变量名，以反映它们所代表的量。

(2) 在程序中使用注释。

(3) 使用结构图。

(4) 使用流程图。

(5) 通常在伪代码中逐字地描述程序。

使用合适的变量名和注释的优点在于：它们永远存储在程序中，任何一个获得程序副本的人都可以看到这类文档。但是，它们通常不提供充足的程序概述，而后三种方法可以提供这样的程序概述。

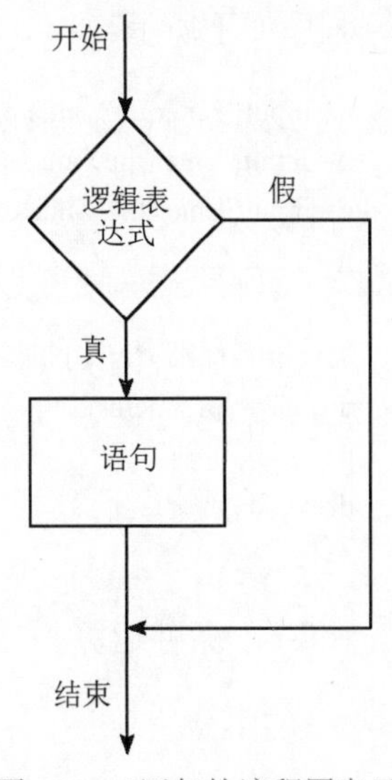

图 6-3 if 语句的流程图表示

6.2.4 伪代码

使用自然语言(如英语)描述算法常常会导致说明过于冗长，同时也易于导致误解。为了避免立即处理可能较为复杂的编程语言语法，用户可以使用伪代码进行替代。在伪代码中，使用自然语言和数学表达式构造一些类似计算机的语句语言，但是，其中并没有详细的语法。伪代码也可以使用一些简单的MATLAB语法来解释程序操作。

顾名思义，伪代码是对实际计算机代码的模仿，可以为程序内部的注释提供根据。除了提供文档记录，在编写详细代码之前伪代码对于程序轮廓的描述也很有用。编写详细的代码要花费较长的时间，这是因为必须要遵循MATLAB的严格规则。

每条伪代码指令都可能进行了编号，但它应该是明确并且可计算的。注意：除了在编辑器中之外，MATLAB并不使用行号。以下示例分别说明了伪代码如何记录算法中所使用的每个控制结构：顺序运算、条件运算和迭代运算。

例6-4 顺序运算。计算边长分别为a、b和c的三角形的周长p和面积A。公式如下。

$$p=a+b+c \quad s=\frac{p}{2} \quad A=\sqrt{s(s-a)\ (s-b)\ (s-c)}$$

(1) 输入边长a、b和c。

(2) 计算周长p。

$$p=a+b+c$$

(3) 计算半周长s。

$$s=p/2$$

(4) 计算面积A。

$$A=\sqrt{s(s-a)(s-b)(s-c)}$$

(5) 显示结果p和A。

(6) 结束。

程序如下所示。

```
a = input('Enter the value of side a: ');
b = input('Enter the value of side b: ');
c = input('Enter the value of side c: ');
p = a + b + c;
s = p/2;
A = sqrt(s*(s-a)*(s-b)*(s-c));
disp('The perimeter is: ')
p
disp('The area is:')
A
```

例6-5　条件运算。对于一个给定点(x, y)的坐标，计算它的极坐标(r,θ)，其中：

$$r = \sqrt{x^2 + y^2} \qquad \theta = \tan^{-1}\left(\frac{y}{x}\right)$$

(1) 输入坐标x和y。

(2) 计算弦r。

$$r = \text{sqrt}(x\text{^}2+y\text{^}2)$$

(3) 计算角度θ。

① 如果$x \geqslant 0$：

$$theta = \text{atan}(y/x)$$

② 否则：

$$theta = \text{atan}(y/x) + \text{pi}$$

(4) 将角度由弧度转换为度数。

$$theta = theta*(180/\text{pi})$$

(5) 显示结果r和$theta$。

(6) 结束。

❖ **注意**

在需要时，可以使用MATLAB语法阐明问题。

程序如下所示。

```
x = input('Enter the value of x: ');
y = input('Enter the value of y: ');
r = sqrt(x^2+y^2);
if x >= 0
    theta = atan(y/x);
else
    theta = atan(y/x) + pi;
end
disp('The hypoteneuse is: ')
disp(r)
theta = theta*(180/pi);
disp('The angle is degrees is:')
disp(theta)
```

例6-6 迭代运算。确定要使级数 $10k^2-4k+2,\ k=1,2,3,\dots$ 之和大于20 000，需要多少项相加？这些项之和是多少？

由于用户并不知道必须计算表达式 $10k^2-4k+2$ 多少次，因此在本例中使用了while循环。

(1) 初始化级数之和为零。

(2) 初始化计数器为零。

(3) 当级数之和小于20 000时，计算级数之和。

① 将计数器增加1。

$$k=k+1$$

② 更新级数和。

$$total=10*k\verb|^|2-4*k+2+total$$

(4) 显示计数器的当前值。

(5) 显示级数之和。

(6) 结束。

程序如下所示。

```
total = 0;
k = 0;
while total < 2e+4
    k = k+1;
    total = 10*k^2 - 4*k + 2 + total;
end
disp('The number of terms is:')
disp(k)
disp('The sum is:')
disp(total)
```

6.2.5 查找故障

查找故障的过程，即程序调试。相关内容请参阅本章6.1.4节。

6.2.6 开发大型程序

大型程序和软件(包括商业软件，如MATLAB)会在最终发布和核准使用之前经过严格的开发和测试过程。这个过程通常包括以下几个方面。

(1) 编写和测试各个模块(单元测试阶段)。

(2) 编写使用模块的顶级程序(构建阶段)。初始测试中并不包括所有的模块，但随着构建阶段的继续，程序中会包含越来越多的模块。

(3) 测试第一个完整的程序(alpha测试版阶段)。这个过程通常只是在内部由程序开发的技术人员来完成。从发现到消除故障，程序可能会有多个alpha测试版。

(4) 由内部人员与熟悉和信任的外部用户(通常必须签保密协议)测试最后的alpha测试版。这就是beta测试版阶段，并且程序也可能会存在多个beta测试版。

这个过程可能需要相当长的一段时间，这取决于程序的复杂度和公司对开发优质软件的贡献。

6.3 关系运算符和逻辑变量

MATLAB中有6个关系运算符可以实现数组之间的比较运算。使用关系运算符进行比较的结果是0(如果比较结果为假)或1(如果比较结果为真)，并且MATLAB可以使用这个结果作为一个变量。例如，$x=2$且$y=5$，那么输入$z=x<y$将返回$z=1$；而输入$u=x==y$将返回$u=0$。要令语句的可读性更好，用户可以使用圆括号将逻辑运算组合在一起，如$z=(x<y)$或$u=(x==y)$。

当用于比较数组时，关系运算符会对数组元素逐个进行比较。比较的数组必须具有相同的维数。唯一的例外是当用户比较一个数组和一个标量时，MATLAB会将数组中的所有元素分别与标量进行比较。例如，假设x =[6,3,9]且y=[14,2,9]，下面的MATLAB会话显示了比较过程。

```
>> z=(x < y)
z=
  1×3 logical 数组
    1    0    0
>> z=(x ~= y)
z=
  1×3 logical 数组
    1    1    0
>> z=(x > 8)
z=
  1×3 logical 数组
    0    0    1
```

关系运算符也可用于数组寻址。例如，对于x=[6,3,9]和y=[14,2,9]，输入$z=x(x<y)$将找到x中那些小于y中对应元素的所有元素。结果是$z=6$。

算术运算符+、−、*、/和\的优先级高于关系运算符。因此，语句 $z=5>2+7$ 等效于$z=5>(2+7)$，返回结果是$z=0$。用户可以使用圆括号来改变优先级顺序，例如，$z=(5>2)+7$的计算结果是$z=8$。

关系运算符之间的优先级相等，并且MATLAB按照从左到右的顺序计算它们的值。因此，语句：

```
z=5 > 3 ~= 1
```

等效于：

```
z=(5>3) ~= 1
```

这两条语句都返回如下结果：

```
z=0
```

在使用由多个字符组成的关系运算符(如= =或>=)时，需要小心，不要在字符之间加入空格。

6.3.1 logical类

当使用关系运算符时，如x=(5>2)，就表示创建了一个逻辑变量(在此处就是x)。在MATLAB的早期版本中，logical是任何数值数据类型的属性。现在，logical是第一类数据类型和MATLAB类，所以logical现在等效于其他的第一类数据类型，如字符和单元数组。逻辑变量的值只可能为1(真)或0(假)。

但是，就因为数组中只包含0或1，所以它不必是一个逻辑数组。例如，在以下会话中，k和w的表现相同，但k只是一个逻辑数组，而w则是一个数值数组。因此，MATLAB中会出现一条错误消息。

```
>> x=[-2:2]
x =
     -2    -1     0     1     2
>> k=(abs(x)>1)
k =
   1×5 logical 数组
     1     0     0     0     1
>> z=x(k)
z =
     -2     2
>> w=[1,0,0,0,1];
>> v=x(w)
```

数组索引必须为正整数或逻辑值。

6.3.2 logical函数

用户可以使用关系运算符和逻辑运算符以及logical函数创建逻辑数组。logical函数返回一个可以用于逻辑索引和逻辑测试的数组。输入B = logical(A)(其中，A是一个数值数组)将返回逻辑数组B。所以，要纠正以上会话中的错误，用户可以在输入v=x(w)之前输入w=logical([1,0,0,0,1])。

当给一个逻辑变量赋予除1或0之外的某个有限实值时，MATLAB将把这个值转换为逻辑1，并且发出一条警告。例如，当用户输入y=logical(9)时，MATLAB将给y赋值逻辑1，并同时发出一条警告。用户也可以使用double函数将一个逻辑数组转换成一个double类型的数组。例如，x=(5>3); y=double(x);。一些算术运算可以将一个逻辑数组转换成一个双精度数组。例如，如果通过输入B=B + 0，在B的每个元素后面添加0，那么MATLAB会将把B转换成一个数值(双精度)数组。但是，并非所有定义的数学运算都可用于逻辑变量。例如，以下输入将产生错误消息。

```
>> x=([2, 3] > [1, 6]);
>> y=sin(x)
Incorrect number or types of inputs or outputs for function sin.
```

检查对函数 sin 的调用是否缺失参数或参数数据类型不正确。

6.3.3 使用逻辑数组访问数组

当使用逻辑数组寻址另一个数组时，MATLAB会从所要寻址的数组中提取逻辑数组为1位置处的元素。所以，输入A(B)(其中，B是一个与A大小相同的逻辑数组)会返回A在B中值为1的索引处的对应元素。

假定A =[5,6,7;8,9,10;11,12,13]和B= logical(eye(3))，那么通过输入C=A(B)，用户就可以提取A中的对角元素，这将获得C =[5;9;13]。用逻辑数组指定数组下标并提取对应于逻辑数组中为真(1)元素的那些元素。

但是，注意使用数值数组eye(3)时(如C=A(eye(3)))，MATLAB将产生一条错误消息，这是因为eye(3)中的元素并不对应于A中的位置。如果数值数组中的值对应于有效的位置，那么用户就可以使用数值数组提取元素。例如，要用数值数组提取A的对角元素，可以输入C=A([1,5,9])。

当使用索引赋值时，将保留MATLAB数据类型。所以，现在的logical是一个MATLAB数据类型，如果A是一个逻辑数组，如A =logical(eye(4))，那么输入 A(3,4)=1将不会把A变为一个双精度数组。但是，输入A(3,4)=5可把A(3,4)设置为逻辑1，同时MATLAB将发出一条警告。

6.4 逻辑运算符和函数

MATLAB中有5个逻辑运算符，有时也称它们为布尔(boolean)运算符，参见表6-4。这些运算符执行逐元素运算。除了NOT运算符(~)，它们的优先级比算术和关系运算符都低，参见表6-5。NOT符号也被称为否定号。

表6-4 逻辑运算符

运算符	名称	说明
~	NOT(非)	~A返回一个维数与A相同的数组：新数组在A为0的地方将值替换为1，并且在A为非零的地方将值替换为0
&	AND(与)	A & B返回一个维数与A和B相同的数组：新数组在A和B都有非零元素的地方将值替换为1，并且在A或B为0的地方将值替换为0
|	OR(或)	A | B 返回一个维数与A和B相同的数组：新数组在A或B中至少有一个元素非零的地方将值替换为1，并且在A和B都为0的地方将值替换为0
&&	短路逻辑与	标量逻辑表达式的运算符。如果A和B都为真(true)，A && B返回真(true)；否则，返回假(false)
||	短路逻辑或	标量逻辑表达式的运算符。如果A或B或者两者都为真(true)，A || B返回真(true)；如果两者都不为真，返回假(false)

表6-5 运算符类型的优先级顺序

优先级	运算符类型
第一	圆括号；从最里面的一对圆括号开始计算
第二	算术运算符和逻辑非(~)；从左到右计算
第三	关系运算符；从左到右计算
第四	逻辑与
第五	逻辑或

6.4.1 NOT运算

~A返回一个与A维数相同的数组：新数组在A为0的地方将值替换为1，并且在A为非零的地方将值替换为0。如果A是一个逻辑数组，那么~A将用0替换1，并同时用1替换0。例如，如果$x=[0,3,9]$且$y=[14,-2,9]$，那么$z=\sim x$将返回数组$z=[1,0,0]$，而语句$u=\sim x > y$将返回结果$u=[0,1,0]$。这个表达式等效于$u=(\sim x) > y$，因此，$v=\sim(x > y)$的结果则是$v=[1,0,1]$。这个表达式等效于$v=(x <= y)$。

6.4.2 &和|运算符

用于比较维数相同的两个数组。唯一的例外(这和关系运算符一样)是用于对一个数组与一个标量进行比较。

1. 与 (AND) 运算

A&B表示在A和B中都是非零元素的地方返回1，而在A或B中任一元素为0的地方返回0。

例6-7 与运算。

```
>> z=0&3
z=
  logical
    0
>> z=2&3
z=
  logical
    1
>> z=0&0
z=
  logical
    0
>> z=[5,-3,0,0]&[2,4,0,5]
z=
  1×4 logical 数组
    1    1    0    0
```

根据运算符的优先级规则，$z=1\&2+3$等效于$z=1\&(2+3)$，返回$z=1$。类似地，$z=5<6\&1$等效于$z=(5<6)\&1$，返回$z=1$。

令$x=[6,3,9]$且$y=[14,2,9]$，并且令$a=[4,3,12]$。表达式$z=(x>y)\&a$的结果是$z=[0,1,0]$，

并且表达式$z=(x>y)\&(x>a)$将返回结果$z=[0,0,0]$，这等效于$z=x>y\&x>a$。

❖ 注意

当对不等式使用逻辑运算符时，一定要特别小心。例如，$\sim(x>y)$等效于$x<=y$，并不等效于$x<y$。在MATLAB中，用户必须将关系式$5<x<10$写为$(5<x)\&(x<10)$。

2. 或 (OR) 运算

A|B表示在A和B中至少有一个非零元素的地方返回1，并且在A和B中都为0的地方返回0。表达式$z=0|3$ 返回$z=1$；表达式$z=0|0$ 返回$z=0$；而表达式$z=[5,-3,0,0]|[2,4,0,5]$返回$z=[1,1,0,1]$。根据运算符的优先级规则，$z=3<5|4==7$等效于$z=(3<5)|(4==7)$，将返回$z=1$。类似地，$z=1|0\&1$等效于$z=(1|0)\&1$，并将返回$z=1$；而$z=1|0\&0$ 返回$z=0$；并且$z=0\&0|1$返回$z=1$。

由于非(NOT)运算符的优先级较高，因此语句$z=\sim3==7|4==6$返回结果$z=0$，这等效于$z=((\sim3)==7)|(4==6)$。

6.4.3 异或函数

xor(A,B)表示在A和B中都为非零或都为零的地方返回0，并且在A或B中只有一个为非零(并不都是非零)的地方返回1。用AND、OR和NOT运算符定义的函数如下所示。

```
Function z=xor(A,B)
z=(A|B) & ~(A&B);
```

表达式z = xor([3,0,6],[5,0,0])返回$z=[0,0,1]$，而表达式$z=[3,0,6]|[5,0,0]$则返回$z=[1,0,1]$。

表6-6就是所谓的真值表，其中定义了逻辑运算符和xor函数的运算。在用户获得更多逻辑运算符的使用经验之前，应该使用这个列表来检验语句。true等效于逻辑1，而false则等效于逻辑0。本书可以通过构建它的数值等效来验证这个真值表。令x和y分别代表根据1和0所产生的真值表的前两列。

表6-6 真值表

x	y	~x	x|y	x&y	xor(x,y)
true	true	false	true	true	false
true	false	false	true	false	true
false	true	true	true	false	true
false	false	true	false	false	false

以下MATLAB会话是根据1和0产生的真值表。

```
>> x=[1,1,0,0]';
>> y=[1,0,1,0]';
>> Truth_Table= [x,y,~x,x|y,x & y,xor(x,y)]
Truth_Table =
    1    1    0    1    1    0
```

```
1  0  0  1  0  1
0  1  1  1  0  1
0  0  1  0  0  0
```

从MATLAB 6开始，AND运算符(&)的优先级就比OR运算符(|)的优先级高。但在MATLAB的早期版本中却并非如此，所以，如果用户正在使用早期版本的代码，就应该在MATLAB 6或更高版本的MATLAB中对它们做一些必要修改。例如，现在语句$y=1|5\&0$按$y=1|(5\&0)$计算值，产生结果$y=1$；而在MATLAB 5.3和以前版本中，这条语句将作为$y=(1|5)\&0$计算值，产生结果$y=0$。为了避免由于优先级而造成的潜在问题，在包含算术、关系或逻辑运算符的语句中使用圆括号非常重要。

6.4.4 短路逻辑运算符

以下运算符对只包含标量值的逻辑表达式执行AND和OR运算。本书将它们称为短路逻辑运算符，这是因为只有当结果不能完全由第一个操作体确定时，它们才计算第二个操作体的值。使用两个逻辑变量A和B定义的运算如下所示。

1. A&&B

如果A和B的值都为true，返回true(逻辑1)；如果它们不为true，返回false(逻辑0)。

2. A||B

如果A或B中有一个值为true或者两者的值都为true，返回 true (逻辑1)；如果它们的值都不为true，返回false(逻辑0)。

因此，在语句A&&B中，如果A等于逻辑0，那么不管B的值是什么，整个表达式的值都将为false，并不需要计算B的值。

对于A||B来说，如果A为true，那么不管B的值是什么，语句的值都将为true。

表6-7中列出了一些有用的逻辑函数。

表6-7 逻辑函数

逻辑函数	定义
all(x)	返回一个标量，如果矢量*x*中的所有元素都为非零元素，这个标量的值为1；否则，值为0
all(A)	返回一个行矢量，它的列数与矩阵***A***的列数相同并且只包含1和0，其值取决于***A***的对应列是否都是非零元素
any(x)	返回一个标量，如果矢量*x*中有任意一个元素为非零元素，这个标量的值为1；否则，值为0
any(A)	返回一个行矢量，它的列数与矩阵***A***的列数相同并且只包含1和0，其值取决于矩阵***A***的对应列是否包含非零元素
find(A)	计算一个数组，它包含数组A中那些非零元素的索引
[u,v,w] = find(A)	计算数组u和v，u和v分别包含数组A中非零元素的行索引和列索引；同时计算数组w，w中包含非零元素的值。数组w也可以省略
finite(A)	返回一个维数与A维数相同的数组，在A中元素为有限值的地方，值为1；否则，值为0

(续表)

逻辑函数	定义
ischar(A)	如果A是一个字符数组，返回1；否则，返回0
isempty(A)	如果*A*是一个空矩阵，返回1；否则，返回0
isinf(A)	返回一个维数与A维数相同的数组，在A中元素为'inf'的地方，值为1；否则，值为0
isnan(A)	返回一个维数与A维数相同的数组，在A中元素为'NaN'的地方，值为1；否则，值为0('NaN'代表“不是一个数”，这意味着一个不明确的结果)
isnumeric(A)	如果A是一个数值数组，返回1；否则，返回0
isreal(A)	如果A中并没有一个元素具有虚部，返回1；否则，返回0
logical(A)	将数组A中的元素转换为逻辑值
xor(A,B)	返回一个维数与A和B维数相同的数组：在A或B中非零元素(但不是都为非零值)的地方，新数组的值为1；在A和B中元素都为非零值或都为零值的地方，新数组的值为0

6.4.5 逻辑运算符和find函数

find函数对于创建判断程序(特别是当程序与关系或逻辑运算符相结合时)非常有用。函数find(x)用于操作数组，它包含数组x中那些非零元素的索引。当把find函数与逻辑运算符结合使用时，它也非常有用，例如：

```
>> x = [5, -3, 0, 0, 8]; y = [2, 4, 0, 5, 7];
>> z =find(x&y)
z =
    1    2    5
```

所生成的数组z = [1, 2, 5]指出x和y中的第1个、第2个和第5个元素都是非零值。

❖ 注意

find函数返回的是索引而不是具体的值。

在以下会话中，留意y(x&y)所获得结果与以上find(x&y)所获得结果之间的区别。

```
>> x = [5, -3, 0, 0, 8];y = [2, 4, 0, 5, 7];
>> values = y(x&y)
values =
    2    4    7
>> how_many = length(values)
how_many =
    3
```

数组y中有3个非零值对应于数组x中的非零值，它们是第1个、第2个和第5个元素的值，分别为2、4和7。

在上面的示例中，数组x和y中只有几个数字，因此用户可以通过目测得到答案。但是，这些MATLAB方法在那些有太多数据、目测得到答案非常费时的地方或者在那些值是由程序内部产生的地方都非常有用。

例6-8 计算抛射物的高度和速率。以速率v_0、水平夹角A投掷的一个抛射物(如一个投掷的球)，其高度和速率分别为

$$h(t) = v_0 t \sin A - 0.5gt^2$$

$$v(t) = \sqrt{v_0^2 - 2v_0 gt \sin A + g^2 t^2}$$

其中，g是重力加速度。当$h(t)=0$时，抛射物将撞击到地面，并由此可以得到碰撞时间：$t_{hit}=2(v_0/g)\sin A$。假设$A=40°$、$v_0=20$m/s和$g=9.81$m/s^2。使用MATLAB关系和逻辑运算符找出当高度低于6 m并且速率不大于16m/s时的碰撞时间。

解：使用关系和逻辑运算符解答这个问题的关键为——使用find命令确定逻辑表达式(h>= 6)&(v <= 16)为true的时间。首先，必须使用足以满足用户需要并有足够精确度的时间间隔t，同时产生$0 \leqslant t \leqslant t_{hit}$之间的时间$t_1$和$t_2$所对应的矢量$h$和$v$。本例将选择一个间隔$t_{hit}/100$，这就提供了101个时间值。程序如下所示，当计算时间t_1和t_2时，用户必须从$u(1)$和$length(u)$中减去1，这是因为数组t中的第一个元素对应于$t=0$(即，$t(1)$为0)。

```
% Set the values for initial speed, gravity, and angle.(设置初始速率、重力加速度和角度的值)
v0=20; g=9.81; A=40*pi/180;
% Compute the time to hit.(计算碰撞时间)
t_hit=2*v0*sin(A)/g;
% Compute the arrays containing time, height, and speed.(计算包含时间、高度和速率的数组)
t=[0:t_hit/100:t_hit];
h=v0*t*sin(A) - 0.5*g*t.^2;
v=sqrt(v0^2 - 2*v0*g*sin(A)*t + g^2*t.^2);
% Determine when the height is no less than 6,(确定当高度低于6 m)
% and the speed is no greater than 16.(并且速率不大于16m/s时)
u=find(h>=6&v<=16);
% Compute the corresponding times.(计算对应的时间)
t_1=(u(1)-1)*(t_hit/100)
t_2=u(length(u)-1)*(t_hit/100)
```

结果是$t_1=0.8649$和$t_2=1.7560$。在这两个时间之间，$h \geqslant 6$m和$v \leqslant 16$m/s。

用户也可以通过绘制$h(t)$和$v(t)$的图形来解答这个问题，但是，结果的精确度将受用户从图形中取点能力的限制。另外，如果用户必须使用图形方法解答许多这类问题，可能将更加费时间。

6.5 条件语句

在日常生活中，人们通常使用条件短语来描述自己的判断。例如，如果我得到加薪，我将购买一辆新车(If I get a raise, I will buy a new car)。如果语句I get a raise为真，将执行所指出的动作(buy a new car)。以下则是另一个示例：如果每周至少加薪$100，那么我将购买一辆新车；否则，我将把加薪放入存款中(If I get at least a $100 per week raise, I will buy a new car; else, I will put the raise into savings)。一个稍微更加复杂的示例是：如果每周至少

加薪$100，那么我将购买一辆新车；否则，如果加薪大于$50，那么我将购买一套新的立体声系统；否则，我将把加薪放入存款中(If I get at least a $100 per week raise, I will buy a new car; else, if the raise is greater than $50, I will buy a new stereo;else, I will put the raise into savings)。

第一个示例的逻辑如下所示。

```
If I get a raise,
I will buy a new car
. (句点)
```

❖ 注意

句点标记了语句的结束。

第二个示例的说明如下所示。

```
If I get at least a $100 per week raise,
I will buy a new car;
else,
I will put the raise into savings
. (句点)
```

第三个示例的说明如下所示。

```
If I get at least a $100 per week raise,
I will buy a new car;
else, If the raise is greater than $50,
I will buy a new stereo;
otherwise,
I will put the raise into savings
. (句点)
```

MATLAB条件语句允许用户编写那些做出判断的程序。条件语句中包含一条或多条if、else和elseif语句。end语句表示条件语句的结束，其用途就像以上示例中所使用的句点一样。这些条件语句的形式类似于以上示例，并且它们读起来也有些像英语中的等效语句。

6.5.1 if语句

if语句的基本形式如下。

```
if 逻辑表达式
    语句
end
```

每条if语句必须伴随一条end语句。end语句标志着逻辑表达式为true时所要执行语句的结束。if和逻辑表达式(可以是标量、矢量或矩阵)之间需要一个空格。例如，假设x是一个标量，并且用户只希望在$x \geqslant 0$时计算$y = \sqrt{x}$。一般来说，用户可以将这个过程指定为：如果x大于或等于0，按$y=\sqrt{x}$来计算y。以下if语句在MATLAB中实现了这个过程，并假设x已经有了一个标量值。

```
if x >= 0
    y = sqrt(x)
end
```

如果x是一个负数，这个程序将不执行任何动作。这里，逻辑表达式是x >= 0，并且所要执行的语句只有一行，即y = sqrt(x)。

也可以在一个命令行中写出if结构，例如：

```
if x >= 0, y = sqrt(x), end
```

但是，这种形式的可读性并不如前一种形式好。平常的书写习惯是缩排语句，从而可以说明哪些语句属于if及其对应的end，因此大大提高了可读性。

逻辑表达式也可以是一个复合表达式：语句可以是一条命令，也可以是一组用逗号或分号分开的单行命令。例如，如果x和y有标量值：

```
z = 0;w = 0;
if (x >= 0)&(y >= 0)
    z = sqrt(x) + sqrt(y)
    w = log(x) - 3*log(y)
end
```

只有当x和y都为非负数时，语句才计算z和w的值。否则，z和w会保持它们的初始值0。流程图如图6-4所示。

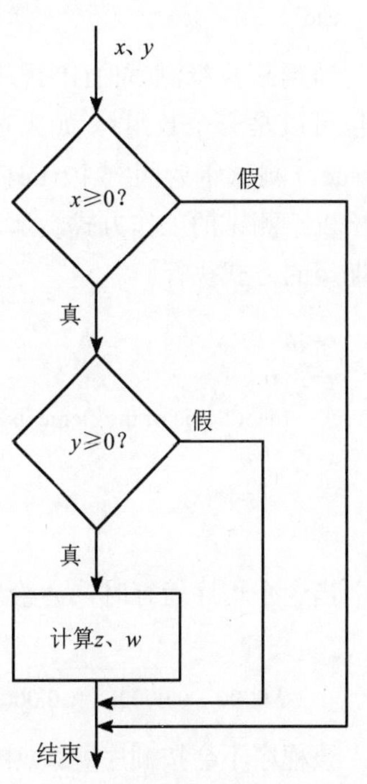

图 6-4 对应于伪代码示例的流程图

用户也可以“嵌套”if语句，如下所示。

```
if 逻辑表达式1
  语句组1
    if 逻辑表达式2
       语句组2
  end
end
```

❖ **注意**

每条if语句都有与之相匹配的end语句。

6.5.2 else语句与else if语句

当判断结果导致多个动作发生时，用户可以在使用if语句的同时使用else和else if语句。

1. else 语句

使用else语句的基本结构如下。

```
if 逻辑表达式
  语句组1
else
  语句组2
end
```

图6-5显示了这个结构的流程图。

例如，假设当$x \geqslant 0$时，$y = \sqrt{x}$；而当$x < 0$时，$y = e^x - 1$。以下语句将计算y值，并假设x已经有了一个标量值。

```
if x >= 0
    y = sqrt(x)
else
    y = exp(x) - 1
end
```

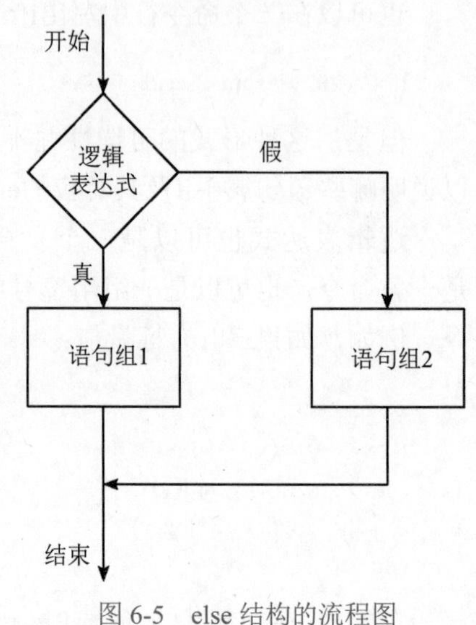

图 6-5　else 结构的流程图

当判断执行测试时(if 逻辑表达式，其中逻辑表达式也可以是一个数组)，如果逻辑表达式的所有元素都为true，测试将返回一个true值。例如，如果用户未能认出以下测试的工作方式，那么以下语句将不会按用户所期望的方式执行。

```
x = [4,-9,25];
if x < 0
    disp('Some of the elements of x are negative.')
else
    y = sqrt(x)
end
```

当这个程序运行时，会给出以下结果。

```
y =
    2.0000 + 0.0000i      0.0000 + 3.0000i      5.0000 + 0.0000i
```

该程序不会按顺序测试x中的每个元素。相反，只测试矢量关系$x < 0$的真假。测试表达式if $x < 0$将返回一个false值，这是因为它产生了矢量[0,1,0]。

用户可以将以下程序与上面的程序进行比较：

```
x = [4,-9,25];
if x >= 0
y = sqrt(x)
    else
disp('Some of the elements of x are negative.')
    end
```

当MATLAB执行这个程序时，会产生以下结果：Some of the elements of x are negative。测试表达式if $x < 0$为false，并且测试表达式if $x >= 0$也将返回一个false值，这是因为$x >= 0$返回矢量[1,0,1]。

用户有时必须在简洁但较难理解的某个程序和使用较多语句的某个程序之间做出选择。例如，用户可以选用以下较简洁的程序：

```
if 逻辑表达式1 & 逻辑表达式2
    语句
end
```

替代以下语句：

```
if 逻辑表达式1
  if 逻辑表达式2
    语句
  end
end
```

2. else if 语句

else if语句的一般形式如下。

```
if 逻辑表达式1
  语句组1
    elseif 逻辑表达式2
  语句组2
    else
  语句组3
end
```

也可以根据实际需要省略else和elseif语句。但是，如果这两个语句都需要使用，则必须将else语句放在elseif语句的后面，用于处理未加说明的所有条件。图6-6是使用elseif结构的流程图。

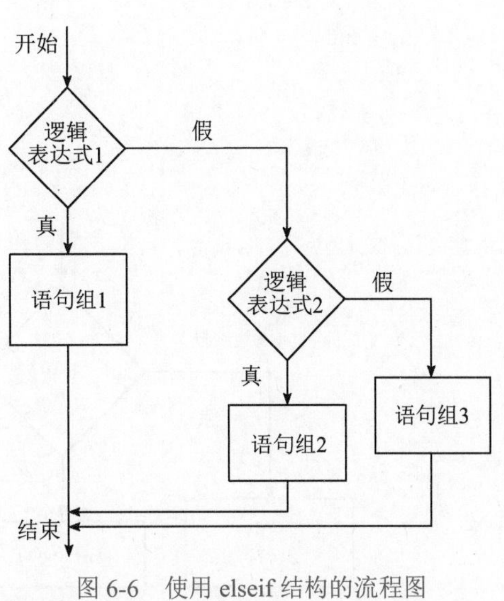

图 6-6 使用 elseif 结构的流程图

❖ 注意

elseif语句并不需要有相匹配的end语句。

else语句可以与elseif语句一起使用，用于创建详细的判断程序。例如，假设$x > 10$时，$y = \ln x$；$0 \leqslant x \leqslant 10$时，$y = \sqrt{x}$；而当$x < 0$时，$y = e^x - 1$。如果$x$已经是一个标量值，那么以下语句将计算$y$的值。

```
if   x > 10
  y = log(x)
    elseif   x >= 0
  y = sqrt(x)
    else
  y = exp(x) -1
end
```

判断结构也可以是嵌套结构，即一个判断结构可以包含另一个判断结构，而被包含的判断结构又可以再包含另一个判断结构，以此类推。

图6-7中所示的流程图描述了以下代码，它是包含一个嵌套if语句的示例。这里，假设x已经是一个标量值。

```
if   x > 10
  y = log(x)
    if   y >= 3
      z = 4*y
        elseif   y >= 2.5
          z = 2*y
        else
          z = 0
      end
  else
    y = 5*x
    z = 7*x
end
```

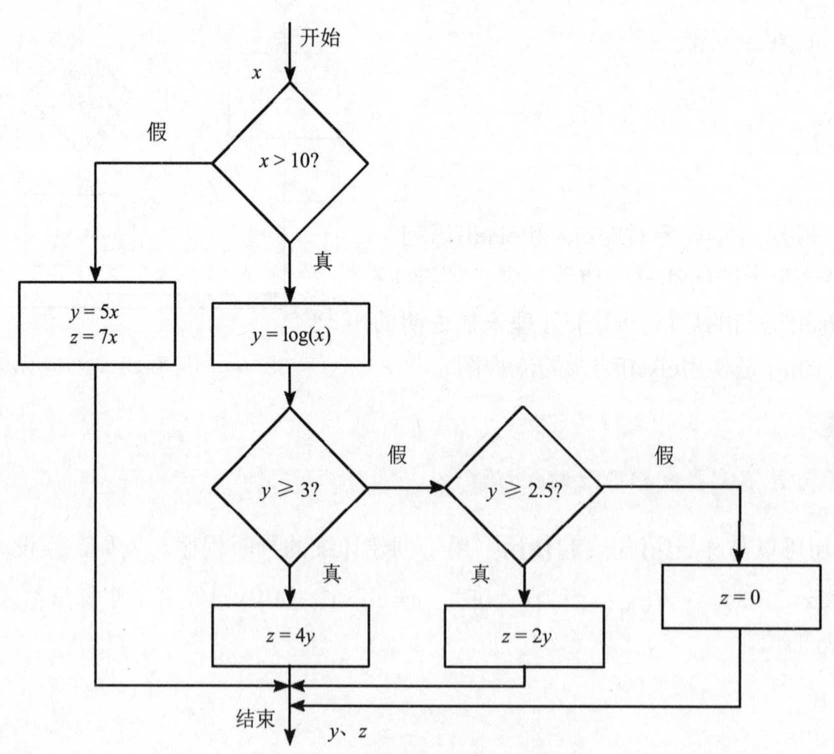

图 6-7 说明嵌套 if 语句的流程图

❖ 注意

上面代码的缩排是为了强调与每条end语句相关的那些语句组。用于表示这个结构所需的流程图也过于庞大了。实际上，用户应该通过省略一些细节来缩短流程图。

6.5.3 字符串和条件语句

字符串是一个包含字符的变量。字符串对于创建输入提示符、消息、存储以及对诸如姓名和地址等数据进行的操作都很有用。要在MATLAB中创建一个字符串变量，可以将字符放在单引号中。例如，按如下方式可以创建字符串变量name。

```
>> name = 'Leslie Student'
name =
    'Leslie Student'
```

以下是字符串number：

```
>> number = '123'
number =
    '123'
```

它与输入number = 123所创建的变量number是不同的。

可以将字符串存储为行矢量，而行矢量中的每一列都代表一个字符。例如，变量name有1行和14列(每个空格也占据一列)。因此：

```
>> size(name)
ans =
    1      14
```

用户也可以通过其他任何一种矢量访问方法来访问字符串变量中的任何一列。例如，姓名Leslie Student中的字母S占据了矢量name中第8列的位置。用户可以按如下方式访问它。

```
>> name(8)
ans =
    'S'
```

在MATLAB中也可以对字符串变量使用冒号运算符。例如：

```
>> first_name = name(1:6)
first_name =
    'Leslie'
```

用户可以操作字符串变量的列，就如同操作矢量一样。例如，要在姓名Leslie Student中间插入一个以字母开头的中间名，可以输入以下内容。

```
>> full_name = [name(1:6), ' C.',name(7:14)]
full_name =
    'Leslie C. Student'
>> full_name(8) = 'F'
full_name =
    'Leslie F. Student'
```

findstr函数对于查找特定字符的位置非常有用。例如：

```
>> findstr(full_name, 'e')
ans =
    2     6     15
```

这个会话告诉用户：字母e出现在第2、第6和第15列中。

当且仅当每个字符(也包括空格)都相同时，两个字符串变量才相等。

❖ 注意

字符串是区分大小写的。因此，字符串'Hello'和'hello'并不相等，而且字符串'can not'和'cannot'也不相等。

函数strcmp用于确定两个字符串是否相等。如果字符串'string1'和'string2'是相等的，那么输入strcmp('string1', 'string2')将返回值1；否则，返回值0。函数lower('string')和upper('string')分别将'string'全部转换为小写字母和全部转换为大写字母。这些函数对于接受键盘输入非常有用，且并不强制用户区分大小写。

字符串最重要的应用之一是：创建输入提示和输出消息。以下提示程序使用了isempty(x)函数：如果数组x是空的，那么isempty(x)函数将返回1；否则，返回0。另外，该程序还使用了input函数，input函数的语法如下所示。

```
x = input('prompt', 'string')
```

这个函数在屏幕上会显示字符串prompt，并等待用户从键盘输入，然后从字符串变量x中返回输入值。如果用户在不输入任何内容的情况下按下Enter键，那么该函数将返回一个空矩阵。

以下所示的程序是一个脚本文件，其允许用户通过输入Y或y，或者通过按Enter键回答Yes；而其他任何响应都将回答No。

```
response = input('Do you want to continue? Y/N [Y]:','s');
if (isempty(response))|(response == 'Y')|(response == 'y')
response = 'Y'
    else
response = 'N'
    end
```

在MATLAB中还可以使用其他字符串函数。输入help strfun就可以获得有关这些函数的信息。

6.6 循环

循环是一种将某个计算重复多次的结构。循环的每一次重复就是一个循环的执行过程。MATLAB中有两类明确的循环：for循环，在事先知道执行循环的次数时使用；while循环，当循环过程必须满足指定条件才终止时使用，因此事先并不知道所执行循环的次数。

6.6.1 for循环

for循环的一个简单示例如下所示。

```
for k = 5:10:35
    x = k^2
end
```

循环变量k的初始值为5，并且程序使用$x = k$^2计算x。在每一次循环执行时，k都增加10，并且只有当k值超过35时，程序才停止计算x值。因此，k的取值分别为5、15、25和35，而x的取值则分别为25、225、625和1225。然后，程序继续执行end语句之后的任何语句。

for循环的典型结构如下所示。

```
for 循环变量 = m:s:n
    语句
end
```

表达式 m:s:n为循环变量赋一个初始值m，这个循环变量是按值s(也被称为步进值或递增值)进行递增的。在每一次循环执行期间，程序使用循环变量的当前值执行一次语句。循环过程继续进行，直到循环变量超过终止值为止。例如，在表达式for k = 5:10:36中，最终的k值是35。图6-8显示了for循环的流程图。

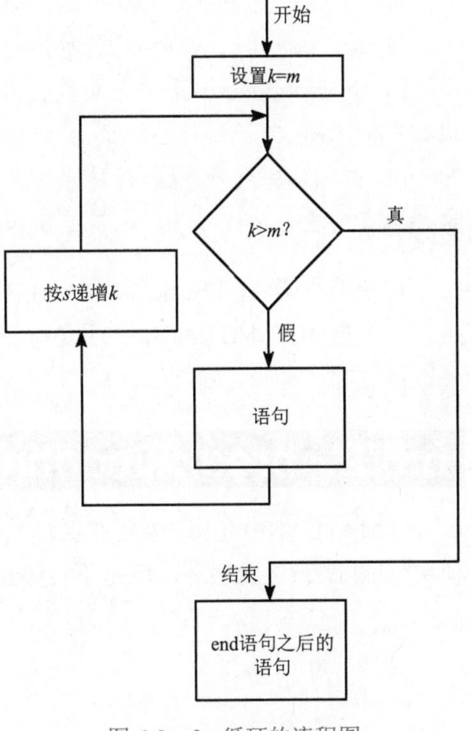

图 6-8 for 循环的流程图

❖ 注意

用户并不需要在m:s:n语句之后再放置一个分号来禁止打印k。

❖ 注意

for语句需要一条相匹配的end语句。end语句标志着所要执行语句的结束。在for和loop变量(可能是标量、矢量或矩阵，但是到目前为止，标量是最常见的情况)之间需要一个空格。

用户也可以在一个命令行上写出for循环，例如：

```
for x = 0:2:10, y = sqrt(x), end
```

但是，这种形式的for循环可读性不如前一种形式好。平常的编码习惯是缩排语句，从而可以说明哪些语句属于for及其对应的end语句，因此提高了可读性。

用户可以嵌套循环和条件语句，但嵌套时，每条for语句和if语句都需要一条与之相匹配的end语句。

❖ 注意

在对循环变量表达式$k=m:s:n$使用for循环时应遵循以下规则。

(1) 步进值s可以是负数。例如，$k=10:-2:4$可产生$k=10$、8、6、4。

(2) 如果省略s，那么步进值将默认为1。

(3) 如果s是一个正数，m大于n，那么语句将不再执行循环。

(4) 如果s是一个负数，m小于n，那么语句将不再执行循环。

(5) 如果m等于n，语句将只执行一次循环。

(6) 如果步进值s不是一个整数，那么舍入错误有可能会导致循环执行的次数与预期的次数有所不同。

(7) 当循环完成时，k将保持它的最终值。用户不应该在语句内部改变循环变量k的值。这样做有可能会导致程序产生不可预知的结果。

传统编程语言(如Basic和Fortran)中的常见编码习惯是：使用符号i和j作为循环变量。但是，这个惯例在MATLAB中并不是一个好习惯，这是因为MATLAB使用了这些符号作为虚数单位$\sqrt{-1}$。

6.6.2 break和continue语句

在MATLAB中允许if语句在循环变量未达到它的终止值之前“跳出”循环。用户可以使用break命令(终止循环，但是不会停止整个程序的运行)达到此目的。例如：

```
for k = 1:10
    x = 50 - k^2;
    if x < 0
      break
    end
    y = sqrt(x)
end
% The program execution jumps to here(程序的执行跳到此处)
% if the break command is executed.(如果执行break命令的话)
```

但是，用户通常会采用编码的方式避免使用break命令。程序中，经常可以使用6.6.6节中介绍的while循环来加以实现。

虽然可以用break语句停止循环的执行，但有时用户也会有这样一些应用：不希望程序的执行产生错误，但是对于其余的循环则要继续执行。此时，可以使用continue语句达到目的。continue语句将把控制权传递给那些出现在其中的for或while循环的下一次迭代之中，并同时跳过循环主体中的其他任何语句。在嵌套循环中，continue将控制权传递给关闭了continue语句的for或while循环的下一次迭代。

例6-9　使用continue语句以避免计算负数的对数。

```
x = [10,1000,-10,100];
y = NaN*x;
for k = 1:length(x)
```

```
        if x(k) < 0
        continue
    end
    y(k) = log10(x(k));
end
y
```

结果是：

```
y =
    1     3     NaN     2
```

6.6.3 使用数组作为循环索引

在MATLAB中允许使用矩阵表达式为循环指定执行的次数。在这种情况下，循环变量是一个矢量，并且在每一次循环执行期间，MATLAB都将循环变量设置成等效于矩阵表达式的连续列。例如：

```
A = [1,2,3;4,5,6];
for v = A
    disp(v)
end
```

等效于：

```
A = [1,2,3;4,5,6];
n = 3;
for k = 1:n
    v = A(:,k)
end
```

常见的表达式$k = m:s:n$是矩阵表达式的一个特例，此时，表达式的列是标量而不是矢量。例如，假设用户希望在x、y坐标系中计算从原点到指定的3个点——(3,7)、(6,6)和(2,8)的距离。用户可以按以下方式将坐标放在数组coord中。

$$\begin{bmatrix} 3 & 6 & 2 \\ 7 & 6 & 8 \end{bmatrix}$$

然后，coord = [3,6,2;7,6,8]。以下程序则计算了距离，并同时确定了离原点最远的那个点。第一次通过循环时，索引coord是[3, 7]'；第二次通过循环时，索引是[6, 6]'；在最后一次循环执行期间，索引是[2, 8]'。

```
k = 0;
for coord = [3,6,2;7,6,8]
    k = k + 1;
    distance(k) = sqrt(coord'*coord)
end
[max_distance,farthest] = max(distance)
```

6.6.4 隐含循环

许多MATLAB命令中都包含隐含循环，例如：

```
x = [0:5:100];
y = cos(x);
```

要使用for循环达到相同的结果，用户必须输入以下内容。

```
for k = 1:21
    x = (k-1)*5;
    y(k) = cos(x);
end
```

find命令是隐含循环的另一个示例。语句y =find(x>0)等效于：

```
m=0;
for k=1:length(x)
  if x(k)>0
     m = m + 1;
     y(m)=k;
  end
end
```

如果用户熟悉传统的编程语言(如Fortran或Basic)，就有可能会倾向于在MATLAB中使用循环来求解问题而不是使用强大的MATLAB命令(如find)。要使用这些命令，并同时充分发挥MATLAB的功能，用户需要采用一种新的问题求解方法。正如以上示例中所示，可以使用MATLAB命令(而不是循环)以省去许多命令行。用户的程序也将运行得更快，这是因为MATLAB是为高速矢量计算而设计的。

例6-10　数据排序。用户从表6-8所示的测量结果中获得矢量x。假设用户认为在范围$-0.1<x<0.1$内的任何一个数据值都不是正确的数据，且希望删除所有这类数据元素而在数组的结尾处以0代替它们。

表6-8　示例表

	之前	之后
$x(1)$	1.92	1.92
$x(2)$	0.05	−2.43
$x(3)$	−2.43	0.85
$x(4)$	−0.02	0
$x(5)$	0.09	0
$x(6)$	0.85	0
$x(7)$	−0.06	0

解：

第一种方法。下面这个脚本文件使用了for循环和条件语句。

❖ 注意

请留意该脚本文件是如何使用零数组[]的。

```
x = [1.92,0.05,-2.43,-0.02,0.09,0.85,-0.06];
y = [];z = [];
for k = 1:length(x)
if abs(x(k)) >= 0.1
   y = [y,x(k)];
      else
   z = [z,x(k)];
      end
   end
xnew = [y,zeros(size(z))]
```

第二种方法。下面这个脚本文件则使用了find函数。

```
x = [1.92,0.05,-2.43,-0.02,0.09,0.85,-0.06];
y = x(find(abs(x) >= 0.1));
z = zeros(size(find(abs(x)<0.1)));
xnew = [y,z]
```

6.6.5　使用逻辑数组作为掩码

考虑数组A：

$$A = \begin{bmatrix} 0 & -1 & 4 \\ 9 & -14 & 25 \\ -34 & 49 & 64 \end{bmatrix}$$

以下程序通过下述方式来计算数组B：当A中的元素不小于0时，程序计算其平方根；当A中的元素是负数时，程序就对每个负的元素加上50。

```
A = [0, -1, 4; 9, -14, 25; -34, 49, 64];
for m = 1:size(A,1)
  for n = 1:size(A,2)
     if A(m,n) >= 0
     B(m,n) = sqrt(A(m,n));
  else
     B(m,n) = A(m,n) + 50;
  end
end
end
B
```

结果是：

```
B =
      0      49      2
      3      36      5
     16       7      8
```

当使用逻辑数组对另一个数组寻址时，MATLAB会从那个数组中提取逻辑数组中为1的那些对应位置的元素。用户通常可以使用逻辑数组作为掩码(即，选择另一个数组的元素)来避免使用循环和分支，因此可以创建更简单和更快捷的程序。数组中，没有选中的任何元素都将保持不变。

以下会话用以前所给的数值数组A创建逻辑数组C。

```
>> A = [0, -1, 4; 9, -14, 25; -34, 49, 64];
>> C = (A >= 0)
```

结果是：

```
C =
  3×3 logical 数组
     1     0     1
     1     0     1
     0     1     1
```

用户可以使用这项技术来计算：以上程序所给出的A中那些不小于0的元素的平方根，且对A中的那些负数元素分别加上50。程序如下所示。

```
A = [0, -1, 4; 9, -14, 25; -34, 49, 64];
C = (A >= 0);
A(C) = sqrt(A(C))
A(~C) = A(~C) + 50
```

第三行语句执行之后的结果是：

```
A =
     0    -1     2
     3   -14     5
   -34     7     8
```

最后一行语句执行之后的结果是：

```
A =
     0    49     2
     3    36     5
    16     7     8
```

6.6.6 while循环

当循环过程由于满足了一个指定条件而终止时，程序使用while循环，可使用户事先不知道循环的执行次数。

1. 典型结构

while循环的典型结构如下所示。

```
while 逻辑表达式
    语句
end
```

MATLAB首先会测试逻辑表达式的真假。在逻辑表达式中必须包含循环变量，例如，*x*是语句while *x*~= 5中的循环变量。如果逻辑表达式为真，则执行循环语句。要使while循环正常运行，必须存在以下两个前提条件。

(1) 在执行while语句之前，循环变量必须有一个值。

(2) 语句必须以某种方式改变循环变量的值。

在每一次循环执行期间，程序使用循环变量的当前值执行一次语句。循环继续执行，直到逻辑表达式为假。图6-9显示了while循环的流程图。

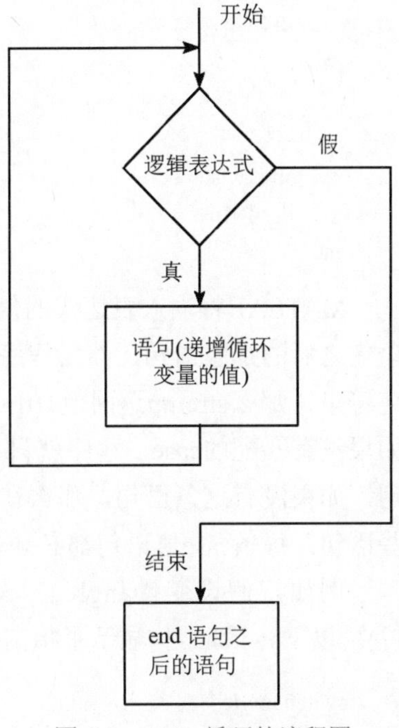

图 6-9　while 循环的流程图

每条while语句必须有一条与之相匹配的end语句。和for循环一样，程序必须缩排语句以提高程序的可读性。用户也可以嵌套while循环，还可以使用for循环和if语句嵌套它们。

始终要确保在开始循环之前为循环变量赋予一个值。如果用户打算让*x*值从0开始，就应该在while语句之前放置一条语句：*x*=0。

用户也有可能创建一个无限循环，即一个永远也不会结束的循环，例如：

```
x = 8;
while x ~= 0
    x = x - 3;
end
```

在这个循环中，变量*x*的取值分别为5、2、-1、-4等，并且条件*x*~= 0永远也得不到满足，所以循环永远都不会停止。

2. 主要应用

while循环的主要应用在于当用户希望只要某条语句为true，循环就继续进行时。通常，使用for循环较难实现这类任务。例如：

```
x = 1;
while x ~= 5
  disp(x)
  x = x + 1;
end
```

在每一次循环执行期间，使用循环变量*x*的当前值执行一次while和end之间的语句。循环将继续执行，直到条件*x*~=5为假为止。disp语句所显示的结果为1、2、3和4。

6.7　switch结构

除了选择使用if、elseif和else命令，用户还可以使用switch结构。使用switch结构编写的任何程序都可以使用if结构进行编写。但是，对于一些应用来说，用switch结构编写的代码其可读性比使用if结构编写的代码可读性要好。switch结构的语法如下。

```
switch输入表达式(标量或字符串)
  case 值1
  语句组1
    case 值2
    语句组 2
.
.
.
    otherwise
    语句组n
end
```

MATLAB将输入表达式的值与每个case值进行比较。如果它们的值相等，那么执行case语句之后的那条语句，然后程序继续执行end语句之后的任何语句。如果输入表达式是一个字符串，那么strcmp返回值1(true)时，它就等同于case值。程序只执行第一个匹配的case。如果没有匹配的case，程序就只执行otherwise语句之后的语句。但otherwise语句是可选的语句，如果没有这条语句，那么在没有匹配存在的情况下，程序就继续执行end语句之后的那些语句。每条case值语句都必须单独成行。

例如，假设变量angle有一个整数值，此值代表从正北方开始测量的角度(以度为单位)。以下switch结构显示了指南针上对应于某个角度的点。

```
switch angle
  case 45
    disp('Northeast')
  case 135
    disp('Southeast')
  case 225
    disp('Southwest')
  case 315
    disp('Northwest')
  otherwise
    disp('Direction Unknown')
end
```

在输入表达式中使用字符串变量通常可以使程序更易读懂。

例如，在以下代码中，数值矢量x有值，用户输入字符串变量response的值：预期值是min、max或sum。然后，代码按照用户的输入找出x中的最大值、最小值或x各元素的总和。

```
t=[0:100]; x=exp(-t).*sin(t);
response=input('Type min, max, or sum.','s')
switch response
  case 'min'
    minimum=min(x)
  case 'max'
    maximum=max(x)
```

```
  case 'sum'
    total = sum(x)
otherwise
    disp('You have not entered a proper choice.')
end
```

通过将case值放入一个单元数组中，switch语句就可以在一条case语句中处理多个条件。

例如，以下switch结构显示了指南针上那些固定从北方开始测量的整数角度的对应点。

```
switch angle
  case {0,360}
    disp('North')
  case {-180,180}
    disp('South')
  case {-270,90}
    disp('East')
  case {-90,270}
    disp('West')
  otherwise
    disp('Direction Unknown')
end
```

6.8　调试MATLAB程序

本章6.1节讨论了将MATLAB 编辑器作为M文件编辑器使用的方法。图6-1所示的MATLAB“编辑器”选项卡包括“文件”“导航”“代码”“分析”“节”和“运行”6个功能面板，每个功能面板中存放的是具有同类功能(或属性)的按钮，用户只需要将鼠标指针悬停在工具栏的某个按钮上，即可通过显示的信息了解该按钮的功能。

❖ 注意

M文件中的每一行都是在左边编号的。

要打开一个现有的文件，用户可以在“编辑器”|“文件”功能面板中单击“打开”按钮。在打开的对话框中输入文件名，或者使用浏览器选中需要打开的文件，然后单击“打开”按钮即可。在编辑器中，用户一次可以打开多个文件。如果一次打开多个文件，那么每个被打开的文件都会在窗口的顶部显示一个标签。单击标签，就可以激活相应的文件以进行编辑和调试。

6.8.1　“编辑”功能面板

使用“代码”功能面板中的选项(功能按钮)，用户就可以插入或删除注释、增加或减少缩排量、打开智能缩排，并在计算和命令行窗口中显示所选变量的值。

单击先前所输入命令行中的任何位置，然后单击“代码”|“注释”按钮%，整个命令

行就会成为注释。要将一个注释行变为一个可执行的命令行，可以单击注释行中的任何位置，然后单击“代码”|“取消注释”按钮。

“代码”功能区中的“增加缩进”按钮和“减少缩进”按钮的工作方式类似。只要单击先前所输入命令行中的任何位置，然后单击“增加缩进”按钮或“减少缩进”按钮，用户就可以对某命令行的缩排进行调整。

编辑器会自动缩排条件语句：for语句或while语句之后输入的任何命令行，直到用户输入对应的end语句为止。单击“智能缩进”按钮，可以对先前输入的命令行和此后输入的任何命令行启用自动缩排功能。

在文件中高亮显示某变量之后，进入命令行窗口并输入其名称，可以在命令行窗口中显示选中变量的名称及其值。但是，这个方法要求用户离开编辑器。

在执行文件之后，用户可以在Datatip(数据提示)中查看某个变量的值，如图6-10所示。Datatip是当用户将光标放在一个变量的左边时出现的一个窗口。在用户移动光标之前，变量的值仍然显示在看得见的地方。在调试模式中，Datatip总是打开的；但是，在编辑模式中，Datatip默认情况下总是关闭的。用户也可以通过单击“主页”|“环境”|“预设项”按钮 (或在命令行窗口中输入preferences命令)，在打开的对话框中选中“在编辑模式下启用数据提示”复选框来打开它们，如图6-11所示。此外，用户还可以在工作区窗口中双击变量名以打开数组编辑器，在数组编辑器中查看数组的值。

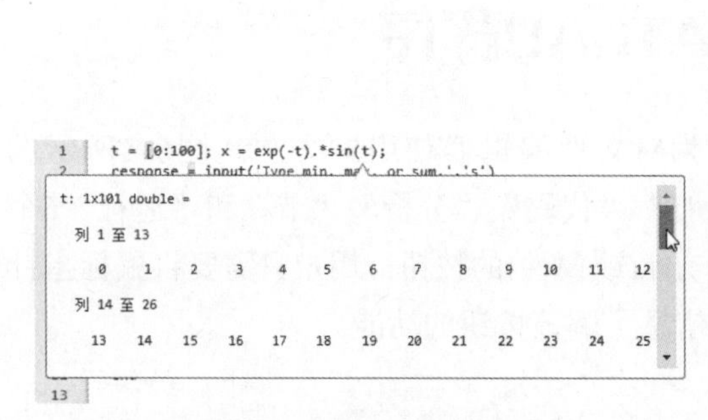

图 6-10 Datatip 窗口

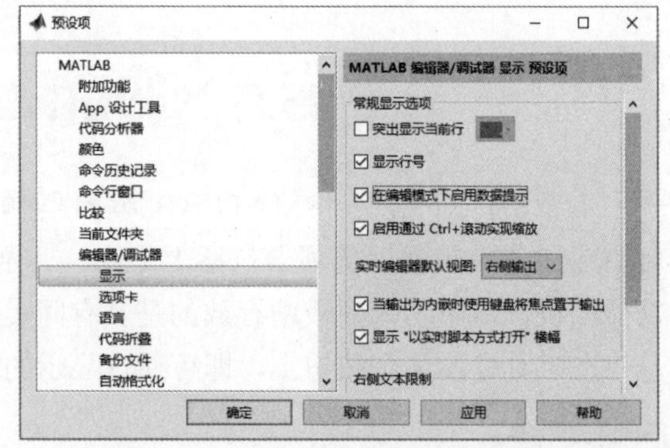

图 6-11 在编辑模式下启用数据提示

在以下讨论中，当本书示意应该“计算变量的值”时，用户就可以使用这些方法中的任何一种。

6.8.2 “节”功能面板

使用“节”功能区中的“运行节”“运行并前进”和“运行到结束”按钮，可以通过插入分节符和运行文件之后，分节执行用户文件。单击“运行并前进”按钮运行当前节并前进到下一节。单击“运行节”按钮运行当前节；单击“运行到结束”按钮从当前节运行到结束节。

6.8.3 “运行”功能面板

单击“运行”功能面板中的“运行”按钮或其菜单项可以运行整个M文件，对程序和脚本进行全程执行和调试。如果用户的代码产生了一条警告、一个错误、一个NaN或一个Inf值，那么“运行”菜单还允许用户中断M文件的执行(可通过选择“出现错误时暂停”“出现警告时暂停”“返回NaN或Inf时暂停”菜单项来实现)。

选择“运行并计时”菜单项，将运行程序并打开“探查器”窗口，计算程序各段的运行时间，如图6-12所示。

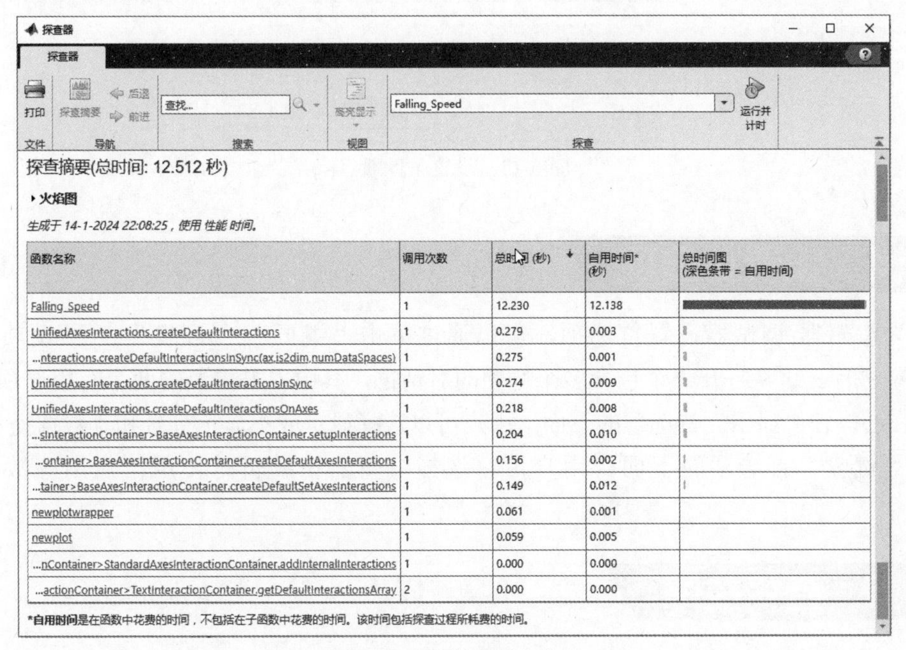

函数名称	调用次数	总时间 (秒)	自用时间*(秒)	总时间图(深色条带 = 自用时间)
Falling_Speed	1	12.230	12.138	
UnifiedAxesInteractions.createDefaultInteractions	1	0.279	0.003	
...nteractions.createDefaultInteractionsInSync(ax,is2dim,numDataSpaces)	1	0.275	0.001	
UnifiedAxesInteractions.createDefaultInteractionsInSync	1	0.274	0.009	
UnifiedAxesInteractions.createDefaultInteractionsOnAxes	1	0.218	0.008	
...sInteractionContainer>BaseAxesInteractionContainer.setupInteractions	1	0.204	0.010	
...ontainer>BaseAxesInteractionContainer.createDefaultAxesInteractions	1	0.156	0.002	
...tainer>BaseAxesInteractionContainer.createDefaultSetAxesInteractions	1	0.149	0.012	
newplotwrapper	1	0.061	0.001	
newplot	1	0.059	0.005	
...nContainer>StandardAxesInteractionContainer.addInternalInteractions	1	0.000	0.000	
...actionContainer>TextInteractionContainer.getDefaultInteractionsArray	2	0.000	0.000	

图 6-12 “探查器”窗口

命令行文本左边的深绿色箭头指示所要执行的下一个命令行。当这个箭头变为浅绿色时，MATLAB控制就处在正被调用的函数之中。在函数完成它的操作之后，执行返回到具有深绿色箭头的命令行。在执行暂停或者函数完成了操作的下一个命令行处，箭头变成黄色。当程序暂停时，用户可以使用命令行或数组编辑器为变量赋新值。要保存用户对程序所做的任何修改，首先要退出调试模式，返回到正常的编辑状态，然后保存文件。

“运行”按钮下拉菜单还包含“断点”和“错误处理”功能列表。其中，“断点”功能列表下的命令主要用来设置与清除断点(Breakpoint)。

1. “设置 / 清除”与“全部清除”命令

用户可以在“断点”功能列表中选择“设置/清除”命令来设置/清除断点。在设置了断点后，“断点”功能列表还允许用户选择“全部清除”命令，清除所有的断点。

大部分调试会话都是从设置断点开始的。断点用于在指定行停止M文件的执行，并且允许用户在恢复执行之前查看或修改函数工作区中的值。要设置断点，可以将光标放到文本行中，然后选择“设置/清除”命令。文本行旁边的红色圆圈用来指出是在哪一行设置了断点。如果选中作为断点的文本行是不可执行的语句，那么就在可执行的下一个命令行设置断点。

2. “断点”功能列表的其他命令

用户可以通过选择“启用/禁止”命令来启用或禁止当前行上的断点；通过选择“设置

条件”命令打开“MATLAB编辑器”对话框来设置或修改条件断点，如图6-13所示。这些命令都可以使程序的调试和运行分析工作更加方便。

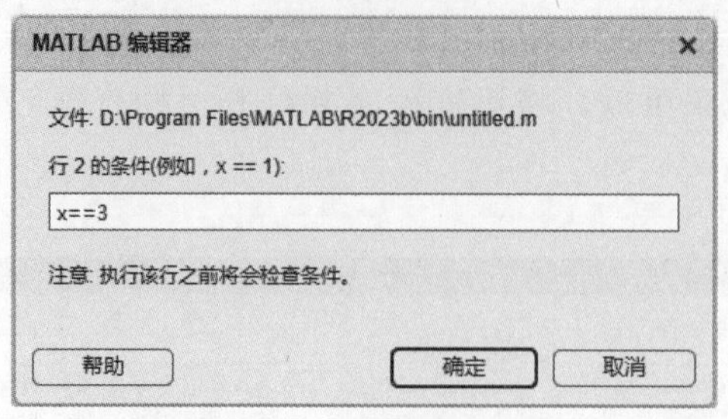

图 6-13　设置条件断点

6.8.4　设置首选项

要为编辑器/调试器设置首选项，可以通过单击“主页”|“环境”|“预设项”按钮 预设项 来进行。这将打开一个包含多个选项的对话框，其中本书提及的两个有用选项，用户要牢记在心。在“显示”首选项的下面，用户可以选择显示或不显示行号和“数据提示”。

在“键盘”首选项的下面，用户可以选择编辑器在编辑时使用“启用函数提示”功能。

6.8.5　查找故障

编辑器/调试器对于纠正运行时错误非常有用，这是因为它们允许用户访问函数工作区并且检查或修改其中包含的值。现在，本书将单步执行一个示例调试会话。尽管这个示例的M文件比大部分的MATLAB代码都简单，但是这里所说的调试概念却可以推广应用。

首先，创建一个名为fun1.m的M文件，它接受一些输入矢量并且返回其中那些大于平均值(均值)的矢量的数量。这个文件调用另一个名为fun2.m的M文件，fun2.m文件在给定矢量以及平均值的情况下，计算矢量中值大于平均值的矢量的数量。

```
function y = fun1(x)
avg = sum(x)/length(x);
y = fun2(avg,x);
```

按以上所示的代码创建fun1.m文件，并且人为地设置一个故障。然后，创建文件fun2.m，如下所示。

```
function above = fun2(x,avg)
above = length(find(x>avg));
```

使用一个可以通过手算的简单测试示例，例如，使用矢量v = [1, 2, 3, 4, 10]。它的平均值是4，并且其中包含一个大于平均值的10。现在，调用函数fun1来对它进行测试。

```
>> above = fun1([1,2,3,4,10])
```

至少有一个函数(fun1.m或fun2.m)的运行有错误。本书将使用编辑器/调试器图形界面来查找错误。用户还可以通过命令提示符来使用调试函数。

如果用户已经使用编辑器创建了这两个M文件，那么也可以就此继续。如果用户已经使用一个外部文本编辑器来创建这两个M文件，那么启动编辑器，然后打开这两个M文件。用户将看到编辑器的顶部有两个标签，分别为fun1.m和fun2.m。使用这些标签可以在这两个文件之间进行切换。

1. 设置断点

在开始调试会话时，用户并不确定错误在哪里。插入断点的合理位置应该是在fun1.m中平均值计算的后面。进入fun1.m的编辑器/调试器窗口，使用“运行”下拉菜单上的“设置/清除”命令在第3行上(y = fun2(avg,x))设置一个断点。行的左边指出了行号。注意：要了解变量avg 的值，用户必须在计算avg值后的任何一行中设置断点。

2. 检查变量

要运行程序到断点处并检验感兴趣的值，首先要输入fun1([1, 2, 3, 4, 10])，从命令行窗口执行该函数。当M文件执行到断点处暂停时，文本左边的绿色箭头就会指出将要执行的下一个命令行。通过高亮显示变量名，然后右击，在弹出的快捷菜单中选择“在命令行窗口中执行所选内容”命令来检查avg的值。现在，用户应该看到命令行窗口中显示出avg = 4。由于这个avg 值是正确的值，因此错误必定存在于第3行中对fun2函数的调用中，或者存在于fun2.m文件中。

❖ 注意

提示符已经变为K>>，这代表“键盘”(keyboard)。使用这个提示符，用户可以在不中断程序执行的情况下，从命令行窗口中输入命令。假设用户已经发现一个函数的输出不正确。要继续进行调试，就可以在K>>提示符处输入变量的正确值。

3. 检查工作区

用户可以在命令行窗口中输入whos或者使用工作区窗口来检查工作区的内容。用户在当前会话中已创建的任何变量都会出现在列表中。列表中显示了各个变量的基本参数和属性，打开其中一个变量，就可以在命令行窗口/数组编辑器中查看该变量的值。

4. 单步执行代码和继续执行

通过将光标放在命令行上，并选择“设置/清除”命令，就可以清除fun1.m中第3行上的断点。通过单击“继续”|“步进”按钮，就可以继续执行M文件。打开fun2.m文件，并且在第2行处设置一个断点，查看程序是否将x和avg的正确值传递给了函数。在命令行窗口中，输入above =fun1([1,2,3,4,10])。高亮显示第2行表达式中的变量x：above=length(find(x>avg));，在命令行窗口中输入x后按回车键。用户将在命令行窗口中看到x = 4。这个值是不正确的结果，这是因为x应该是[1,2,3,4,10]。现在，用相同的方法查看第2行中变量avg的值。用户应该在命令行窗口中看到avg = [1,2,3,4,10]。这个值也是不正确的结果，这是因为avg应该等于4。

所以，在fun1.m程序第3行的函数调用中颠倒了x和avg的值。这一行应该是y = fun2(x,avg)。清除所有的断点，退出调试模式。编辑命令行并纠正错误、保存文件，然后再次运行测试示例。此时，用户应该得到正确的答案。

6.8.6 调试一个循环

循环(如for和while循环)的执行次数不正确，这是一种常见的错误。以下函数文件invest.m(其中有一个人为设置的故障)试图计算一个储蓄账户中积累的钱数。如果第k年年终存款的金额为$x(k)$, $k=1, 2, 3, \cdots$(一年的利息计算并不包含在这个金额中)，那么这个账户每年提取的利息复合利率是r %。

```
function z = invest(x,r)
z = 0;
y = 1 + 0.01*r;
for k = 1:length(y)
    z = z*y + x(k);
end
```

要检验这个函数，可以使用以下测试示例，然后用户就可以很容易地手动计算结果。假设用户3年之内在一家支付10%年利息的银行里分别存储了\$1000、\$1500和\$2000。在第一年的年终，储蓄额将为\$1000；在第二年的年终，储蓄额将为\$1000(1.1) + \$1500 =\$2600；而在第3年的年终，储蓄额将为\$2600(1.1) + \$2000 = \$4860。在创建并且保存了函数文件invest.m之后，用户就可按如下方式在命令行窗口中调用该函数。

```
>> total = invest([1000,1500,2000],10)
```

这个结果并不正确(正确结果应该是4860)。要查出错误，可以在第5行(即，包含文本z=z*y +x(k);的命令行)上设置一个断点，并通过输入total = invest([1000,1500,2000],10))从命令行窗口中运行该函数。在断点处，程序停止执行，检查z、y和k的值，这些值分别是$z=0$、$y=1.1$和$k=1$，这是正确的运行值。接下来，单击“运行”|“步进”按钮。绿箭头移到了包含end语句的文本行。再检查变量的值，它们是$z=1000$和$k=1$，这也是正确的运行值。再次单击“运行”|“步进”按钮，并且再对z和k的值进行检查，它们仍然是$z=1000$和$k=1$，这仍然是正确的运行值。最后，再次单击“运行”|“步进”按钮，程序退出调试。再次检查z和k的值，在命令行窗口中应该可以看到以下内容。

```
>> z
函数或变量 'z' 无法识别。
>> k
函数或变量 'k' 无法识别。
```

因此，程序只经过了一次循环，而不是3次。错误在于k的上限应该是length(x)而不是length(y)。

6.9 习题

1. 假设x = [-3, 0, 0, 2, 5, 8]且y = [-5, -2,0, 3, 4, 10]。请通过手算得到运算结果，并使用MATLAB检验计算结果：

(1) z = y<~x

(2) z=x&y

(3) z=x|y

(4) z=xor(x,y)

2. 在MATLAB中，使用一个循环来确定：如果用户最初在一个银行账户中存储\$10 000，并且在每年的年终再存储\$10 000(银行每年支付6%的利息)，那么账户上要积累\$1 000 000需要多长时间。

3. 某家公司生产和销售高尔夫手推车。每到周末，公司都将那一周所生产的手推车转移到仓库(库存)之中。卖出的所有手推车都从库存中提取。这个过程的一个简单模型为：

$$I(k+1)=P(k)+I(k)-S(k)$$

其中：$P(k)$=第k周生产的手推车数量；$I(k)$=第k周库存中的手推车数量；$S(k)$=第k周卖出的手推车数量。表6-9为10周计划中的每周销售额。

表6-9 10周计划中的每周销售额

周	1	2	3	4	5	6	7	8	9	10
销售额	50	55	60	70	70	75	80	80	90	55

假设每周的产量都基于前一周的销售额，所以有$P(k)=S(k-1)$。假设第1周的产量为50辆手推车，即$P(1)=50$。

编写一个MATLAB程序，计算10周之内每周库存中的手推车数量，或者计算手推车库存数量减少到0所需要的时间，并同时绘制图形。针对以下两种情况运行该程序。

(1) 初始库存为50辆手推车，所以$I(1)=50$。

(2) 初始库存为30辆手推车，所以$I(1)=30$。

第7章

MATLAB的符号处理

符号运算工具箱将符号计算和数值计算在形式和风格上进行了统一。MATLAB提供了强大的符号运算功能，可以替代其他的符号运算专用计算语言。MATLAB符号计算的功能有以下几方面。

- 计算：微分、积分、求极限、求和及泰勒展开等。
- 线性代数：矩阵求逆、计算矩阵行列式、特征值、奇异值分解和符号矩阵的规范化。
- 化简：化简代数表达式。
- 方程求解：代数方程和微分方程的求解。
- 特殊的数学函数：经典应用数学中的特殊方程。
- 符号积分变换：包括傅里叶变换、拉普拉斯变换、Z变换以及相应的逆变换。

另外，MATLAB也与其他语言有良好的接口和交互性。

本章的学习目标：

- 掌握基本的符号运算。
- 掌握符号函数图形绘制。
- 掌握符号微积分的运算。
- 掌握符号方程的求解方法。
- 掌握符号积分变换。
- 了解mfun函数的使用。
- 了解符号函数计算器的使用。

7.1 符号运算简介

本节介绍符号运算的基本知识，包括符号对象的属性、符号变量、符号表达式和符号方程的生成等基本符号操作。

7.1.1　符号对象

符号对象是符号工具箱中定义的另一种数据类型。符号对象是符号的字符串表示。在符号工具箱中符号对象用于表示符号变量、表达式和方程。下例说明了符号对象和普通数据对象之间的差别。

例7-1　符号对象和普通数据对象之间的差别。

在命令行窗口中输入如下命令。

```
>> sqrt(2)
ans =
    1.4142
>> x=sqrt(sym(2))
x =
    2^(1/2)
```

由本例可以看出，当采用符号运算时，并不计算出表达式的结果，而是给出符号表达。如果要查看符号x所表示的值，可在窗口中输入如下命令。

```
>> double(x)
ans =
    1.4142
```

另外，对符号进行的数学运算与对数值进行的数学运算并不相同，参看例7-2。

例7-2　符号运算和数值运算之间的差别。

```
>> sym(2)/sym(5)
ans =
    2/5
```

两个符号进行运算，结果为分数形式。继续输入如下命令。

```
>> 2/5 + 1/3
ans =
    0.7333
>> sym(2)/sym(5) + sym(1)/sym(3)
ans =
    11/15
>> double(sym(2)/sym(5) + sym(1)/sym(3))
ans =
    0.7333
```

由本例可以看出，当进行数值运算时，得到的结果为double型数据；采用符号进行运算时，输出的结果为分数形式。

本节介绍的仅仅是关于符号的初级知识，关于符号的更多用法和性质，会在后面的章节中依次介绍。

7.1.2 符号变量和符号表达式的生成

MATLAB中有两个函数用于符号变量和符号表达式的生成，这两个函数为sym/str2sym和syms，分别用于生成一个或多个符号对象。

1. sym/str2sym 函数

sym/str2sym函数用于生成单个符号变量。在7.1.1节中已经初步涉及sym函数，本节将详细介绍该函数。该函数的调用格式有以下几种。

- S = sym(A)，如果参数A为字符串，返回的结果为一个符号变量或一个符号数值；如果参数A为数字或矩阵，返回的结果为该参数的符号表示。
- x = sym('x')，该命令用于创建一个符号变量，该变量的内容为*x*，表达为*x*。
- x = sym('x','real')，指定符号变量*x*为实数。
- x = sym('x','unreal')，指定*x*为一个纯粹的变量，而不具有其他属性。
- S = sym(A,flag)，其中参数flag可以为'r'、'd'、'e'或'f'中的一个。该函数将数值标量或矩阵转换为参数形式，该函数的第二个参数用于指定浮点数的转换方法，该参数各个取值的含义如表7-1所示。

表7-1 flag参数的可选值及其含义

参数	说明
r	有理数
d	十进制数
e	估计误差
f	浮点数，将数值表示为 '1.F'*2^(e)或'-1.F'*2^(e)的格式，其中F为13位十六进制数，e为整数

例7-3 用sym/str2sym函数生成符号表达式bsin(x)+ae^x。

可采用两种方法实现。首先使用sym函数逐个变量法，在命令行窗口中输入以下内容。

```
>> a=sym('a');
>> b=sym('b');
>> x=sym('x');
>> e=sym('e');
>> f=a*e^x+b*sin(x)
f =
    b*sin(x) + a*e^x
```

其次采用str2sym函数整体定义法：

```
>> f= str2sym('a*e^x+b*sin(x)')
f =
    b*sin(x) + a*e^x
```

由本例可以看出，使用str2sym函数整体定义法时，先将整个表达式用单引号括起来，再利用sym函数进行定义，得到与单独定义相同的结果，同时减少了输入。

2. syms 函数

syms用于一次生成多个符号变量，但是不能用于生成表达式。该函数的调用格式如下。

- syms arg1 arg2 ...，定义多个符号变量。该命令与arg1 = sym('arg1'); arg2 =sym('arg2'); ...的作用相同。
- syms arg1 arg2 ... option，option可以是real、unreal等，将定义的所有符号变量指定为option定义的类型。

syms函数的输入参数必须以字母开头，并且只能包括字母和数字。该函数的具体用法见例7-4。

例7-4 用函数syms定义符号变量。

```
>> syms a b
>> f=a+b
f =
    a + b
>> syms 5 x y
错误使用 syms (第 262 行)
Invalid variable name.
>> syms x y f1
```

在上面的代码中，第1条语句同时定义了两个符号变量；第2条语句定义了1个符号表达式；在第3条语句中，由于指定的变量名为数字，因此系统提示出错；第4条语句定义了3个符号变量，其中第3个变量的变量名以字母开始，含有数字。

MATLAB中一种特殊的符号表达式为复数，创建复数符号变量可以有两种方法：直接创建法和间接创建法。下面以例7-5说明复数符号变量的创建。

例7-5 复数符号变量的创建。

在命令行窗口中输入如下命令。

```
>> z= str2sym ('x+i*y')
z =
    x + y*1i
>> expand(z^2)
ans =
    x^2 + x*y*2i - y^2
>> abs(z)
ans =
    (x^2 + y^2)^(1/2)
```

在上面的代码中，以直接方法创建了一个复数符号变量z，并对该变量进行计算。采用下面的方式同样可以创建复数符号变量。

```
>> clear
>> syms x y real
>> z=x+i*y
z =
    x + y*1i
>> abs(z)
ans =
    (x^2 + y^2)^(1/2)
```

比较上述两段代码可以看出，采用这两种方法创建的复数变量的结果相同。

7.1.3 symvar函数和subs函数

本节介绍两个非常重要的函数：symvar函数(早期MATLAB版本中为findsym函数)和subs函数。

1. symvar 函数

symvar函数用于确定表达式中的符号变量，见例7-6。

例7-6 通过symvar函数确定表达式中的符号变量。

```
>> syms a b c x
>> f=a*x^2+b*x+c
f =
     a*x^2 + b*x + c
>> symvar(f)
ans =
     [ a, b, c, x]
>> a1=1;b1=2;c1=1;
>> g=a1*x^2+b1*x+c1
g =
     x^2 + 2*x + 1
>> symvar (g)
ans =
x
```

在本例中，表达式f中包含4个符号变量，表达式g中包含1个符号变量，其他变量为普通变量。

symvar函数通常由系统自动调用，在进行符号运算时，系统调用该函数来确定表达式中的符号变量，执行相应的操作。

2. subs 函数

subs函数可以将符号表达式中的符号变量用数值代替。该函数的具体用法见例7-7。

例7-7 subs函数的用法。

```
>> f=str2sym('x+sin(x)')
f =
x + sin(x)
>> subs(f,pi/4),subs(f,pi/2)
ans =
     pi/4 + 2^(1/2)/2
ans =
     pi/2 + 1
```

在本例的代码中，使用subs函数将表达式 f 中的符号变量x用数值代替，计算表达式的值。如果表达式中含有多个符号变量，在使用该函数时，需指定需要代入数值的变量，见例7-8。

例7-8 subs函数在多符号变量表达式中的应用。

```
>> syms x
>> f=str2sym('x^2+y^2')
f =
      x^2 + y^2
>> g=subs(f,x,3)
g =
      y^2 + 9
>> subs(g,4)
ans =
      25
```

在本例中，首先创建了抛物面的符号表达式，继而求解当x=3、y=4时该表达式的值。在使用subs函数时，每次只能代入一个变量的值，如果需要代入多个变量的值，可以分步进行。

在对多变量符号表达式使用subs函数时，如果不指定变量，系统选择默认变量进行计算。默认变量的选择规则为：对于只包含一个字符的变量，选择靠近x的变量作为默认变量；如果有两个变量和x之间的距离相同，选择字母表后面的变量作为默认变量。比如，继续在命令行窗口中输入下面的代码。

```
>> h=subs(f,3)
h =
      y^2 + 9
>> subs(h,4)
ans =
      25
```

得到的结果与例7-8相同。

7.1.4 符号和数值之间的转换

在7.1.2节中介绍的sym/str2sym函数用于生成符号变量，该函数也可以将数值转换为符号变量。转换的方式由参数flag确定。flag的取值及具体含义在7.1.2节中已叙述过，这里不再赘述，仅以下面的例子介绍具体结果。

例7-9 使用sym函数将数值转换为符号变量时的参数结果比较。

```
>> clear
>> t=0.2;
>> sym(t)
ans =
      1/5
>> sym(t,'r')
ans =
      1/5
>> sym(t,'f')
ans =
```

```
    3602879701896397/18014398509481984
>> sym(t,'d')
ans =
    0.20000000000000001110223024625157
>> sym(t,'e')
ans =
    eps/20 + 1/5
```

从本例的代码中可以看出：sym的默认参数为r，即有理数形式。

sym函数的另一个重要作用是将数值矩阵转换为符号矩阵，见例7-10。

例7-10　将数值矩阵转换为符号矩阵。

```
>> A=magic(3)/10
A =
    0.8000    0.1000    0.6000
    0.3000    0.5000    0.7000
    0.4000    0.9000    0.2000
>> sym(A)
ans =
    [ 4/5, 1/10,  3/5]
    [3/10,  1/2, 7/10]
    [ 2/5, 9/10,  1/5]
```

7.1.5　任意精度的计算

符号计算的一个非常显著的特点是：在计算过程中不会出现舍入误差，从而可以得到任意精度的数值解。如果希望计算结果精确，可以用符号计算来获得符合用户要求的计算精度。符号计算相对于数值计算而言，需要更多的计算时间和存储空间。

MATLAB工具箱中有三种不同类型的算术运算。

- 数值类型：MATLAB的浮点数运算。
- 有理数类型：Maple的精确符号运算。
- VPA类型：Maple的任意精度算术运算。

看看下面的代码：

```
>> format long
>> 1/2+1/3
ans =
    0.833333333333333
```

得到浮点运算的结果。

```
>> sym(1/2)+1/3
ans =
    5/6
```

得到符号运算的结果。

```
>> digits(25)
```

```
>> vpa(1/2+1/3)
ans =
      0.83333333333333333333333333333333
```

得到指定精度的结果。

在以上三种运算中，浮点运算的速度最快，所需的内存空间最小，但是结果的精确度最低。双精度数据的输出位数由format命令控制，但是在内部运算时，采用的是计算机硬件所提供的八位浮点运算。而且在浮点运算的每一步，都存在舍入误差，比如上面的运算中存在三步舍入误差：计算1/3的舍入误差、计算1/2+1/3的舍入误差以及将最后结果转换为十进制输出时的舍入误差。

符号运算中的有理数运算，其时间复杂度和空间复杂度都是最大的。但是，只要时间和空间允许，就能够得到任意精度的结果。

可变精度的运算速度和精确度均位于上述两种运算之间。具体精度由参数指定，参数越大，精确度越高，运行速度越慢。

7.1.6 创建符号方程

1. 创建抽象方程

在MATLAB中可以创建抽象方程，即只有方程符号，没有具体表达式的方程。创建方程$f(x)$，并计算其一阶微分的方法如下。

```
>> f=str2sym('f(x)');
>> syms x h;
>> df=(subs(f,x,x+h)-f)/h
df =
      (f(h + x) - f(x))/h
```

抽象方程在积分变换中有着相当广泛的应用。

2. 创建符号方程

创建符号方程有两种方法：利用符号表达式创建和通过M文件创建。下面分别介绍这两种方法。

首先介绍利用符号表达式的方法。既可以先创建符号变量，通过符号变量的运算生成符号函数，也可以直接生成符号表达式，见例7-11。

例7-11 利用符号表达式创建符号方程。

```
>> syms a b x
>> f=a*sin(x)+b*cos(x)
f =
      b*cos(x) + a*sin(x)
>> g= str2sym('x^2+y^2+z^2')
g =
      x^2 + y^2 + z^2
```

本例通过表达式创建了符号方程。对符号方程可以进行求导和代入数值等操作。

下面介绍通过M文件创建符号方程的方法。对于复杂的方程，更适合于用M文件创建。创建方法见例7-12。

例7-12　创建方程sin(x)/x，当x=0时函数值为0。

```
function z = sinc(x)
if isequal(x,sym(0))
  z = 1;
else
  z = sin(x)/x;
end
```

在命令行窗口中输入如下命令。

```
>> syms x y
>> sinc(x)
ans =
    sin(pi*x)/(x*pi)
>> sinc(y)
ans =
    sin(pi*y)/(y*pi)
```

利用M文件创建的函数，可以接受任何符号变量作为输入，作为生成函数的自变量。

7.2　符号表达式的化简与替换

7.2.1　符号表达式的化简

多项式的表示方式可以有多种，如多项式$x^3-6x^2+11x-6$还可以表示为$(x-1)(x-2)(x-3)$或$-6+[11+(-6+x)x]x$。这三种表示方法分别针对不同的应用目的。第一种方法是多项式的常用表示方法，第二种方法便于多项式求根，第三种方法为多项式的嵌套表示，便于多项式求值。本节介绍符号表达式的化简。

MATLAB中使用collect、expand、horner、factor、simplify函数来实现符号表达式的化简。下面详细介绍这些函数。

1. collect

该函数用于合并同类项，具体调用格式如下。

- R = collect(S)，合并同类项。其中S可以是数组，数组的每个元素为符号表达式。该命令将S中的每个元素进行合并。
- R = collect(S,v)，对指定的变量v进行合并，如果不指定，默认为对x进行合并，或对由findsym函数返回的结果进行合并。

具体见例7-13。

例7-13 利用collect函数合并同类项。

```
>> S= str2sym('x^2*y+x^2+2*x*y+x+x*y^2+y^2+y')
S =
     x^2*y + x^2 + x*y^2 + 2*x*y + x + y^2 + y
>> S1=collect(S)
S1 =
     (y + 1)*x^2 + (y^2 + 2*y + 1)*x + y^2 + y
>> syms y
>> S2=collect(S,y)
S2 =
     (x + 1)*y^2 + (x^2 + 2*x + 1)*y + x^2 + x
>> pretty(S1)
          2      2                2
  (y + 1) x + (y + 2 y + 1) x + y + y
>> pretty(S2)
          2      2                2
  (x + 1) y + (x + 2 x + 1) y + x + x
```

本例中对多项式S分别基于x和y进行了同类项合并，并且将结果表示为手写形式，从结果可以看出对两个变量进行合并的差别。

2. expand

expand函数用于符号表达式的展开。操作对象可以是多种类型，如多项式、三角函数、指数函数等。

例7-14 符号表达式的展开。

```
>> syms x y;
>> f=(x+y)^3;
>> expand(f)
ans =
     x^3 + 3*x^2*y + 3*x*y^2 + y^3
>> expand(sin(x+y))
ans =
     cos(x)*sin(y) + cos(y)*sin(x)
>> expand(exp(x+y))
ans =
     exp(x)*exp(y)
```

本例中列出的只是一些简单的例子。用户可以利用expand函数对任意符号表达式进行展开。

3. horner

horner函数将多项式转换为嵌套格式。嵌套格式在多项式求值中可以降低计算的时间复杂度。该函数的调用格式如下。

$$R = \text{horner}(\boldsymbol{P})$$

其中，$\boldsymbol{P}$为由符号表达式组成的矩阵，该命令将$\boldsymbol{P}$中的所有元素转换为相应的嵌套形式，见例7-15。

例7-15　horner函数的应用。

```
>> syms x y;
>> f=expand((x-2)^3)
f =
    x^3 - 6*x^2 + 12*x - 8
>> horner(f)
ans =
    x*(x*(x - 6) + 12) - 8
>> g=x^3+3*x+1;
>> h=3*y^2+4*y+7;
>> horner([g,h])
ans =
    [ x*(x^2 + 3) + 1, y*(3*y + 4) + 7]
```

本例实现了将多项式转换为嵌套形式。需要注意的是，如果待转换的表达式是因式乘积的形式，就将每个因式都转换为嵌套形式，见例7-16。

例7-16　horner函数的继续应用。

```
>> syms x;
>> f=(x^2+x+1)*(x^3+1)
f =
    (x^3 + 1)*(x^2 + x + 1)
>> horner(f)
ans =
    x*(x*(x*(x*(x + 1) + 1) + 1) + 1) + 1
>> horner(expand(f))
ans =
    x*(x*(x*(x*(x + 1) + 1) + 1) + 1) + 1
>> horner(f+1)
ans =
    x*(x*(x*(x*(x + 1) + 1) + 1) + 1) + 2
```

4. factor

factor函数实现因式分解功能，如果输入的参数为正整数，就返回此数的素数因数，见例7-17。

例7-17　factor函数的应用。

```
>> syms x;
>> g=4*x^3+x^4+8*x+5*x^2+6
g =
    x^4 + 4*x^3 + 5*x^2 + 8*x + 6
>> h=factor(g)
h =
    [ x + 3, x + 1, x^2 + 2]
>> factor(84)
ans =
    2     2     3     7
```

```
>> factor(sym('84'))
ans =
     [ 2, 2, 3, 7]
```

在本例中，如果输入参数为数值，就返回该数的全部素数因子；如果输入参数为数值型符号变量，就返回该数的因数分解形式。

5. simplify

simplify函数用于实现表达式的化简，化简所选用的方法为Maple中的化简方法，见例7-18。函数的化简方法包括simplify、combine(trig)、radsimp、convert(exp)、collect、factor、expand等。

例7-18　函数simplify的应用。

```
>> syms x;
>> simplify(sin(x)^2 + cos(x)^2)
ans =
     1
>> syms a b c
>> simplify(exp(c*log(sqrt(a+b))))
ans =
     (a + b)^(c/2)
>> S = [(x^2+5*x+6)/(x+2),sqrt(16)];
>> R = simplify(S)
R =
     [ x + 3, 4]
```

7.2.2　符号表达式的替换

在MATLAB中，可以通过符号替换使表达式的形式简化。符号工具箱中提供了subexpr和subs两个函数用于表达式的替换。

1. subexpr

该函数自动将表达式中重复出现的字符串用变量替换，其调用格式如下。

- [Y,SIGMA] = subexpr(X,SIGMA)，指定用符号变量SIGMA代替符号表达式(可以是矩阵)中重复出现的字符串。替换后的结果由Y返回，被替换的字符串由SIGMA返回。
- [Y,SIGMA] = subexpr(X,'SIGMA')，该命令与上面命令的不同之处在于第二个参数为字符串，该命令用来替换表达式中重复出现的字符串。

下面以例7-19来介绍该函数的用法。

例7-19　subexpr函数的用法。

对于二次函数x^2+ax+1，利用 MATLAB进行求解，可以得到下面的结果。

```
>> syms a x
>> s = solve(x^2+a*x+1)
s =
```

```
    - a/2 - ((a - 2)*(a + 2))^(1/2)/2
    ((a - 2)*(a + 2))^(1/2)/2 - a/2
```

上面的结果比较烦琐，但是仔细观察可以看出，“((a−2)*(a+2))^(1/2) /2”在表达式中重复出现了，因此可以将其简化。在命令行窗口中继续输入以下内容。

```
>> r=subexpr(s)
```

得到的结果为：

```
sigma =
((a - 2)*(a + 2))^(1/2)/2
r =
    - a/2 - sigma
    sigma - a/2
```

该结果简单易读。

2. subs

函数subs可以用指定符号替换表达式中的某一特定符号。该函数在7.1.3节中已经有简单介绍，本节将介绍它的更多功能。该函数的调用格式如下。

- R = subs(*S*)，对于*S*中出现的全部符号变量，如果在调用函数或工作区间中存在相应值，就将值代入；如果没有相应值，对应的变量保持不变。
- R = subs(*S*, *new*)，用新的符号变量替换*S*中的默认变量，即由findsym函数返回的变量。
- R = subs(*S*,*old*,*new*)，用新的符号变量替换*S*中的变量，被替换的变量由*old*指定。如果*new*是数字形式的符号，就用数值代替原来的符号计算表达式的值，所得结果仍是字符串形式；如果*new*是矩阵，就将*S*中的所有*old*替换为*new*，并将*S*中的常数项扩充为与*new*维数相同的常数矩阵。

例7-20　subs函数的应用。

```
>> x=sym('x');
>> f=x^2+1;
>> subs(f,3)
ans =
    10
>> A=magic(3)
A =
    8     1     6
    3     5     7
    4     9     2
>> subs(f,magic(3))
ans =
    [ 65,  2, 37]
    [ 10, 26, 50]
    [ 17, 82,  5]
```

7.3 符号函数的图形绘制

图形对函数的理解相当重要，因此MATLAB开发了强大的图形功能。强大的符号计算能力与图形功能为MATLAB用户提供了更多的便利。

本节介绍针对符号函数的图形绘制，对于普通变量及函数的图形绘制将在后续章节中介绍。

7.3.1 符号函数曲线的绘制

在大部分应用中，用户最终希望从符号表达式中获得数据值或图形。获得数据值的情况已在7.1节进行了讲解，下面讲解获得图形的情况。

在MATLAB中，ezplot函数和ezplot3函数分别用于实现符号函数二维和三维曲线的绘制。下面首先介绍ezplot函数。

ezplot函数可以绘制显函数或隐函数的图形，也可以绘制参数方程的图形。

1. 显函数

对于显函数，ezplot函数调用格式如下。

- ezplot(*f*)，绘制函数*f*在区间[−2π,2π]内的图形。
- ezplot(*f*, [*min*, *max*])，绘制函数*f*在指定区间[*min*, *max*]内的图形。该函数打开标签为Figure1的图形窗口，并显示图形。如果已经存在图形窗口，就在该函数标签数最大的窗口中显示图形。
- ezplot(*f*,[*xmin xmax*],*fign*)，在指定的窗口*fign*中绘制函数的图形。

例7-21　绘制余弦函数在区间[−2π,2π]内的图形。

在命令行窗口中输入如下代码。

```
>> syms x
>> fcos = cos(x);
>> ezplot(fcos)
>> grid
```

得到的图形如图7-1所示。

2. 隐函数

对于隐函数，ezplot函数的调用格式如下。

- ezplot(*f*)，绘制函数$f(x,y)=0$在区间$-2\pi< x < 2\pi$、$-2\pi< y < 2\pi$内的图形。
- ezplot(*f*,[*xmin*,*xmax*,*ymin*,*ymax*])，绘制函数在区间$xmin< x<xmax$、$ymin< y < ymax$内的图形。
- ezplot(*f*,[*min*,*max*])，绘制函数在区间$min < x <max$、$min < y <max$内的图形。

例7-22　绘制函数$x^2 - y^4 = 0$的图形。

在命令行窗口中输入如下代码。

```
>> syms x y
>> ezplot(x^2−y^4)
```

得到的图形如图7-2所示。

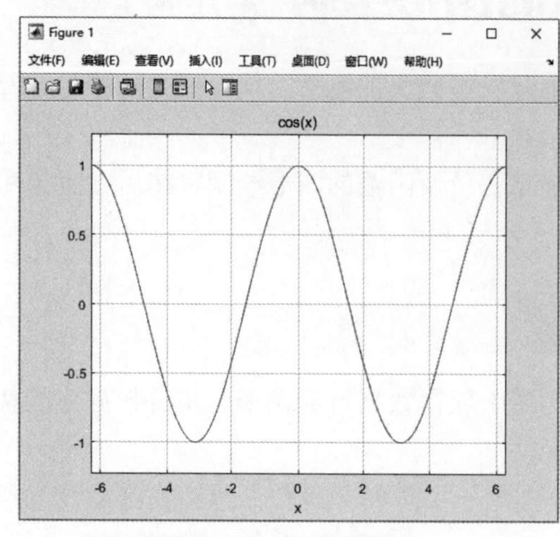

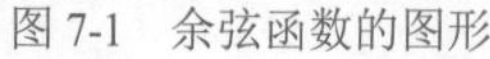
图 7-1　余弦函数的图形

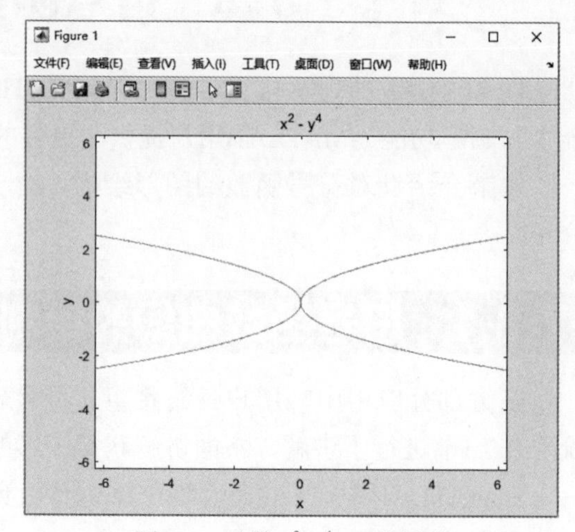

图 7-2　函数 $x^2-y^4=0$ 的图形

3. 参数方程

对于参数方程，ezplot函数的调用格式如下。

- ezplot(*x*,*y*)，绘制参数方程 $x=x(t)$、$y=y(t)$在区间$0<t<2\pi$内的曲线。
- ezplot(*x*,*y*,[*tmin*,*tmax*])，绘制参数方程 $x=x(t)$、$y=y(t)$在区间$tmin<t<tmax$内的曲线。

例7-23　绘制螺旋曲线$x=t\cos(t)$，$y=t\sin(t)$的图形。

在命令行窗口中输入如下代码。

```
>> syms x y t
>> x=t*cos(t);
>> y=t*sin(t);
>> ezplot(x,y)
```

得到的图形如图7-3所示。

4. 三维参数曲线

ezplot3函数也可用于绘制三维参数曲线。该函数的调用格式如下。

- ezplot3(*x*,*y*,*z*)，在默认区间$0<t<2\pi$内绘制参数方程$x=x(t)$、$y=y(t)$、$z=z(t)$的图形。
- ezplot3(*x*,*y*,*z*,[*tmin*,*tmax*])，在区间$tmin<t<tmax$内绘制参数方程$x=x(t)$、$y=y(t)$、$z=z(t)$的图形。
- ezplot3(...,'*animate*')，生成空间曲线的动态轨迹。

例7-24　三维曲线的绘制。

绘制参数方程$x=\sin t$、$y=\cos t$、$z=t$的图形，代码为：

```
>> syms t
>> x=cos(t);
>> y=sin(t);
>> z=t;
>> ezplot3(x,y,z,[0,6*pi]);
```

得到的图形如图7-4所示。

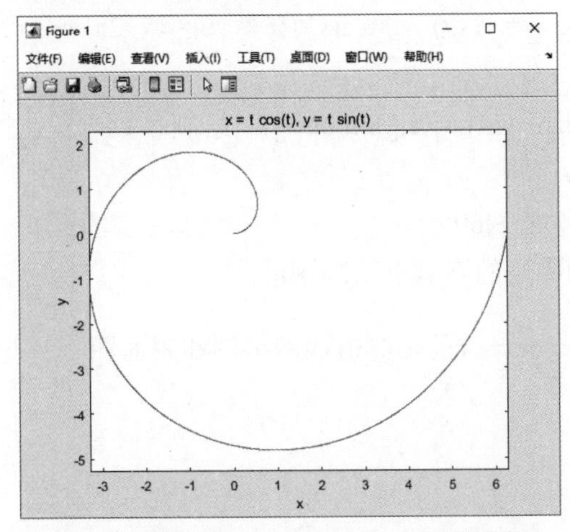

图 7-3　螺旋曲线 $x=t\cos(t)$，$y=t\sin(t)$ 的图形

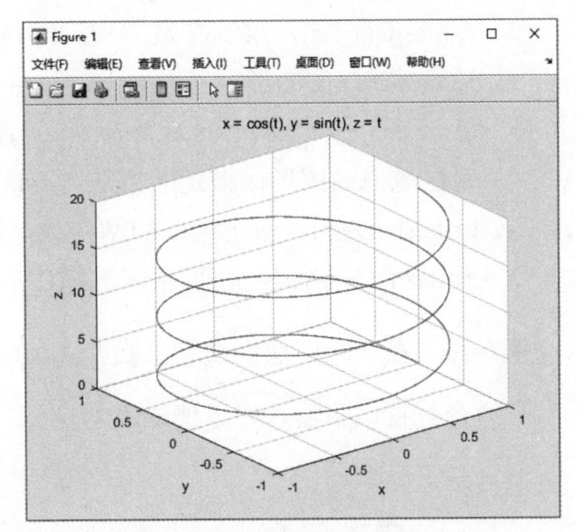

图 7-4　绘制参数方程的图形

7.3.2 符号函数曲面网格图及表面图的绘制

在MATLAB中，函数ezmesh、ezmeshc、ezsurf及ezsurfc用于实现三维曲面的绘制。下面介绍这些函数。

1. ezmesh、ezsurf

ezmesh、ezsurf函数分别用于绘制三维网格图和三维表面图。这两个函数的用法相同，下面以ezmesh函数为例介绍三维曲面的绘制。该函数的调用格式如下。

- ezmesh(*f*)，绘制函数$f(x,y)$的图像。
- ezmesh(*f*,*domain*)，在指定区域绘制函数$f(x,y)$的图像。
- ezmesh(*x*,*y*,*z*)，在默认区域绘制三维参数方程的图像。
- ezmesh(*x*,*y*,*z*,[*smin*,*smax*,*tmin*,*tmax*])或ezmesh(*x*,*y*,*z*,[*min*,*max*])，在指定区域绘制三维参数方程的图像。

例7-25　在图形窗口中绘制函数$f(x,y)=x\mathrm{e}^{-x^2-y^2}$网格图和表面图。

```
>> syms x y
>> z=x*exp(-x^2-y^2);
>> subplot(1,2,1),ezmesh(z,[-2.5,2.5],30);
>> colormap([0 0 1])
>> subplot(1,2,2),ezsurf(z,[-2.5,2.5],30);
```

得到的图形如图7-5所示。

2. ezmeshc、ezsurfc

这两个函数用于在绘制三维曲面的同时绘制等值线。下面以ezmeshc函数为例介绍这两个函数的用法。该函数的调用格式如下。

- ezmeshc(*f*)，绘制二元函数$f(x,y)$在默认区域$-2\pi<x<2\pi$、$-2\pi<y<2\pi$内的图形。
- ezmeshc(*f*,*domain*)，绘制函数$f(x,y)$在指定区域内的图形，绘图区域由*domain*指定，其中*domain*为4×1或2×1的数组。如[*xmin*, *xmax*, *ymin*, *ymax*]表示$min<x<max$，

$min < y < max$；$[min, max]$表示 $min < x < max$，$min < y < max$。

- ezmeshc(*x*,*y*,*z*)，绘制参数方程$x = x(s,t)$、$y = y(s,t)$、$z = z(s,t)$在默认区域$-2\pi<s<2\pi$、$-2\pi<t<2\pi$内的图形。
- ezmeshc(*x*,*y*,*z*,[*smin*,*smax*,*tmin*,*tmax*])或ezmeshc(*x*,*y*,*z*,[*min*,*max*])，绘制参数方程在指定区域内的图形，指定的方法与*domain*相同。
- ezmeshc(...,*n*)，指定绘图的网格数，默认值为60。
- ezmeshc(...,'*circ*')，在以指定区域中心为中心的圆盘上绘制图形。

例7-26　在一幅图像中绘制函数$f\left(x,y\right)=\dfrac{y}{1+x^2+y^2}$的带等值线网格图和表面图。

在命令行窗口中输入如下代码。

```
>> syms x y
>> f=y/(1 + x^2 + y^2);
>> subplot(1,2,1),ezmeshc(f,[-5,5,-2*pi,2*pi],30),title('mesh');
>> subplot(1,2,2),ezsurfc(f,[-5,5,-2*pi,2*pi],30),title('surf');
```

得到的图形如图7-6所示。

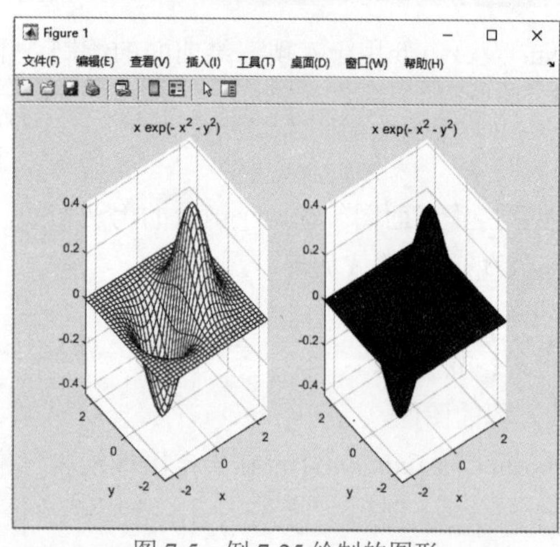

图 7-5　例 7-25 绘制的图形

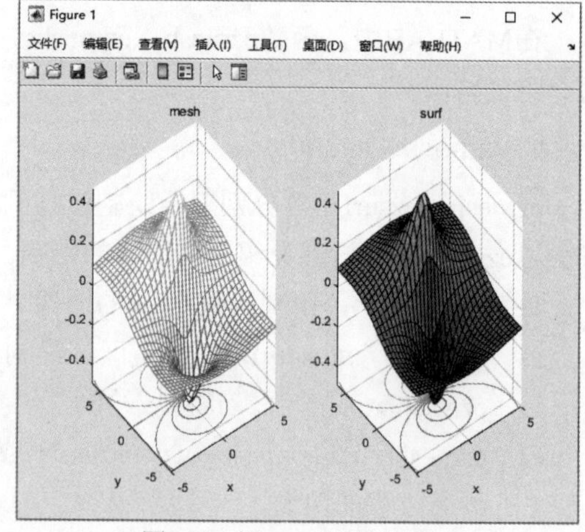

图 7-6　例 7-26 绘制的图形

7.3.3　等值线的绘制

在 MATLAB中，用于绘制符号函数等值线的函数有ezcontour和ezcontourf，这两个函数分别用于绘制等值线和带有区域填充的等值线。下面以ezcontour函数为例介绍这两个函数的用法。ezcontour函数的调用格式如下。

- ezcontour(*f*)，绘制符号二元函数$f(x,y)$在默认区域内的等值线。
- ezcontour(*f*,*domain*)，绘制符号二元函数$f(x,y)$在指定区域内的等值线。
- ezcontour(...,*n*)，绘制等值线，并指定等值线的数目。

例7-27　绘制函数$f\left(x,y\right)=3\left(1-x\right)^2\mathrm{e}^{-x^2-(y+1)^2}-10\left(\dfrac{x}{5}-x^3-y^5\right)\mathrm{e}^{-x^2-y^2}-\dfrac{1}{3}\mathrm{e}^{-(x+1)^2-y^2}$的等值线。

在命令行窗口中输入如下代码。

```
>> syms x y
>> f=3*(1-x)^2*exp(-(x^2)-(y+1)^2)-10*(x/5 - x^3 - y^5)*exp(-x^2-y^2)-1/3*exp(-(x+1)^2 - y^2);
>> subplot(1,2,1),ezcontour(f,[-3,3],49),title('coutour');
>> subplot(1,2,2),ezcontourf(f,[-3,3],49),title('filled coutour');
```

得到的图形如图7-7所示。

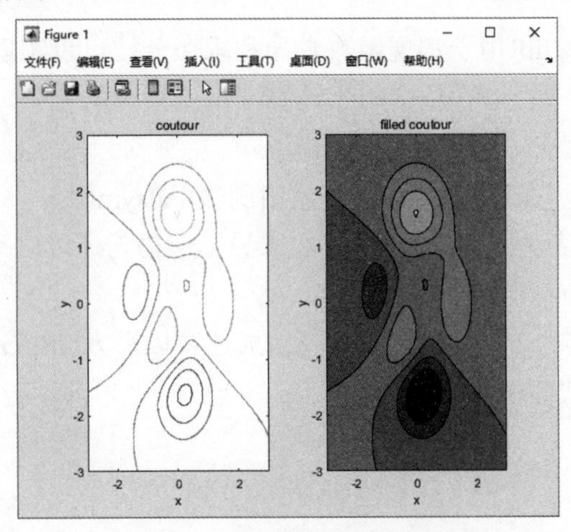

图 7-7　等值线绘制示例

7.4 符号微积分

微积分在数学中的地位不可替代，在工程应用中的作用举足轻重，是大学数学的主要内容之一。

MATLAB符号数学工具箱中的许多函数都支持基本的微积分运算，主要包括微分、极限、积分、级数求和和泰勒级数等。本节介绍符号微积分的基本运算。

7.4.1 符号表达式求极限

极限是微积分的基础，微分和积分都是“无穷逼近”时的结果。在MATLAB中，函数limit用于求表达式的极限。该函数的调用格式如下。

- limit(*F*,*x*,*a*)，当*x*趋近于*a*时表达式*F*的极限。
- limit(*F*,*a*)，当*F*中的自变量趋近于*a*时*F*的极限，自变量由findsym函数确定。
- limit(*F*)，当*F*中的自变量趋近于0时*F*的极限，自变量由findsym函数确定。
- limit(*F*,*x*,*a*,'*right*')，当*x*从右侧趋近于*a*时*F*的极限。
- limit(*F*,*x*,*a*,'*left*')，当*x*从左侧趋近于*a*时*F*的极限。

例7-28　符号表达式的极限。

```
>> syms x h
>> limit(sin(x)/x)
ans =
    1
```

```
>> limit((sin(x+h)-sin(x))/h,h,0)
ans =
    cos(x)
```

7.4.2 符号微分

在MATLAB中，函数diff用于实现函数求导和求微分，可以实现一元函数求导和多元函数求偏导。该函数在第5章已有介绍，用于计算向量或矩阵的差分。当输入参数为符号表达式时，该函数实现符号微分，其调用格式如下。

- diff(*S*)，实现表达式*S*的求导，自变量由函数findsym确定。
- diff(*S*,'*v*')，实现表达式对指定变量*v*的求导，该语句还可以写为diff(*S*,sym('*v*'))。
- diff(*S*,*n*)，求*S*的*n*阶导数。
- diff(*S*,'*v*',*n*)，求*S*对*v*的*n*阶导数，该表达式还可以写为diff(*S*,*n*,'*v*')。

例7-29　符号表达式的微分。

```
>> syms x y
>> f1=sin(x);
>> f1d=diff(sin(x))
f1d =
    cos(x)
>> f2=y*sin(x)+x*cos(y);
>> f2d=diff(f2)
f2d =
    cos(y) + y*cos(x)
>> f2d=diff(f2,y)
f2d =
    sin(x) - x*sin(y)
>> f3=exp(x^2);
>> f3d3=diff(f3,3)
f3d3 =
    12*x*exp(x^2) + 8*x^3*exp(x^2)
```

上面的代码利用diff函数来计算符号函数的微分。另外，微积分中一个非常重要的概念为Jacobian矩阵，用于计算函数向量的微分。如果$F = (f_1\ f_2\ \ldots\ f_m)$，其中$f_i=f_i(x_1, x_2, \ldots, x_n)$，$i=1,2,\ldots,m$，则$F$的Jacobian矩阵为

$$\begin{pmatrix} \partial f_1/\partial x_1 & \partial f_1/\partial x_2 & \cdots & \partial f_1/\partial x_n \\ \partial f_2/\partial x_1 & \partial f_2/\partial x_2 & \cdots & \partial f_2/\partial x_n \\ \vdots & \vdots & \vdots & \vdots \\ \partial f_m/\partial x_1 & \partial f_m/\partial x_2 & \cdots & \partial f_m/\partial x_n \end{pmatrix}$$

在MATLAB中，函数jacobian用于计算Jacobian矩阵。该函数的调用格式如下。

$$\mathrm{R} = \mathrm{jacobian}(f,v)$$

如果f是函数向量，v为自变量向量，则计算f的Jacobian矩阵；如果f是标量，则计算f的梯度，如果v也是标量，则结果与diff函数的计算结果相同。

例7-30　jacobian函数的应用。

```
>> syms x y z
>> F = [x*y*z; y; x+z];
>> v = [x,y,z];
>> R=jacobian(F,v)
R =
     [y*z, x*z, x*y]
     [  0,   1,   0]
     [  1,   0,   1]
>> syms a b c
>> jacobian(a*x^2+b*y^2+c*z^2,v)
ans =
     [ 2*a*x, 2*b*y, 2*c*z]
```

7.4.3 符号积分

与微分对应的是积分，在MATLAB中，函数int用于实现符号积分运算。该函数的调用格式如下。

- R = int(*S*)，求表达式*S*的不定积分，自变量由findsym函数确定。
- R = int(*S*,*v*)，求表达式*S*对自变量*v*的不定积分。
- R = int(*S*,*a*,*b*)，求表达式*S*在区间[*a*,*b*]内的定积分，自变量由findsym函数确定。
- R = int(*S*,*v*,*a*,*b*)，求表达式*S*在区间[*a*,*b*]内的定积分，自变量为*v*。

例7-31　int函数的应用。

```
>> syms x y z
>> f1=-2*x/(1+x^2)^2;
>> F1=int(f1)
F1 =
     1/(x^2 + 1)
>> f2=x/(1+z^2);
>> F2=int(f2,z)
F2 =
     x*atan(z)
>> f3=1/sqrt(2*pi)*exp(-x^2/2);
>> F3=int(f3,0,inf)
F3 =
     (7186705221432913*2^(1/2)*pi^(1/2))/36028797018963968
>> double(F3)
ans =
     0.500000000000000
```

7.4.4 级数求和

symsum函数用于级数求和，该函数的调用格式如下。

- r = symsum(*s*)，自变量为findsym函数所确定的符号变量，设其为*k*，则该表达式计算*s*从0到*k*–1的和。
- r = symsum(*s*,*v*)，计算表达式*s*从0到*v*–1的和。
- r = symsum(*s*,*a*,*b*)，计算自变量在*a*到*b*之间表达式*s*的和。
- r = symsum(*s*,*v*,*a*,*b*)，计算*v*在*a*到*b*之间表达式*s*的和。

例7-32　符号级数的求和。

```
>> syms x k
>> symsum(x^2)
ans =
    x^3/3 - x^2/2 + x/6
>> symsum(1/x^k,k,0,2)
ans =
    1/x + 1/x^2 + 1
```

7.4.5 泰勒级数

函数taylor用于实现泰勒级数的计算。该函数的调用格式如下。

- r = taylor(*f*)，计算表达式*f*的泰勒级数，自变量由findsym函数确定，计算*f*在0的15阶泰勒级数。
- r = taylor(*f*,*Name*,*Value*)，计算表达式*f*的泰勒级数，自变量由findsym函数确定，计算*f*在0的阶名*Name*-阶数*Value*的泰勒级数。
- r = taylor(*f*,*v*)，指定自变量*v*的泰勒级数。
- r = taylor(*f*,*v* ,*Name*,*Value*)，指定自变量*v*、阶名*Name*-阶数*Value*的泰勒级数。
- r = taylor(*f*,*v*,*a*)，指定自变量*v*，计算*f*在*a*处的泰勒级数。
- r = taylor(*f*,*v*,*a*,*Name*,*Value*)，指定自变量*v*、阶名*Name*-阶数*Value*，计算*f*在*a*处的泰勒级数。

其中，阶名有'ExpansionPoint'、'Order'和'OrderMode'这3种，此处不做详解，一般用'Order'后跟具体阶数来表示，见下面的示例。

例7-33　函数exp(x*sin(x))的泰勒级数与原函数的比较。

```
>> syms x
>> g = exp(x*sin(x));
>> t = taylor(g, x, 2, 'Order', 12);
>> xd = 1:0.05:3; yd = subs(g,x,xd);
>> ezplot(t, [1,3]); hold on;
>> plot(xd, yd, '-.')
>> title('Taylor approximation vs. actual function');
>> legend('Taylor','Function')
```

输出的图形如图7-8所示。

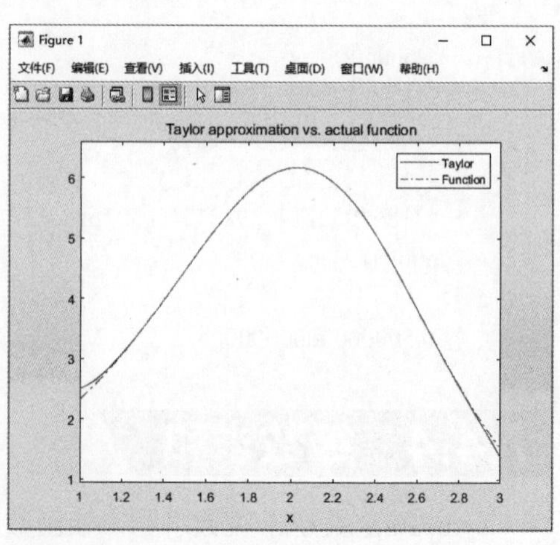

图 7-8　泰勒级数与原函数的比较

7.5 符号方程的求解

方程求解是数学中的一个重要问题。在前面的章节中，已经介绍了多项式求解、函数求解等。本节介绍符号方程的求解，包括代数方程的求解和微分方程的求解。

7.5.1 代数方程的求解

代数方程包括线性方程、非线性方程和超越方程等。在 MATLAB中，函数solve用于求解代数方程和方程组，调用格式如下。

- g = solve(*eq*)，求方程*eq*的解，用于对默认自变量求解，输入的参数*eq*可以是符号表达式或字符串。
- g = solve(*eq*,*var*)，求方程*eq*的解，用于对指定自变量*var*求解。

在上面的语句中，如果输入的表达式中不包含等号，则MATLAB求解其等于0时的解。例如g=solve(sym('*x*^2−1'))与g=solve(sym('*x*^2−1=0'))的结果相同。

对于单个方程的情况，返回结果为一个符号表达式，或是一个由符号表达式组成的数组。对于方程组的情况，返回结果为一个结构体，该结构体的元素为每个变量对应的表达式，各个变量按照字母顺序排列。

例7-34 代数符号方程的求解。

```
>> syms a b c x y
>> x=solve(a*x^2 + b*x + c)
x =
     -(b + (b^2 - 4*a*c)^(1/2))/(2*a)
     -(b - (b^2 - 4*a*c)^(1/2))/(2*a)
```

返回结果为一个符号数组。

```
>> syms u v x y
>> S = solve(x+2*y-u, 4*x+5*y-v)
S =
     包含以下字段的 struct:
     x: (2*v)/3 - (5*u)/3
     y: (4*u)/3 - v/3
>> S.x
ans =
     (2*v)/3 - (5*u)/3
>> S.y
ans =
     (4*u)/3 - v/3
```

返回结果为一个结构体。

7.5.2 代数方程组的求解

代数方程组同样由函数solve进行求解，调用格式如下。

- g = solve(*eq*1,*eq*2,...,*eqn*)，求解由方程*eq*1、*eq*2、…、*eqn*等组成的系统，自变量为默认自变量。
- g = solve(*eq*1,*eq*2,...,*eqn*,*var*1,*var*2,...,*varn*)，求解由方程*eq*1、*eq*2、…、*eqn*等组成的系统，自变量为指定的自变量*var*1、*var*2、…、*varn*。

例7-35　求解 $\begin{cases} x^2y^2=0 \\ x-\dfrac{y}{2}=\alpha \end{cases}$

在命令行窗口中输入以下内容。

```
>> syms x y alpha
>> [x,y] = solve(x^2*y^2, x-y/2-alpha)
x =
alpha
     0
y =
     0
-2*alpha
```

7.5.3　微分方程的求解

在MATLAB中，微分方程的求解通过函数dsolve进行，该函数用于求解常微分方程。

在命令行窗口中输入如下命令。

```
>> syms y(t) t
>> eqn=[diff(y)==cos(t)]
>> dsolve(eqn)
eqn(t) =
diff(y(t), t) == cos(t)
ans =
C1 + sin(t)
```

这个 matlab 函数的调用格式为：

- S = dsolve(*eqn*)
- S = dsolve(*eqn*,*cond*)
- S = dsolve(___,*Name*,*Value*)
- [*y*1,...,*yN*] = dsolve(___)

其中 *eqn* 是一个(或多个)待求解的符号方程，格式为'*eq*1,*eq*2,...'，默认的自变量为*t*。方程中用diff()表示微分，如diff(*y*)表示d*y*/d*t*；如果diff()的变量后面带有数字，则表示多阶导数，如diff(*y*,2)表示d^2y/dt^2。*cond*表示初始值，格式为'*cond*1,*cond*2,...'，通常表示为*y*(*a*) == *b*或diff(*y*(*a*)) == *b*。如果不指定初始值，或者初始值方程的个数少于因变量的个数，则最后得到的结果中会包含常数项，表示为C1、C2等。dsolve函数最多接受12个输入参数。

函数输出的结果可能包含三种情况，与代数方程的求解结果类似。下面介绍微分方程求解的例子。

例7-36 微分方程求解。

(1) 求微分方程$\frac{dx}{dt}=-ax$、$\frac{dx}{dt}=\cos t$、$\frac{d^2x}{dt^2}=\cos t$、$\left(\frac{dy}{ds}\right)+y^2=1$的解。

在命令行窗口中输入如下命令。

```
>> syms x(t) t a
>> eqn=[diff(x)== -a*x]
>> dsolve(eqn)
eqn(t) =
diff(x(t), t) == -a*x(t)
ans =
C1*exp(-a*t)

>> eqn=[diff(x)==cos(t)]
>> dsolve(eqn)
eqn(t) =
diff(x(t), t) == cos(t)
ans =
C1 + sin(t)

>> eqn=[diff(x,2)==cos(t)]
>> dsolve(eqn)
eqn(t) =
diff(x(t), t, t) == cos(t)
ans =
C2 - cos(t) + C1*t

>> syms y(t) t s
>> eqn=[ (diff(y)) ^2+ y^2==1]
>> dsolve(eqn,s)
eqn(t) =
diff(y(t), t)^2 + y(t)^2 == 1
ans =
(exp(C1*1i - s*1i)*(exp(- C1*2i + s*2i) + 1))/2
(exp(C2*1i + s*1i)*(exp(- C2*2i - s*2i) + 1))/2
                                              1
                                             -1
```

(2) 限制初值的微分方程的解。

```
>> syms y(t) a b
>> eqn=[diff(y)== a*y, y(0) == b]
>> dsolve(eqn)
eqn(t) =
[diff(y(t), t) == a*y(t), y(0) == b]
ans =
b*exp(a*t)

>> eqn=[diff(y,2)==- a^2*y, y(0) == 1, diff(y (pi/a)) == 0]
```

```
>> dsolve(eqn)
eqn(t) =
[diff(y(t), t, t) == -a^2*y(t), y(0) == 1, -(pi*D(y)(pi/a))/a^2 == 0]
ans =
exp(-a*t*1i)/2 + exp(a*t*1i)/2

>> eqn=[diff(y) ^2 + y^2 == 1, y(0) == 0]
>> y = dsolve(eqn)
eqn(t) =
[diff(y(t), t)^2 + y(t)^2 == 1, y(0) == 0]
y =
  -(exp(- t*1i - (pi*1i)/2)*(exp(t*2i) - 1))/2
  -(exp(t*1i - (pi*1i)/2)*(exp(-t*2i) - 1))/2
```

当方程的解析解不存在时，系统会弹出提示，返回对象为空。

7.5.4 微分方程组的求解

求解微分方程组通过dsolve函数进行，该函数的调用格式为r = dsolve('*eq*1,*eq*2,...', '*cond*1, *cond*2,...', '*v*')。

该语句求解由参数*eq*1、*eq*2等指定的方程组成的系统，初值条件为*cond*1、*cond*2等，*v*为自变量。

例7-37 求解$\begin{cases} f' = 3f + 4g \\ g' = -4f + 3g \end{cases}$。

在命令行窗口中输入如下命令。

```
>> syms f(t) g(t)
>> eqn=[diff(f) == 3*f+4*g, diff(g) == -4*f+3*g]
>> S = dsolve(eqn)
eqn(t) =
[diff(f(t), t) == 3*f(t) + 4*g(t), diff(g(t), t) == 3*g(t) - 4*f(t)]
S =
  包含以下字段的 struct:
    g: C1*cos(4*t)*exp(3*t) - C2*sin(4*t)*exp(3*t)
    f: C2*cos(4*t)*exp(3*t) + C1*sin(4*t)*exp(3*t)
```

7.5.5 复合方程

复合方程通过函数compose进行求解，该函数的调用格式如下。

- compose(f,g)，返回函数$f(g(y))$，其中f=$f(x)$，$g = g(y)$，x是f的默认自变量，y是g的默认自变量。
- compose(f,g,z)，返回函数$f(g(z))$，自变量为z。
- compose(f,g,x,z)，返回函数$f(g(z))$，指定f的自变量为x。
- compose(f,g,x,y,z)，返回函数$f(g(z))$，指定f和g的自变量分别为x和y。

例7-38 利用函数compose求解复合函数。

```
>> syms x y z t u;
>> f = 1/(1 + x^2);
>> g = sin(y);
>> h = x^t;
>> p = exp(-y/u);
>> compose(f,g)
ans =
    1/(sin(y)^2 + 1)
>> compose(f,g,t)
ans =
    1/(sin(t)^2 + 1)
>> compose(h,g,x,z)
ans =
    sin(z)^t
>> compose(h,g,t,z)                    %指定h的自变量为t，与上面语句的结果不同
ans =
    x^sin(z)
>> compose(h,p,x,y,z)
ans =
    exp(-z/u)^t
>> compose(h,p,t,u,z)
ans =
    x^exp(-y/z)
```

7.5.6 反方程

反方程(反函数)通过函数finverse求解，该函数的调用格式如下。

- g = finverse(*f*)，在函数*f*的反函数存在的情况下，返回函数*f*的反函数，自变量为默认自变量。
- g = finverse(*f*,*v*)，在函数*f*的反函数存在的情况下，返回函数*f*的反函数，自变量为*v*。

例7-39 求函数的反函数。

```
>> syms x u v
>> finverse(1/tan(x))
ans =
    atan(1/x)
>> finverse(exp(u-2*v),u)
ans =
    2*v + log(u)
>> finverse(exp(u-2*v),v)
ans =
    u/2 - log(v)/2
```

7.6 符号积分变换

积分变换在工程中有着广泛应用，常用的变换有傅里叶变换、拉普拉斯变换、Z变换和小波变换等。本节介绍傅里叶变换、拉普拉斯变换和Z变换。关于小波变换，MATLAB提供了小波工具箱，可以满足用户的多种需要。

7.6.1 符号傅里叶变换

傅里叶变换是最早的积分变换，可以实现函数在时域(空域)和频域之间的转换。本节介绍傅里叶变换及其逆变换。

1. 傅里叶变换

傅里叶变换由函数fourier实现，该函数的调用格式如下。

- F = fourier(f)，实现函数f的傅里叶变换。如果函数f的默认自变量为x，则返回f的傅里叶变换结果，默认自变量为w；如果函数f的默认自变量为w，则返回结果的默认自变量为t。
- F = fourier(f,v)，返回结果为v的函数。
- F = fourier(f,u,v)，函数f的自变量为u，返回结果为v的函数。

例7-40　符号函数的傅里叶变换。

```
>> syms x y u v w
>> f=exp(-x^2);
>> F= fourier(f)
F =
    pi^(1/2)*exp(-w^2/4)
>> g=exp(-abs(w));
>> G=fourier(g)
G =
    2/(v^2 + 1)
>> f1=x*exp(-abs(x));
>> F1=fourier(f1,u)
F1 =
    -(u*4i)/(u^2 + 1)^2
>> syms x real
>> f2=exp(-x^2*abs(v))*sin(v)/v;
>> F2=fourier(f,v,u)
F2 =
    2*pi*exp(-x^2)*dirac(u)
```

2. 傅里叶逆变换

傅里叶逆变换由函数ifourier实现，该函数的调用格式如下。

- f= ifourier(F)，实现函数F的傅里叶逆变换。如果F的默认自变量为w，则返回结果f的默认自变量为x；如果F的自变量为x，则返回结果f的自变量为t。
- f= ifourier(F,u)，实现函数F的傅里叶逆变换，返回结果f为u的函数。

- f= ifourier(F,v,u)，实现函数F的傅里叶逆变换，函数F的自变量为v，返回结果f为u的函数。

例7-41　函数的傅里叶逆变换。

```
>> syms w t
>> F =pi^(1/2)*exp(-1/4*w^2);
>> ifourier(F)
ans =
    (3991211251234741*exp(-x^2))/(2251799813685248*pi^(1/2))
>> G =2/(1+t^2);
>> ifourier(G)
ans =
    exp(-abs(x))
>> simplify(G)
ans =
    2/(t^2 + 1)
>> clear
>> syms x real
>> g= exp(-abs(x));
>> ifourier(g)
ans =
    1/(pi*(t^2 + 1))
>> clear
>> syms w v t real
>> f= exp(-w^2*abs(v))*sin(v)/v;
>> ifourier(f,v,t)
ans =
    piecewise([w ~= 0, -(atan((t - 1)/w^2) - atan((t + 1)/w^2))/(2*pi)])
```

7.6.2　符号拉普拉斯变换

1. 拉普拉斯变换

laplace函数实现符号函数的拉普拉斯变换，该函数的调用格式如下。

- laplace(F)，实现函数F的拉普拉斯变换。如果F的默认自变量为t，返回结果的默认自变量为s；如果函数F的默认自变量为s，返回结果为t的函数。
- laplace(F,t)，返回函数的自变量为t。
- laplace(F,w, z)，指定F的自变量为w，返回结果为z的函数。

例7-42　函数的拉普拉斯变换。

```
>> syms t
>> f= t^4;
>> laplace(f)
ans =
    24/s^5
>> syms s
>> g= 1/sqrt(s);
```

```
>> laplace(g)
ans =
    pi^(1/2)/z^(1/2)
>> syms a t x
>> f=exp(-a*t);
>> laplace(f,x)
ans =
    1/(a + x)
```

2. 拉普拉斯逆变换

拉普拉斯逆变换由函数ilaplace实现，该函数的调用格式如下。

- *F* = ilaplace(*L*)，实现函数*L*的拉普拉斯逆变换。如果*L*的自变量为*s*，返回结果为*t*的函数；如果函数*L*的自变量为*t*，返回结果为*x*的函数。
- *F* = ilaplace(*L*,*y*)，返回结果为*y*的函数。
- *F* = ilaplace(*L*,*y*,*x*)，指定函数*L*的自变量为*y*，返回结果为*x*的函数。

例7-43　函数的拉普拉斯逆变换。

```
>> syms s t a x u
>> f=1/s^2;
>> ilaplace(f)
ans =
    t
>> g=1/(t-a)^2
g =
1/(a - t)^2
>> ilaplace(g)
ans =
    x*exp(a*x)
>> syms x u
>> syms a real
>> f=1/(u^2-a^2)
f =
    -1/(a^2 - u^2)
>> simplify(ilaplace(f,x))
ans =
    (exp(a*x) - exp(-a*x))/(2*a)
```

7.6.3 符号Z变换

1. Z 变换

Z变换由函数ztrans完成，该函数的调用格式如下。

- *F* = ztrans(*f*)，如果*f*的默认自变量为*n*，返回结果为*z*的函数；如果*f*为函数*z*的函数，返回结果为*w*的函数。
- *F* = ztrans(*f*,*w*)，返回结果为*w*的函数。
- *F* = ztrans(*f*,*k*,*w*)，指定函数*f*的自变量为*k*，返回结果为*w*的函数。

例7-44 函数的逆变换。

```
>> syms n z a w
>> f=n^4;
>> ztrans(f)
ans =
      (z*(z^3 + 11*z^2 + 11*z + 1))/(z - 1)^5
>> g=a^z
g =
a^z
>> simplify(ztrans(g))
ans =
      -w/(a - w)
>> f=sin(a*n);
>> ztrans(f,w)
ans =
      (w*sin(a))/(w^2 - 2*cos(a)*w + 1)
```

2. Z逆变换

Z逆变换由函数iztrans完成，该函数的调用格式如下。

- *f*= iztrans(*F*)，若函数*F*的默认自变量为*z*，则返回结果为*n*的函数；如果*F*是*n*的函数，则返回结果为*k*的函数。
- *f*= iztrans(*F*,*k*)，指定返回结果为*k*的函数。
- *f*= iztrans(*F*,*w*,*k*)，指定函数*F*的自变量为*w*，返回结果为*k*的函数。

例7-45 Z逆变换。

```
>> syms z n a k
>> f=2*z/(z-2)^2;
>> iztrans(f)
ans =
      2^n + 2^n*(n - 1)
>> g=n*(n+1)/(n^2+2*n+1);
>> iztrans(g)
ans =
      (-1)^k
>> f=z/(z-a);
>> iztrans(f,k)
ans =
      piecewise(a == 0, kroneckerDelta(k, 0), a ~= 0, a*(a^k/a - kroneckerDelta(k, 0)/a) + kroneckerDelta(k, 0))
```

7.7 符号函数计算器

与其他语言相比，MATLAB最重要的特点是简单易学，在符号运算中，同样体现了这一特点。MATLAB提供了图形化的符号函数计算器，可以进行一些简单的符号运算和图形绘制。图形化的符号函数计算器操作方便、使用简单，深受用户喜爱。本节将介绍图形化的符号函数计算器的使用。

MATLAB中提供的符号函数计算器有两种：funtool和taylortool，前者用于单变量符号函数的计算，后者用于泰勒函数逼近。

7.7.1 单变量符号函数计算器

在命令行窗口中执行funtool命令即可调出单变量符号函数计算器。单变量符号函数计算器用于对单变量函数进行操作，可以对符号函数进行化简、求导、绘制图形等。该工具的界面如图7-9所示。执行funtool命令时会生成三个窗口：函数 f 的图形窗口、函数g的图形窗口和控制窗口。控制窗口中的操作单元包括输入框和按钮两种类型。

1. 输入框

如图7-9(c)所示，控制窗口中共有4个输入框，分别为“f=”“g=”“x=”“a=”，这4个输入框用于输入待操作的函数和数据，详细功能分别如下。

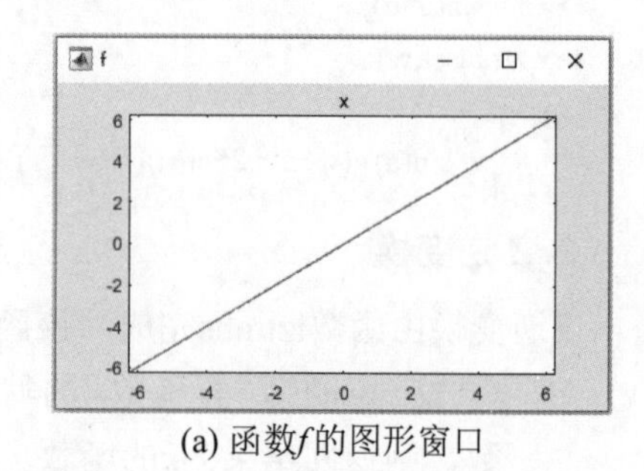

(a) 函数f的图形窗口

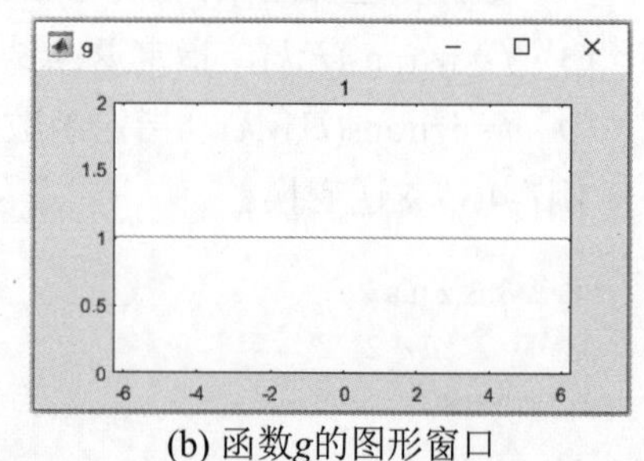

(b) 函数g的图形窗口

(c) 控制窗口

图 7-9　符号函数计算器的界面

- f=：显示函数 f 的符号表达式，可以对函数进行编辑，编辑后会在 f 的图形窗口中显示更新后的函数图形。
- g=：显示函数g的符号表达式，可以对函数进行编辑，编辑后会在g的图形窗口中显示更新后的函数图形。
- x=：显示绘制 f 和g的图像的x区间。
- a=：用于修改 f 的常数因子。

2. 控制按钮

在符号函数计算器的控制区包含一系列按钮，下面按行分别介绍这些按钮，第1行中包括以下按钮。

- df/dx：求函数 f 的导数。
- int f：求函数 f 的积分。
- simple f：将函数 f 化简。
- num f：函数 f 的分子。
- den f：函数 f 的分母。
- 1/f：函数 f 的倒数。
- finv：函数 f 的反函数。

第2行中的按钮用于函数 f 与常数之间的操作，包括函数 f 与常数之间的四则运算及自变量代换等。

第3行中的按钮用于函数 *f* 和函数 *f* 之间的操作，包括四则运算、复合函数、赋值、交换等。

第4行中的按钮及其功能如下。

- Insert：将函数 *f* 加入到函数列表中。
- Cycle：用函数列表中的下一个函数代替 *f* 值。
- Delete：将 *f* 从函数列表中删除。
- Reset：重置计算器。
- Help：显示在线帮助。
- Demo：演示。
- Close：关闭计算器。

例7-46 符号函数计算器的应用。

在函数 *f* 输入栏中输入cos(*x*^3)，得到的图形如图7-10(a)所示。在函数*g*输入栏中输入(1+*x*^2)，得到的图形如图7-10(b)所示。单击 f/g按钮，得到的结果如图7-10(c)所示。单击df/dx按钮，得到的图形如图7-10(d)所示。函数计算器控制窗口中的最终显示如图7-10(e)所示。

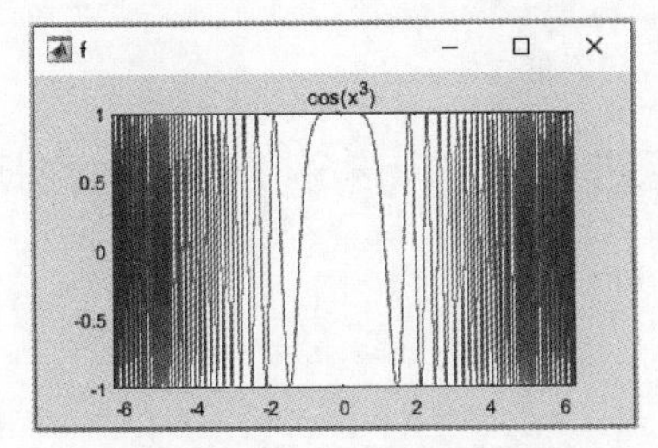

(a) 函数*f*的图形

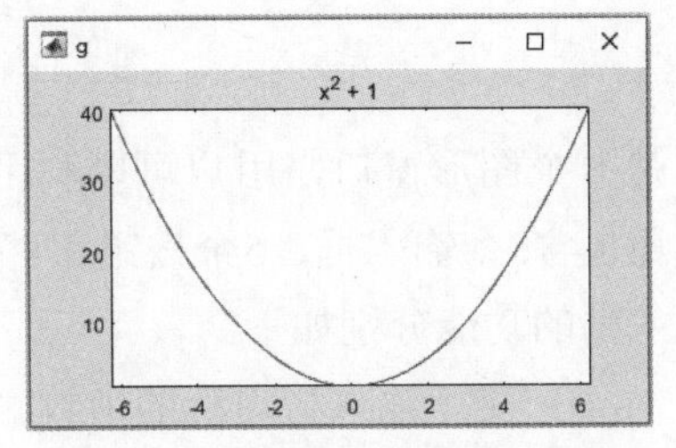

(b) 函数*g*的图形

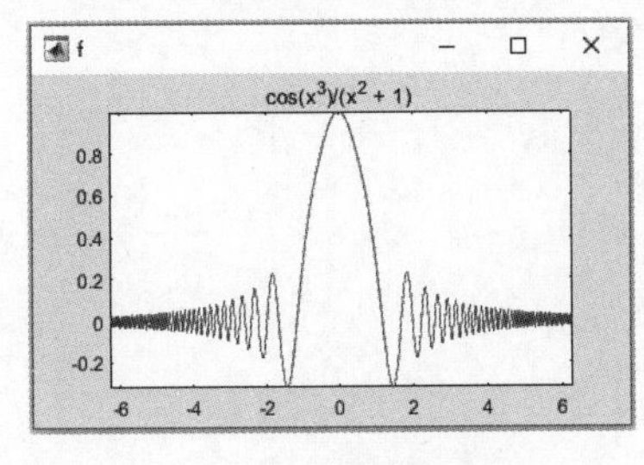

(c) *f*/*g*的图形

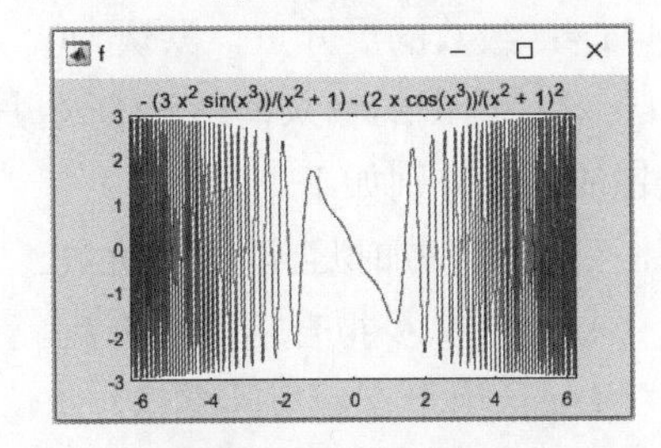

(d) 对*f*/*g*求导的图形

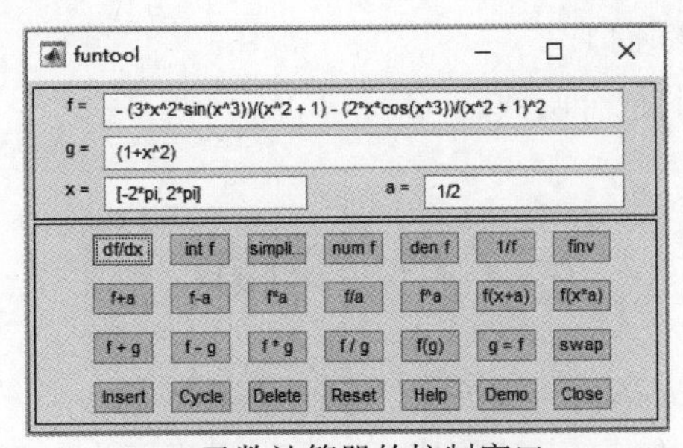

(e) 函数计算器的控制窗口

图 7-10 符号函数计算器应用示例

7.7.2 泰勒逼近计算器

泰勒逼近计算器用于实现函数的泰勒逼近。在命令行窗口中输入taylortool，调出泰勒逼近计算器，界面如图7-11所示。

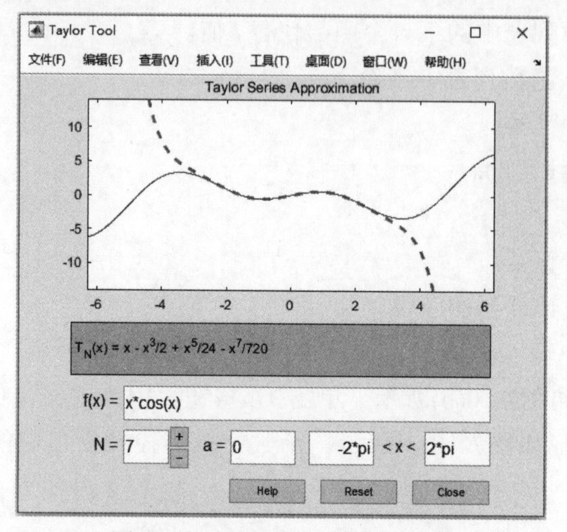

图 7-11　泰勒逼近计算器的界面

这是一个图形窗口，用户可以利用菜单栏对图像进行操作。该窗口中除包含图形工具栏外，还包含5个输入框、5个按钮和1个显示框。

输入框的功能分别如下。

- f(x)：用于输入待逼近的函数。
- N =：用于输入拟合函数的阶数。
- a =：级数的展开点，默认为0。
- <x<：两侧的输入框用于输入拟合区间。

按钮的功能分别如下。

- +：用于增加拟合函数的阶数。
- -：用于减少拟合函数的阶数。
- Help：用于查看帮助文档。
- Reset：用于重置。
- Close：用于关闭该窗口。

显示框用于显示生成的拟合函数。

7.8 习题

1. 创建符号表达式 $f(x)=\sin x+x$ 。

2. 计算习题1中表达式在$x=\pi/6$处的值，并将结果设置为以下精度：小数点之后1位、2位、4位和10位有效数字。

3. 设x为符号变量， $f(x)=x^4+x^2+1$ ， $g(x)=x^3+4x^2+5x+8$ ，进行如下运算。

(1) $f(x)+g(x)$。

(2) $f(x)\times g(x)$。

(3) 求$g(x)$的反函数。

(4) 求g以$f(x)$为自变量的复合函数。

4. 合并同类项。

(1) $3x-2x^2+5+3x^2-2x-5$。

(2) $2x^2-3xy+y^2-2xy-2x^2+5xy-2y+1$(对$x$和$y$)。

5. 因式分解。

(1) 对7798666进行因数分解，分解为素数乘积的形式。

(2) $-2m^8+512$。

(3) $3a^2(x-y)^3-4b^2(y-x)^2$。

6. 绘制下列函数的图像。

(1) $f\left(x\right)=\sin x+x^2$，$[0,2\pi]$。

(2) $f\left(x\right)=x^3+2x^2+1$，$[-2,2]$。

7. 计算下列各式。

(1) $\lim\limits_{x\to 0}\dfrac{\tan x-\sin x}{1-\cos 2x}$。

(2) $y=x^3-2x^2+\sin x$，求y'。

(3) $y=xy\ln\left(x+y\right)$，求$\partial f/\partial x$。

(4) $y=\int\ln(1+t)\mathrm{d}x$，$y=\int_0^{27}\ln(1+t)\mathrm{d}x$。

8. 计算$\sin x$在0附近的泰勒展开。

9. 求解线性方程组$\begin{cases}2x+3y=1\\3x+2y=-1\end{cases}$

10. 对符号表达式$z=x\mathrm{e}^{-x^2-y^2}$进行如下变换。

(1) 关于x的傅里叶变换。

(2) 关于y的拉普拉斯变换。

(3) 分别关于x和y的Z变换。

11. 绘制函数$f(x)=\dfrac{1}{2\pi}\exp\left(-(x^2+y^2)\right)$在$-3<x<3$、$-3<y<3$区间内的表面图。

第8章

MATLAB 绘图

图形可以直观明了地显示数据，使用户更加直接、清楚地了解数据的属性。因此，在科学研究和工程实践中，经常需要将数据可视化。MATLAB的绘图功能满足了用户的图形需要。MATLAB中包含大量的绘图函数，使用户可以方便地实现数据的可视化。MATLAB的图形功能包括在直角坐标系或极坐标系中绘制基本图像和特殊图像(如条形图、柱状图、轮廓线和表面网格图等)。本章将详细介绍MATLAB绘图。

本章的学习目标

- 了解MATLAB的图形窗口。
- 掌握MATLAB基本二维图形、三维图形的绘制，以及图形的基本操作。
- 掌握 MATLAB特殊图形的绘制，如柱状图、饼状图。
- 掌握图形注释的添加及管理。
- 了解三维图形的视点控制以及颜色和光照控制。

8.1　MATLAB图形窗口

MATLAB中的图形都是在图形窗口中绘制的。在采用绘图函数绘制图形时，系统会自动创建绘图窗口，用户也可以采用窗口创建命令创建图形窗口。图形窗口中包含菜单和工具栏，通过这些工具，用户可以对图形进行操作，如绘制图形、编辑图形等。本节主要介绍图形窗口，包括其结构、图形绘制和图形编辑等。

8.1.1　图形窗口的创建与控制

1. 图形窗口的创建

图形窗口可以通过函数figure创建，该函数的调用格式如下。

- figure，创建图形窗口。
- figure('*PropertyName*',*PropertyValue*,...)，按照指定的属性创建图形窗口。
- figure(*h*)，如果句柄*h*对应的窗口已经存在，则该命令使得该图形窗口为当前窗口；如果不存在，则创建以*h*为句柄的窗口。
- *h* = figure(...)，返回图形窗口的句柄。

在“文件”功能区单击“新建”|“图窗”选项，或在命令行窗口中输入figure命令，按回车键，生成的图形窗口如图8-1所示。

图 8-1 MATLAB 图形窗口

创建图形窗口时，MATLAB会根据默认属性或用户通过参数指定的属性创建一个新的窗口。

2. 图形窗口的控制

创建图形窗口后，用户可以对其属性进行编辑。编辑图形的属性可以通过两种方式进行：通过属性编辑器的方式和通过set函数的方式。

在图形窗口中，选择“查看”|“属性编辑器”命令，激活属性编辑器，属性编辑器的界面如图8-2所示。在该界面中可以设置标题、颜色表等属性。若要对更多属性进行设置，可以单击 更多属性... 按钮，打开“属性检查器”窗口，如图8-3所示。在该窗口中可以对图形窗口的所有属性进行查看和编辑。

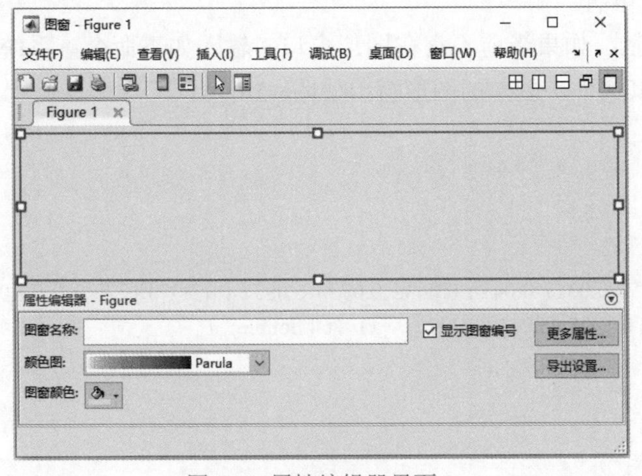

图 8-2 属性编辑器界面

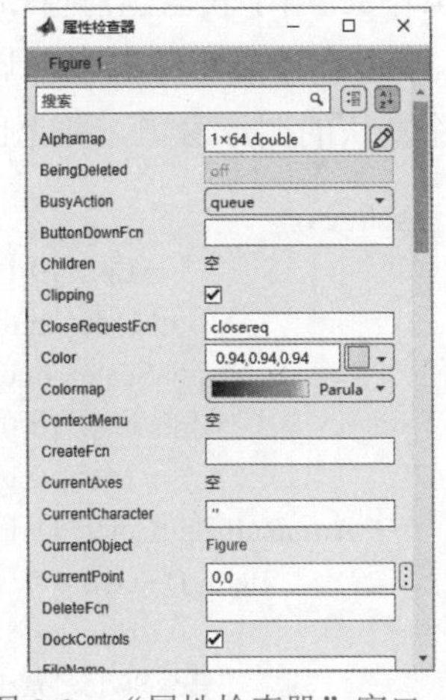

图 8-3 “属性检查器”窗口

除此之外，还可以通过get函数和set函数对图形窗口的属性进行查看和编辑。get函数的调用格式如下。

- get(*h*)，返回由句柄*h*指定的图形窗口的所有属性值。
- get(*h*,'*PropertyName*')，返回属性'*PropertyName*'的值。
- <m-by-n value cell array> = get(*H*,<property cell array>)，其中*H*为句柄数组，<property cell array>为由属性名称构成的单元数组，返回值为单元数组。
- a = get(*h*)，返回一个结构体，结构体的域名为属性名称，值为对应属性的当前值。

- a = get(0,'*Factory*')，返回图形窗口所有属性的出厂设置。
- a = get(0,'*FactoryObjectTypePropertyName*')，返回指定属性的出厂设置。
- a = get(*h*,'*Default*')，返回指定图形窗口的默认属性设置。
- a = get(*h*,'*DefaultObjectTypePropertyName*')，返回指定属性的默认设置。

例8-1　通过get函数获取图形窗口的属性。

(1) 查看默认线宽。

```
>> get(0,'DefaultLineLineWidth')
ans =
   0.5000
```

(2) 查看当前窗口中所有子坐标系的属性。输入如下命令，系统打开的图形窗口如图8-4所示。

```
>> patch;surface;text;line
>> props = {'HandleVisibility', 'Interruptible'; 'SelectionHighlight', 'Type'};
>> output = get(get(gca,'Children'),props)
output =
   4×4 cell 数组
      {'on'}      {'on'}      {'on'}      {'line'    }
      {'on'}      {'on'}      {'on'}      {'text'    }
      {'on'}      {'on'}      {'on'}      {'surface' }
      {'on'}      {'on'}      {'on'}      {'patch'   }
```

其中gca用于获取当前窗口的句柄。

(3) 查看当前窗口的全部属性。如果当前不存在图形窗口，输入如下命令，系统将创建一个默认的图形窗口，并返回其属性。创建的图形窗口如图8-5所示。

```
>> get(gca)
                     ALim: [0 1]
                 ALimMode: 'auto'
               AlphaScale: 'linear'
                 Alphamap: [0 0.0159 0.0317 0.0476 0.0635 0.0794 0.0952 0.1111 0.1270 0.1429 0.1587
                            0.1746 0.1905 0.2063 0.2222 … ] (1×64 double)
        AmbientLightColor: [1 1 1]
             BeingDeleted: off
                      Box: off
                 BoxStyle: 'back'
               BusyAction: 'queue'
            ButtonDownFcn: ''
                     CLim: [0 1]
                 CLimMode: 'auto'
                      …
                   ZScale: 'linear'
                    ZTick: [0 0.5000 1]
               ZTickLabel: ''
           ZTickLabelMode: 'auto'
       ZTickLabelRotation: 0
```

```
ZTickLabelRotationMode: 'auto'
             ZTickMode: 'auto'
```

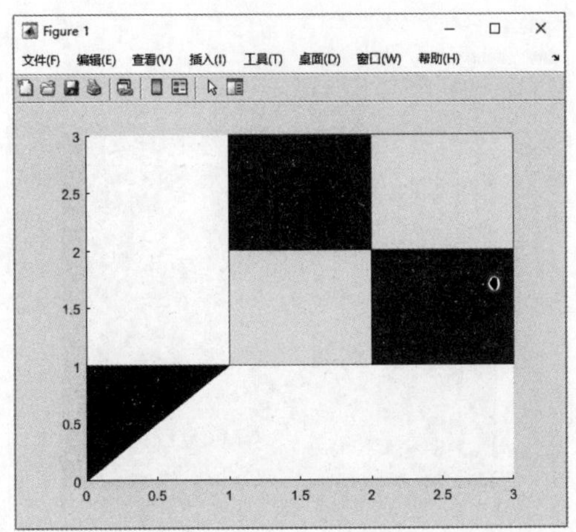

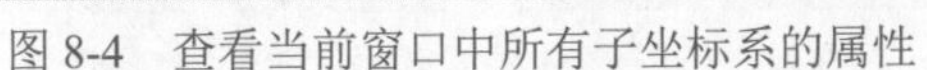
图 8-4　查看当前窗口中所有子坐标系的属性

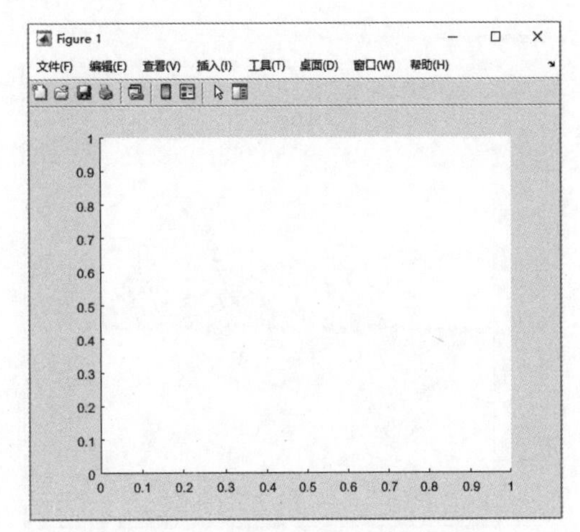

图 8-5　用 get(gca) 命令创建的窗口

set函数用于设置对象的属性，该函数的调用格式如下。

- set(*H*,'*PropertyName*',*PropertyValue*,...)，设置由*H*指定的窗口的'*PropertyName*'属性值为*PropertyValue*。*H*可以为向量，此时将*H*中指定的所有窗口的'*PropertyName*'属性值设置为*PropertyValue*。
- set(*H*,*a*)，其中*a*是一个结构体，其域名为属性名称，值为对应属性的设置值。该语句设置*H*指定的窗口属性为*a*。
- set(*H*,*pn*,*pv*,...)，其中*pn*和*pv*是单元数组，*pn*用于指定属性名称，*pv*用于指定属性值。该语句设置*H*指定的所有窗口中，由*pn*指定的属性，值为*pv*中的相应值。
- set(*H*,*pn*,<*m-by-n cell array*>)，与上面的语句不同，该语句的第三个参数为一个$m \times n$单元数组，其中m = length(*H*)，*n*为*pn*中包含的属性数目。该语句设置*H*指定的窗口中的属性，其值为单元数组中的指定值。
- *a*=set(*h*)，该语句返回*h*指定的窗口中用户可以设置的属性及相应的可选值，返回值*a*是一个结构体，*a*的域名为属性名，域值为相应的可选值。
- *a*= set(0,'*FactoryObjectTypePropertyName*')，返回指定属性的可选值。
- *a*= set(*h*,'*Default*')，返回对*h*指定的对象设置的默认值。
- *a*= set(*h*,'*DefaultObjectTypePropertyName*')，返回指定对象类型的指定属性的可选值。
- <cell array> = set(*h*,'*PropertyName*')，返回指定属性名的可选值。如果值为字符串，返回结果为单元数组；否则返回空的单元数组。

例8-2　通过set函数设置图形窗口的属性。

(1) 创建窗口并绘制图形。

```
>> figure,plot(peaks)
```

(2) 得到的图形如图8-6所示。

(3) 下面的语句将背景设置为蓝色，得到的图形如图8-7所示。

```
>> set(gca,'Color','b')
```

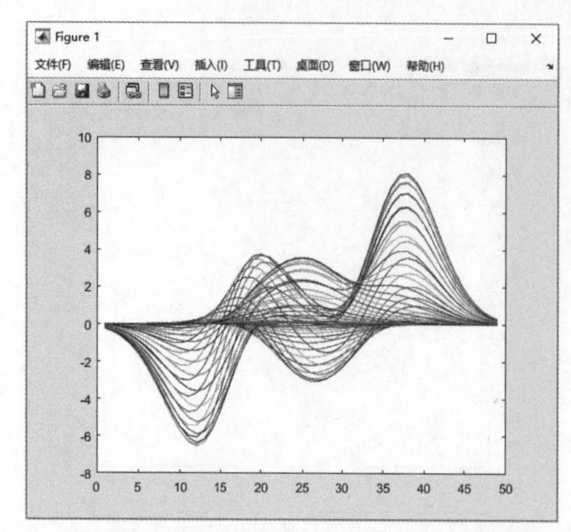

图 8-6　用 plot(peaks) 命令绘制的图形

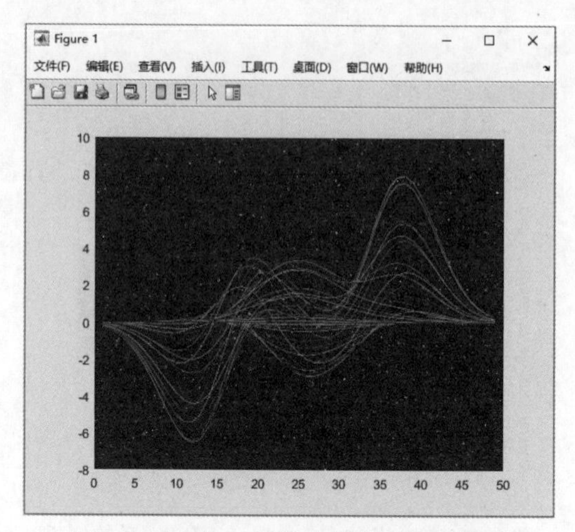

图 8-7　通过 set 函数设置背景后的图形

8.1.2　图形窗口的菜单栏

本节详细介绍图形窗口的各项菜单。

1. “文件”菜单

“文件”菜单与Windows系统的其他菜单类似，包括“新建”“打开”“关闭”“保存”等命令。下面介绍这些命令的功能。

- “新建”：可以新建M文件、图形窗口、变量或图形用户界面。新建对象时，系统会自动打开相应的编辑器。
- “打开”：打开已有文件。
- “关闭”：关闭当前窗口。
- “保存”：保存文件。
- “另存为”：另存为其他文件。
- “生成代码”：生成M文件。该命令可以将当前图形窗口中的图形自动转换为M文件。

例8-3　将图形窗口中的图形转换为M文件。

(1) 在命令行窗口中输入以下命令。

```
>> x=[0:0.1:2];
>> y1=x.^2;
>> y2=x;
>> figure,plot(x,y1);
>> hold on;
>> plot(x,y2);
```

绘制的图形如图8-8所示。

(2) 在窗口中选择“文件”|“生成代码”命令，系统将打开文本编辑器，其中的内容如下。

```
function createfigure(X1, YMatrix1)
%CREATEFIGURE(X1, YMatrix1)
%  X1:  plot x 数据的向量
%  YMATRIX1:  plot y 数据的矩阵

%  由 MATLAB 于 18-Jan-2024 22:26:11 自动生成

% 创建 figure
figure1 = figure;

% 创建 axes
axes1 = axes('Parent',figure1);
hold(axes1,'on');

% 使用 plot 的矩阵输入创建多个 line 对象
plot(X1,YMatrix1);

box(axes1,'on');
hold (axes1,'off');
```

该文件的绘图功能与图形窗口中的图形一致。

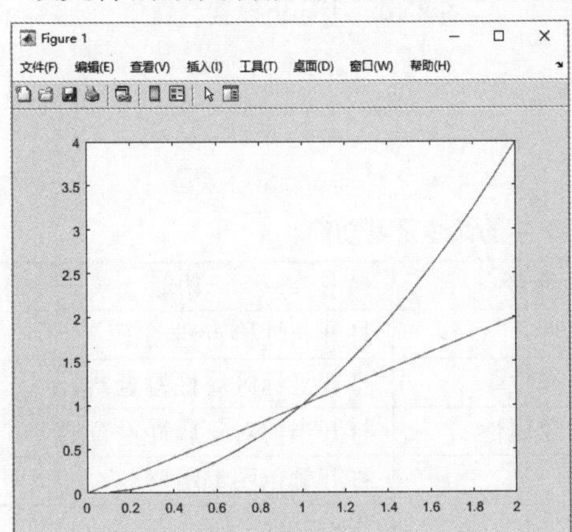

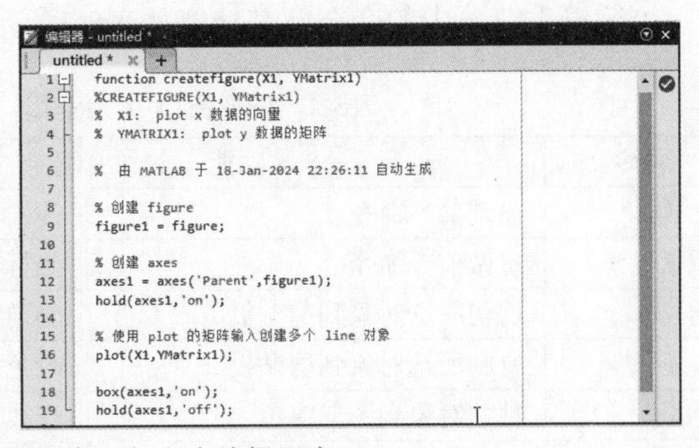

图 8-8　例 8-3 对应的图形窗口与文本编辑器窗口

❖ 注意

将以上文件中的plot(X1,YMatrix1)改为以下语句，运行该文件即可得到原图形窗口的图形。

```
X1=[0:0.1:2];
YMatrix1=X1.^2;
plot(X1,YMatrix1);
YMatrix1=X1;
plot(X1,YMatrix1);
```

❍ “导入数据”：用于导入数据。

❍ “保存工作区”：该选项用于将图形窗口中的数据存储为二进制文件，以供其他编程语言调用。

❍ “预设项”：用于设置图形窗口的风格，打开的“预设项”窗口如图8-9所示。

❍ “导出设置”：可以设置颜色、字体、大小等，可以将图形以多种格式导出，如emf、bmp、jpg、pdf等。打开的“导出设置”窗口如图8-10所示。

❍ “打印预览”：打印预览。

❍ “打印”：打开“打印”对话框。

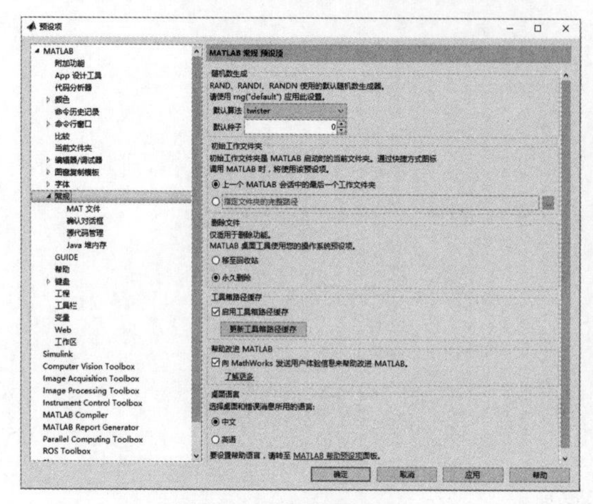

图 8-9 “预设项”窗口

图 8-10 “导出设置”窗口

2. “编辑”菜单

“编辑”菜单中的命令及其功能如表8-1所示。

表8-1 图形窗口中“编辑”菜单中的命令及其功能

命令	功能	命令	功能
撤销	撤销前一命令	图窗属性	打开属性检查器图窗
重做	重做前一命令	坐标区属性	打开坐标区属性检查器
剪切	剪切所选对象到剪贴板	当前对象属性	打开当前对象属性检查器
复制	复制所选对象到剪贴板	颜色图	打开颜色图编辑器
粘贴	粘贴对象到图形窗口	查找文件	查找文件
清空剪贴板	清空剪贴板中的对象	清空图窗	清空图窗中的图形
删除	删除所选对象	清空命令行窗口	清空命令行窗口中显示的内容
全选	选择图形窗口中的所有对象	清除命令历史记录	清除命令历史记录
复制图窗	复制图窗	清空工作区	清除工作区变量
复制选项	打开“预设项”对话框中的“复制选项”		

3. “插入”菜单

使用“插入”菜单中的命令可以在图形中插入对象，如箭头、直线、椭圆、长方形、坐标轴等。该菜单包含的命令及对应的功能说明如表8-2所示。

表8-2 图形窗口中“插入”菜单中的命令及其功能

选项	功能	选项	功能
X标签	插入*X*轴	文本箭头	插入文本箭头
Y标签	插入*Y*轴	双箭头	插入双箭头
Z标签	插入*Z*轴	文本框	插入文本框
标题	插入标题	矩形	插入矩形
图例	添加图例	椭圆	插入椭圆
颜色栏	添加颜色条	坐标区	添加坐标系
线	插入直线	灯光	控制亮度
箭头	插入箭头		

选中表8-2中的命令后，系统会自动激活相应的编辑工具，用户可以在图形窗口中绘制、编辑图形。

4. “工具”菜单

“工具”菜单包括一些常用的图形工具，如平移、旋转、缩放、刷亮、数据提示等。另外，“工具”菜单包含两个数据分析工具：“基本拟合”工具和“数据统计信息”工具，用于对图像中的数据进行基本的分析和拟合等。这两个工具的界面如图8-11和图8-12所示。

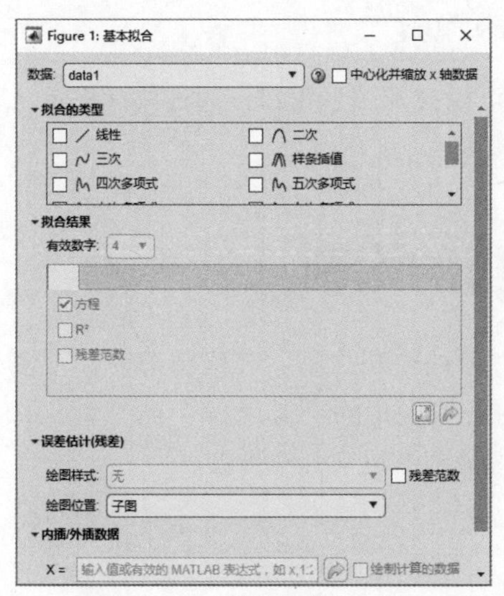

图 8-11 “基本拟合”工具

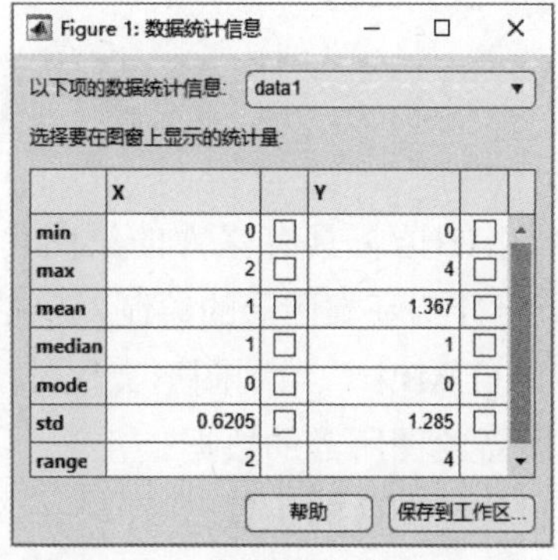

图 8-12 “数据统计信息”工具

用户可以选择相应的拟合方法对图像中的数据进行拟合，如对正弦曲线进行二次多项式拟合。首先绘制正弦曲线：

```
>> x=0:pi/10:pi;
>> plot(x,sin(x),'-.')
```

在图形窗口中激活“基本拟合”工具，选中“二次”复选框，显示的最终图形如图8-13所示。

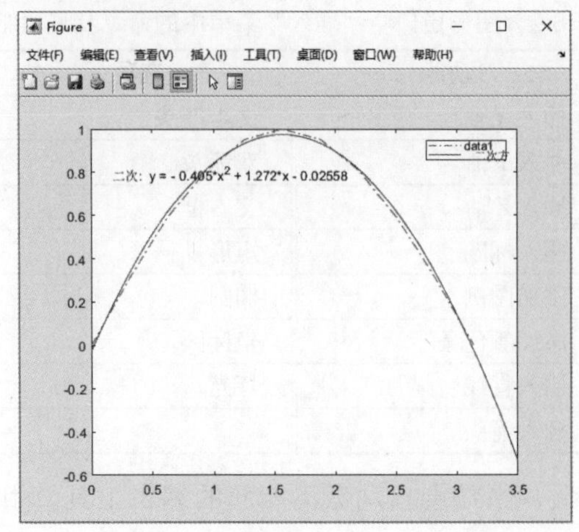

图 8-13　正弦曲线拟合结果

8.1.3　图形窗口的工具栏

图形窗口的工具栏如图8-14所示。

图 8-14　图形窗口的工具栏

其中包含的工具同样存在于菜单栏中，用户可以打开图形窗口，通过鼠标提示，查看这些工具的具体功能。

8.2　基本图形的绘制

MATLAB语言具有强大的绘图功能，可以方便地绘制二维、三维图形，甚至多维图形。本节将介绍基本图形的绘制，包括二维图形和三维图形的绘制。

在MATLAB中，绘制图形文件时，一般的绘图流程有以下几个步骤。

(1) 准备绘图所需的数据。

(2) 设置绘图区的位置。

(3) 绘出图形。

(4) 对图形进行属性设置及标注。

(5) 保存和导出图形。

要说明的是，以上步骤也不是固定的，比如绘图区的位置往往在绘制子图时才需要设置，对曲线属性的标注往往在绘图时同时进行。当然，MATLAB中对图形中的曲线和标记点格式有默认设置。如果只需要绘制一张简单的图来观察数据的分布，只需执行以上步骤中的(1)和(3)即可。

下面主要介绍二维和三维图形的绘制。

8.2.1　二维图形的绘制

绘制二维图形的主要函数为plot。另外，还有loglog、semilogx等函数。用于绘制二维图形的具体函数及功能如表8-3所示。

表8-3　MATLAB中用于绘制二维图形的函数

函数名	功能
plot	在线性坐标系中绘制二维图形
loglog	在对数坐标系中绘制二维图形
semilogx	二维图形绘制，*x*轴为对数坐标，*y*轴为线性坐标
semilogy	二维图形绘制，*x*轴为线性坐标，*y*轴为对数坐标
plotyy	绘制双*y*轴图形

本节主要介绍plot函数，该函数的调用格式如下。

- plot(*Y*)
- plot(*X*1,*Y*1,...)
- plot(*X*1,*Y*1,*LineSpec*,...)
- plot(...,'*PropertyName*',*PropertyValue*,...)
- plot(*axes_handle*,...)
- *h* = plot(...)
- *hlines* = plot('*v*6',...)

本节将详细介绍前3种格式，对于后面的几种格式，分别解释如下。

- plot(...,'*PropertyName*',*PropertyValue*,...)：利用指定的属性绘制图形，其中'*PropertyName*'用于指定属性名，*PropertyValue*用于设置属性值。
- plot(*axes_handle*,...)：在指定的坐标系中绘制图形。
- *h* = plot(...)：绘制图形的同时返回图形句柄。
- *hlines* = plot('*v*6',...)：返回曲线句柄。

1. plot(*Y*)

该命令中的*Y*可以是向量、实数矩阵或复数向量。如果*Y*是向量，就以向量的索引为横坐标，以向量元素值为纵坐标绘制图形，以直线段顺序连接各点；如果*Y*是矩阵，就绘制*Y*的各列；如果*Y*是复向量，就以复数的实部为横坐标，以虚部为纵坐标绘制图形，即plot(*Y*)相当于plot(real(*Y*),imag(*Y*))，而在其他的绘图格式中复数的虚部会被忽略，见例8-4和例8-5。

例8-4　以0.2为步长绘制标准正态分布密度函数在区间[−3,3]内的图像。

在命令行窗口中输入以下命令。

```
>> x=[-3:0.2:3];
>> y=1/sqrt(2*pi)*exp(-1/2*x.^2);
>> plot(y)
```

输出的图形如图8-15所示。该图显示了正态分布密度函数的形状，但是其横坐标的范围是[0,31]，而不是[−3, 3]，这是因为在绘制图像的过程中是以y的索引为横坐标。

例8-5　对矩阵的绘制：同时绘制均值为0，方差分别为 1、2和3的正态分布密度函数的曲线。

编写M文件实现上述功能，文件内容如下。

```
% plot N(0,1),N(0,2),N(0,3) by plotting a matrix
clear;
x=[-3:0.2:3];
for i=1:3
    y(:,i)=1/sqrt(2*pi*i)*exp(-1/(2*i)*x.^2);
end
plot(y);
```

在命令行窗口中运行该脚本，输出的图形如图8-16所示。

2. plot(*x*,*y*)

该命令中的x和y可以为向量和矩阵，当x和y的结构不同时，有不同的绘制方式。x、y均为n维向量时，以x的元素为横坐标，以y的元素为纵坐标绘制图形。x为n维向量，y为$m\times n$或$n\times m$矩阵时，以x的元素为横坐标，绘制y的m个n维向量。x、y均为$m\times n$矩阵时，以x的各列为横坐标，以y的对应列为纵坐标绘制图形。

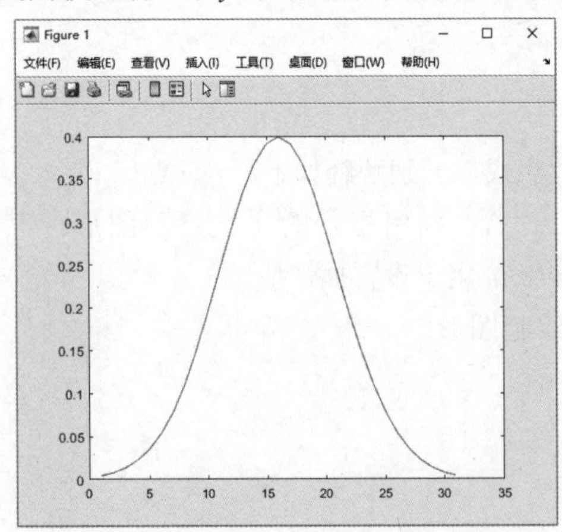

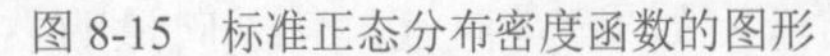
图 8-15　标准正态分布密度函数的图形

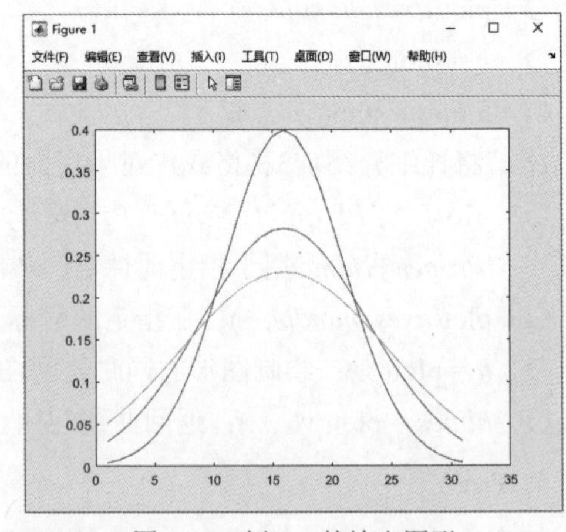

图 8-16　例 8-5 的输出图形

例8-6　用plot(*x*,*y*)绘制标准正态分布密度函数的曲线。

在命令行窗口中输入以下命令。

```
>> x=[-3:0.2:3];
>> y=1/sqrt(2*pi)*exp(-1/2*x.^2);
>> plot(x,y)
```

本例与例8-5只有一点不同，即绘图命令不同。本例输出的图形如图8-17所示。比较图8-15和图8-17可以看出，本例的图形横坐标为设置的坐标。

例8-7　同时绘制均值为0，方差分别为1、2和3的正态分布密度函数的曲线。

将例8-5中代码的最后一行由plot(*y*)替换为plot(*x*,*y*)，执行后，输出的图形如图8-18所示。

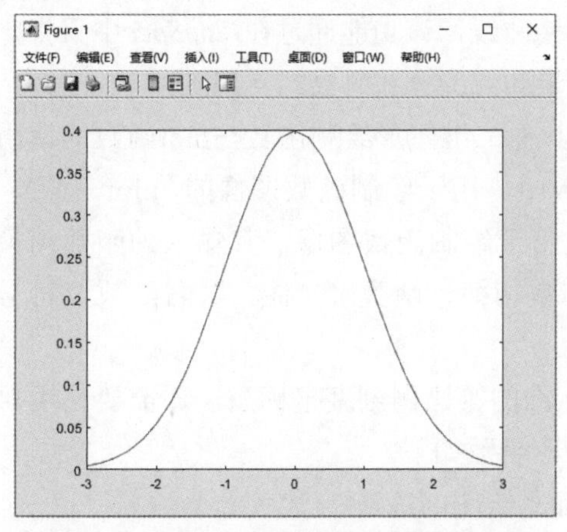

图 8-17　标准正态分布密度函数的曲线

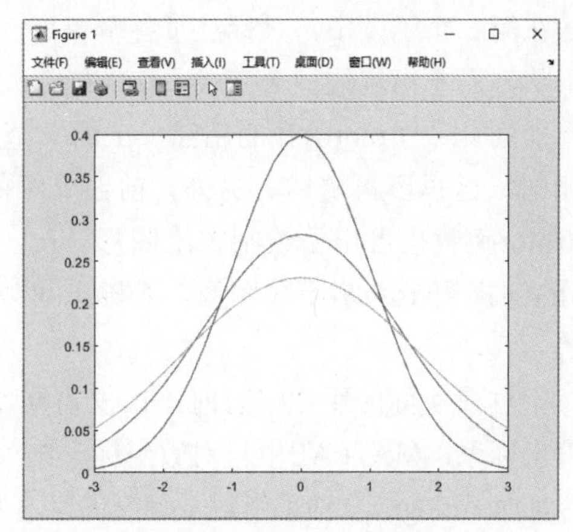

图 8-18　例 8-7 的输出图形

3. plot(*x*,*y*,*LineSpec*)

该命令中加入了*LineSpec*参数，用于图形外观属性的控制，包括线条的形状、颜色和点的形状、颜色。该参数的常用设置选项如表8-4所示。

表8-4　MATLAB绘图中的线型及颜色设置

选项	说明	选项	功能
线型		点的形状	
-	实线(默认设置)	.	点
--	虚线	o	圆
:	点线	*	星号
-.	点画线	+	加号
颜色		x	x形状(叉)
y	黄色	'square' 或s	方形
m	紫红色	'diamond' 或d	菱形
c	蓝绿色	^	上三角
r	红色	v	下三角
g	绿色	<	左三角
b	蓝色(默认)	>	右三角
w	白色	'pentagram' 或p	正五边形
k	黑色	'hexagram' 或h	正六边形

例8-8　将例8-6中的图形绘制在一幅图像的两个子图中，第一个子图以红色虚线绘制，并且用星号标注每个节点；第二个子图只用星号标注每个节点，不绘制出曲线。

在命令行窗口中输入以下命令。

```
>> x=[-3:0.2:3];
>> y=1/sqrt(2*pi)*exp(-1/2*x.^2);
>> subplot(1,2,1),plot(x,y,'r--*')
>> subplot(1,2,2),plot(x,y,'r*')
```

得到的图形如图8-19所示。

在上述代码中，用subplot函数将图形分为两个子图，这一功能在后面章节中会详细介绍。在第二个子图中，只标注了各个节点，不连接曲线，该功能通过在*LineSpec*中只指定点的形状，而不指定线型来完成。该功能在绘制向量和点的分布时会经常用到。

前面介绍了plot函数的用法，上面一节中的其他二维图形绘制函数与plot函数的调用基本相同，这里不再赘述。另外，前面介绍的函数中，用于绘制函数图像的 fplot 函数，以及ezplot函数也可用于绘制二维图形。fplot函数用于绘制函数图像，其输入为函数句柄；ezplot同样用于绘制函数图像，其输入可以为函数句柄、函数M文件、匿名函数及符号函数等。

不过在实际应用中，有时不仅仅需要使用标准的等比例刻度坐标系，还需要使用对数刻度坐标系。MATLAB中与对数坐标系相关的绘图函数如下。

(1) semilogx：*x*轴采用对数刻度的半对数坐标系绘图函数。

(2) semilogy：*y*轴采用对数刻度的半对数坐标系绘图函数。

(3) loglog：*x*轴和*y*轴都采用对数刻度的半对数坐标系绘图函数。

例8-9　对数/半对数坐标系对比图。

在命令行窗口中输入以下命令。

```
>> x=0:0.5:20;
>> y=exp(x);
>> subplot(2,2,1);
>> plot(x,y);
>> title('plot');
>> subplot(2,2,2);
>> semilogx(x,y);
>> title('semilogx');
>> subplot(2,2,3);
>> semilogy(x,y);
>> title('semilogy');
>> subplot(2,2,4);
>> loglog(x,y);
>> title('loglog')
```

得到的图形如图8-20所示。

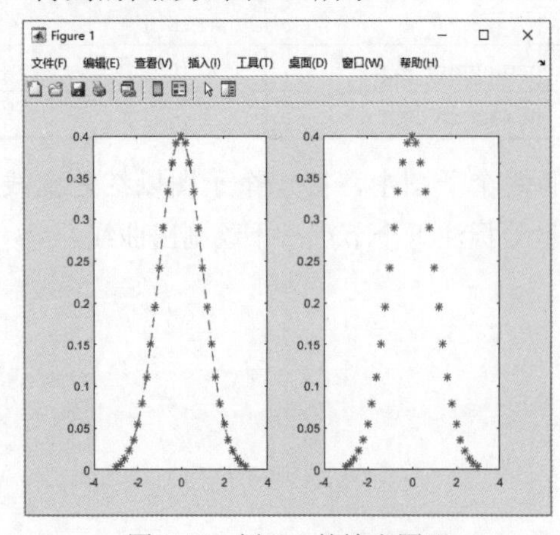

图 8-19　例 8-8 的输出图形

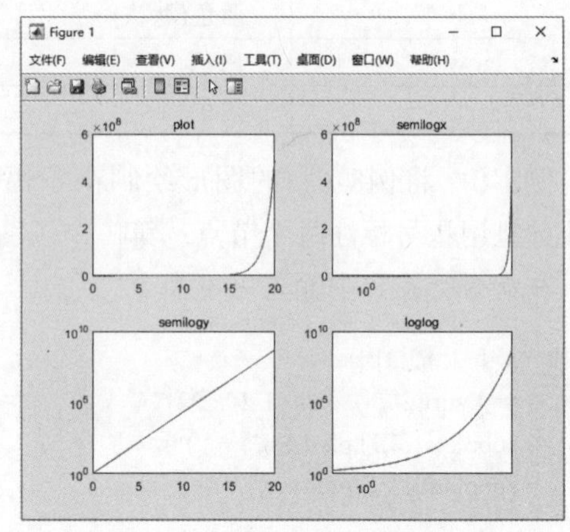

图 8-20　对数/半对数坐标系对比图

8.2.2　三维图形的绘制

三维图形包括三维曲线图和三维曲面图。三维曲线图由函数plot3实现，三维曲面图由函数mesh和surf实现。

1. plot3

在MATLAB中，plot3用于绘制三维曲线，该函数的基本调用格式如下。

- plot3(*X*,*Y*,*Z*)，其中*X*、*Y*、*Z*为向量或矩阵。当*X*、*Y*、*Z*为长度相同的向量时，该命令将绘制一条分别以向量*X*、*Y*、*Z*为*x*、*y*、*z*轴坐标的空间曲线；当*X*、*Y*、*Z*为$m \times n$矩阵时，该命令以每个矩阵的对应列为*x*、*y*、*z*轴坐标绘制出*m*条空间曲线。
- plot3(*X*1,*Y*1,*Z*1,*LineSpec*)，通过*LineSpec*指定曲线和点的属性，*LineSpec*的取值与8.2.1节中介绍的相同。
- plot3(...,'*PropertyName*',*PropertyValue*,...)，利用指定的属性绘制图形。
- *h* = plot3(...)，绘制图形并返回图形句柄，*h*为一个列向量，每个元素对应图像中每个对象的句柄。

例8-10　利用plot3函数绘制三维螺旋线。

在命令行窗口中输入以下命令。

```
>> t = 0:pi/50:10*pi;
>> plot3(sin(t),cos(t),t)
>> grid on
>> axis square
```

得到的图形如图8-21所示。

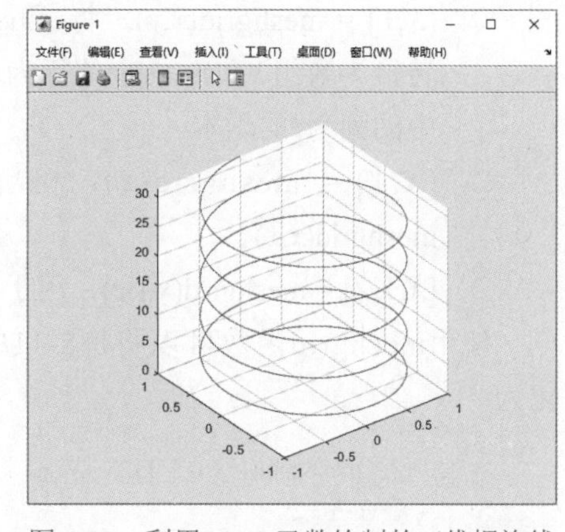

图 8-21　利用 plot3 函数绘制的三维螺旋线

2. mesh 和 surf 函数

本书前面介绍的plot3命令用于绘制三维曲线，但是不能用于绘制曲面。mesh命令可以绘制出在某一区间内完整的网格曲面，surf函数可以绘制三维曲面图。这两个函数的调用格式基本相同。

- mesh(*X*,*Y*,*Z*)，surf(*X*,*Y*,*Z*)：绘制一个网格图(曲面图)，图像的颜色由*Z*确定，即图像的颜色与高度成正比。如果函数参数中，*X*和*Y*是向量，length(*X*)=*n*，length(*Y*)=*m*，size(*Z*) = [*m*,*n*]，则绘制的图形中，(*X*(*j*), *Y*(*i*), *Z*(*i*,*j*))为图像中的各个节点。
- mesh(*Z*),surf(*Z*)：以*Z*的元素为*z*坐标，元素对应的矩阵行和列分别为*x*坐标和*y*坐标，绘制图像。
- mesh(...,*C*),surf(...,*C*)：其中*C*为矩阵。所绘制图像的颜色由*C*指定。MATLAB对*C*进行线性变换，得到颜色映射表。如果*X*、*Y*、*Z*为矩阵，矩阵维数应该与*C*相同。

例8-11　绘制抛物曲面$z=x^2+y^2$在$-1 \leqslant x \leqslant 1$、$-1 \leqslant y \leqslant 1$区间内的图像。

在窗口中输入以下命令。

```
>> clear
>> X=-1:0.1:1;
>> Y=X';
```

```
>> X1=X.^2;
>> Y1=Y.^2;
>> x=ones(3,1);
>> x=ones(length(X),1);
>> y=ones(1,length(Y));
>> X1=x*X1;
>> Y1=Y1*y;
>> Z=X1+Y1;
>> subplot(1,2,1),mesh(X,Y,Z);
>> subplot(1,2,2),surf(X,Y,Z);
```

上述代码生成的图形如图8-22所示。

在绘制三维曲面时，使用meshgrid函数经常能够得到很多的便利。该函数用于生成*X*和*Y*数组，用法如下。

- [*X*,*Y*] = meshgrid(*x*,*y*)，将*x*和*y*指定的区域转换为数组*X*和*Y*，*X*中的行为*x*的副本，*Y*中的列为*y*的副本。
- [*X*,*Y*] = meshgrid(*x*)，相当于[*X*,*Y*] = meshgrid(*x*,*x*)。
- [*X*,*Y*,*Z*] = meshgrid(*x*,*y*,*z*)，用于三维数组。

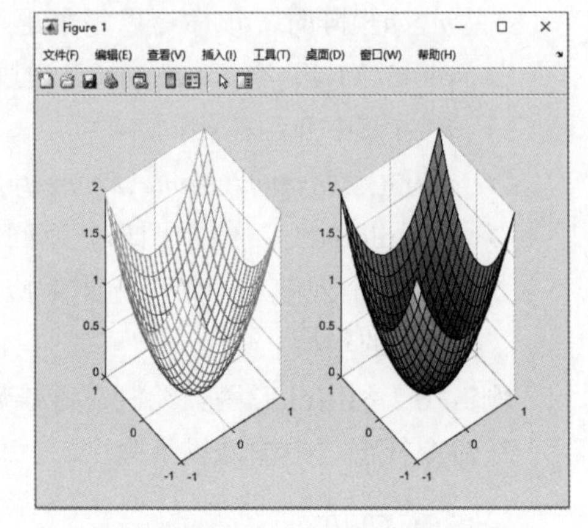

图 8-22　抛物曲面的网格图和表面图

使用meshgrid函数可以将例8-11中的代码简化为：

```
>> [X,Y]=meshgrid([-1:0.1:1]);
>> Z=X.^2+Y.^2;
>> subplot(1,2,1),mesh(X,Y,Z);
>> subplot(1,2,2),surf(X,Y,Z);
```

用于绘制三维曲面的其他函数如表8-5所示。

表8-5　MATLAB中的三维曲面绘制函数

函数	功能
mesh	绘制三维网格图
surf	绘制三维表面图
meshc	绘制带有等值线的三维网格图
meshz	在图形周围绘制相关直线
trimesh	绘制三角形网格图
surfc	绘制带有等值线的三维表面图
trisurf	绘制三角形表面图

8.2.3 图形的其他操作

前面介绍了基本的图形绘制命令，使用它们可以绘制简单图形。为了得到更好的绘制效果，还需要更多的图形控制。本节介绍一些简单的图形控制。

1. 图形保持

当采用绘图命令时，MATLAB默认在当前图形窗口中绘制图像。如果不存在图形窗口，就新建一个图形窗口。此时，如果图形窗口中已经存在图像，就将其清除，绘制新的图像。如果要保持原有图像，并且在原图像中添加新的内容，可以使用hold命令。该命令的用法如下。

- hold on：打开图形保持功能。
- hold off：关闭图形保持功能。
- hold all：当利用函数ColorOrder和LineStyleOrder设置线型和颜色列表时，该命令用于打开图形保持功能，并保持当前的属性。关闭图形保持功能时，下一条绘图命令将回到列表的开始处；打开图形保持功能时，将从当前位置继续循环。
- hold：改变当前的图形保持状态，在打开和关闭之间切换。
- hold(*axes_handle*,...)：对指定坐标系进行操作。

2. 图形子窗口

图形子窗口用于实现在一幅图像中绘制多幅子图像，由函数subplot实现。subplot函数将图形窗口分割为多个矩形子区域，在指定的子区域中绘制图像，各个区域按行排列。该函数的使用方法如下。

- subplot(*m*,*n*,*p*)、subplot(*mnp*)：将图像分为$m \times n$个子区域，在第*p*个区域中绘制图像，并返回该坐标系的句柄。如果*p*是一个向量，则返回的坐标系句柄所占有的区域为*p*指定的区域的合并结果。
- subplot(*m*,*n*,*p*,'*replace*')：如果在指定区域已经存在坐标系，将其删除并用新的坐标系代替。
- subplot(*m*,*n*,*p*,'v6')：在指定的绘图区域设置坐标系，并且自动布局绘图区间，允许坐标轴和各标记之间重合。
- subplot(*h*)：在由句柄*h*指定的坐标系中绘制图形。
- subplot('*Position*',[*left bottom width height*])：在指定的位置绘制坐标系，位置由4个元素指定，分别指定绘图区间左下角的横纵坐标以及绘图区域的宽度和高度。
- *h* = subplot(...)：指定绘图子区域，并返回句柄*h*。

3. 坐标轴控制

默认情况下，MATLAB会根据绘图命令和数据自动选择坐标轴。用户也可以指定坐标轴，以满足特殊的需求。在MATLAB中，坐标轴由函数axis控制。该函数的用法如下。

- axis([*xmin xmax ymin ymax*])：指定当前图像中*x*轴和*y*轴的范围。
- axis([*xmin xmax ymin ymax zmin zmax cmin cmax*])：指定当前图像中*x*轴、*y*轴和*z*轴的范围。
- *v* = axis：返回当前图像中*x*轴、*y*轴和*z*轴的范围。当图像是二维图像时，返回结果包括4个元素；当图像是三维图像时，返回结果包括6个元素。
- axis *auto*：设置自动选择坐标轴，MATLAB根据*x*、*y*、*z*数据的最大值及最小值自动选择坐标轴的范围。用户还可以对指定的坐标轴设置自动选择，如命令“auto x”自动设置*x*轴，命令“auto yz”自动设置*y*轴和*z*轴。

- axis *manual*：锁定当前坐标轴的上下限，因此，如果当前设置为 hold on，则下一幅图像采用和当前相同的坐标轴。
- axis *tight*：设置坐标轴的范围为数据的范围。
- axis *fill*：将坐标轴的范围和参数 PlotBoxAspectRatio的值设置为填充绘图位置的矩形区域。该设置只有当参数PlotBoxAspectRatioMode或DataAspectRatioMode为手动时才生效。
- axis *ij*：采用的坐标系为图像坐标系，其中*i*为横坐标，*j*为纵坐标，*i*的值从上到下增长，*j*的值从左到右增长。
- axis *xy*：在默认的笛卡儿坐标系中绘制图像，*x*轴为横轴，*y*轴为纵轴，*x*的值从左到右增长，*y*的值从下到上增长。
- axis *equal*：设置等刻度坐标轴，各坐标轴的刻度相同，范围由数据确定。
- axis *image*：与axis *equal*相同，设置等刻度坐标轴，同时绘制图像的区域与数据的范围相同。
- axis *square*：设置坐标系为等长坐标系，即各坐标轴的长度相同，各坐标轴的刻度根据数据范围自动选择。
- axis *vis3d*：锁定当前绘图区域的坐标轴比例，因此在三维旋转时忽略拉伸填充功能。
- axis *normal*：选择自动调整图像中坐标轴的范围和尺度，使得图像尽量符合绘图区域。
- axis *off*：隐藏坐标轴及所有相关的标记。
- axis *on*：显示坐标轴及所有相关的标记。
- axis(*axes_handles*,...)：设置指定的坐标轴。
- [*mode*,*visibility*,*direction*] = axis('*state*')：返回坐标轴的状态，其中3个参数的返回值分别为*mode*、*auto*或*manual*；*visibility*、*on*或*off*；*direction*、*xy*或*ij*。
- box *on*：显示当前坐标轴的边界线。
- box *off*：隐藏当前坐标轴的边界线。
- grid *on*：显示当前坐标轴下的网格线。
- grid *off*：隐藏当前坐标轴下的网格线。

8.3 特殊图形的绘制

除了常规的二维图形和三维图形外，为了满足一些特殊的要求，MATLAB还提供了一些特殊图形的绘制功能，如条形图、饼状图、直方图等。本节将介绍这些特殊图形的绘制。

8.3.1 条形图和面积图

MATLAB中主要有4个函数用于绘制条形图，如表8-6所示。

表8-6 MATLAB中绘制条形图的函数

函数	说明	函数	说明
bar	绘制纵向条形图	bar3	绘制三维纵向条形图
barh	绘制横向条形图	bar3h	绘制三维横向条形图

下面介绍这些函数的应用。

1. bar 和 barh 函数

bar和barh函数用于绘制二维条形图，分别绘制纵向和横向图形。这两个函数的用法相同，下面以bar函数为例进行介绍。

默认情况下，bar函数绘制的条形图将矩阵中的每个元素表示为“条形”，横坐标的位置表示不同行，“条形”的高度表示元素的大小。在图形中，每一行的元素会集中在一起。

bar函数的调用格式如下。

- bar(*Y*)：对*Y*绘制条形图。如果*Y*为矩阵，*Y*的每一行聚集在一起。横坐标表示矩阵的行数，纵坐标表示矩阵元素值的大小。
- bar(*x*,*Y*)：指定绘图的横坐标。*x*的元素可以非单调，但是*x*中不能包含相同的值。
- bar(...,*width*)：指定每个条形的相对宽度。条形的默认宽度为0.8。
- bar(...,'*style*')：指定条形的样式。*style*的取值为“grouped”或“stacked”。如果不指定，默认为“grouped”。这两个取值的含义分别如下。
  - ✧ grouped：绘制的图形共有*m*组，其中*m*为矩阵*Y*的行数，每一组有*n*个条形，*n*为矩阵*Y*的列数，*Y*的每个元素对应一个条形。
  - ✧ stacked：绘制的图形有*m*个条形，每个条形为第*m*行的*n*个元素的和，每个条形由多个(*n*个)色彩构成，每个色彩对应相应的元素。
- bar(...,'*bar_color*')：指定绘图的色彩，所有条形的色彩由*bar_color*确定，*bar_color*的取值与plot绘图的色彩相同。

下面通过具体示例观察上述命令的效果。

例8-12 使用bar函数和barh函数绘图。

创建M文件，命名为plotbar，其内容如下。

```
% bar and barh
A=ceil(rand(5,3)*10);
x=[1,3,6,7,5];
subplot(2,3,1),bar(A),title('bar');
subplot(2,3,2),bar(x,A),title('specify the x label');
subplot(2,3,3),bar(A,1.5),title('width=1.5');
subplot(2,3,4),bar(A,'stacked'),title('stacked');
subplot(2,3,5),barh(A),title('barh: default');
subplot(2,3,6),barh(A,'stacked'),title('barh: stacked');
```

在命令行窗口中执行创建的M文件，得到的结果如图8-23所示。

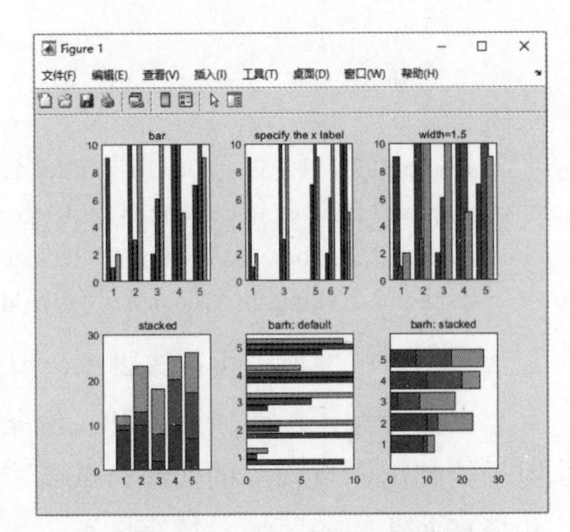

图 8-23 条形图绘制示例

2. bar3 和 bar3h 函数

bar3和bar3h函数用于绘制三维条形图，分别绘制纵向图形和横向图形。这两个函数的用法相同，并且与函数bar和barh的用法类似，读者可以和bar函数和barh函数对照着进行学习。下面以bar3函数为例介绍这两个函数的用法。bar3函数的调用格式如下。

- bar3(*Y*)，绘制三维条形图，*Y*的每个元素对应一个条形。如果*Y*为向量，则*x*轴的范围为[1:length(*Y*)]；如果*Y*为矩阵，则*x*轴的范围为 [1:size(*Y*,2)]，即为矩阵*Y*的列数。图形中，矩阵每一行的元素聚集在相对集中的位置。
- bar3(*x*,*Y*)，指定绘制图形的行坐标，规则与bar函数相同。
- bar3(...,*width*)，指定条形的相对宽度，规则与bar函数相同。
- bar3(...,'*style*')，指定图形的样式。*style*的取值可以为“detached”“grouped”或“stacked”，它们的含义分别如下。
  - detached，显示*Y*的每个元素，在*x*方向上，*Y*的每一行为一个相对集中的块。
  - grouped，显示*m*组图形，每组图形包含*n*个条形，*m*和*n*分别对应于矩阵*Y*的行和列。
  - stacked，其含义与bar中的参数相同，将*Y*的每一行显示为一个条形，每个条形包括不同的色彩，对应于该行的每个元素。
- bar3(...,*LineSpec*)，将所有的条形指定为相同的颜色，颜色的可选值与plot函数的可选值相同。

下面通过例8-13，查看用上述命令绘制图形的效果。

例8-13　使用bar3和bar3h函数绘制矩阵$\boldsymbol{A}=\begin{pmatrix} 2 & 6 & 9 \\ 7 & 5 & 7 \\ 4 & 9 & 4 \\ 9 & 9 & 3 \\ 9 & 7 & 4 \end{pmatrix}$的三维条形图。

新建脚本文件，命名为eg_bar3，内容如下。

```
A=[   2     6     9
      7     5     7
      4     9     4
      9     9     3
      9     7     4];
subplot(2,2,1),bar3(A,'detached'),title('detached');
subplot(2,2,2),bar3(A,'grouped'),title('grouped');
subplot(2,2,3),bar3(A,'stacked'),title('stacked');
subplot(2,2,4),bar3h(A,'detached'),title('detached');
```

在命令行窗口中执行该脚本，得到的图形如图8-24所示。

上面介绍了二维条形图和三维条形图的绘制，下面介绍另一种图形：填充图。填充图用于绘制由向量构成的曲线，或者当输入参数为矩阵时，绘制矩阵的每一列为一条曲线，并填充曲线间的区域。填充图可以直观显示向量的每个元素，或显示矩阵的每一列对总和的贡献大小。填充图由函数 area 绘制，下面介绍该函数的用法。该函数的调用格式如下。

- area(*Y*)，绘制向量*Y*或矩阵*Y*各列的和。
- area(*X*,*Y*)，若*X*和*Y*是向量，则以*X*中的元素为横坐标，以*Y*中的元素为纵坐标绘制图像，并且填充线条和*x*轴之间的空间；如果*Y*是矩阵，则绘制*Y*的每一列的和。
- area(...,*basevalue*)，设置填充的底值，默认为0。

下面通过具体示例查看图形绘制的效果。

例8-14 使用area函数绘图。

仍以例8-13中的矩阵***A***为例。在命令行窗口中输入如下命令。

```
>> subplot(1,3,1),area(A),title('area plot of A');
>> subplot(1,3,2),area(A,3),title('basevalue = 3');
>> subplot(1,3,3),area([1 3 6 8 9],A),title('x=[1 3 6 8 9]');
```

得到的图形如图8-25所示。

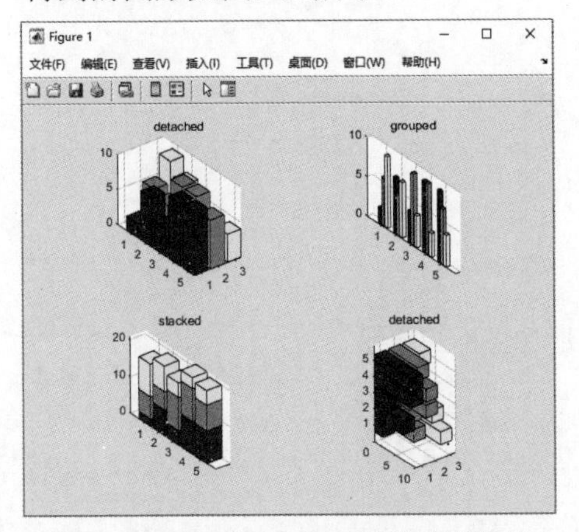

图 8-24 bar3 和 bar3h 函数的绘图效果

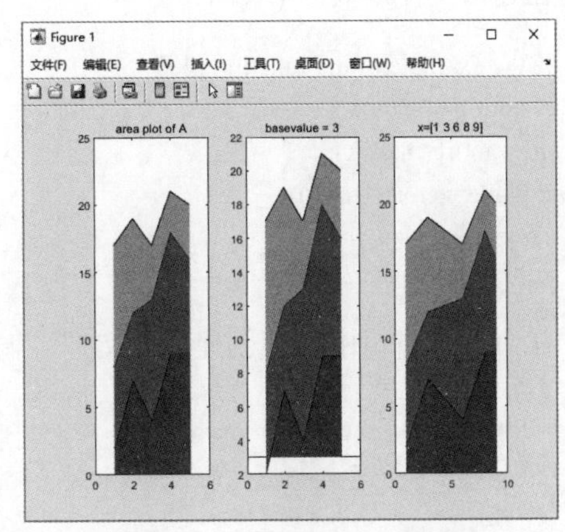

图 8-25 area 函数的绘图效果

8.3.2 饼状图

饼状图是一种统计图形，用于显示每个元素占总体的百分比，最常见的有磁盘容量统计图。在MATLAB中，函数pie和pie3分别用于绘制二维和三维饼状图。这两个函数的用法基本相同，下面以pie函数为例介绍饼状图的绘制。函数pie的调用格式如下。

- pie(*X*)，绘制*X*的饼状图，*X*的每个元素占有一个扇形，其顺序为从饼状图上方正中开始，逆时针为序，分别为*X*的各个元素。如果*X*为矩阵，就按照各列的顺序排列。在绘制饼状图时，如果*X*的元素和大于1，就按照每个元素所占有的百分比绘制图形；如果*X*的元素和小于1，就按照每个元素的值绘制图形，所绘制的图形不是一个完整的圆形。
- pie(*X*,*explode*)，参数*explode*设置相应的扇形偏离整体图形，用于突出显示。*explode*是一个与*X*维数相同的向量或矩阵，其元素为0或1，非0元素对应的扇形从图形中偏离。
- pie(...,*labels*)，标注图形，*labels*是元素为字符串的单元数组，元素个数必须与*X*的个数相同。

下面看看饼状图的绘制效果。

例8-15　磁盘的可用空间为13.9GB，已用空间为18.1GB，绘制磁盘空间的饼状图，并标记为“可用空间”和“已用空间”。

在命令行窗口中输入以下命令。

```
>> X=[13.9,18.1];
>> pie3(X,{'可用空间','已用空间'});
```

输出图形如图8-26所示。

pie3函数用于绘制三维饼状图，其用法与pie函数完全相同。绘图效果见例8-16。

例8-16　A、B、C三人在比赛中的得票数分别为356、588和569，绘制三人得票情况的三维饼状图，并突出显示得票数最多的人。

创建M文件，其内容如下。

```
% the example of the function pie3
X=[356,588,569];
[m_v,m_i]=max(X);
explode=zeros(size(X));
explode(m_i)=1;
pie3(X,explode,{'A','B','C'});
```

在命令行窗口中执行创建的M文件，输出图形如图8-27所示。

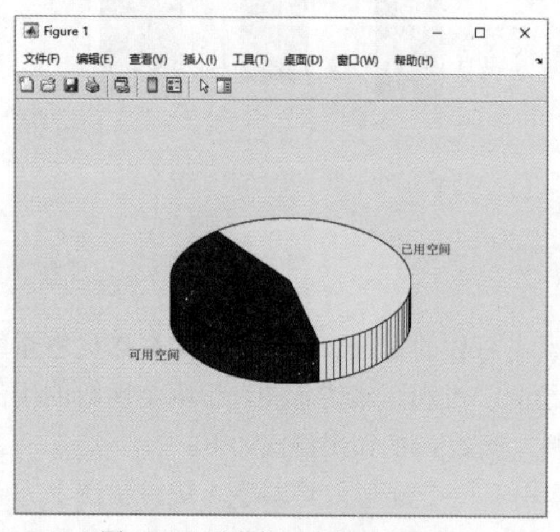

图 8-26　磁盘使用空间的饼状图

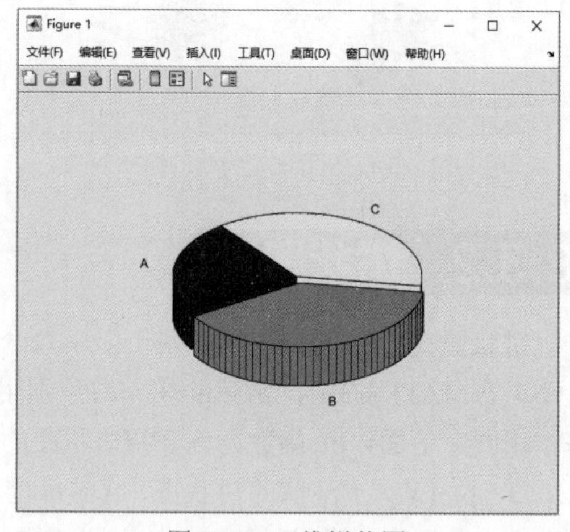

图 8-27　三维饼状图

8.3.3 直方图

直方图可以直观地显示数据的分布情况。本节介绍直方图的绘制。

MATLAB中有两个函数可用于绘制直方图：hist和rose，分别用于在直角坐标系和极坐标系中绘制直方图。hist函数的应用更为广泛一些，因此，本节主要介绍hist函数的应用。关于rose函数，有兴趣的读者可以参阅MATLAB帮助文档。hist函数的调用格式如下。

- n = hist(Y)，绘制Y的直方图。
- n = hist(Y,x)，指定直方图的每个分格。其中，x为向量。绘制直方图时，以x的每个元素为中心创建分格。

○ n = hist(Y,$nbins$)，指定分格的数目。

下面通过示例说明hist函数的绘图效果。

例8-17　绘制随机生成的正态分布数据的直方图。

在命令行窗口中输入以下命令。

```
>> x=randn(1000,1);
>> subplot(1,3,1),hist(x),title('default histogram');
>> subplot(1,3,2),hist(x,20),title('bin=20');
>> x_axis=[-3:0.5:-2,-2:0.25:-1,-1:0.1:1,1:0.25:2,2:0.5:3];
>> subplot(1,3,3),hist(x, x_axis),title(' x label ');
```

输出图形如图8-28所示。

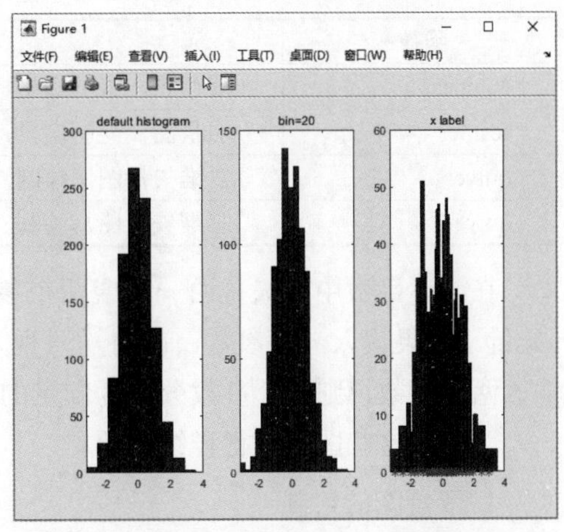

图 8-28　随机生成的正态分布数据的直方图

8.3.4　离散型数据图

MATLAB提供了一些用于绘制离散数据图的函数，如表8-7所示。

表8-7　用于离散数据图绘制的函数

函数	功能
stem	绘制二维离散图形
stem3	绘制三维离散图形
stairs	绘制二维阶梯图形

例8-18　离散数据图的绘制。

```
>> x=[0:10:360]*pi/180;
>> y=sin(x);
>> subplot(2,2,1),plot(x,y),title('a');
>> subplot(2,2,2),stem(x,y),title('b');
>> subplot(2,2,3),stairs(x,y),title('c');
>> t=0:.1:10;
>> s=0.1+i;
>> y=exp(-s*t);
>> subplot(2,2,4),stem3(real(y),imag(y),t),title('d');
```

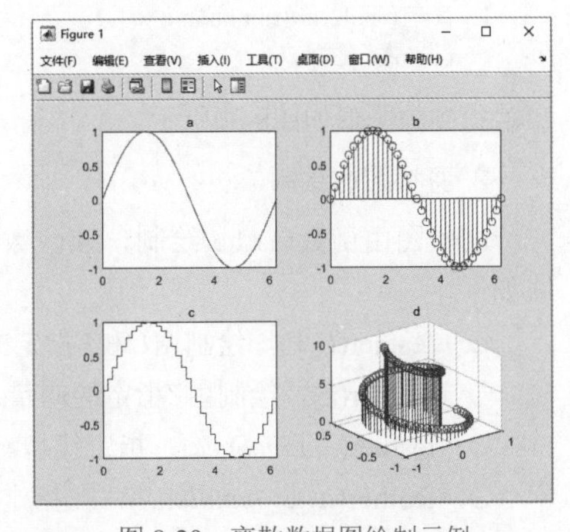

图 8-29　离散数据图绘制示例

得到的图形如图8-29所示。其中，a、b和c分别为正弦函数的曲线图、离散图和阶梯图；d为螺旋曲线的离散图。

8.3.5　方向矢量图和速度矢量图

MATLAB可以绘制方向矢量图和速度矢量图。本节介绍方向矢量图和速度矢量图的绘制。用于绘制方向矢量图和速度矢量图的函数如表8-8所示。

表8-8　MATLAB中绘制方向矢量图和速度矢量图的函数

函数	功能
compass	罗盘图，绘制极坐标图形中的向量
feather	羽状图，绘制向量，向量起点位于与x轴平行的直线上，长度相等
quiver	二维矢量图，绘制二维空间中指定点的方向矢量
quiver3	三维矢量图，绘制三维空间中指定点的方向矢量

在上述函数中，矢量由一个或两个参数指定，参数用于指定矢量相对于原点的x分量和y分量。如果输入一个参数，就将输入视为复数，复数的实部为x分量，虚部为y分量；如果输入两个参数，则两个参数分别为向量的x分量和y分量。

下面对这些图形进行详细介绍。

1. 罗盘图的绘制

在MATLAB中，罗盘图由函数compass绘制，该函数的调用格式如下。

- compass(*U*,*V*)，绘制罗盘图，数据的x分量和y分量分别由U和V指定。
- compass(*Z*)，绘制罗盘图，数据由Z指定。
- compass(...,*LineSpec*)，绘制罗盘图，指定线型。
- compass(*axes_handle*,...)，在*axes_handle*指定的坐标系中绘制罗盘图。
- *h* = compass(...)，绘制罗盘图，同时返回图形句柄。

例8-19　风向图的绘制。

```
>> wdir = [45 90 90 45 360 335 360 270 335 270 335 335];     %初始化风向，用角度表示
>> knots = [6 6 8 6 3 9 6 8 9 10 14 12];                     %初始化风力
>> rdir = wdir * pi/180;                                     %将角度转换为弧度
>> [x,y] = pol2cart(rdir,knots);                             %将极坐标转换为笛卡儿坐标
>> compass(x,y)                                              %绘制罗盘图
```

得到的图形如图8-30所示。

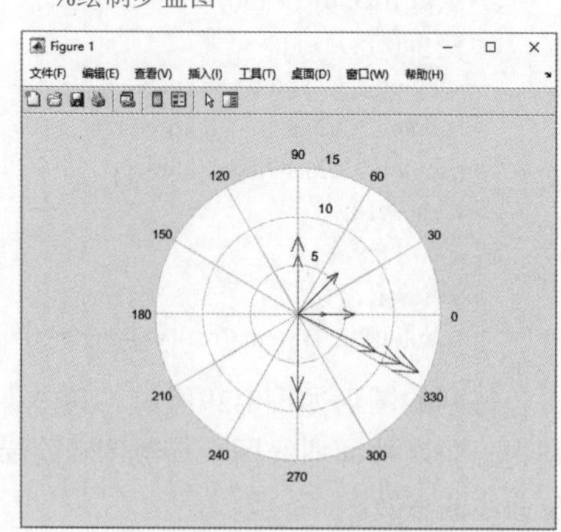

图 8-30　风向图

2. 羽状图的绘制

羽状图由函数feather绘制，该函数的调用格式如下。

- feather(*U*,*V*)，绘制由U和V指定的向量。
- feather(*Z*)，绘制由Z指定的向量。
- feather(...,*LineSpec*)，指定线型。
- feather(*axes_handle*,...)，在指定的坐标系中绘制羽状图。
- *h* = feather(...)，绘制羽状图，同时返回图像句柄。

例8-20　绘制羽状图，在图形中显示角θ的方向。

```
>> theta = (-90:10:90)*pi/180;
>> r = 2*ones(size(theta));
>> [u,v] = pol2cart(theta,r);
>> feather(u,v);
```

得到的图形如图8-31所示。

3. 矢量图的绘制

MATLAB中可以绘制二维矢量图和三维矢量图。矢量图在空间中的指定点绘制矢量。用于绘制二维矢量图和三维矢量图的函数分别为quiver和quiver3。这两个函数的调用格式基本相同。下面仅以二维矢量图为例，介绍矢量图的绘制。函数quiver的主要调用格式如下。

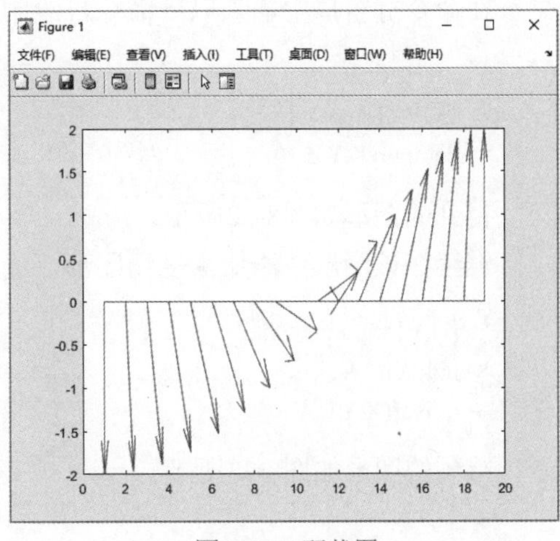

图 8-31 羽状图

- quiver(*x*,*y*,*u*,*v*)，绘制矢量图，参数*x*和*y*用于指定矢量的位置，*u*和*v*用于指定待绘制的矢量。
- quiver(*u*,*v*)，绘制矢量图，矢量的位置采用默认值。

矢量图通常绘制在其他图形中，显示数据的方向，比如在梯度图中绘制的矢量图用于显示梯度的方向。

8.3.6 等值线的绘制

等值线在实际中的应用十分广泛，如地形图、气压图等。本节介绍等值线的绘制。MATLAB提供了一些用于绘制等值线的函数。这些函数及其功能如表8-9所示。

表8-9 MATLAB中用于绘制等值线的函数

函数	功能
clabel	在二维等值线中添加高度值
contour	绘制指定数据的二维等值线
contour3	绘制指定数据的三维等值线
contourf	绘制二维等值线，并用颜色填充各等值线之间的区域
contourc	计算等值线矩阵，通常由其他函数调用
meshc	绘制二维等值线对应的网格图
surfc	绘制二维等值线对应的表面图

这里仅介绍其中最常用的函数contour，该函数用于绘制二维等值线，其调用格式如下。

- contour(*Z*)，绘制矩阵*Z*的等值线，绘制时将*Z*在*x*-*y*平面上进行插值，等值线的数量和值由系统根据*Z*自动确定。
- contour(*Z*,*n*)，绘制矩阵*Z*的等值线，等值线的数量为*n*。
- contour(*Z*,*v*)，绘制矩阵*Z*的等值线，等值线的值由向量*v*确定。
- contour(*X*,*Y*,*Z*)、contour(*X*,*Y*,*Z*,*n*)、contour(*X*,*Y*,*Z*,*v*)，绘制矩阵*Z*的等值线，坐标值由矩阵*X*和*Y*指定，矩阵*X*、*Y*、*Z*的维数必须相同。
- contour(...,*LineSpec*)，利用指定的线型绘制等值线。
- [*C*,*h*] = *contour*(...)，绘制等值线，同时返回等值线矩阵和图形句柄。

例8-21　绘制peaks函数的等值线，并绘制梯度图。

在命令行窗口中输入以下命令，绘制该函数的等值线。

```
>> n = -2.0:.2:2.0;
>> [X,Y,Z] = peaks(n);
>> contour(X,Y,Z,10)
```

得到的图形如图8-32所示。

继续在该图形中添加梯度场图形，输入以下命令。

```
>> [U,V] = gradient(Z,.2);
>> hold on
>> quiver(X,Y,U,V)
```

得到的图形如图8-33所示。

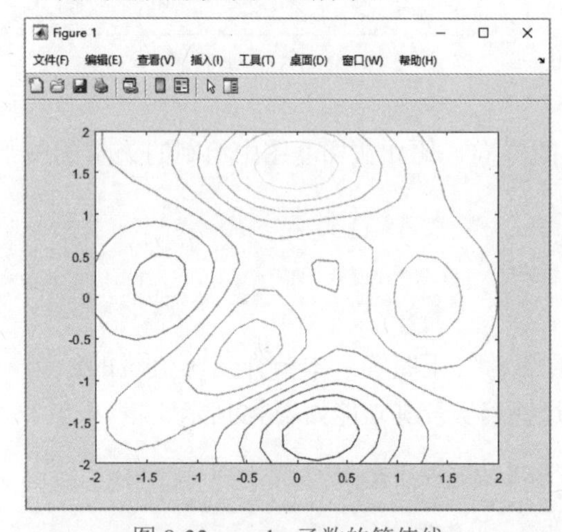

图 8-32　peaks 函数的等值线

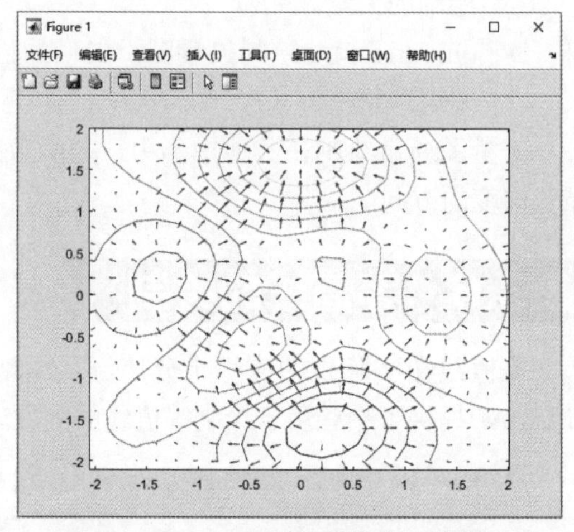

图 8-33　peaks 函数的等值线及梯度场

本例中绘制了简单的等值线，并在其中添加了梯度场。关于等值线的更多绘制方法，有兴趣的读者可以参考 MATLAB帮助文档。

8.4　图形注释

为图形添加注释能够增加图形的可读性，增强图形传递信息的能力。本节介绍MATLAB的图形注释功能，包括以下几个方面。

- 在图形中添加基本注释，包括文本框、线条、箭头、框图等。
- 为图形添加其他注释，如标题、坐标轴、颜色条、图例等。

8.4.1　添加基本注释

本节介绍基本注释的添加，包括线头、箭头、文本框和用矩形或椭圆画出重要区域。这些注释的添加可以通过图形注释工具栏直接完成。

例8-22 在图8-14中添加注释，标注出其中工具按钮的功能。

首先将该图读入，显示在图形窗口中。假设该图已存储于路径D:\Program Files\MATLAB\R2023b下，文件名为toolbar.bmp，在 MATLAB命令行窗口中输入如下命令。

```
>> I=imread('D:\Program Files\MATLAB\R2023b\toolbar.bmp');
>> imshow(I);
```

显示图形，在图形窗口中选择“查看”|“绘图编辑工具栏”命令，弹出“绘图编辑工具栏”，如图8-34所示。

下面在图形中用文本箭头标志各个工具的功能。选择“插入”|“文本箭头”命令后选择文本箭头工具或单击“插入文本箭头”按钮，在需要添加注释的位置单击，在图形中会出现箭头和编辑框。如图8-35所示，其中的白色区域为编辑框，在编辑框中可以输入文本内容，并且通过工具栏中的按钮来设置颜色。

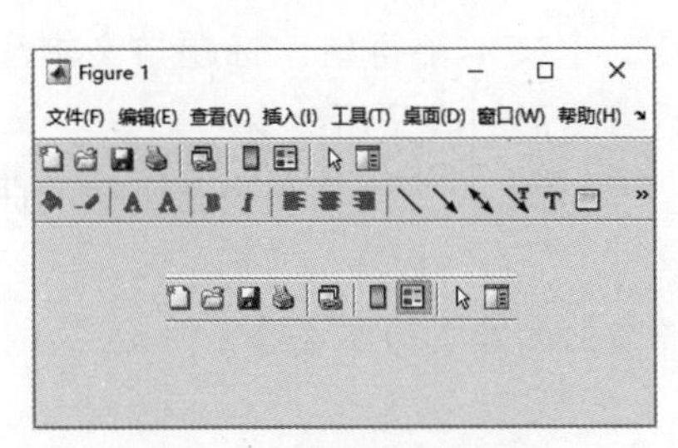

图 8-34 绘图编辑工具栏

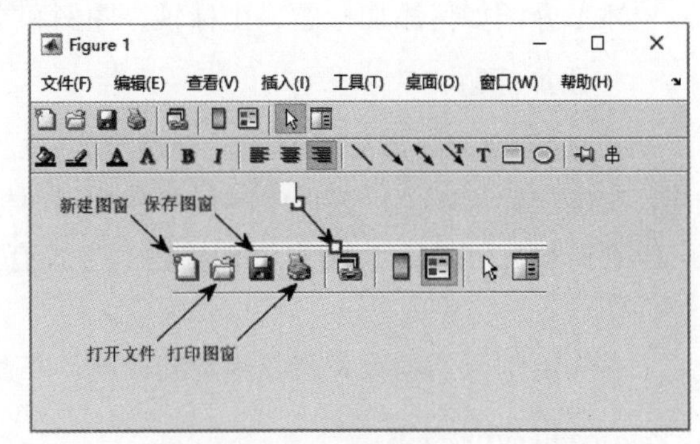

图 8-35 在图形中添加文本注释

全部标记后的结果如图8-36所示。

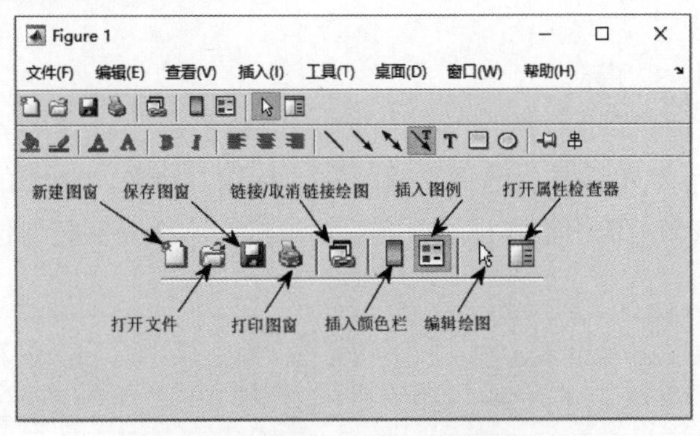

图 8-36 标记完成之后的图形

也可以通过函数annotation来完成对图形进行注释的功能。该函数的调用格式有annotation(*annotation_type*,*x*,*y*)或annotation(*annotation_type*, [*x y w h*])两种。其中，*annotation_type* 用于指定注释的种类，第二个参数用于指定添加注释的位置和区域的大小。如果用*x*和*y*指定，则分别表示起点和终点的*x*坐标和*y*坐标；如果用[*x y w h*]指定，则*x*和*y*为位置坐标，*w*和*h*为区域的大小。不同的注释类型应选择相应的参数。*annotation_type*的可选值及对应的第二个参数如表8-10所示。

表8-10　annotation_type的可选值及对应的第二个参数

参数	功能	对应的第二个参数
line	插入直线	x, y
arrow	插入箭头	x, y
doublearrow	插入双箭头	x, y
textarrow	插入文本箭头	x, y
textbox	插入文本框	$[x\ y\ w\ h]$
ellipse	插入椭圆	$[x\ y\ w\ h]$
rectangle	插入矩形	$[x\ y\ w\ h]$

8.4.2 添加其他注释

本节介绍如何添加标题、坐标轴、图例和文本等其他注释。

1. 添加标题

在MATLAB图形中，标题位于图形的顶部，是一个文本字符串。标题与文本注释不同，文本注释可以位于图形中的任何部分，而标题不随图形的改变而改变。

在MATLAB中，为图形添加标题的方式有三种。下面以正弦函数和余弦函数的曲线为例介绍这三种方法。

首先绘制正弦函数和余弦函数的曲线，在命令行窗口中输入以下命令。

```
>> x=[0:pi/10:2*pi];
>> figure,plot(x,sin(x));
>> hold on;
>> plot(x,cos(x),'-.');
```

得到的图形如图8-37所示。

下面为该图形添加标题。

(1) 通过“插入”菜单添加。选择“插入”|“标题”命令，MATLAB在坐标轴顶部创建一个文本框，在该文本框中输入标题内容后，单击文本框外的任何位置即可完成标题的添加，如图8-38所示。

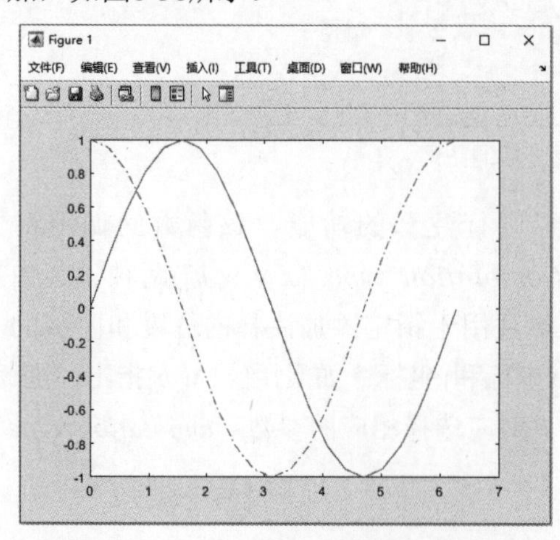

图 8-37　正弦函数和余弦函数的曲线

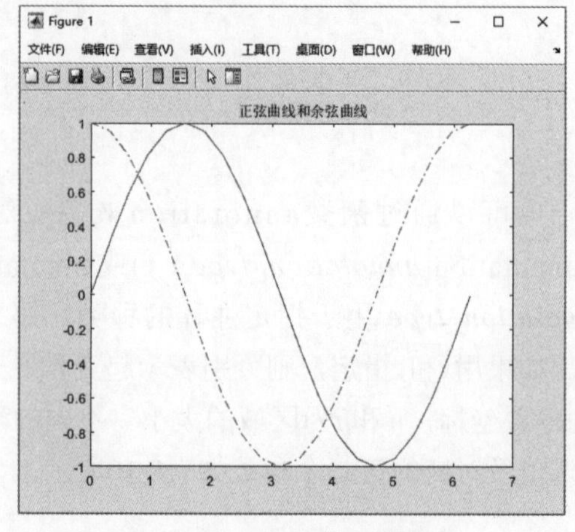

图 8-38　添加标题后的图形

(2) 通过属性编辑器添加标题。单击工具栏中的“编辑绘图”按钮，将图形设置为编辑模式。选择“查看”|“属性编辑器”命令，激活属性编辑器。在标题输入框中输入标题，之后单击图形中的任意位置完成标题的添加，得到的结果与图8-38相同。

(3) 通过命令语句添加。MATLAB中通过title函数可以在图形中添加标题，在前面的绘图例子中已经涉及该函数的应用，该函数的基本用法为title('*string*')。在图形的顶部正中添加标题，标题内容由字符串*string*指定。

在命令行窗口中输入以下命令。

```
>> title('正弦曲线和余弦曲线');
```

得到和图8-38相同的效果。

利用函数添加标题的方法可用在程序的编写中，该方法可以自动实现图像的绘制，并且可以多次执行。

2. 添加坐标轴标注

添加坐标轴标注的方法与添加标题的方法基本相同。添加坐标轴也可以通过“插入”菜单、属性编辑器和函数3种方式完成，这里只介绍函数方式。

用于添加坐标轴标注的函数有xlabel、ylabel和zlabel，这些函数的调用格式与title函数基本相同。下面向上一小节的图像中添加坐标轴标注，将x轴标注为“x(0−2π)”，将y轴标注为“y:sin(x) /cos(x)”。在命令行窗口中输入以下命令。

```
>> xlabel('x(0−2\pi)');
>> ylabel('y:sin(x)/cos(x)');
```

输出的图形如图8-39所示。

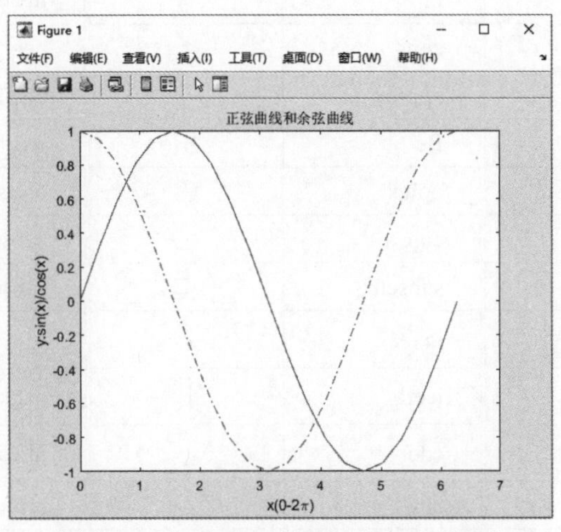

图 8-39 在图 8-38 中添加标注后的图形

本例中输入了特殊符号“π”，在命令中以“\pi”的方式输入，其中的“\”为转义字符，可以将后面的字符串自动转换为特殊字符。MATLAB中的常用特殊字符及对应的控制字符串如表8-11所示。

表8-11　MATLAB中的常用特殊字符及对应的控制字符串

控制字符串	字符	控制字符串	字符	控制字符串	字符
\alpha	α	upsilon	υ	sim	$\sim$
\beta	β	phi	ϕ	leq	$\leq$
\gamma	γ	chi	χ	infty	∞
\delta	δ	psi	φ	clubsuit	$\clubsuit$
\epsilon	ε	omega	ω	diamondsuit	♦
\zeta	ζ	Gamma	Γ	heartsuit	♥
\eta	η	Delta	Δ	spadesuit	♠
\theta	θ	Theta	Θ	leftrightarrow	$\leftrightarrow$
\vartheta	ϑ	Lambda	Λ	leftarrow	$\leftarrow$
\iota	ι	Xi	Ξ	uparrow	$\uparrow$
\kappa	κ	Pi	Π	rightarrow	$\rightarrow$
\lambda	λ	Sigma	Σ	downarrow	$\downarrow$
\mu	μ	Upsilon	Υ	circ	$\circ$
\nu	ν	Phi	Φ	pm	$\pm$
\xi	ξ	Psi	Ψ	geq	$\geq$
\pi	π	Omega	Ω	propto	$\propto$
\rho	ρ	forall	$\forall$	partial	∂
\sigma	σ	exists	$\exists$	bullet	$\bullet$
\varsigma	ς	ni	$\ni$	div	$\div$
\tau	τ	cong	$\cong$	neq	$\neq$
\equiv	$\equiv$	approx	$\approx$	aleph	$\aleph$
\Im	$\Im$	Re	$\Re$	wp	$\wp$
\otimes	$\otimes$	oplus	$\oplus$	oslash	$\varnothing$
\cap	$\cap$	cup	$\cup$	supseteq	$\supseteq$
\supset	$\supset$	subseteq	$\subseteq$	subset	$\subset$
\int	$\int$	in	$\in$	o	o
\rfloor	$\rfloor$	lceil	$\lceil$	nabla	∇
\lfloor	$\lfloor$	cdot	$\cdot$	ldots	$\ldots$
\perp	$\perp$	neg	$\neg$	prime	$\prime$
\wedge	$\wedge$	times	$\times$	0	$\varnothing$
\rceil	$\rceil$	surd	$\surd$	mid	$\mid$
\vee	$\vee$	varpi	ϖ	copyright	©
\langle	$\langle$	rangle	$\rangle$		

3. 添加图例

图例可以对图像中的各种内容进行注释。每幅图像可以包含一个图例。添加图例可以通过界面方式和命令方式完成。

- 通过“插入”|“图例”命令添加图例或通过工具栏的“插入图例”快捷按钮添加图例。
- 可以通过函数legend添加图例。

下面分别介绍这两种方法。

1) 通过界面添加

下面以上一小节中的正弦曲线和余弦曲线为例，介绍图例的添加。

设置图像为编辑模式。单击工具栏中的“插入图例”按钮，或者选择“插入”|“图例”命令，MATLAB会自动在图像中生成图例，每条曲线对应图例的一项，图例中的标志为曲线对应的线型和颜色，注释默认为data1、data2等，如图8-40所示。

接下来对图例中的文字进行编辑，在需要编辑的文本上双击，在出现光标提示后输入新的文本内容，如图8-41所示。

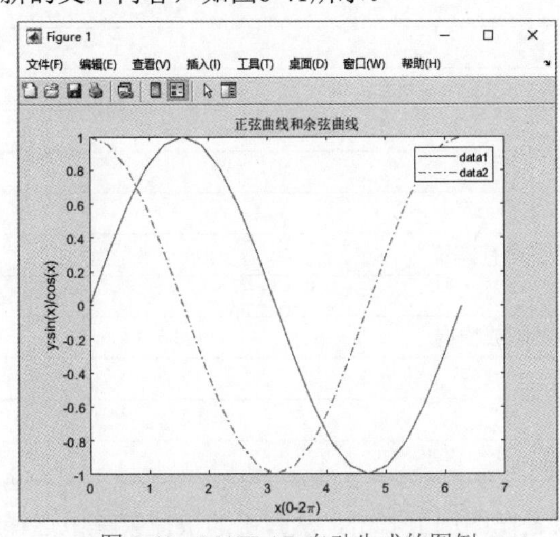

图 8-40　MATLAB 自动生成的图例

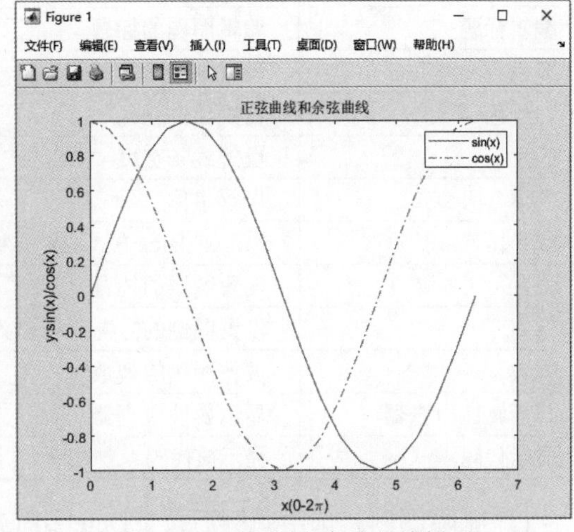

图 8-41　对图例文字进行编辑后

添加图例后可以对图例进行编辑，如改变图例的位置、改变图例的外观或删除图例。

(1) 改变图例的位置。将图形设置为编辑模式，单击选中图例。接下来可以用以下三种方式设置图例的位置。

- 按住鼠标左键，将图例拖到目标位置，释放鼠标则完成位置的重置。
- 右击图例，在弹出的快捷菜单中选择“位置”子菜单中的命令，如图8-42所示。
- 选中图例，选择“查看”|“属性编辑器”命令，打开属性编辑器，如图8-43所示，在属性编辑器中设置图例的位置。

(2) 改变图例的外观。右击图例，在弹出的快捷菜单中选择合适的命令对图例进行编辑，例如设置图例的颜色、字体、方向等。图例右键快捷菜单中各命令的功能说明如表8-12所示。

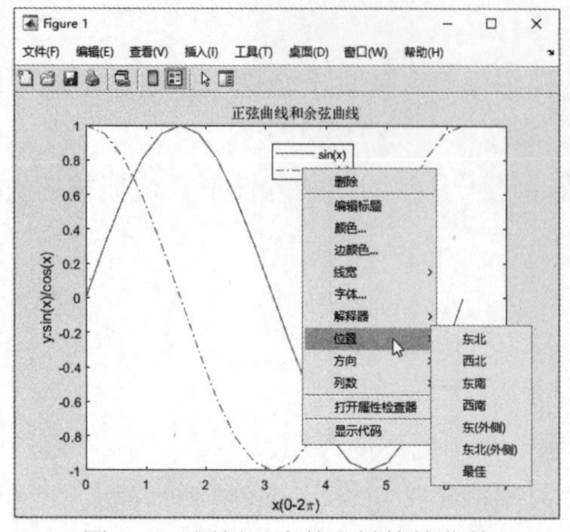

图 8-42 图例对应的右键快捷菜单

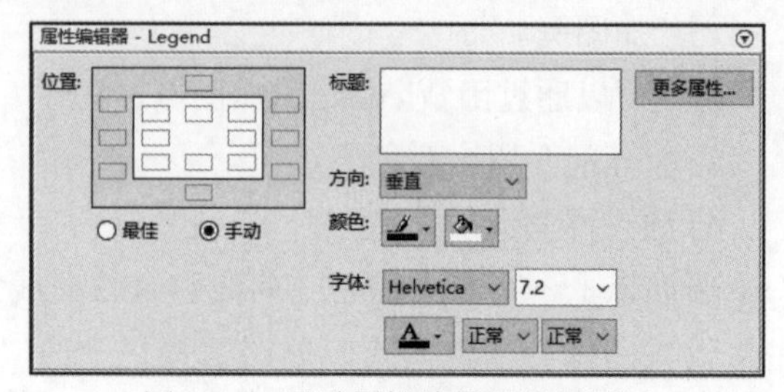

图 8-43 通过属性编辑器编辑图例

表8-12 图例右键快捷菜单中的选项及其含义

选项	含义
删除	删除图例
编辑标题	编辑图例的标题
颜色	设置图例的背景颜色
边颜色	设置边框颜色
线宽	设置线条宽度
字体	设置字体
解释器	以tex或latex方式对特殊字符进行解释
位置	设置图例的位置
方向	设置图例的方向，可以为纵向或横向
列数	设置图例的列数
打开属性检查器	显示属性检查器
显示代码	显示M代码

(3) 删除图例。选中图例后按下Delete键(或者在图例上右击，从弹出的快捷菜单中选择Delete命令)即可删除图例。

2) 通过 legend 函数添加图例

legend函数可以在任何图形上添加图例。对于曲线，legend函数为每条曲线生成一个标志，该标志包括线型示例、标记和颜色；对于填充图，legend函数的标记为该区域的颜色。

通过legend函数可以指定图例中的文本、对图例的显示进行控制或编辑图例的属性等。下面介绍这些应用。

利用legend在图例中添加文本的指令有以下几个。

- legend('*string*1','*string*2',...)、legend(*h*,'*string*1','*string*2',...)，在(*h*指定的)图像中添加图例，图例中的文本通过字符串*string*1、*string*2等指定，字符串的顺序与图形对象绘制的顺序对应，字符串的个数对应图例中对象的个数。
- legend(*string_matrix*)、*legend*(*h*,*string_matrix*)，在(*h*指定的)图像中添加图例，图例中的文本由字符串矩阵*string_matrix*指定。
- legend(*axes_handle*,...)，在由坐标系句柄*axes_handle*指定的坐标系中添加图例。

例8-23　在图8-39中添加图例。

在命令行窗口中输入以下命令。

```
>> legend('sin(x)','cos(x)');
```

输出的图形和图8-41一样。

添加图例后，可以对图例进行控制，对图例进行控制的格式为legend('*keyword*')/legend(*axes_handle*,' *keyword*')或legend *keyword*，其中*keyword*的值及对应的含义如表8-13所示。

表8-13　legend函数中*keyword*的值及对应的含义

参数值	含义
off	删除图例
toggle	改变图例的当前状态：如果处于off状态，就添加图例；如果图例存在，就将其删除
hide	隐藏图例
show	显示图例
boxoff	删除图例的边框，同时设置图例的背景为无色(透明)
boxon	为图例添加边框，并设置图例的背景为非透明

❖ 注意

如果输入的参数无具体意义，MATLAB会将其视为普通字符串，将该指令视为图例创建指令。MATLAB将以该字符串为参数新建图例或替换已有的图例。

语句legend(...,'*location*',*location*)用于在指定位置创建图例，其中位置由参数*location*指定，*location*的可选值如表8-14所示。

表8-14　图例中location参数的可选值

参数值	含义	参数值	含义
数组：[left bottom width height]	位置向量，分别为图例区域左下角的横坐标、纵坐标以及区域的宽度和高度		
North	图像内顶端	NorthOutside	图像外顶端
South	图像内底端	SouthOutside	图像外底端
East	图像内右侧	EastOutside	图像外右侧
West	图像内左侧	WestOutside	图像外左侧
NorthEast	图像内右上角(默认)	NorthEastOutside	图像外右上角
NorthWest	图像内左上角	NorthWestOutside	图像外左上角
SouthEast	图像内右下角	SouthEastOutside	图像外右下角
SouthWest	图像内左下角	SouthWestOutside	图像外左下角
Best	MATLAB自动在内部选择最佳位置	BestOutside	MATLAB自动在外部选择最佳位置

4. 添加文本

在图像中添加文本注释可以让图像更加可读，传递更多信息。添加文本可以通过文本工具完成。

在图像中添加文本可以通过工具栏中的文本框来实现，步骤如下：显示注释工具栏；使图像处于编辑状态，然后选择文本框工具；在图像中需要添加文本的位置单击，可以激活输入框；输入文本内容。

另外，可以通过命令语句添加文本。MATLAB中用于在图像中添加文本的函数有gtext和text，其中gtext函数执行时允许用户通过鼠标在图像中选择添加位置，text函数在命令中指定添加位置。下面分别介绍这两个函数。

1) gtext 函数

其调用格式如下。

- gtext('*string*')，在鼠标指定的位置添加文本，文本内容通过*string*指定。
- gtext({'*string*1','*string*2','*string*3',...})，通过鼠标一次性地指定添加位置，每个字符串为一行。
- *h* = gtext(...)，添加文本，同时返回图像句柄。

例8-24　在“正弦曲线和余弦曲线”中标注出正弦和余弦相等的点。

在绘制好曲线后，在命令行窗口中输入以下命令。

```
>> gtext({'sin(x)=cos(x)';'sin(x)=cos(x)'});
```

按下Enter键后，活动窗口会自动切换到当前图形窗口，如图8-44所示。通过鼠标定位要添加文本的位置，单击确定按钮后得到的图形如图8-45所示。

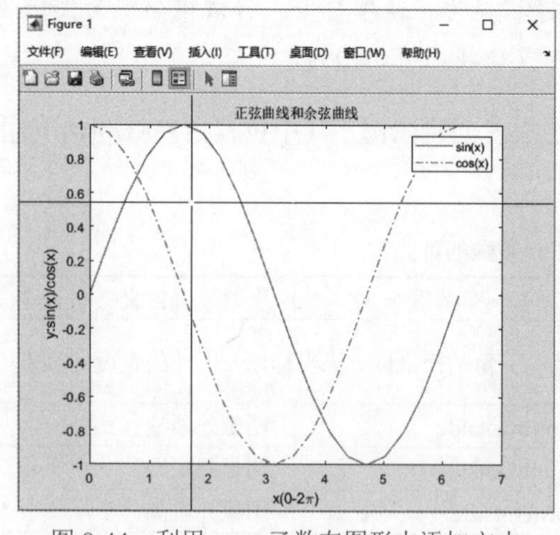

图 8-44　利用 gtext 函数在图形中添加文本

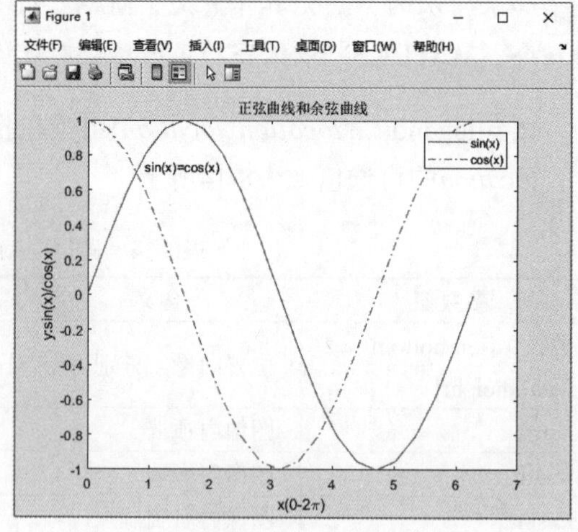

图 8-45　添加文本后的图形效果

2) text 函数

text函数是一个底层函数，用于创建文本图形对象，该函数可以在图形中的指定位置添加文本注释，其调用格式如下。

- text(*x*,*y*,'*string*')，在二维图形中的指定位置添加文本，*x*和*y*分别为指定位置的*x*坐标和*y*坐标，*string*为待添加的文本内容。
- text(*x*,*y*,*z*,'*string*')，在三维图形中的指定位置添加文本。
- text(...'*PropertyName*',*PropertyValue*...)，添加文本，并指定属性。
- *h* = text(...)，添加文本，并返回句柄。

text函数可以一次指定一个文本对象，也可以一次指定多个文本对象。当指定一个文本

对象时，位置参数为标量，文本内容参数为一个字符串；当指定多个文本对象时，位置参数为长度相等的向量。string可以是一个字符串矩阵，也可以是元素为字符串的单元数组，或是以竖线“|”分隔的字符串，见例8-25。

例8-25 用text函数对图像进行注释。

在命令行窗口中输入以下命令。

```
>> x=[-2:0.2:3];
>> y=exp(x);
>> plot(x,y);
>> text(2,exp(2),'\rightarrow y=e^x');
```

得到的图形如图8-46所示。

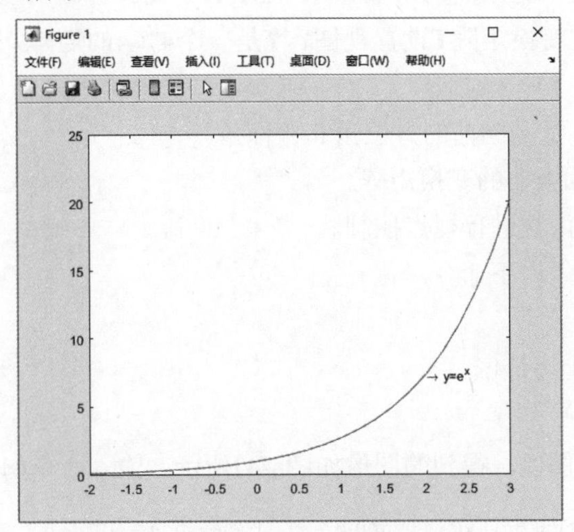

图8-46 用text函数对图像进行注释

8.5 三维图形的高级控制

三维图形相比二维图形包含的信息更多，因此在实际中得到了广泛应用。对于三维图形，如果对其赋予更多的属性，就可以得到更多、更复杂的信息。例如，对于一幅三维图形，从不同的角度观看可以得到不同的信息，采用适宜的颜色可以得到更加直观的效果。本节介绍三维图形的高级控制，包括图形的查看方式、光照控制和图形中颜色的使用。

8.5.1 查看图形

对于三维图形，采用不同的查看方式可以得到不同的信息，因此有必要选择适宜的查看方式，以便充分利用三维图形中的丰富信息。用户既可以在图形窗口中选择三维图形的查看方式，也可以通过函数或命令设置查看方式。本节将介绍三维图形的查看方式。

1. 设置方位角和俯仰角

在MATLAB中，用户可以设置图形的显示方式，包括视点、查看对象、方向和图形显示的范围。这些性质由一组图像属性控制，用户可以直接指定这些属性，也可以通过view

函数设置这些属性，或者采用MATLAB默认设置。

方位角和俯仰角是视点相对于坐标原点而言的角度。方位角为*x*-*y*平面内的平面角，角度为正时表示逆时针方向。俯仰角为视点对于*x*-*y*平面的角度，当俯仰角为正时位于平面上部，当俯仰角为负时位于平面下部。

方位角和俯仰角通过view函数指定，既可以通过视点的位置指定，也可以通过设置方位角和俯仰角的大小指定。view函数的用法如下所示。

- view(*az*,*el*)、*view*([*az*,*el*])：指定方位角和俯仰角的大小。
- view([*x*,*y*,*z*])：指定视点的位置。
- view(2)：选择二维默认值，即$az = 0$、$el = 90$。
- view(3)：选择三维默认值，即$az = -37.5$、$el = 30$。
- view(***T***)：通过变换矩阵***T***设置视图，***T***是一个4×4的矩阵，比如通过viewmtx生成的透视矩阵。
- [*az*,*el*] = view：返回当前的方位角和俯仰角。
- ***T*** = view：返回当前的变换矩阵。

例8-26　利用view函数进行视点控制。

在命令行窗口中输入以下命令。

```
>> clear all
>> [X,Y] = meshgrid([-2:.25:2]) ;
>> Z = X.*exp(-X.^2 -Y.^2);
```

采用默认视点绘制图像，得到的图像如图8-47所示。输入命令如下。

```
>> surf(X,Y,Z),title('default 3-D view: azimuth = -37.5°,elevation = 30°');
```

采用方位角0°和俯仰角180°显示图像，得到的图像如图8-48所示。输入命令如下。

```
>> view(0,180),title('azimuth = 0°,elevation = 180°');
```

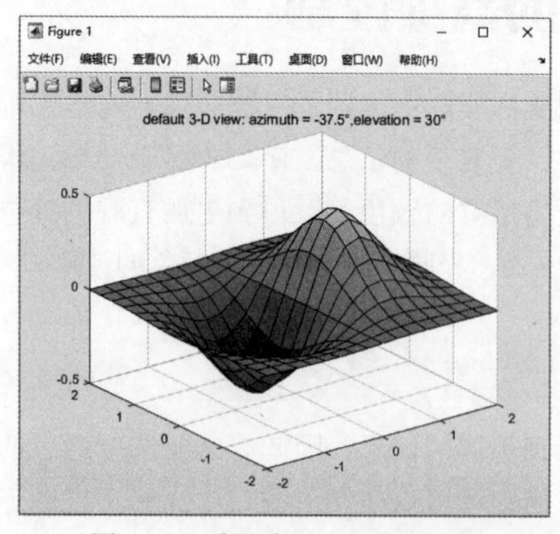

图 8-47　采用默认视点绘制图像

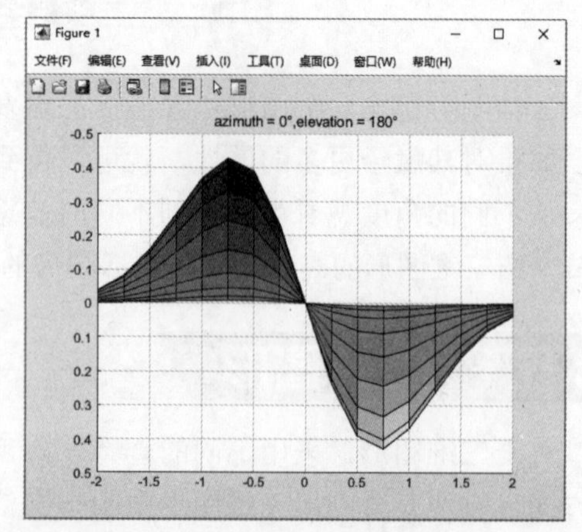

图 8-48　方位角 0°和俯仰角 180°

采用方位角-37.5°和俯仰角-30°显示图像，得到的图像如图8-49所示。输入命令如下。

```
>> view(-37.5,-30),title('azimuth = -37.5°,elevation = -30°');
```

最后，在视点[3,3,1]处查看该图像，得到的图像如图8-50所示。输入命令如下。

```
>> view([3,3,1]),title('viewpoint=[3,3,1]');
```

本例实现了通过view函数来选择图像的查看角度。

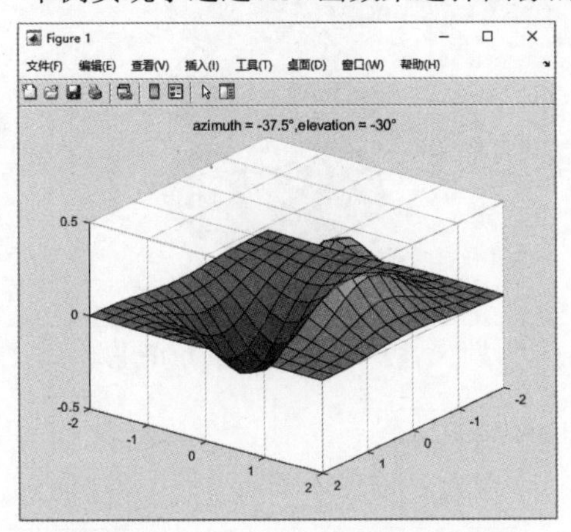

图 8-49 方位角 -37.5° 和俯仰角 -30°

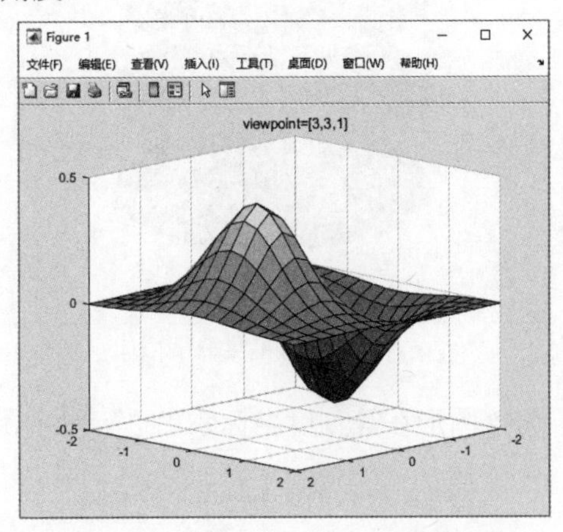

图 8-50 在视点 [3,3,1] 处查看该图像

2. 坐标轴

在8.4节中已经介绍了坐标轴的控制，本节将对该内容进行补充。

坐标轴通过设置坐标轴的尺度和范围来控制图像的形状。默认情况下，MATLAB通过数据的分布来自动计算坐标轴的范围和尺度，使得绘制的图像最大限度地符合绘图区域。用户也可以通过axis函数设置图像的坐标轴，关于axis函数的功能已在前面的章节中介绍过。本节只介绍坐标轴控制的其他属性和函数等。

1) Stretch-to-Fill

默认情况下，MATLAB生成的坐标轴为图形窗口的大小，并且稍小于图形窗口，以便于添加边框。当改变窗口大小时，坐标系的大小和区域的形状因子(宽度和高度的比值)与之同时改变，以保证坐标系能够充满窗口中的可用区域。同时，MATLAB会选择适宜的坐标轴范围以保证各个方向上的最大分辨率。

但是在一些特定情况下，需要设置坐标轴的范围和尺度以满足特殊需要。关于坐标轴的设置前面已介绍过，下面再通过一个示例介绍其应用效果。

例8-27 不同坐标轴设置的结果比较。

在命令行窗口中输入以下命令，得到图8-51。

```
>> t = 0:pi/6:4*pi;
>> [x,y,z] = cylinder(4+cos(t),30);
>> surf(x,y,z),title('default axis');
```

将该图形在等长坐标系中进行显示，得到图8-52。

```
>> axis square,title('axis square');
```

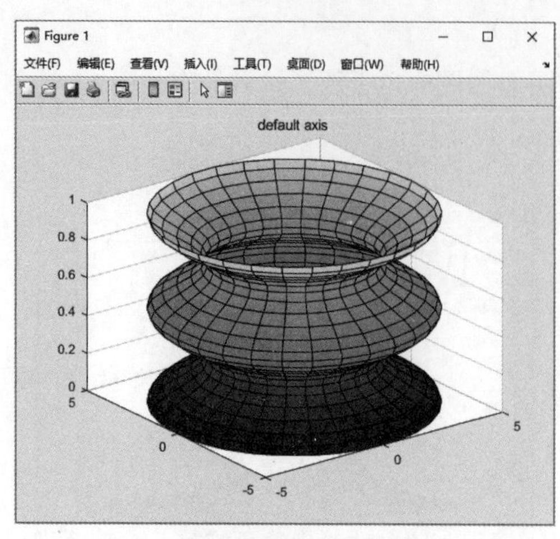

图 8-51　默认坐标系中的图形

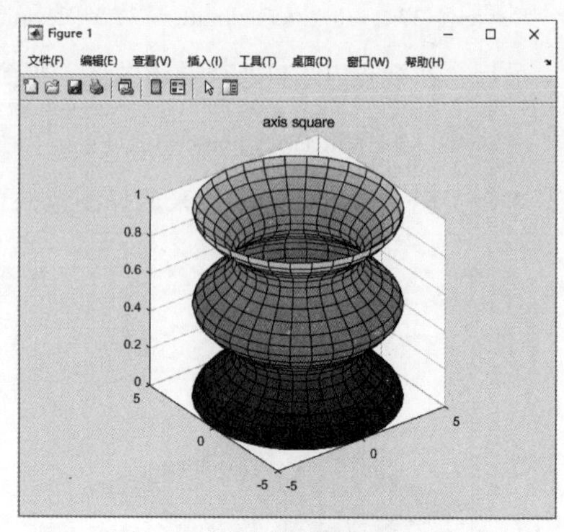

图 8-52　等长坐标系中的图形

将该图形在等刻度坐标系中进行显示，得到图8-53。

```
>> axis equal,title('axis equal');
```

2) 设置绘图区形状因子的其他命令

例8-27分别在不同的坐标系中显示图像，坐标系通过axis square、axis equal设置。这里将介绍一些其他命令，用于设置绘图区域的形状。

绘图区域的形状可以通过以下三种方式设置。

- 通过设置绘图数据的比例
- 通过指定坐标系的形状
- 通过指定坐标轴的范围

用于设置绘图区域形状的函数及其功能如表8-15所示。

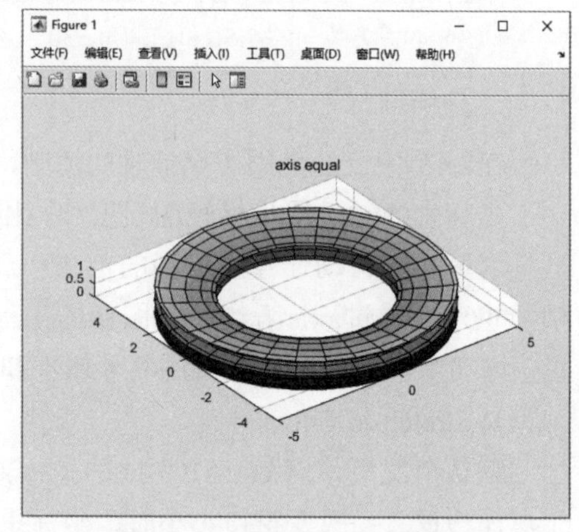

图 8-53　等刻度坐标系中的图形

表8-15　设置绘图区域形状的函数及其功能

命令	功能
daspect	设置或获取数据的范围比例因子
pbaspect	设置或获取绘图区域的比例因子
xlim	设置或获取x轴的范围
ylim	设置或获取y轴的范围
zlim	设置或获取z轴的范围

下面介绍这些函数的用法。

(1) daspect和pbaspect函数

这两个函数的调用格式基本相同，不同之处在于函数daspect针对绘图数据进行操作，而函数pbaspect针对绘图区域进行操作。下面以daspect函数为例介绍这两个函数的用法。

- daspect：返回当前坐标系中的数据形状因子。

- daspect([*aspect_ratio*])：设置当前坐标系中的数据形状因子为指定值，形状因子由数组指定，其元素为各坐标轴比例的相对值，如[1 1 3]表示3个坐标轴的刻度比为1∶1∶3。
- daspect('*mode*')：返回数据形状因子的当前值，包括*auto*、*manual*等。
- daspect('*auto*')：设置当前坐标系中的数据形状因子为*auto*。
- daspect('*manual*')：设置当前坐标系中的数据形状因子为*manual*。
- daspect(*axes_handle*,...)：设置指定的坐标系。

例8-28 通过函数daspect控制图像的形状。

首先采用默认设置绘制函数$z = x\exp(-x^2-y^2)$的图像，得到的图形如图8-54所示。

```
>> [x,y] = meshgrid([-2:.2:2]);
>> z = x.*exp(-x.^2 - y.^2);
>> surf(x,y,z)
```

接下来查看其当前的数据比例：

```
>> daspect
ans =
    4     4     1
```

设置比例为[2,2,1]：

```
>> daspect([2 2 1])
```

得到的图形如图8-55所示。

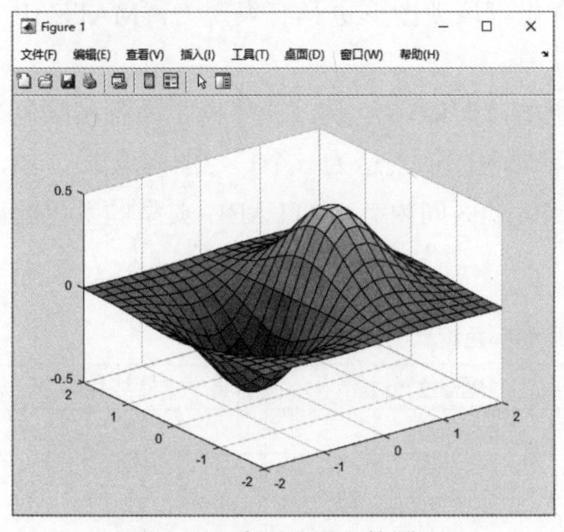

图8-54 默认设置下的图形

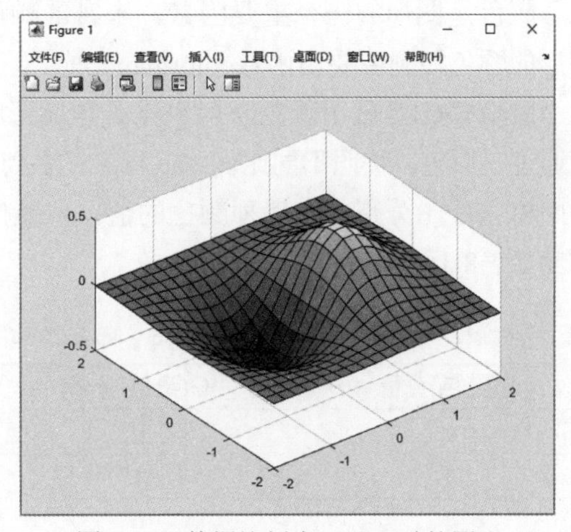

图8-55 数据比例为[2,2,1]时的图形

(2) xlim、ylim和zlim函数

这三个函数的用法相同，用于设置或获取相应坐标轴的范围。下面以xlim函数为例介绍这三个函数的应用。

- xlim：获取当前x轴的范围。
- xlim([*xmin xmax*])：设置x轴的范围为[*xmin xmax*]。
- xlim('*mode*')：返回当前x轴范围的属性，包括*auto*和*manual*等。
- xlim('*auto*')：设置x轴的范围为*auto*。

- xlim('*manual*')：设置*x*轴的范围为*manual*。
- xlim(*axes_handle*,...)：设置指定坐标系中*x*轴的范围。

例8-29　显示图8-55中[-1,1:-1,1]区间的部分。在命令行窗口中输入以下命令：

```
>> xlim([-1 1])
>> ylim([-1 1])
```

得到的图形如图8-56所示。

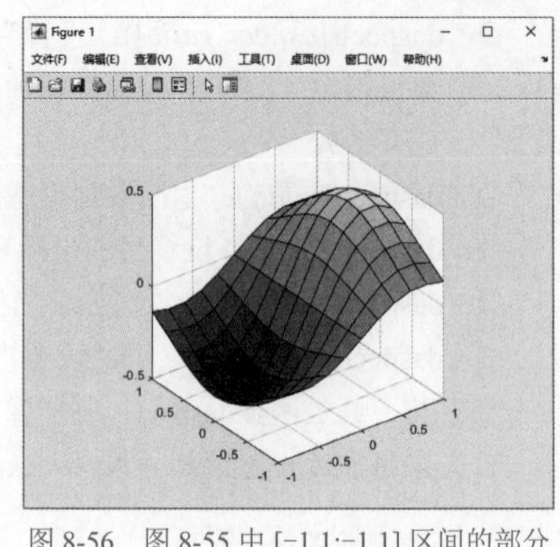

图 8-56　图 8-55 中 [-1,1:-1,1] 区间的部分

3. 通过照相机工具栏设置查看方式

通过照相机工具栏可以实现交互式视图控制。在图形窗口的“查看”菜单中选中“相机工具栏”命令，调出照相机工具栏，如图8-57所示。该工具栏包括5组工具，分别为照相机控制工具、坐标轴控制工具、光照变换、透视类型和重置、停止工具。用户可以使用这些工具来改变图像的查看方式。

图 8-57　照相机工具栏

8.5.2　图形的色彩控制

颜色是图形的一个重要因素，丰富的颜色变化可以使图形更具有表现力。MATLAB中图形的颜色控制主要由函数colormap完成。

MATLAB是采用颜色映射表来处理图形颜色的，即RGB色系。计算机中的各种颜色都是通过三原色，按照不同比例调制出来的。每一种颜色的值表达为一个1×3的向量[R G B]，其中R、G、B分别代表三种颜色的值，取值位于[0, 1]区间内。MATLAB中典型的颜色配比方案如表8-16所示。

表8-16　MATLAB中典型的颜色配比方案

R(红色)分量	G(绿色)分量	B(蓝色)分量	最终色
0	0	0	黑色
1	1	1	白色
1	0	0	红色
0	1	0	绿色
0	0	1	蓝色
1	1	0	黄色
1	0	1	紫红色
0	1	1	青色
0.5	0.5	0.5	灰色
0.5	0	0	深红色
1	0.62	0.40	古铜色
0.49	1	0.83	碧绿色

调好颜色表后，可以将它作为绘图用色。一般的曲线绘制函数，如plot、plot3等，不需要使用颜色表来控制色彩的显示；而对于曲面绘制函数，如mesh、surf等，则需要使用颜色表。颜色表的设定命令为colormap([R,G,B])，其中输入变量[R,G,B]为一个三列矩阵，行数不限，该矩阵被称为颜色表。

另外，MATLAB预定义了几种典型的颜色表。用户可以通过属性编辑器查看和选择这些颜色表。选择“查看”|“属性编辑器”命令，激活属性编辑器。用户可以通过属性编辑器中的“颜色图”下拉菜单选择适宜的颜色表，如图8-58所示。

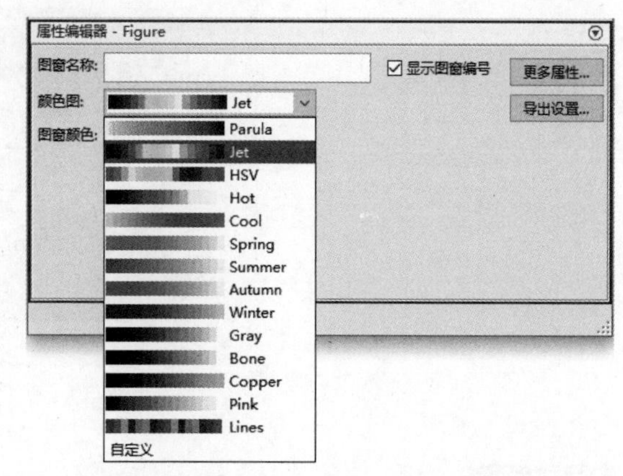

图 8-58 MATLAB 预定义的几种典型颜色表

图8-58中显示了系统预定义的颜色表，这些颜色表对应的含义如表 8-17所示。

表8-17 系统预定义的颜色表及对应的含义

颜色表	含义
Autumn	秋天风格的颜色表，由红色到黄色渐变
Bone	带有淡蓝色的灰度颜色表
contrast	灰度颜色表，用于增强图像对比度
Cool	由青色到紫红色渐变的颜色表
Copper	由黑色到亮铜色渐变的颜色表
Flag	由红、白、蓝、黑4种颜色组成
Gray	线性灰度颜色表
Hot	由黑色、红色、橙色、黄色、白色的渐变
Hsv	HSV颜色模型中 H(色调)分量的渐变，颜色变换顺序为红、黄、绿、青、蓝、紫红色，最后回到红色
Jet	HSV颜色表的变形，颜色变换顺序为蓝、青、黄、橙、红
Lines	由坐标系的ColorOrder属性指定的颜色及深灰色组成
Prism	重复红、橙、黄、绿、蓝、紫6种颜色
Spring	紫红色到黄色的渐变
Summer	绿色到黄色的渐变
Winter	蓝色到绿色的渐变

例8-30 颜色表的使用。

```
>> load flujet
>> image(X)
>> colormap(jet(64))
```

得到的图形如图8-59所示。

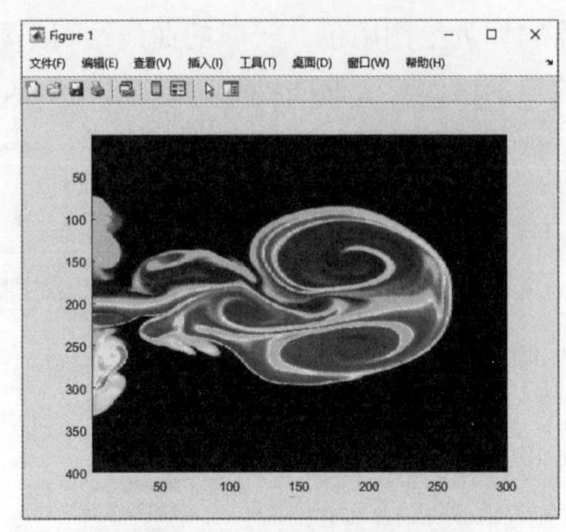

图 8-59　颜色表使用示例

❖ 注意

从R2019b开始，颜色图默认有 256 种颜色。在以前的版本中，默认大小为64。如果所用代码依赖于有64种颜色的颜色图，就需要在为图窗、坐标区或图设置颜色图时指定颜色数。本例中，colormap(jet(64)) 将图窗的颜色图设置为64色jet颜色图。

8.5.3　光照控制

光照通过模拟自然光照条件(如阳光)下的光亮和阴影向场景中添加真实性。MATLAB中用于控制光照的函数如表8-18所示。

表8-18　MATLAB中的光照控制函数

函数	说明
camlight	创建或移动光源，位置为与摄像机之间的相对位置
lightangle	在球面坐标系中创建或放置光源
light	创建光照对象
lighting	选择照明方案
material	设置反射系数属性

下面通过具体示例说明光照控制的应用。

例8-31　向图像中添加光照。

本例首先生成膜面图，之后向其中添加光照，光源位置通过位置向量确定。在命令行窗口中输入以下命令。

```
>> membrane
```

该语句用于生成膜面图，得到的图形如图8-60所示。

继续输入命令，在该图中加入光源。

```
>> light('Position',[0 -2 1])
```

得到的图形如图8-61所示。

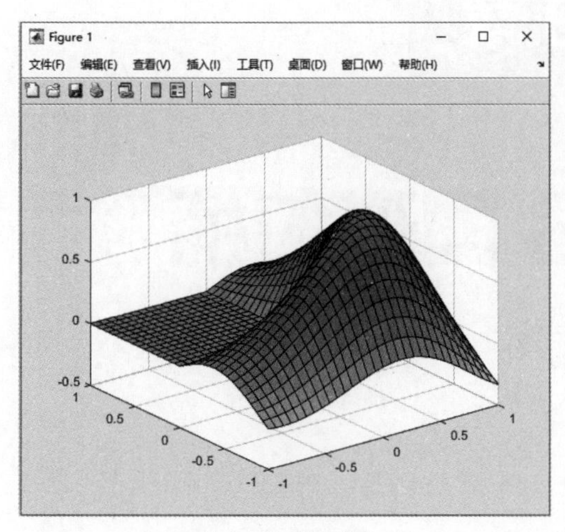

图 8-60　膜面图

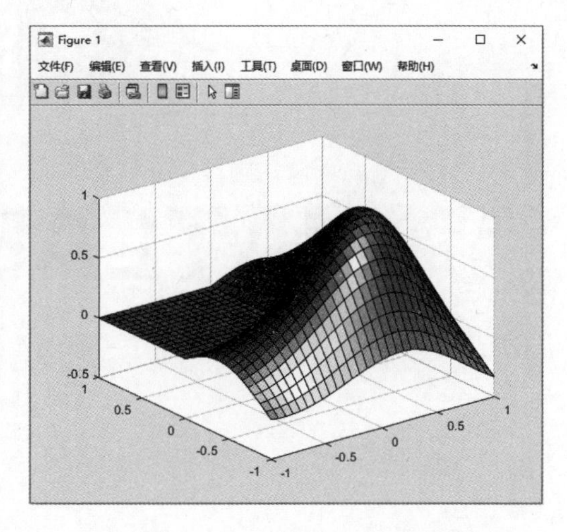

图 8-61　在膜面图中添加光源

8.6　习题

1. 编写程序，该程序在同一窗口中绘制函数在[0, 2π]区间内的正弦曲线和余弦曲线，步长为π/10，线宽为4个像素，正弦曲线设置为蓝色实线，余弦曲线设置为红色虚线，两条曲线交点处，用红色星号标记。

2. 绘制下列图形。

(1) $y = x\sin x$，$0 < x < 10\pi$

(2) 三维曲线：$z = x^2 + 6xy + y^2 + 6x + 2y - 1$，$-10 < x < 10$，$-10 < y < 10$

(3) 双曲抛物面：$z = \dfrac{x^2}{16} - \dfrac{y^2}{4}$，$-16 < x < 16$，$-4 < y < 4$

3. 绘制下列图形。

(1) 绘制计算机磁盘使用情况的饼状图。

(2) 生成100个0到10的随机整数，绘制其直方图。

(3) 生成10个0到10的随机整数，绘制其阶梯图。

4. 分别通过界面交互方式和函数方式在习题1生成的图形中添加注释，至少应包括标题、文本注释和图例。

5. 对习题2中绘制的双曲抛物面尝试进行视点控制和颜色控制。

第 9 章

MATLAB 图形句柄

图形句柄是MATLAB中用于创建图形的面向对象的图形系统。图形句柄提供了多种用于创建线条、文本、网格和多边形等的绘图命令以及图形用户界面(GUI)等。

通过图形句柄，MATLAB可以对图形元素进行操作，而这些图形元素正是生成各种类型图形的基础。利用图形句柄，可以在MATLAB中修改图形的显示效果、创建绘图函数等。

本章的学习目标

- 了解MATLAB图形对象及属性。
- 掌握MATLAB图形对象属性值的设置及查询。

9.1 MATLAB的图形对象

图形对象是 MATLAB显示数据的基本绘图元素，每个图形对象拥有一个唯一的标志，即句柄。通过句柄可以对已有的图形对象进行操作，控制其属性。

MATLAB中这些对象的组织形式为层次结构，如图9-1所示。

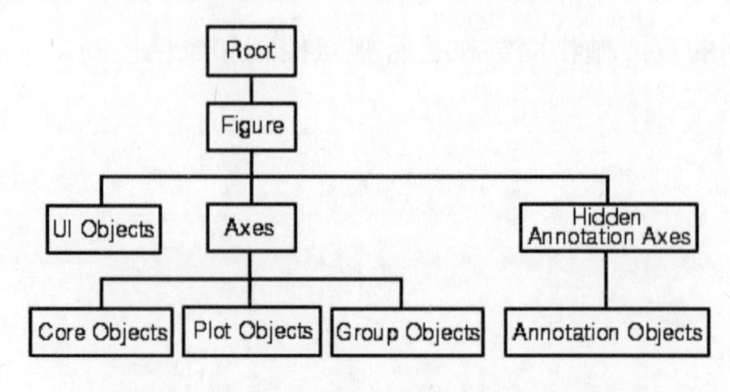

图 9-1 MATLAB 中图形对象的组织形式

本节将介绍MATLAB的这些图形对象。

MATLAB中的图形对象主要有核心图形对象和复合图形对象两种类型。核心图形对象用于创建绘图对象，可以通过高级绘图函数和复合图形对象调用实现。复合图形对象由核心对象组成，用于向用户提供更方便的接口。复合图形对象构成了一些子类的基础，如Plot对象、Annotation对象、Group对象和GUI对象等。图形对象互相关联、互相依赖，共同构成 MATLAB图形。

9.1.1 Root对象

Root对象即根对象。根对象位于MATLAB层次结构的最顶层，因此在MATLAB中创建图形对象时，只能创建唯一的一个Root对象，而其他的所有对象都从属于该对象。根对象是由系统在启动MATLAB时自动创建的，用户可以对根对象的属性进行设置，从而改变图形的显示效果。

9.1.2 Figure对象

Figure是MATLAB显示图形的窗口，其中包含菜单栏、工具栏、GUI对象、右键菜单、坐标系及坐标系的子对象等。MATLAB允许用户同时创建多个图形窗口。

如果当前尚未创建图形对象(即Figure窗口)，调用任意一个绘图函数或图像显示函数(如plot函数和imshow函数等)均可自动创建一个图形窗口。如果当前根对象已经包含一个或多个图形窗口，那么总有一个窗口为“当前”窗口，且该窗口为所有当前绘图函数的输出窗口。

关于Figure对象的常用属性和属性值，如表9-1所示。

表9-1 Figure对象的常用属性和属性值

属性名	含义
Color	图形的背景色，可设置为三元素的RGB向量或是MATLAB自定义的颜色，如'r'、'g'、'b'、'k'分别表示红色、绿色、蓝色和黑色(与绘制图形时的标志相同)，RGB的取值范围为[0 1]
CurrentAxes	当前坐标轴的句柄
CurrentMenu	最近被选择的菜单项的句柄
CurrentObject	图形中最近被选择的对象的句柄，可由gco函数获得
MenuBar	设置图形窗口的菜单条的形式，'figure'显示默认的 MATLAB菜单，'none'为不显示菜单。在选择'figure'后，可以通过uimenu函数添加新菜单；在选择'none'后，可以通过uimenu函数设置自定义菜单
Name	设置图形窗口的标题栏的内容，其属性值为一个字符串，在创建窗口时，该字符串显示在标题栏中
PaperOrientation	设置打印时的纸张方向。portrait表示纵向，为MATLAB的默认设置；landscape表示横向
PaperPosition	设置打印页面上的图形位置，位置向量用[left, bottom, width, height]表示，其中left和bottom分别为打印位置左下角的坐标，width和height分别表示打印页面上图形的宽度和高度

(续表)

属性名	含义
PaperSize	设置打印纸张的大小，向量[width height]表示打印纸张的宽度和高度
PaperType	设置打印纸张的类型，可以用'a3'和'a4'等表示
PaperUnits	设置纸张属性的度量单位，包括'inches'、'centimeters'、'normalized'等，分别表示英尺、厘米和归一化坐标
Pointer	设置在窗口中鼠标光标的显示形式，'crosshair'表示十字形；'arrow'表示箭头形状，为MATLAB的默认设置；'watch'表示沙漏形状等
Position	设置图形窗口的位置及大小，通过向量[left, bottom, width, height]指定，其中 left和bottom分别为窗口左下角的横坐标和纵坐标，width和height分别为窗口的宽度和高度
Resize	设置是否可以通过鼠标调整窗口的大小，'on'表示可以调节，'off '表示不可以调节
Units	设置尺寸单位，包括'inches'、'centimeters'、'normalized'等，分别表示英尺、厘米和归一化坐标
Visible	设置窗口初始时刻是否可见，选项包括'on' 和'off'，其中'on'为默认值。在编程中，如果不需要看见中间过程，可以首先设置为'off '；在完成编程后，再设置为'on'来显示窗口

9.1.3 Core对象

Core对象是指一些基本的绘图单元，包括线条、文本、多边形及一些特殊对象。例如，表面图中包括矩形方格、图像和光照对象，光照对象不可视，但是会影响一些对象的色彩方案。MATLAB中的Core对象及其含义的说明如表9-2所示。

表9-2 MATLAB中的Core对象及其含义

对象	含义
axes	axes对象定义显示图形的坐标系，axes对象包含于图形中
image	image对象为一个数据矩阵，矩阵数据对应于颜色。当矩阵为二维时表示灰度图像，为三维时表示彩色图像
light	坐标系中的光源。light对象影响图像的色彩，但是本身不可视
line	通过连接定义曲线的点生成
patch	填充的多边形，其各边属性相互独立。每个patch对象可以包含多个部分，每部分由单一色或插值色组成
rectangle	二维图像对象，其边界和颜色可以设置，可绘制变化曲率的图像，如椭圆
surface	表面图形
text	图形中的文本

例9-1 创建Core对象。

在命令行窗口中输入以下命令。

```
>> [x,y] = meshgrid([-2:.4:2]);
>> Z = x.*exp(-x.^2-y.^2);
>> fh = figure('Position',[350 275 400 300],'Color','w');
>> ah = axes('Color',[.8 .8 .8],'XTick',[-2 -1 0 1 2],...
              'YTick',[-2 -1 0 1 2]);
```

```
>> sh = surface('XData',x,'YData',y,'ZData',Z,...
        'FaceColor',get(ah,'Color')+.1,...
        'EdgeColor','k','Marker','o',...
        'MarkerFaceColor',[.5 1 .85]);
```

得到的图形如图9-2所示。

通过view函数改变该图形的视角。

```
>> view(3)
```

得到的图形如图9-3所示。

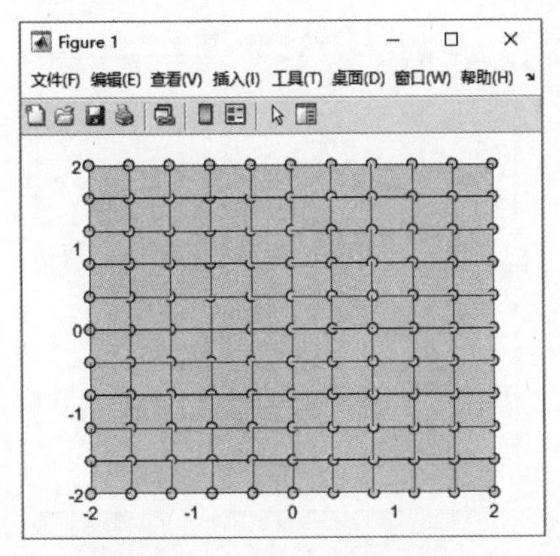

图 9-2　创建 Core 对象的结果

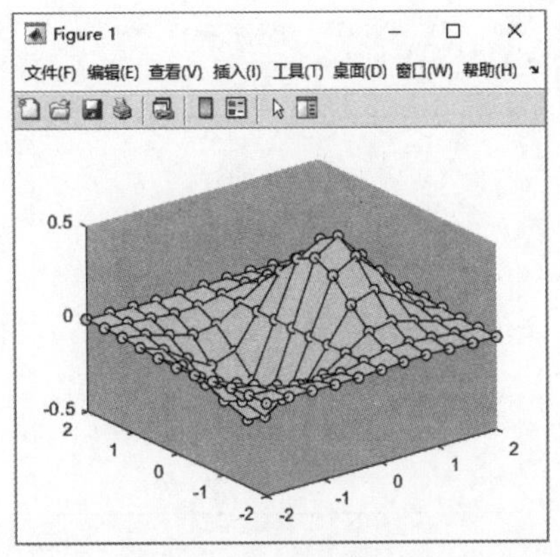

图 9-3　改变视角后的结果

本例中创建了三个图形对象，分别为Figure对象、Core对象和Surface对象，而对其他对象则采用默认设置。

9.1.4　Plot对象

MATLAB中的一些高级绘图函数可以创建Plot对象。通过 Plot 对象的属性可以快速访问其包含的Core对象的重要属性。

Plot对象的上级对象可以是Axes对象或Group对象。

MATLAB中能够生成Plot对象的函数及其功能如表9-3所示。

表9-3　MATLAB中能够生成Plot对象的函数及其功能

函数	功能
areaseries	用于创建area对象
barseries	用于创建bar对象
contourgroup	用于创建contour对象
errorbarseries	用于创建errorbar对象
lineseries	供曲线绘制函数(plot和plot3等)使用
quivergroup	用于创建quiver和 quiver3图形
scattergroup	用于创建scatter和scatter3图形
stairseries	用于创建stair 图形
stemseries	用于创建stem和stem3图形
surfaceplot	供surf和mesh函数使用

例9-2　创建Plot对象。

创建等值线图形并设置线型与线宽，在命令行窗口中输入以下命令。

```
>> [x,y,z] = peaks;
>> [c,h] = contour(x,y,z);
```

此时，得到的结果如图9-4所示，继续对其线型及线宽进行设置，输入以下内容。

```
>> set(h,'LineWidth',3,'LineStyle',':')
```

得到的图形如图9-5所示。

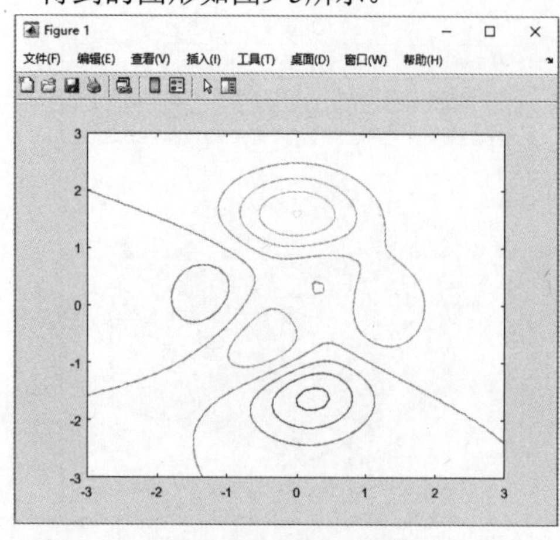

图 9-4　等值线图形

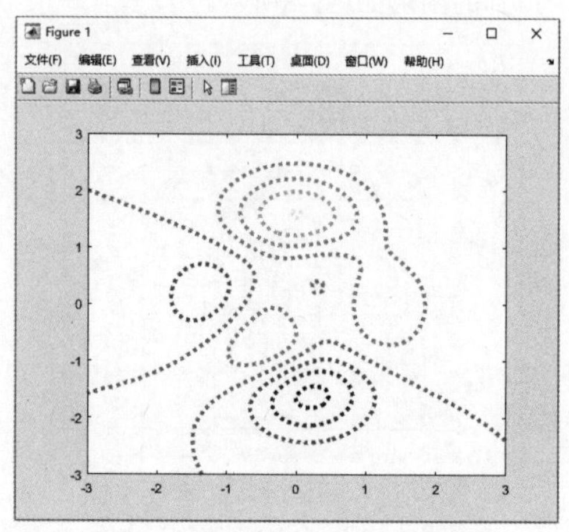

图 9-5　设置线型与线宽后的图形

9.1.5　Annotation对象

Annotation对象是MATLAB中的注释内容，存在于坐标系中。该坐标系的范围为整个图形窗口。用户可以通过规范化坐标将Annotation对象放置于图形窗口中的任何位置。规范化坐标的范围为0~1，窗口的左下角为[0,0]、右上角为[1,1]。

例9-3　通过注释矩形区域包含子图。

首先创建一系列子图，在命令行窗口中输入以下命令。

```
>> x = -2*pi:pi/12:2*pi;
>> y = x.^2;
>> subplot(2,2,1:2)
>> plot(x,y)
>> h1=subplot(223);
>> y = x.^4;
>> plot(x,y)
>> h2=subplot(224);
>> y = x.^5;
>> plot(x,y)
```

得到的图形如图9-6所示。

接下来确定注释矩形区域的位置及大小，在命令行窗口中继续输入以下命令。

```
>> p1 = get(h1,'Position');
>> t1 = get(h1,'TightInset');
```

```
>> p2 = get(h2,'Position');
>> t2 = get(h2,'TightInset');
>> x1 = p1(1)-t1(1); y1 = p1(2)-t1(2);
>> x2 = p2(1)-t2(1); y2 = p2(2)-t2(2);
>> w = x2-x1+t1(1)+p2(3)+t2(3); h = p2(4)+t2(2)+t2(4);
```

得到的$x1$和$y1$分别为区域左下角的坐标，w和h分别为区域的宽和高。接下来创建注释矩形区域，其中包含第3个和第4个子图，将该区域的颜色设置为半透明的红色，边界为实边界。

```
>> annotation('rectangle',[x1,y1,w,h],...
'FaceAlpha',.2,'FaceColor','red','EdgeColor','red');
```

结果如图9-7所示。

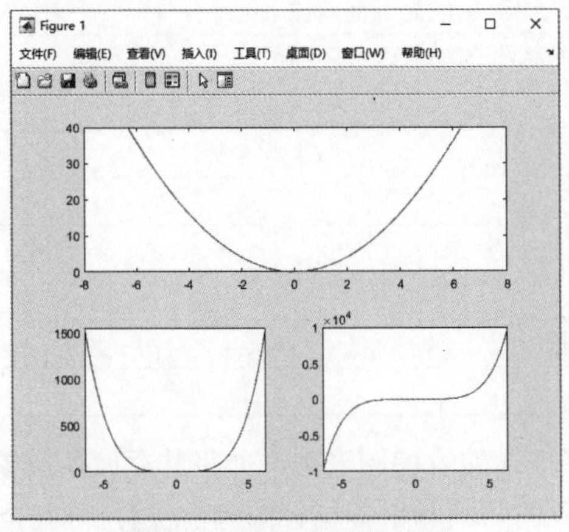

图 9-6 例 9-3 创建的子图

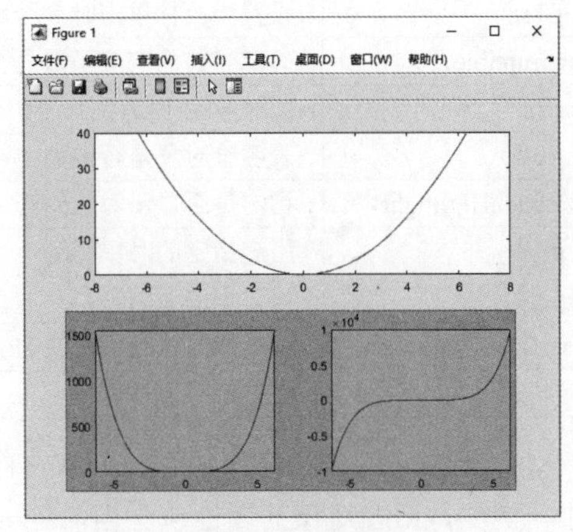

图 9-7 注释结果

9.1.6 Group对象

Group对象允许用户将多个坐标系子对象作为一个整体进行操作，比如可以设置整个组可视或不可视，或者通过改变Group对象的属性重新设置其中所有对象的位置等。MATLAB中有两种类型的组。

- hggroup组：如果需要创建一组对象，并且希望通过对该组中的任何一个对象进行操作从而控制整个组的可视性或选中该组，则使用hggroup组。hggroup组通过hggroup函数创建。
- hgtransform组：当需要对一组对象进行变换时可以使用hgtransform组，其中这些变换操作包括选中、平移、改变尺寸等。

hggroup组和hgtransform组之间的差别在于：hgtransform组可以通过变换矩阵对其中的所有子对象进行操作。

9.2 图形对象的属性

图形对象的属性用于控制图形的外观和显示特点，这些属性可分为公共属性和特有属性。MATLAB中图形对象的公共属性及其描述如表9-4所示。

表9-4　图形对象的公共属性及其描述

属性	描述
BeingDeleted	当对象的DeleteFcn函数被调用后，该属性的值为on
BusyAction	控制MATLAB图形对象句柄响应函数中断回调方式
ButtonDownFcn	当单击按钮时执行响应函数
Children	该对象所有子对象的句柄
Clipping	打开或关闭剪切功能(只对坐标轴子对象有效)
CreateFcn	当创建对应类型的对象时执行
DeleteFcn	删除对象时执行
HandleVisibility	控制句柄是否可以通过命令行或响应函数访问
HitTest	设置当鼠标单击时是否可以使选中对象成为当前对象
Interruptible	确定当前的响应函数是否可以被后继的响应函数中断
Parent	该对象的上级(父)对象
Selected	表明该对象是否被选中
SelectionHighlight	指定是否显示对象的选中状态
Tag	用户指定的对象标签
Type	该对象的类型
UserData	用户想与该对象关联的任意数据
Visible	设置该对象是否可见

MATLAB将图形信息组织在一张有序的金字塔式的阶梯图表中，并将其存储在对象属性中。例如，Root对象的属性包含当前Figure对象的句柄和鼠标指针的当前位置；而Figure对象的属性则包含其子对象的列表，同时跟踪发生在当前图形窗口中的某些Windows事件；Axes对象的属性则包含其每个子对象(图形对象)使用图形颜色映射表的信息和每个绘图函数对颜色的分配信息。

通常情况下，用户可以随时查询和修改绝大多数属性的当前值，而有一部分属性对用户来说是只读的，只能由MATLAB修改。需要注意的是，任何属性只对某个对象的某个具体实例才有意义，所以修改同一种对象的不同实例的相同属性时，彼此互不影响。

用户可以为对象的属性设置默认值，这样此后创建的所有该对象的实例所对应的这个属性的值均为该默认值。

9.3　图形对象属性值的设置和查询

在创建MATLAB的图形对象时，通过向构造函数传递“属性名/属性值”参数对，用户可以为对象的任何属性(只读属性除外)设置特定的值。首先通过构造函数返回其创建的对象句柄，然后利用该句柄，用户可以在对象创建完成后对其属性值进行查询和修改。

在MATLAB中，set函数用于设置现有图形对象的属性值；get函数用于返回现有图形对象的属性值。利用这两个函数，还可以列出具有固定设置的属性的所有值。

9.3.1 属性值的设置

在MATLAB中，set函数可用于设置对象的各项属性。

例9-4 设置坐标轴的属性。

在命令行窗口中输入如下命令。

```
>> t=0:pi/20:2*pi;
>> z=sin(t);
>> plot(t,z)
>> set(gca,'YAxisLocation','right')
>> xlabel('t')
>> ylabel('z')
```

该段代码通过set函数将y轴置于坐标系的右侧，其图形如图9-8所示。

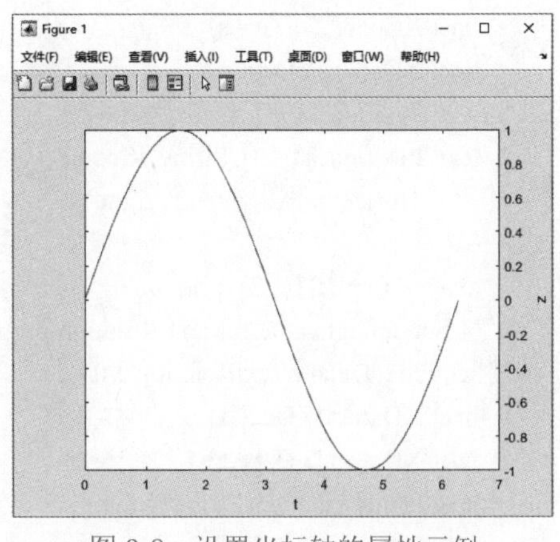

图 9-8 设置坐标轴的属性示例

例9-5 通过set函数查看可设置的线型。

在命令行窗口中输入以下命令。

```
>> set(line,'LineStyle')
5×1 cell 数组
    {'-'   }
    {'--'  }
    {':'   }
    {'-.'  }
    {'none'}
```

其中，第一种线型为系统默认的属性值。

9.3.2 对象的默认属性值

在 MATLAB中，所有的对象属性均有系统默认的属性值，即出厂设置。不过，用户也可以自定义任何一个MATLAB对象的默认属性值。

1. 默认属性值的搜索

MATLAB对默认属性值的搜索从当前对象开始，沿着对象的从属关系图向更高的层次搜索，直到发现系统的默认值或用户自定义的值。

定义对象的默认值时，在对象从属关系图中，该对象越靠近Root对象，其作用范围就越广。例如，在Root对象的层次上为Line对象定义一个默认值，由于Root对象位于对象从属关系图的最顶层，因此该值将会作用于所有的Line对象。

如果用户在对象从属关系图的不同层次上定义同一个属性的默认值，MATLAB将会自动选择最底层的属性值作为最终的属性值。需要注意的是，用户自定义的属性值只能影响到该属性设置后创建的对象，之前的对象都不受影响。

2. 默认属性值的设置

要指定 MATLAB对象的默认值，首先需要创建一个以Default开头的字符串，该字符串的中间部分为对象类型，末尾部分为属性的名称。

例9-6　设置多个层次对象的属性。

编写一个M文件，其内容如下。

```
t=0:pi/20:2*pi;
s=sin(t);
c=cos(t);
% Set default value for axes Color property
figh=figure('Position',[30 100 800 350],...
            'DefaultAxesColor', [.8 .8 .8]);

axh1=subplot(1,2,1); grid on
% Set default value for line LineStyle property in first axes
set(axh1,'DefaultLineLineStyle','-.')
line('XData',t,'YData',s)
line('XData',t,'YData',c)
text('Position',[3 .4],'String','Sine')
text('Position',[2 -.3],'String','Cosine',...
    'HorizontalAlignment','right')

axh2=subplot(1,2,2); grid on
% Set default value for text Rotation property in second axes
set(axh2,'DefaultTextRotation',90)
line('XData',t,'YData',s)
line('XData',t,'YData',c)
text('Position',[3 .4],'String','Sine')
text('Position',[2 -.3],'String','Cosine',...
    'HorizontalAlignment','right')
```

这段代码中，在一个图形窗口中创建了两个坐标系。设置整个图形窗口的默认坐标系的背景色为灰色，设置第一个坐标系的默认线型为点画线('-.')，设置第二个坐标系的默认文本方向为旋转90度。运行该脚本，得到的结果如图9-9所示。

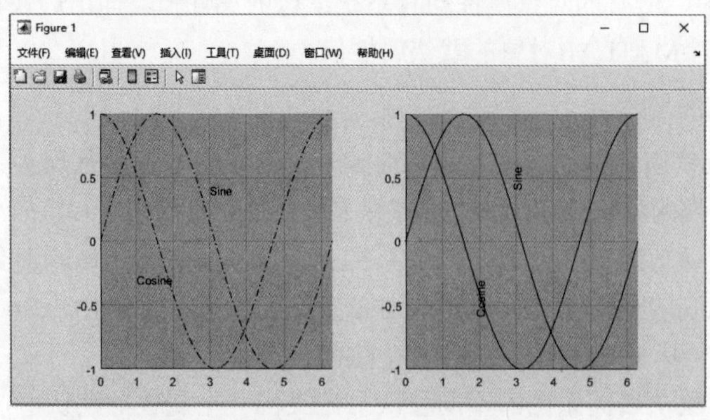

图 9-9　设置多个层次对象的属性示例

9.3.3　属性值的查询

在MATLAB中，利用get函数可以查询对象属性的当前值。

例9-7 查询当前图形窗口对象的颜色映射表的属性。

在命令行窗口中输入以下命令。

```
>> get(gcf,'colormap')
ans =
    0.2422    0.1504    0.6603
    0.2444    0.1534    0.6728
    0.2464    0.1569    0.6847
    0.2484    0.1607    0.6961
    0.2503    0.1648    0.7071
    …
    0.9674    0.9552    0.1116
    0.9692    0.9609    0.1061
    0.9711    0.9667    0.1001
    0.9730    0.9724    0.0938
    0.9749    0.9782    0.0872
    0.9769    0.9839    0.0805
```

例9-8 查询图形窗口中鼠标形状的系统设定值。

在命令行窗口中输入以下命令。

```
>> get(0,'factoryFigurePointer')
ans =
'arrow'
```

9.4 习题

1. 新建图形窗口，设置其标题为“对数函数的图像”，在该窗口中绘制对数函数$f=\ln x$在区间$0<x<10$内的图像。

2. 编写程序，实现如下功能：创建图形窗口，并且设置其默认背景色为黄色、默认线宽为4个像素，在该窗口中绘制椭圆$\frac{x^2}{a^2}+\frac{y^2}{b^2}=1$的图像，其中$a$和$b$为任选的数。

3. 编写MATLAB程序，绘制下面的函数：

$$\begin{cases} x(t)=\cos\left(\frac{t}{\pi}\right) \\ y(t)=2\sin\left(\frac{t}{2\pi}\right) \end{cases}，其中-2\leqslant t\leqslant 2$$

该程序在绘制图形之后等待用户的鼠标单击，每单击其中一条曲线，就随机修改该曲线的颜色，包括红色、绿色、蓝色、黑色和黄色。

❖ 提示

使用waitforbuttonpress命令等待用户的鼠标单击，并在每次单击之后刷新图形。使用gco函数来确定是哪个对象被选中，使用该对象的Type属性确定单击是否发生在曲线上。

第10章

MATLAB GUI设计

图形用户界面(Graphical User Interface，GUI)是用户与计算机程序之间的交互方式，是用户与计算机进行信息交流的方式。有了GUI，用户就不需要输入脚本或命令，不需要了解任务的内部运行方式。计算机在屏幕上可以显示图形和文本，若有扬声器，还可以产生声音。用户通过输入设备(如键盘、鼠标、绘制板或麦克风等)与计算机通信。GUI设定了如何观看和感知计算机、操作系统或应用程序。通常，用户会根据GUI功能的有效性来选择计算机或程序。GUI中包含多个图形对象，如窗口、图标、菜单和文本等，若以某种方式选择或激活这些对象，通常会触发某些动作或发生某些变化。最常见的激活方法是用鼠标或其他点击设备来控制屏幕上鼠标指针的移动。单击鼠标标志着对象被选择或被执行其他动作。

本章的学习目标

- 了解通过GUIDE创建GUI的方法。
- 掌握通过程序创建GUI的方法。
- 掌握通过AppDesigner创建GUI的方法

10.1 GUI简介

10.1.1 GUI概述

MATLAB中的GUI程序为事件驱动的程序。事件包括按下按钮、鼠标单击等。GUI中的每个控件与用户定义的语句相关。当在界面上执行某项操作时，便表示开始执行相关的语句。

MATLAB提供了三种创建GUI的方法：通过GUI向导创建、通过编程创建，以及通过AppDesigner面向对象的方式创建。用户可以根据需要，选择适当的方法来创建GUI。通常可以参考下面的建议来进行：

- 如果创建对话框，可以选择通过编程创建GUI的方法。MATLAB中提供了一系列标准对话框，可以通过函数简单地创建对话框。
- 只包含少量控件的GUI，可以采用程序方法进行创建，每个控件可以由一个函数调用实现。
- 复杂的GUI通过GUI向导或AppDesigner创建比通过程序创建更简单一些，但是对于大型的GUI，或者由不同的GUI之间相互调用的大型程序，通过程序创建则更容易一些。
- MATLAB提示以后的版本将删除GUIDE，因此应使用APP设计工具创建GUI。

本章将分别介绍通过GUI向导、程序和AppDesigner创建GUI的方法。

10.1.2 GUI的可选控件

- ▣：Push Button(按钮)。当按下按钮时引发操作，如按下OK按钮时进行相应的操作并关闭对话框。
- ▣：Toggle Button(转换按钮)。该按钮包含两种状态，第一次按下按钮时按钮状态为“开”，再次按下时状态变为“关”。状态为“开”时进行相应的操作。
- ▣：Radio Button(单选按钮)。用于在一组选项中选择一个并且每次只能选择一个。用鼠标单击选项即可选中相应的选项，选择新的选项时原来的选项会自动取消。
- ▣：Check Box(复选框)。用于同时选中多个选项。当需要向用户提供多个互相独立的选项时，可以使用复选框。
- ▣：Edit Text(可编辑文本)。用户可以在其中输入或修改文本字符串。在程序以文本的形式输入时使用该工具。
- ▣：Static Text(静态文本)。静态文本控制文本行的显示，用于向用户显示程序的使用说明、显示滑动条的相关数据等。用户不能修改静态文本的内容。
- ▣：Slider(滑动条)。通过滑动条的方式指定参数。指定数据的方式可以有拖动滑动条、单击滑动槽的空白处或单击按钮。滑动条的位置显示为指定数据范围的百分比。
- ▣：List Box(列表框)。列表框显示选项列表，用户可以选择一个或多个选项。
- ▣：Pop-Up Menu(弹出式菜单)。当用户单击箭头时弹出选项列表。
- ▣：Axes(坐标区)。用于在GUI中添加图形或图像。
- ▣：Panel(面板)。用于将GUI中的控件分组管理和显示。使用面板将相关控件分组显示可以使软件更易于理解。面板可以包含各种控件，包括按钮、坐标系及其他面板等。面板包含标题和边框等用户显示面板的属性和边界。面板中的控件与面板之间的位置为相对位置，当移动面板时，这些控件在面板中的位置不变。
- ▣：Button Group(按钮组)。按钮组类似于面板，但是按钮组中的控件只包括单选按钮或开关按钮。按钮中的所有控件，其控制代码必须写在按钮组的SelectionChangeFcn响应函数中，而不能写在用户界面上的控制响应函数中。按钮组会忽略其中控件的原有属性。

- ：ActiveX Component(ActiveX 控件)。用于在GUI中显示控件。该功能仅在Windows操作系统中可用。

10.1.3 创建简单的GUI

本节通过GUI向导创建一个简单的GUI。GUI向导即GUIDE(Graphical User Interface Development Environment)，其中包含大量创建GUI的工具，这些工具简化了创建GUI的过程。通过向导创建GUI比较直观、简单，便于初级用户快速掌握。

本节逐步创建一个GUI，该GUI实现三维图形的绘制。要创建的界面中应包含一个绘图区域；一个面板，其中包含3个绘图按钮，分别实现表面图、网格图和等值线的绘制；一个弹出菜单，用以选择数据类型，并且用静态文本进行说明。其草图如图10-1所示。

下面介绍GUI的创建步骤。

1. 新建 GUI

在命令行中输入guide命令启动GUIDE，系统打开的GUIDE窗口如图10-2所示。

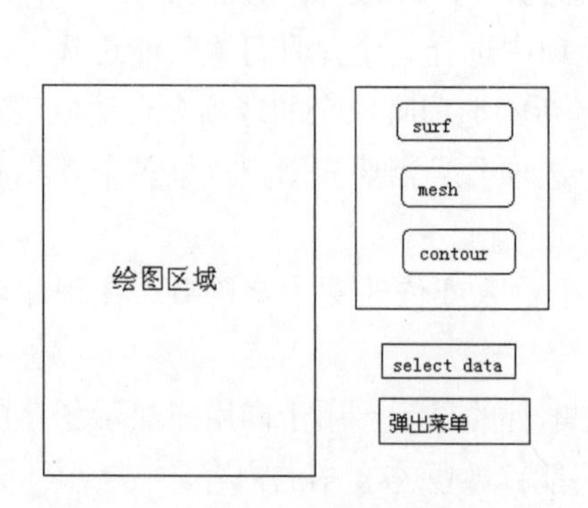

图 10-1　待创建 GUI 的草图

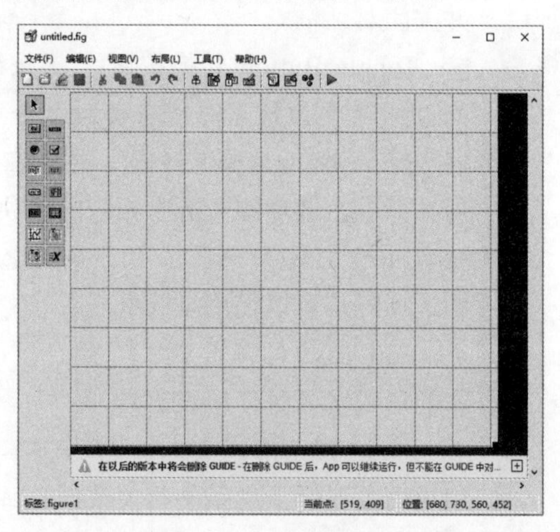

图 10-2　GUIDE 窗口

该窗口中包括菜单栏、控制工具栏、GUI控件面板、GUI编辑区域等，在GUI编辑区域的右下角，可以通过鼠标拖动的方式来改变GUI界面的大小。

单击“新建”按钮，系统打开如图10-3所示的GUIDE快速向导窗口，选择Blank GUI选项，单击下面的“确定”按钮，可新建一个空的GUI窗口。

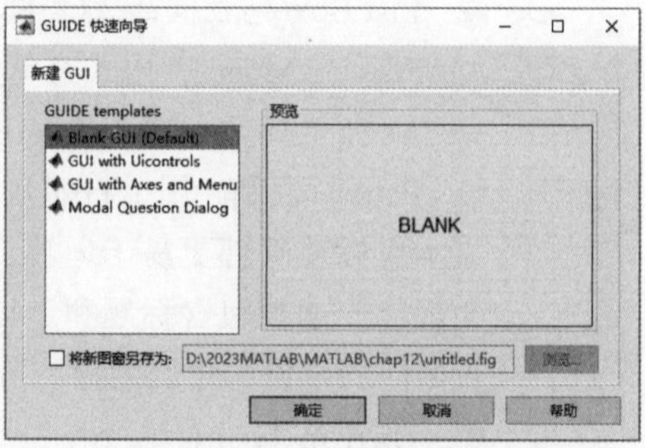

❖ 注意

默认情况下，该窗口中的GUI控件面板只显示控件图标，不显示名称，用户可以通过“文件”|“预设项”命令进行设置。

图 10-3　GUIDE 快速向导窗口

2. 向界面中添加控件

首先向界面中添加按钮。用鼠标单击“普通按钮”按钮，并将其拖放至GUI编辑区，如图10-4所示。在该按钮上右击，在弹出的快捷菜单中选择“复制”命令，将该按钮复制两次，并移到合适的位置，得到的结果如图10-5所示。

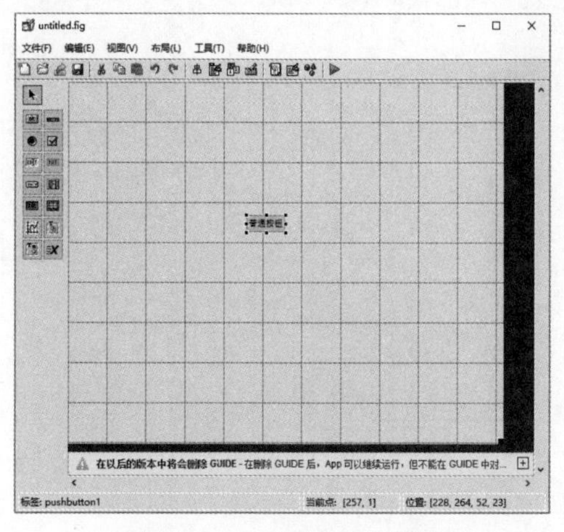

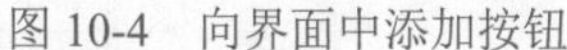
图 10-4 向界面中添加按钮

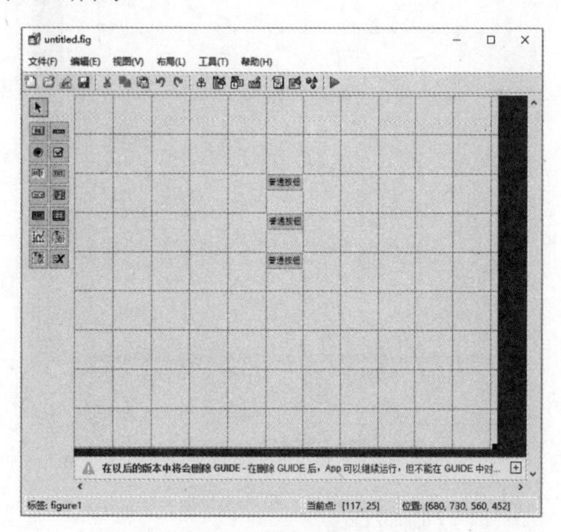

图 10-5 复制并移动按钮

单击“面板”按钮，在编辑区的右侧添加面板，并将3个按钮移到面板中，得到的结果如图10-6所示。

下面继续向其中添加静态文本、弹出式菜单和坐标区，分别依次单击左侧的按钮、和，并将它们移到合适的位置，得到的效果如图10-7所示。

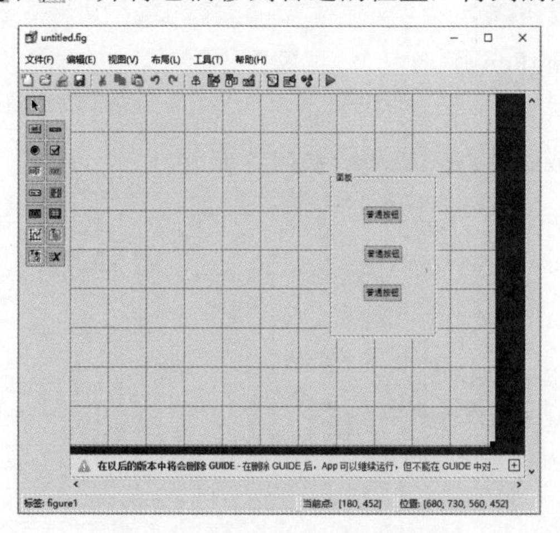

图 10-6 将按钮添加到面板中

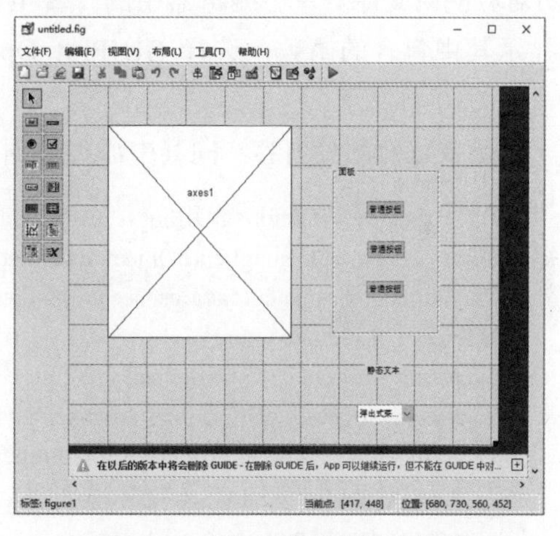

图 10-7 添加全部控件后的效果

3. 设置控件属性

单击工具栏中的“属性检查器”按钮，打开属性检查器。在其中设置各个控件的属性，比如设置按钮的属性，如图10-8所示。设置第一个按钮的显示文字为Surf，标签名为surf_pushbutton。

图 10-8 设置按钮的属性

设置其他控件的属性，得到的结果如图10-9所示。单击工具栏中的“保存”按钮，输入文件名GUIPlot，保存图窗文件及其M文件，然后单击“运行图窗”按钮，运行该GUI，结果如图10-10所示。

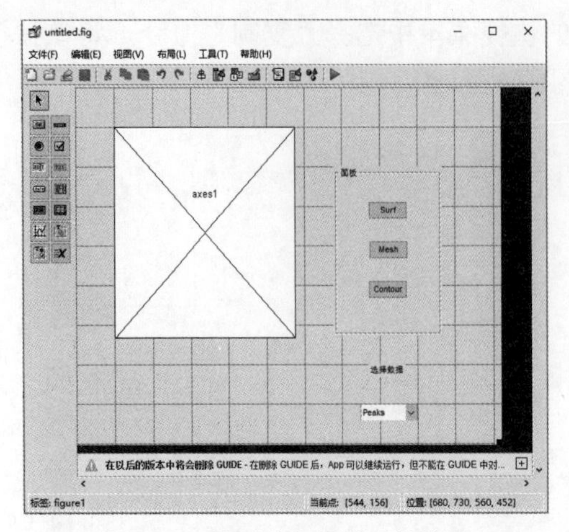

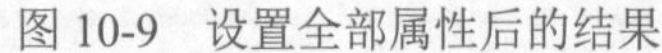
图 10-9　设置全部属性后的结果

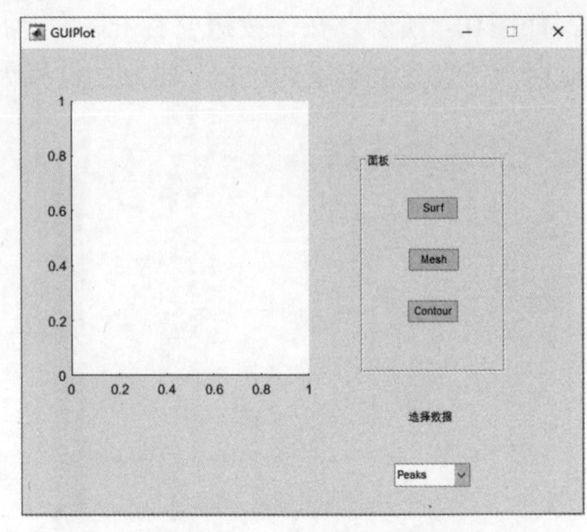

图 10-10　GUI 的运行界面

4. 编写响应函数

在创建GUI时系统已经为其自动生成了M文件，该文件包含GUI中各控件对应的响应函数、系统函数等。

首先编写数据生成函数。在GUI向导中单击“编辑器”按钮，打开M文件编辑器，其中包含的是该GUI对应的M文件。单击编辑器中的“转至”按钮，会显示其中包含的函数，选择 GUIPlot_OpeningFcn函数，如图10-11所示。

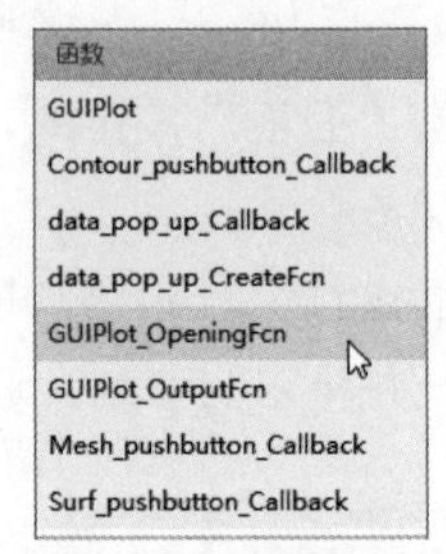

图 10-11　在 M 文件编辑器中选择函数

该函数已有部分内容，向其中添加数据生成函数。完成后函数内容如下。

```
% --- Executes just before GUIPlot is made visible.
function GUIPlot_OpeningFcn(hObject, eventdata, handles, varargin)
% This function has no output args, see OutputFcn.
% hObject      handle to figure
% eventdata    reserved - to be defined in a future version of MATLAB
% handles      structure with handles and user data (see GUIDATA)
% varargin     unrecognized PropertyName/PropertyValue pairs from the
%              command line (see VARARGIN)
% Create the data to plot.
handles.peaks=peaks(35);
handles.membrane=membrane;
[x,y] = meshgrid(-8:.5:8);
r = sqrt(x.^2+y.^2) + eps;
sinc = sin(r)./r;
handles.sinc = sinc;
% Set the current data value.
handles.current_data = handles.peaks;
contour(handles.current_data)
% Choose default command line output for GUIPlot
handles.output = hObject;
% Update handles structure
guidata(hObject, handles);
```

```
% UIWAIT makes GUIPlot wait for user response (see UIRESUME)
% uiwait(handles.figure1);
```

该函数首先生成三组数据，并设置初始数据为peaks，且初始图形为等值线。修改该函数后再次运行GUI，得到的结果如图10-12所示。

继续修改按钮及弹出菜单的响应函数。用户可以通过M文件编辑器中的“转至”按钮查找相应函数，或者在GUI编辑器中右击相应控件，在弹出的快捷菜单中选择“查看回调”子菜单中的 Callback命令，如图10-13所示，系统会自动打开M文件编辑器，并且光标会位于相应的函数处。

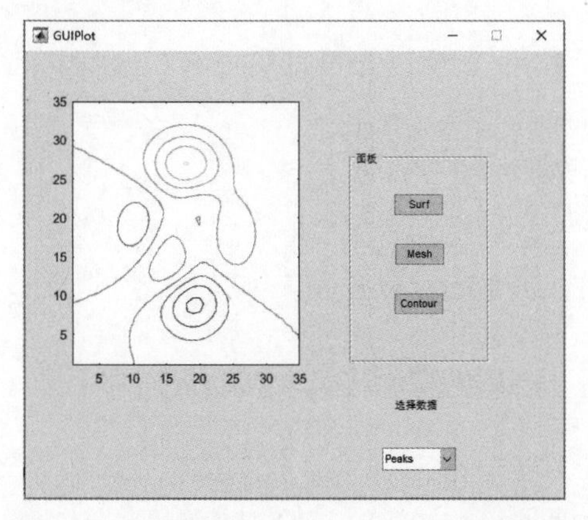

图 10-12　修改 GUIPlot_OpeningFcn 函数后的 GUI 运行情况

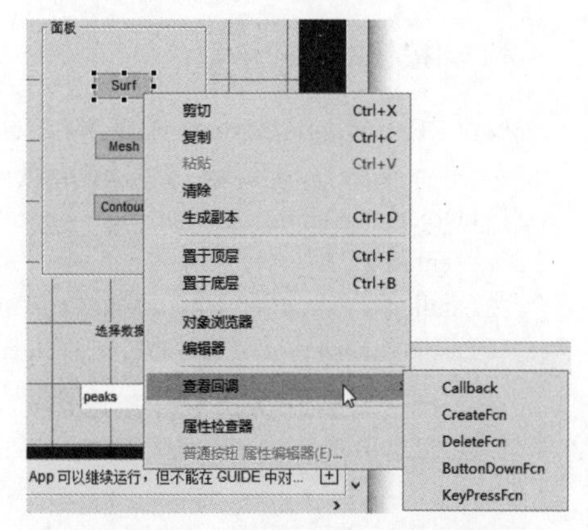

图 10-13　修改按钮的响应函数

修改后的响应函数分别如下。

弹出菜单的响应函数：

```
% --- Executes on selection change in data_pop_up.
function data_pop_up_Callback(hObject, eventdata, handles)
% hObject      handle to data_pop_up (see GCBO)
% eventdata    reserved - to be defined in a future version of MATLAB
% handles      structure with handles and user data (see GUIDATA)
% Determine the selected data set.
str = get(hObject, 'String');
val = get(hObject,'Value');
% Set current data to the selected data set.
switch str{val};
case 'Peaks' % User selects peaks
   handles.current_data = handles.peaks;
case 'Membrane' % User selects membrane
   handles.current_data = handles.membrane;
case 'Sinc' % User selects sinc
   handles.current_data = handles.sinc;
end
% Save the handles structure.
guidata(hObject,handles)
% Hints: contents = cellstr(get(hObject,'String')) returns data_pop_up contents as cell array
%        contents{get(hObject,'Value')} returns selected item from data_pop_up
```

该函数首先获取弹出菜单的String属性和Value属性，然后通过分支语句选择数据。

Surf按钮的响应函数：

```
% --- Executes on button press in surf_pushbutton.
function Surf_pushbutton_Callback(hObject, eventdata, handles)
% hObject      handle to surf_pushbutton (see GCBO)
% eventdata    reserved - to be defined in a future version of MATLAB
% handles      structure with handles and user data (see GUIDATA)
% Display surf plot of the currently selected data.
surf(handles.current_data);
```

Mesh按钮的响应函数：

```
% --- Executes on button press in mesh_pushbutton.
function Mesh_pushbutton_Callback(hObject, eventdata, handles)
% hObject      handle to mesh_pushbutton (see GCBO)
% eventdata    reserved - to be defined in a future version of MATLAB
% handles      structure with handles and user data (see GUIDATA)
% Display mesh plot of the currently selected data.
mesh(handles.current_data);
```

Contour按钮的响应函数：

```
% --- Executes on button press in contour_pushbutton.
function Contour_pushbutton_Callback(hObject, eventdata, handles)
% hObject        handle to contour_pushbutton (see GCBO)
% eventdata      reserved - to be defined in a future version of MATLAB
% handles        structure with handles and user data (see GUIDATA)
% Display contour plot of the currently selected data.
contour(handles.current_data);
```

再次运行该GUI，得到最后的结果，如图10-14所示。

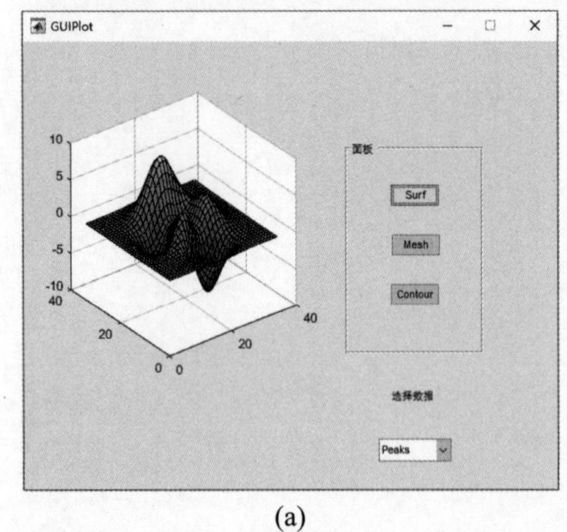

(a)

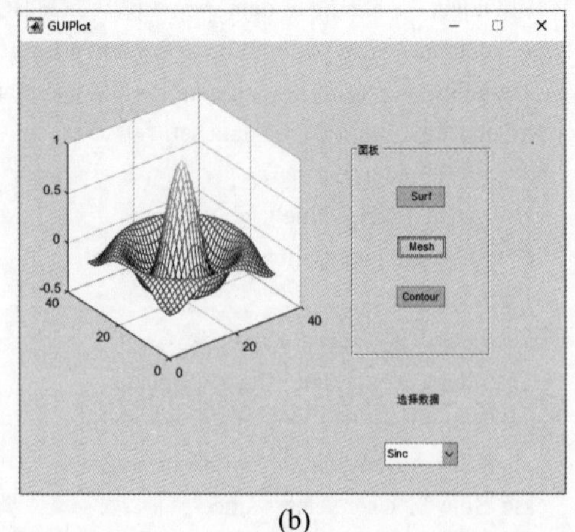

(b)

图 10-14　最后的运行结果

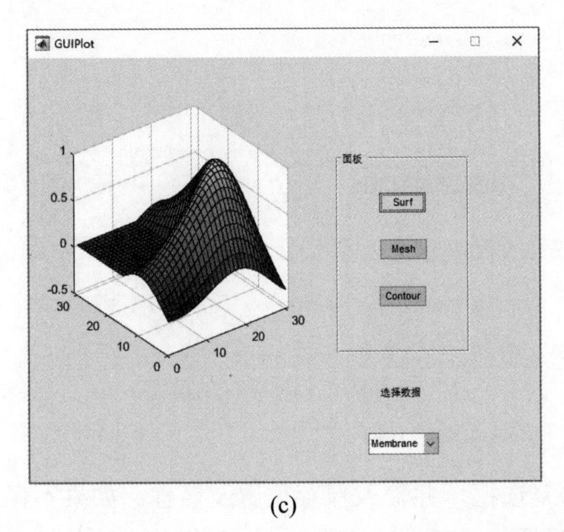

(c)

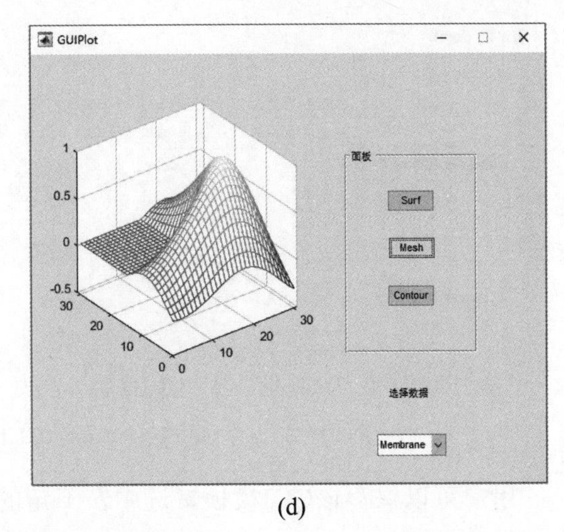

(d)

图 10-14 最后的运行结果(续)

本节介绍了GUI、GUI创建向导以及简单GUI的创建过程。下面将详细介绍GUI的三种创建方法：通过向导创建GUI、通过程序创建 GUI以及通过AppDesigner面向对象的方式创建GUI。

10.2 通过向导创建GUI

10.2.1 启动GUIDE

可以通过在命令行中键入guide命令来启动GUIDE。

在打开的GUIDE界面中单击“新建”按钮，系统打开GUIDE快速向导窗口，其左侧包含4个选项，用鼠标选中选项时，右侧会显示该选项的预览效果，默认为空GUI。4个选项的界面如图10-15所示。

- Blank GUI(Default)：空白GUI模板，如图10-15(a)所示。
- GUI with Uicontrols：带有控件的GUI模板，如图10-15(b)所示。
- GUI with Axes and Menu：带有图形坐标轴和菜单的GUI模板，如图10-15(c)所示。
- Modal Question Dialog：带有询问对话框的GUI模板，如图10-15(d)所示。

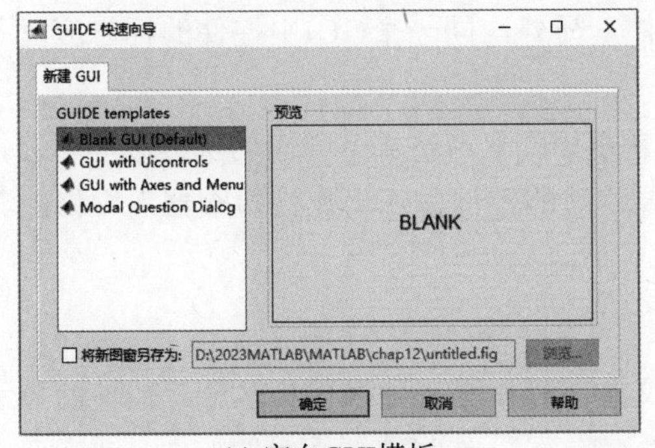

(a) 空白GUI模板

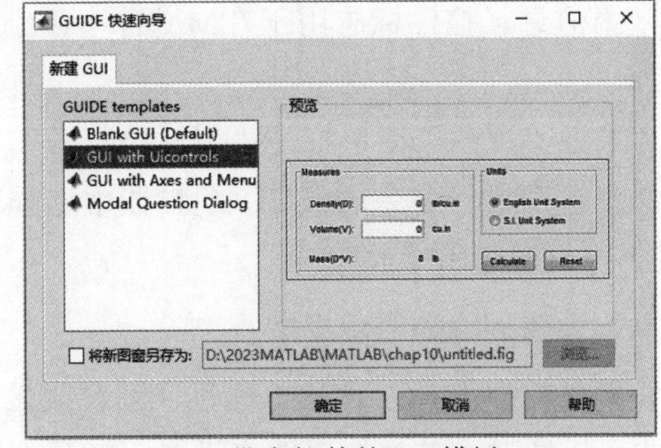

(b) 带有控件的GUI模板

图 10-15 新建 GUI 时的 4 个选项

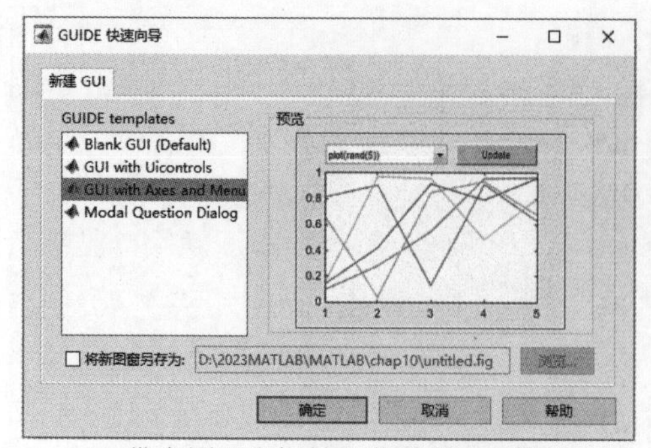

(c) 带有图形坐标轴和菜单的GUI模板

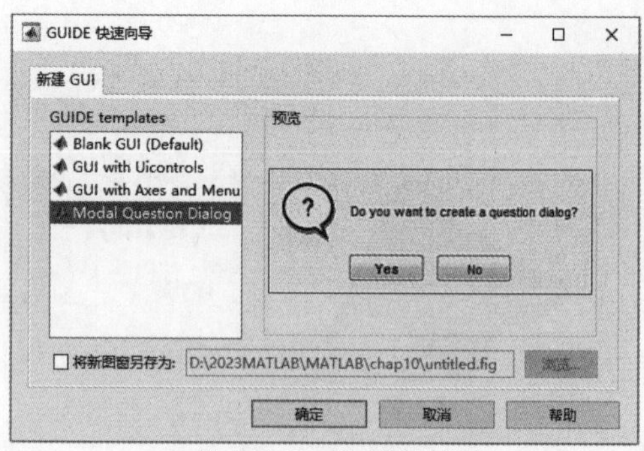

(d) 带有询问对话框的模板

图 10-15　新建 GUI 时的 4 个选项 (续)

用户可以保存该GUI模板，选中左下角的复选框，并输入保存位置及名称。如果不保存，在第一次运行该GUI时系统将提示保存。设置完成后，确定进入GUI编辑状态。此时系统会打开两个窗口，即界面编辑窗口和程序编辑窗口。

❖ 注意

如果不保存GUI，那么系统只打开界面窗口。

10.2.2　向GUI中添加控件

向GUI中添加控件包括添加及设置控件属性、设置控件的显示文本等。

1. 添加

选择适当的控件，将其放到GUI中。这可以通过下列方式之一来完成。

(1) 单击左侧控件面板中的对象，并将其拖放到编辑区的目标位置。

(2) 选择左侧控件面板中的一个对象，之后鼠标会变成“十”字形状。在右侧的编辑区选择对象的放置位置，其方式如下：通过单击选择放置区域的左上角，或者通过鼠标拖放选择放置区域，即在区域左上角按下鼠标，直至区域右下角释放鼠标。

2. 设置控件标志

通过设置控件的标签，可以为每个控件指定一个标志。控件在创建时系统会为其指定一个标志，在保存前可将该标志修改为具有实际意义的字符串，该字符串应能反映该控件的基本信息。控件标志用于在M文件中识别控件。另外，同一个GUI中控件的标志应互不相同。

通过“视图”菜单打开“属性检查器”，或者在控件上右击，从弹出的快捷菜单中选择“属性检查器”命令。在GUI编辑器中选择需要修改的控件，在“属性检查器”中修改其标签，如图10-16所示。

3. 设置控件的显示文本

多数控件都具有自己的标签、列表或显示文本，以便和其他控件相区分。控件的显示文本可以通过该控件的属性来设置。打开“属性编辑器”，选择需要编辑的控件，或者双击激活“属性编辑器”，编辑该控件的属性。下面介绍不同类型控件的显示文本。

- “按钮(Push Button)”“切换按钮(Toggle Button)”“单选按钮(Radio Button)”和“复选框(Check Box)”等，这些控件都具有标签，可以通过其String属性修改其显示文本，如图10-17所示。

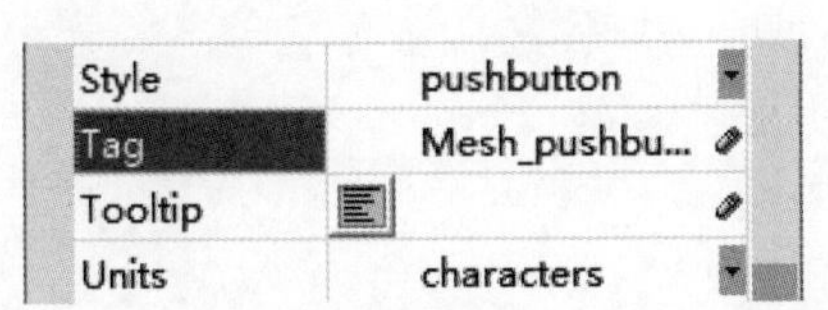

图 10-16 通过“属性检查器”修改控件的标签

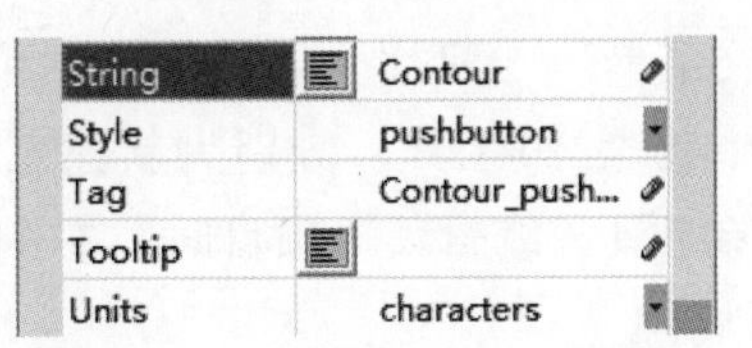

图 10-17 修改控件的 String 属性

- “弹出式菜单(Pop-Up Menu)”，具有多个显示文本，在进行设置时，单击String右侧的按钮▤，在打开的编辑器中输入需要显示的字符串(每行一个)。完成后单击“确定”按钮，如图10-18所示。

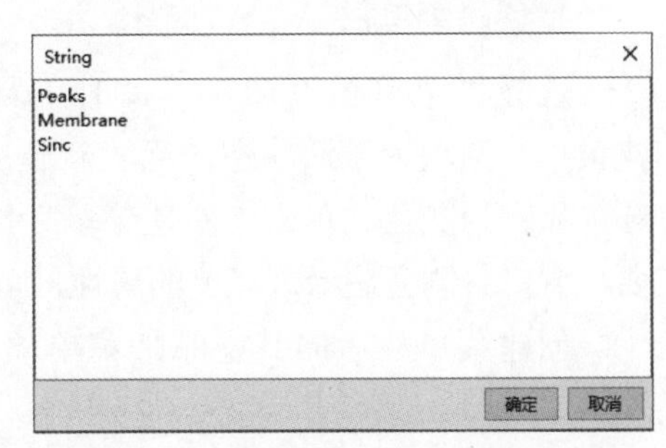

图 10-18 设置弹出式菜单的显示文本

- “可编辑文本(Edit Text)”，文本编辑框用于向用户提供输入和修改文本的界面。程序在设计时可以选择初始文本。文本编辑框中的文本设置与弹出式菜单中的文本设置基本相同。需要注意的是，文本编辑框通常只接受一行文本，如果需要显示或接受多行文本，则需要设置 Max和Min属性，使其差值大于1。
- “静态文本(Static Text)”，当静态文本只有一行时，可以通过 String右侧的输入框直接输入；当文本有多行时，可以激活编辑器进行设置。
- “列表框(List Box)”，用于向用户显示一个或多个条目。在 String编辑框中输入要显示的列表，单击“确定”按钮，显示列表中的条目。当列表框不足以显示其中的条目时，可以通过ListBoxTop属性设置优先显示的条目。
- “面板(Panel)”和“按钮组(Button Group)”用于将其他控件分组。它们都可以有标题，只需在其属性String中输入目标文本即可。另外，标题可以显示在面板的任何位置，可以通过TitlePosition的值来设置标题的位置。默认情况下，标题位于顶部。
- “滑动条(Slider)”“坐标区(Axes)”“ActiveX控件(ActiveX Control)”，MATLAB中没有为这些控件提供文本显示，不过用户可以通过静态文本为这些控件设置标题或说明。对于图形坐标系(Axes)，用户还可以通过图形标注函数进行设置，如xlabel、ylabel等。

添加控件后，用户可以通过鼠标拖曳、属性编辑器等改变控件的位置，或者通过工具栏中的对齐工具对控件进行统一规划。

10.2.3 创建菜单

在MATLAB中可以创建两种菜单：菜单栏和右键菜单。这两种菜单都可以通过菜单编辑器创建。在GUIDE窗口中，选择“工具”菜单中的“菜单编辑器”命令(或者单击工具栏中的“菜单编辑器”按钮），将打开图10-19所示的“菜单编辑器”界面。

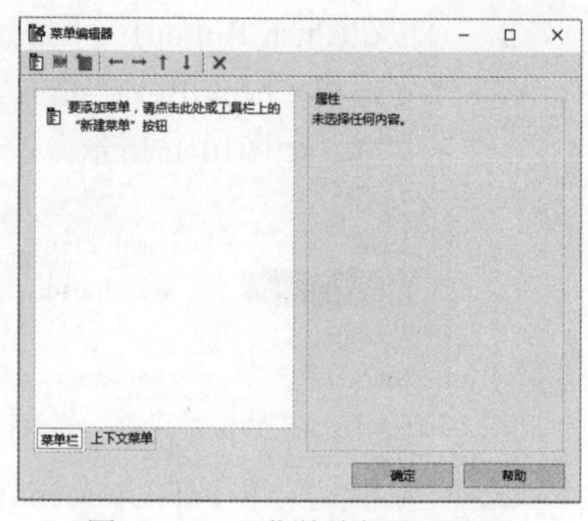

图 10-19 “菜单编辑器”界面

该界面中包含两个标签——“菜单栏”和“上下文菜单”，分别用于创建菜单栏和右键菜单。工具栏中包含3组工具，分别为新建工具、编辑工具及删除工具。编辑菜单项目时，右侧会显示该项目的属性。

1. 创建菜单栏

选择“菜单栏”标签，此时工具栏中的“新建菜单”选项为激活状态，而“新建上下文菜单”选项显示为灰色。单击“新建菜单”按钮，新建菜单，如图10-20所示。新建后单击菜单名，窗口右侧会显示该菜单的属性，可以对其进行编辑。

创建菜单栏后向其中添加菜单项。单击工具栏中的“新建菜单项”按钮新建菜单项，如图10-21所示。

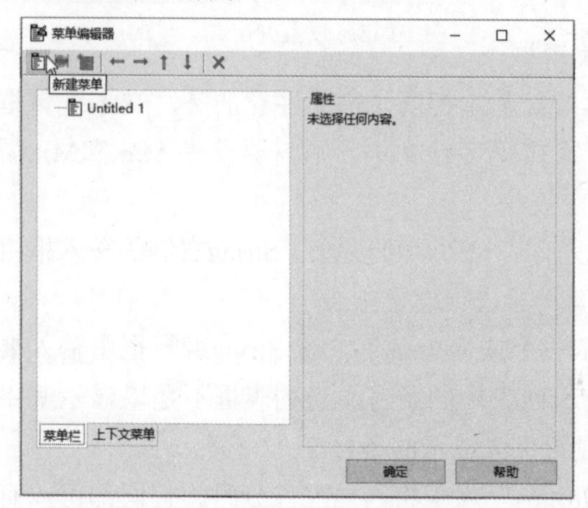

图 10-20 对新建的菜单进行编辑

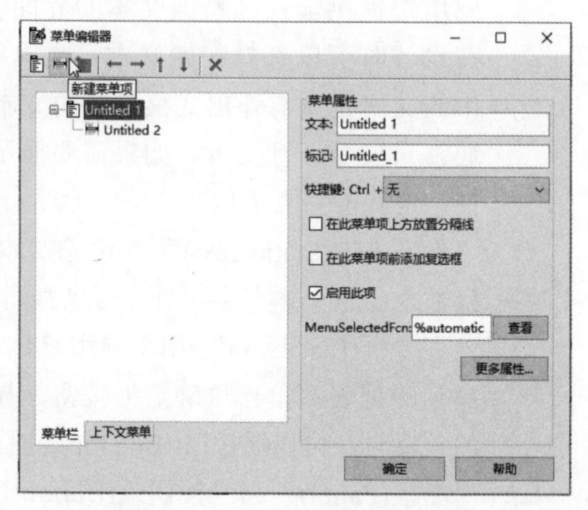

图 10-21 向菜单中添加菜单项

在右侧的属性编辑器中设置菜单项的属性。其中，“文本”为该菜单项的显示文本，“标记”为该菜单项的标签，必须是唯一的，用于在代码中识别该菜单项。

新建菜单后可通过属性编辑器编辑该菜单项。在属性编辑器中，还有一些其他的选项，如图10-21所示。这些选项的含义如下。

- “快捷键”，用于设置键盘快捷键。键盘快捷键用于快速访问不包含子菜单的菜单项。在Ctrl+后面的输入框中选择字母，当同时按下Ctrl键和该字母时，即可访问该菜单项。需要注意的是，如果该快捷键和系统的其他快捷键有冲突，该快捷键可能会失效。
- “在此菜单项上方放置分隔线”，在该菜单项上画横线，以与其他菜单项分开。
- “在此菜单项前添加复选框”，选中该复选框后，在第一次访问菜单项后会在该项目前进行标记。
- “启用此项”，选中该复选框后，在第一次打开菜单时该菜单项可用。如果取消选中该复选框，在第一次打开菜单时，该菜单项显示为灰色。

- "MenuSelectedFcn"用于设置菜单项的响应函数，可以使用系统默认值。单击右侧的"查看"按钮，可在M文件编辑器中显示该函数。
- "更多属性"，用于打开属性编辑器，在其中可以对该菜单项进行更多的编辑。

通过上面这些选项，可以创建更多的菜单，也可以创建层叠菜单。创建后的结果如图10-22所示。其中Paste为层叠菜单项。再次运行该GUI，得到的结果如图10-23所示。

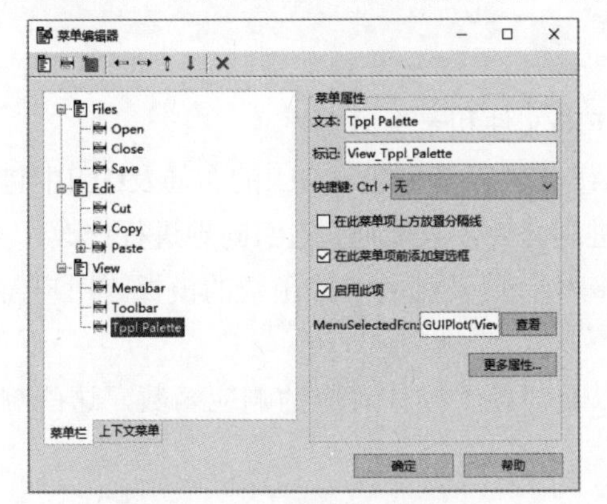

图 10-22 创建菜单后的结果

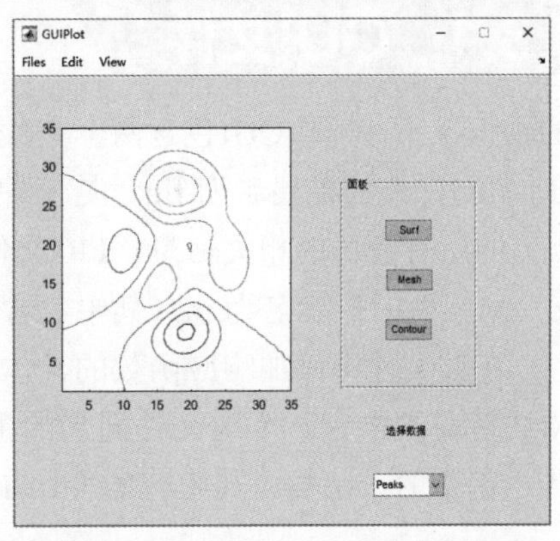

图 10-23 创建菜单后的GUI运行结果

其中已经添加了菜单栏。

2. 创建右键菜单

下面介绍右键菜单的创建方法。

(1) 选择编辑器中的"上下文菜单"标签，此时"新建上下文菜单"处于激活状态，其他标签显示为灰色。新建右键菜单，并设置其属性。

(2) 为右键菜单添加菜单项，方法与向菜单栏中添加菜单项相同。

(3) 最后，需要将右键菜单与相应的对象进行关联。在GUI编辑窗口中，选择需要关联的对象，打开属性检查器，编辑其属性。将其ContextMenu属性设置为待关联的右键菜单名，如图10-24所示。

设置完毕后，再次运行该GUI，在图形中右击，得到的结果如图10-25所示。

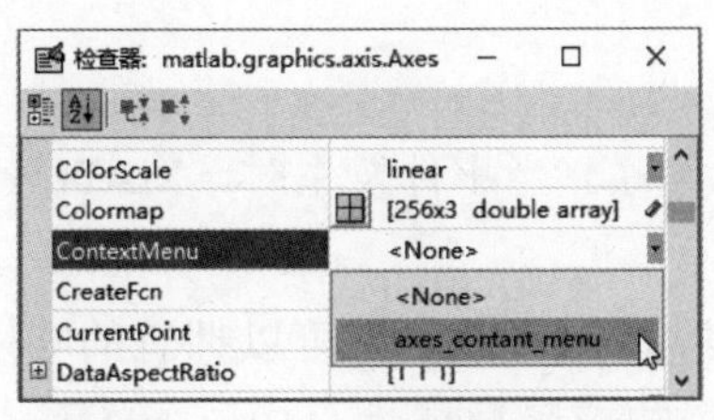

图 10-24 关联右键菜单及相应对象

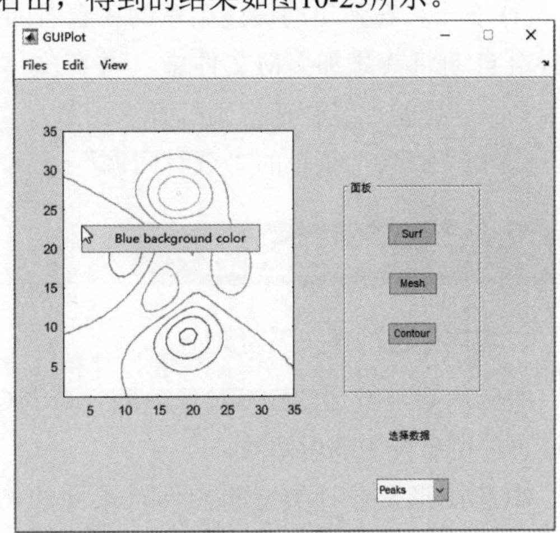

图 10-25 添加右键菜单后的GUI

10.3 编写GUI代码

前面几节介绍了创建GUI的过程。在创建GUI后，需要为其中的控件编写响应函数，这些函数决定着事件发生时的具体操作。

10.3.1 GUI文件

通常情况下，一个GUI包含两个文件：一个FIG文件和一个M文件。

- FIG文件的扩展名为.fig，是一种MATLAB文件，其中包含GUI的布局及GUI中包含的所有控件的相关信息。FIG文件为二进制文件，只能通过GUI向导进行修改。
- M文件的扩展名为.m，其中包含GUI的初始代码及相关响应函数的模板。用户需要在该文件中添加响应函数的具体内容。

M文件通常包含一个与文件同名的主函数以及与各个控件对应的响应函数，这些响应函数为主函数的子函数。其内容如表10-1所示。

表10-1　GUI对应M文件应包含的内容及其描述

内容	描述
注释	程序注释，当在命令行中调用help时显示
初始化代码	GUI向导的初始任务
Opening函数	在用户访问GUI之前执行初始化任务
Output函数	在控制权由Opening函数向命令行转移时向命令行返回输出结果
响应函数	这些函数决定控件操作的结果。GUI为事件驱动的程序，当事件发生时，系统会调用相应的函数进行响应

通常情况下，在保存GUI时，向导会自动向M文件添加响应函数。另外，用户也可以向M文件添加其他的响应函数。通过向导，用户可以用下面两种方式向M文件添加响应函数。

(1) 右击，在弹出的快捷菜单的“查看回调”子菜单中选择需要添加的响应函数类型，向导会自动将其添加到M文件中，并在文本编辑器中打开该函数，用户可以对其进行编辑。如果该函数已经存在，则打开该函数。

(2) 在“查看”菜单的“查看回调”子菜单中选择需要添加的响应函数类型。

10.3.2 响应函数

1. 响应函数的定义及类型

响应函数与特定的GUI对象关联，或与GUI图形关联。当事件发生时，MATLAB会调用该事件所激发的响应函数。

GUI 图形及各种类型的控件有不同的响应函数类型。每个控件可以拥有的响应函数被定义为该控件的属性。例如，一个按钮可以有5个响应函数属性：ButtonDownFcn、Callback、CreateFcn、DeleteFcn和KeyPressFcn。用户可以同时为每个属性创建响应函数。

GUI图形本身也可以有特定类型的响应函数。

每一种类型的响应函数都有其触发机制或事件。MATLAB中的响应函数属性、对应的触发事件及可用的控件如表10-2所示。

表10-2 MATLAB中的响应函数属性、对应的触发事件及可用的控件

响应函数属性	触发事件	可用的控件
ButtonDownFcn	用户在其对应控件的5个像素范围内按下鼠标	坐标系、图形、按钮组、面板、用户界面控件
Callback	控制操作，用户按下按钮或选中一个菜单项	右键菜单、菜单、用户界面控件
CloseRequestFcn	关闭图形时执行	图形
CreateFcn	创建控件时初始化控件，初始化后显示该控件	坐标系、图形、按钮组、右键菜单、菜单、面板、用户界面控件
DeleteFcn	在控件图形关闭前清除该对象	坐标系、图形、按钮组、右键菜单、菜单、面板、用户界面控件
KeyPressFcn	用户按下控件或图形对应的键盘	图形、用户界面控件
ResizeFcn	用户改变面板、按钮组或图形的大小，这些控件的Resize属性需要处于On状态	按钮组、面板、图形
SelectionChangeFcn	用户在按钮组内部选择不同的按钮，或改变开关按钮的状态	按钮组
WindowButtonDownFcn	在图形窗口内部按下鼠标	图形
WindowButtonMotionFcn	在图形窗口内部移动鼠标	图形
WindowButtonUpFcn	松开鼠标按钮	图形

2. 将响应函数与控件关联

GUIDE提供了一种方法，用于指定GUI中每个控件所对应的响应函数。

GUIDE通过每个控件的响应属性将控件与对应的响应函数相关联。默认情况下，GUIDE将每个控件的最常用的响应属性设置为 %automatic，如图10-26所示。例如，每个按钮有5个响应属性：ButtonDownFcn、Callback、CreateFcn、DeleteFcn和KeyPressFcn。GUIDE将其Callback属性设置为%automatic。用户可以通过属性编辑器将其他响应属性也设置为 %automatic。

当再次保存GUI时，GUIDE 将%automatic替换为响应函数的名称，该函数的名称由该控件的Tag属性及响应函数的名称组成，如图10-27所示。

图 10-26 设置控件属性为 %automatic

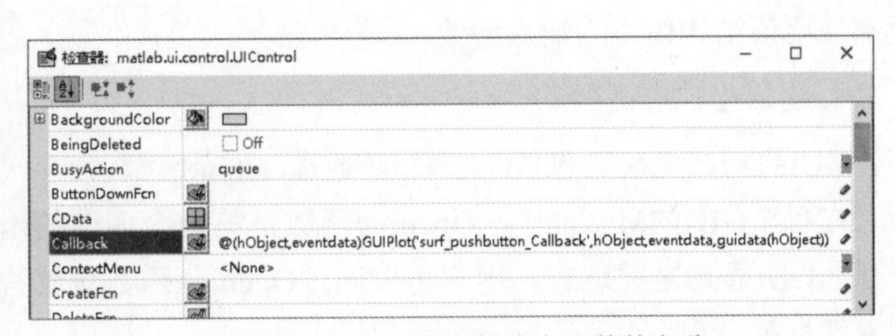

图 10-27 自动生成的响应函数的名称

其中，two_axes是该GUI的名称，也是该GUI主调函数的名称。其他参数为plotpushbutton_Callback函数的输入参数，其含义分别如下所示。

- hObject：用于返回响应对象的句柄。
- eventdata：用于存放事件数据。
- guidata(hObject)：返回该GUI的句柄结构体。

3. 响应函数的语法与参数

在MATLAB中对响应函数的语法和参数有一些约定，在通过GUI向导创建响应函数并写入M文件时便遵守这些约定。下面为按钮的响应函数模板。

```
% --- Executes on button press in pushbutton1.
function pushbutton1_Callback(hObject, eventdata, handles)
% hObject      handle to pushbutton1 (see GCBO)
% eventdata    reserved - to be defined in a future version of MATLAB
% handles      structure with handles and user data (see GUIDATA)
```

在该模板中，第一行注释说明该函数的触发事件，第二行为函数定义行，接下来的注释是对输入参数的说明。用户可以在下面输入函数的其他内容。

使用GUI向导创建函数模板时，函数的名称为：控件标签(Tag属性)+下画线+函数属性。例如上面的模板中，控件标签为pushbutton1，响应函数的属性为Callback，因此函数名为 pushbutton1_Callback。

在添加控件后第一次保存GUI时，向导会向M文件中添加相应的响应函数，函数名由Tag属性的当前值确定。因此，如果需要改变Tag属性的默认值，应在保存GUI前进行。

响应函数包含以下几个参数。

- hObject，对象句柄，如触发该函数的控件的句柄。
- eventdata，保留参数。
- handles，一个结构体，里面包含图形中所有对象的句柄，例如：

```
handles =
figure1       :    160.0011
edit1         :    9.0020
uipanel1      :    8.0017
popupmenu1    :    7.0018
pushbutton1   :    161.0011
output        :    160.0011
```

其中包含文本编辑框、面板、弹出菜单和按钮。

使用GUI向导创建的handles结构体，在整个程序运行中保持其值不变。所有的响应函数都使用该结构体作为输入参数，

4. 初始化响应函数

GUI的初始化函数包括Opening函数和Output函数。

在每个GUI的M文件中，Opening函数是第一个调用的函数。该函数在所有控件创建完毕后、GUI显示之前运行。用户可以通过Opening函数设置程序的初始任务，如创建数据、读入数据等。

通常，Opening函数的名称为“M文件名＋_ OpeningFcn”，比如下面的初始模板。

```
% --- Executes just before mygui is made visible.
function mygui_OpeningFcn(hObject, eventdata, handles, varargin)
% This function has no output args, see OutputFcn.
% hObject       handle to figure
% eventdata    reserved - to be defined in a future version of MATLAB
% handles       structure with handles and user data (see GUIDATA)
% varargin    command line arguments to mygui (see VARARGIN)

% Choose default command line output for mygui
handles.output=hObject;

% Update handles structure
guidata(hObject, handles);

% UIWAIT makes mygui wait for user response (see UIRESUME)
% uiwait(handles.figure1);
```

其中，文件名为mygui，函数名为mygui_OpeningFcn。该函数包含4个参数，第4个参数varargin允许用户通过命令行向Opening函数传递参数。Opening函数将这些参数添加到结构体handles中，供响应函数调用。

该函数中包含3行语句，如下所示。

- handles.output=hObject，向结构体handles中添加新元素output，并将其值赋为输入参数hObject，即GUI的句柄。该句柄供 output 函数调用。
- guidata(hObject,handles)，保存handles。用户必须通过guidata保存结构体handles的任何改变。
- uiwait(handles.figure1)，在初始情况下，该语句并不执行。该语句用于中断GUI的执行，等待用户响应或GUI被删除。如果需要执行该语句，删除前面的“%”即可。

Output函数用于向命令行返回GUI运行过程中产生的输出结果。该函数在Opening函数返回控制权和控制权返回至命令行之间运行。因此，必须在Opening函数中生成输出参数，或者在Opening函数中调用uiwait函数以中断Output函数的执行，等待其他响应函数生成输出参数。

Output函数的函数名为“M文件名＋_OutputFcn”，比如下面的初始模板。

```
% --- Outputs from this function are returned to the command line.
function varargout=mygui_OutputFcn(hObject, eventdata,...handles)
% varargout    cell array for returning output args (see VARARGOUT);
% hObject       handle to figure
% eventdata    reserved - to be defined in a future version of MATLAB
% handles       structure with handles and user data (see GUIDATA)

% Get default command line output from handles structure
varargout{1}=handles.output;
```

该函数的名为mygui_OutputFcn。Output函数有一个输出参数varargout。默认情况下，Output函数将handles.output的值赋予varargout，因此Output函数的默认输出为GUI的句柄。用户可以通过改变handles.output的值来改变函数的输出结果。

10.3.3 控件编程

本节通过示例介绍控件编程的基本方法。

例10-1 按钮编程。

本例中的按钮实现关闭图形窗口的功能，在关闭的同时显示“Goodbye”。该函数的代码如下。

```
function pushbutton1_Callback(hObject, eventdata, handles)
display Goodbye
delete(handles.figure1);
```

例10-2 切换按钮。

在调用切换按钮时需要获取该按钮的状态，当该按钮被按下时其Value属性为Max，处于释放状态时其Value属性为Min。切换按钮的响应函数通常具有下面的格式。

```
function togglebutton1_Callback(hObject, eventdata, handles)
button_state = get(hObject,'Value');
if button_state == get(hObject,'Max')              % 当按下按钮时执行的操作
...
elseif button_state == get(hObject,'Min')          % 当释放按钮时执行的操作
...
end
```

10.3.4 通过GUIDE创建GUI的示例

本节介绍一个通过GUIDE创建GUI的示例。

该GUI的功能是在一个界面中绘制两个图形：$x=\sin(2\pi f_1 t)+\sin(2\pi f_2 t)$ 及其快速傅里叶变换(FFT)的图形。其中，参数f_1、f_2和t的值由界面输入。

该GUI的界面图形如图10-28所示。

在该GUI中需要解决的问题有以下两个。

(1) 控制绘图命令的目标坐标系。

(2) 通过文本编辑器输入MATLAB表达式的参数。

下面开始创建该GUI。

1. 创建 GUI 界面

打开GUIDE，新建一个GUI，保存为 two_axes。向其中添加控件并设置这些控件的属性。

设置f_1的Tag属性为f1_input、初始值为50；设置f_2的Tag属性为f2_input、初始值为120；设置t的Tag属性为t_input、初始值为0:.001:0.25。这些初始值为打开该GUI时的默认值。

由于该GUI中包含两个图形，因此在绘制图形时必须指定坐标系。为了实现这一功能，可以使用handles结构体，该结构体中包含GUI中所有控件的句柄。该结构体中的域名

为控件的Tag属性值。在该GUI中，设置绘制时域图形的坐标系的句柄为time_axes、绘制频域图形的坐标系的句柄为frequency_axes，如图10-29所示。

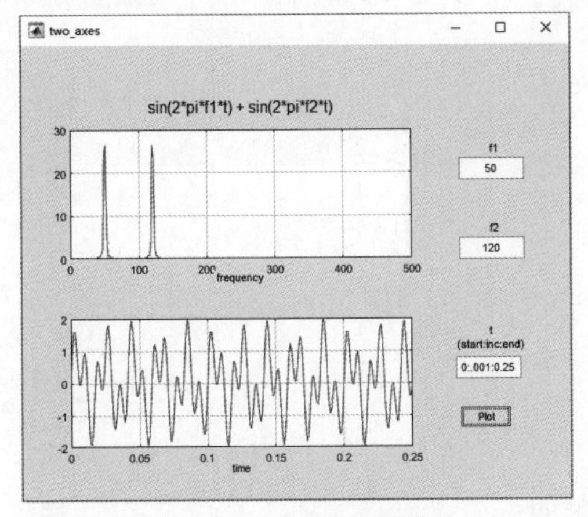

图 10-28　GUI 的界面图形

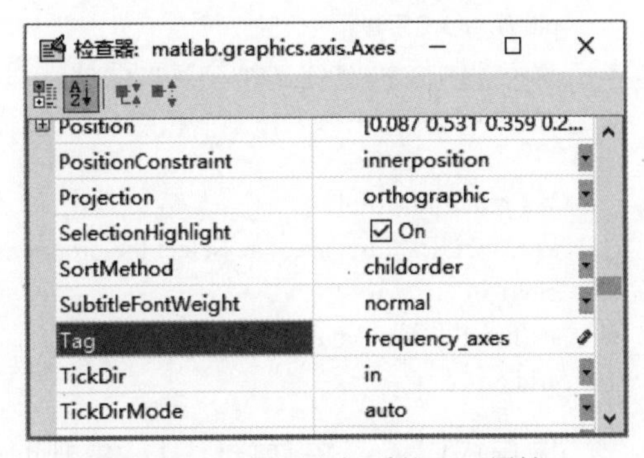

图 10-29　设置坐标系的 Tag 属性

完成设置后，在响应函数中，可以通过handles.frequency_axes实现对该坐标系的调用。

设置完控件后，设置GUI的属性。在“工具”菜单中选择“GUI选项”，打开如图10-30所示的窗口。在其中设置“调整大小的方式”为“成比例”、“命令行的可访问性”为“回调”。设置“调整大小的方式”为“成比例”，则允许用户改变该GUI的大小，且在改变窗口大小时，GUI中的控件大小按照比例同时改变。设置“命令行的可访问性”为“回调”，则允许响应函数调用句柄，因此可以在响应函数中向坐标系中绘制图形。

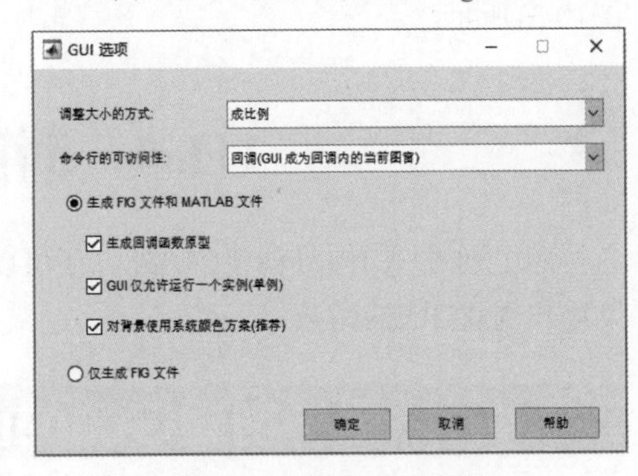

图 10-30　设置 GUI 属性

2. 编写响应函数的代码

该GUI需要从界面中读入参数，利用读入的参数计算函数的快速傅里叶变换，之后绘制图形。需要的响应函数只有一个，即按钮的响应函数。该函数的内容如下。

```
function plot_button_Callback(hObject, eventdata, handles)
% hObject       handle to plot_button (see GCBO)
% eventdata   reserved - to be defined in a future version of MATLAB
% handles       structure with handles and user data (see GUIDATA)

% Get user input from GUI
f1 = str2double(get(handles.f1_input,'String'));
f2 = str2double(get(handles.f2_input,'String'));
t = eval(get(handles.t_input,'String'));

% Calculate data
x = sin(2*pi*f1*t) + sin(2*pi*f2*t);
y = fft(x,512);
```

```
m=y.*conj(y)/512;
f=1000*(0:256)/512;

% Create frequency plot
axes(handles.frequency_axes) % Select the proper axes
plot(f,m(1:257))
set(handles.frequency_axes,'XMinorTick','on')
grid on

% Create time plot
axes(handles.time_axes) % Select the proper axes
plot(t,x)
set(handles.time_axes,'XMinorTick','on')
grid on
```

保存代码后，运行该GUI，得到的结果如图10-31所示。

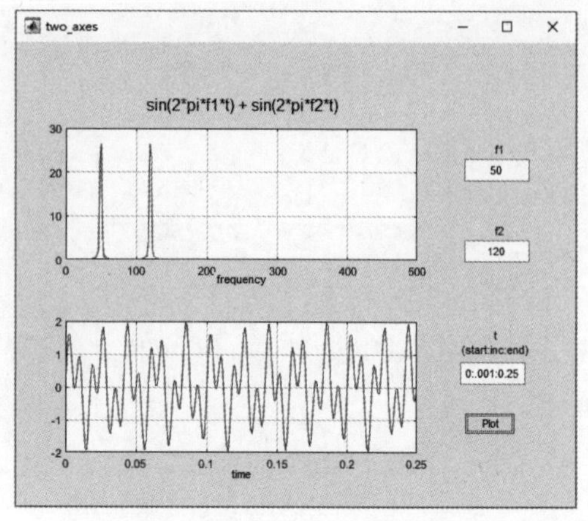

图 10-31 运行 GUI 的结果

10.4 通过程序创建GUI

除了通过GUI向导创建GUI外，还可以通过程序创建GUI。MATLAB提供了一些用于辅助用户创建GUI的函数。

10.4.1 用于创建GUI的函数

1. 预定义对话框

MATLAB中提供了一系列用于预定义对话框的函数，如表10-3所示。

表10-3 MATLAB中用于预定义对话框的函数

函数	功能
dialog	创建并打开对话框
errordlg	创建并打开错误提示对话框
helpdlg	创建并打开帮助对话框
inputdlg	创建并打开输入对话框
listdlg	创建并打开列表选择对话框
msgbox	创建并打开消息对话框
pagesetupdlg	打开页面设置对话框
printdlg	打开打印对话框
questdlg	打开询问对话框
uigetdir	打开查找目录标准对话框
uigetfile	打开查找文件标准对话框
uigetpref	打开支持优先级的提问对话框
uiopen	打开选择文件对话框，其中包含文件类型选择
uiputfile	打开文件保存标准对话框

(续表)

函数	功能
uisave	打开保存工作区变量标准对话框
uisetcolor	打开指定对象颜色标准对话框
uisetfont	打开设置对象的字体风格标准对话框
waitbar	打开进度条
warndlg	打开警告对话框

2. 创建对象

MATLAB中用于创建对象的函数如表10-4所示。

表10-4 MATLAB中用于创建对象的函数

函数	功能
axes	创建坐标系
uibuttongroup	创建按钮组，用于管理单选按钮和开关按钮
uicontextmenu	创建右键菜单
uicontrol	创建用户界面控制对象
uimenu	创建图形窗口中的菜单
uipanel	创建面板
uipushtool	创建工具栏按钮
uitoggletool	创建工具栏开关按钮
uitoolbar	创建工具栏

3. ActiveX 控件

MATLAB中用于创建ActiveX控件的函数如表10-5所示。

表10-5 MATLAB中用于创建ActiveX 控件的函数

函数	功能
actxcontrol	图形窗口中的ActiveX控件
actxcontrollist	显示当前窗口中已经安装的所有ActiveX控件
actxcontrolselect	显示创建ActiveX控件的图形界面
actxserver	创建COM自动服务器

4. 获取应用程序数据

MATLAB中用于获取应用程序数据的函数如表10-6所示。

表10-6 MATLAB中用于获取应用程序数据的函数

函数	功能
getappdata	获取应用程序定义的数据
guidata	存储或获取GUI数据
isappdata	判断是否为应用程序定义的数据
rmappdata	删除应用程序定义的数据
setappdata	设置应用程序定义的数据

5. 用户界面输入

MATLAB中的用户界面输入函数如表10-7所示。

表10-7　MATLAB中的用户界面输入函数

函数	功能
waitfor	停止运行，直到条件满足时继续执行程序
waitforbuttonpress	停止运行，直到按下键盘或单击鼠标时继续运行
ginput	获取鼠标或光标输入

6. 优先权控制函数

MATLAB中的优先权控制函数如表10-8所示。

表10-8　MATLAB中的优先权控制函数

函数	功能
addpref	添加优先权(preference)
getpref	获取优先权
ispref	判断优先权是否存在
rmpref	删除优先权
setpref	设置优先权
uigetpref	打开对话框，查找优先权
uisetpref	管理用于 uigetpref 的优先权

7. 应用函数

MATLAB中的应用函数如表10-9所示。

表10-9　MATLAB中的应用函数

函数	功能
align	排列UI控件和轴
findall	搜索所有的对象
findfigs	搜索图形超出屏幕的部分
findobj	定位满足指定属性的图形对象
gcbf	返回当前运行的响应函数所对应对象所在图形的句柄
gcbo	返回当前运行的响应函数所对应对象的句柄
guihandles	创建句柄结构体
inspect	打开属性监测器
movegui	将GUI移到屏幕上的指定位置
openfig	打开GUI，若已经打开，则令其处于活动状态
selectmoveresize	选中、移动、重置大小或者复制坐标系或图形控件
textwrap	返回指定控件的字符串矩阵
uiresume	重新开始执行通过uiwait暂停的程序
uistack	重新堆栈对象
uiwait	中断程序的执行，通过uiresume恢复执行

10.4.2 通过程序创建GUI的示例

本节将介绍如何通过程序创建GUI，帮助读者进一步掌握用程序创建GUI的过程及方法。

1. 需要实现的功能及需要包含的控件

本节所创建的GUI的功能是在坐标系内绘制用户选定的数据，包含的控件如下。

- 坐标系。
- 弹出菜单，其中包含5个绘图选项。
- 按钮，更新坐标系中的内容。
- 菜单栏，其中包含 File 菜单，该菜单中包含三个选项，分别为Open、Print和Close。
- 工具栏，包含两个按钮，分别为Open和 Print。

打开该GUI时，在坐标系中会显示5组随机数。用户可以通过弹出菜单选择绘制其他图形，选择后单击Update按钮更新图形。

该GUI的最终界面如图10-32所示。

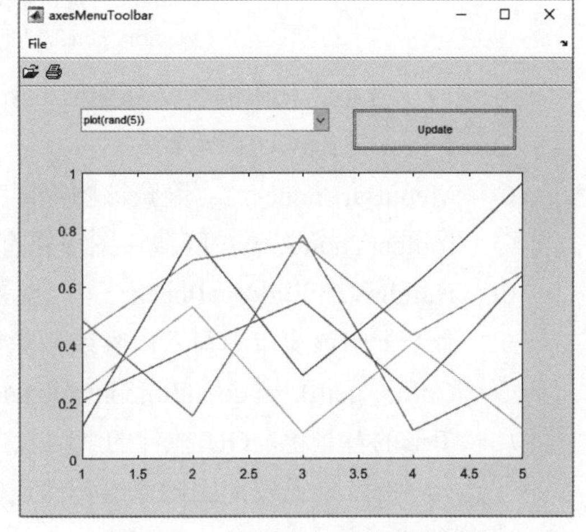

图 10-32 待创建 GUI 的最终界面

2. 需要使用的技术

在创建该GUI的过程中，需要使用的技术包括以下几种。

- 当打开GUI时，向其输入参数。
- GUI返回时，得到其输出参数。
- 处理异常变化。
- 跨平台运行该GUI。
- 创建菜单。
- 创建工具栏。
- 大小改变功能。

3. 创建 GUI

创建GUI时，可定义两个变量：mOutputArgs和mPlotTypes。

mOutputArgs为单元数组，其内容为输出值。在后面的程序中将为其定义默认值。mOutputArgs的定义语句如下。

```
mOutputArgs = {};   % Variable for storing output whenGUIreturns
```

mPlotTypes是一个5×2的单元数组，其元素为将要在坐标系中绘制的数据。第一列为字符串，显示在弹出菜单中；第二列为匿名函数句柄，是待绘制的函数。

其定义语句为：

```
mPlotTypes = {...         % Example plot types shown by this GUI
              'plot(rand(5))',              @(a)plot(a,rand(5));
              'plot(sin(1:0.01:25))',       @(a)plot(a,sin(1:0.01:25));
              'bar(1:.5:10)',               @(a)bar(a,1:.5:10);
```

```
                    'plot(membrane)',          @(a)plot(a,membrane);
                    'surf(peaks)',             @(a)surf(a,peaks)};
```

mPlotTypes的初始化语句写于函数的开始部分，这样后面的所有响应函数都可以使用该变量的值。

4. 创建 GUI 界面和控件

在初始化数据后，开始创建GUI的主界面及其控件。

1) 创建主界面

创建主界面的代码如下。

```
hMainFigure = figure(...          % The mainGUIfigure
                    'MenuBar','none', ...
                    'Toolbar','none', ... '
                    HandleVisibility','callback', ...
                    'Color', get(0,...'defaultuicontrolbackgroundcolor'));
```

在这段函数中，代码的含义分别如下所示。

- figure：创建GUI图形窗口。
- 'MenuBar','none', ...：隐藏该图形原有的菜单栏。
- Toolbar','none', …：隐藏该图形原有的工具栏。
- 'HandleVisibility','callback', …：设置该图形只能通过响应函数调用，并且阻止通过命令行向该窗口中写入内容或删除该窗口。
- 'Color', get(0, …'defaultuicontrolbackgroundcolor')：定义图形的背景色，该语句定义图形的背景色与GUI控件的默认颜色相同，比如按钮的颜色。由于不同的系统会有不同的默认设置，因此该语句保证GUI的背景色与控件的颜色匹配。

2) 创建坐标系

创建坐标系的代码如下。

```
hPlotAxes = axes(...          % Axes for plotting the selected plot
                 'Parent', hMainFigure, ...
                 'Units', 'normalized', ...
                 'HandleVisibility','callback', ...
                 'Position',[0.11 0.13 0.80 0.67]);
```

其中代码的功能如下所示。

- axes：创建坐标系。
- 'Parent', hMainFigure,...：设置该坐标系为hMainFigure所指图形(主界面)的子图形。
- 'Units', 'normalized',...：该属性保证当改变GUI的尺寸时，坐标系同时变化。
- 'Position',[0.11 0.13 0.80 0.67]：定义坐标系的位置及大小。

3) 创建弹出菜单

创建弹出菜单的代码如下。

```
hPlotsPopupmenu = uicontrol(...     % List of available types of plot
                    'Parent', hMainFigure, ...
                    'Units','normalized',...
```

```
        'Position',[0.11 0.85 0.45 0.1],...
        'HandleVisibility','callback', ...
        'String',mPlotTypes(:,1),...
        'Style','popupmenu');
```

其中代码的功能如下。

- uicontrol：创建弹出菜单。uicontrol可以创建各种菜单。若将属性'Style'的值设置为'popupmenu'，则表示创建弹出菜单。
- 'String',mPlotTypes(:,1),...：'String'用于设置菜单中显示的内容，这里显示变量mPlotTypes中的内容。

4) Update按钮

创建 Update 按钮的代码如下。

```
hUpdateButton=uicontrol(...  % Button for updating selected plot
                'Parent', hMainFigure, ...
                'Units','normalized',...
                'HandleVisibility','callback', ...
                'Position',[0.6 0.85 0.3 0.1],...
                'String','Update',...
                'Callback', @hUpdateButtonCallback);
```

其中代码的功能如下所示。

- uicontrol：该函数用于创建各种GUI控件，所创建控件的类型通过属性 'Style' 确定，其默认值为创建按钮，因此这里不需要再次设置。
- 'String','Update',...：设置按钮的显示文本为 Update。
- 'Callback',@hUpdateButtonCallback：设置该按钮的响应函数为 hUpdateButton-Callback。

5) File菜单

为了创建File菜单，需要首先创建菜单，再依次创建菜单中的各菜单项，代码如下。

```
hFileMenu   =   uimenu(...          % File menu
                        'Parent',hMainFigure,...
                        'HandleVisibility','callback', ...
                        'Label','File');
hOpenMenuitem   =   uimenu(...      % Open menu item
                        'Parent',hFileMenu,...
                        'Label','Open',...
                        'HandleVisibility','callback', ...
                        'Callback', @hOpenMenuitemCallback);
hPrintMenuitem   =   uimenu(...     % Print menu item
                        'Parent',hFileMenu,...
                        'Label','Print',...
                        'HandleVisibility','callback', ...
                        'Callback', @hPrintMenuitemCallback);
hCloseMenuitem   =   uimenu(...     % Close menu item
                        'Parent',hFileMenu,...
                        'Label','Close',...
```

```
                    'Separator','on',...
                    'HandleVisibility','callback', ...
                    'Callback', @hCloseMenuitemCallback);
```

其中代码的功能如下所示。

- uimenu：该函数用于创建菜单。创建主菜单时设置其属性'Parent'为GUI主窗口。hMainFigure：创建菜单项时设置该属性为hFileMenu。
- 'Label'：用于设置菜单的标题。

6) 工具栏

创建工具栏与创建菜单相同，需要首先创建工具栏，然后依次创建其中的各个工具，代码如下。

```
hToolbar    =   uitoolbar(...           % Toolbar for Open and Print buttons
                    'Parent',hMainFigure, ...
                    'HandleVisibility','callback');
hOpenPushtool   =   uipushtool(...   % Open toolbar button
                    'Parent',hToolbar,...
                    'TooltipString','Open File',...
                    'CData',importdata(fullfile(matlabroot,...
                    'toolbox\matlab\icons\opendoc.mat')),...
                    'HandleVisibility','callback', ...
                    'ClickedCallback', @hOpenMenuitemCallback);
hPrintPushtool=uipushtool(...          % Print toolbar button
                    'Parent',hToolbar,...
                    'TooltipString','Print Figure',...
                    'CData',importdata(fullfile(matlabroot,...
                    'toolbox\matlab\icons\printdoc.mat')),...
                    'HandleVisibility','callback', ...
                    'ClickedCallback', @hPrintMenuitemCallback);
```

上述代码中的函数及参数的含义分别如下所示。

- uitoolbar：在主窗口中创建工具栏。
- uipushtool：创建工具栏中的项。
- TooltipString：该属性用于设置当鼠标移到该图标时显示的提示文本。
- CData：用于指定显示于该按钮上的图像。
- ClickedCallback：用于指定单击该工具时执行的操作。

5. 初始化 GUI

创建打开该GUI时所显示的图形，并且定义输出参数值，代码如下。

```
% Update the plot with the initial plot type
localUpdatePlot();
% Define default output and return it if it is requested by users
mOutputArgs{1} = hMainFigure;
if nargout>0
    [varargout{1:nargout}] = mOutputArgs{:};
end
```

localUpdatePlot函数用于在坐标系中绘制选定的数据。后面的语句设置默认输出为该GUI的句柄。

6. 定义响应函数

该GUI共有6个控件由响应函数控制，但是由于工具栏中的Open按钮和File菜单中的Open选项共用一个响应函数，Print按钮和Print菜单项共用一个响应函数，因此共需要定义4个响应函数。

1) Update 按钮的响应函数

Update按钮的响应函数为 hUpdateButtonCallback，该函数的定义如下。

```
function hUpdateButtonCallback(hObject, eventdata)
% Callback function run when the Update button is pressed
    localUpdatePlot();
  end
```

其中，localUpdatePlot为一个辅助函数，稍后将介绍该函数。

2) Open 菜单项的响应函数

Open菜单项和工具栏中Open按钮的响应函数为hOpenMenuitemCallback，该函数的定义如下。

```
function hOpenMenuitemCallback(hObject, eventdata)
% Callback function run when the Open menu item is selected
    file = uigetfile('*.m');
    if ~isequal(file, 0)
        open(file);
    end
end
```

该函数首先调用uigetfile函数，打开文件查找标准对话框。如果uigetfile函数的返回值为有效文件名，则调用open函数将其打开。

3) Print 菜单项的响应函数

Print菜单项的响应函数为hPrintMenuitemCallback，该函数的定义如下。

```
function hPrintMenuitemCallback(hObject, eventdata)
% Callback function run when the Print menu item is selected
    printdlg(hMainFigure);
end
```

该函数调用printdlg函数打开打印对话框。

4) Close 菜单项的响应函数

Close菜单项用于关闭该GUI窗口，其响应函数为hCloseMenuitemCallback，该函数的定义如下。

```
function hCloseMenuitemCallback(hObject, eventdata)
% Callback function run when the Close menu item is selected
    selection = ...
      questdlg(['Close ' get(hMainFigure,'Name') '?'],...
```

```
                    ['Close ' get(hMainFigure,'Name') '...'],...
                    'Yes','No','Yes');
        if strcmp(selection,'No')
            return;
        end

        delete(hMainFigure);
    end
```

该函数首先调用questdlg 函数打开询问对话框。如果用户选择No，则取消操作；如果用户选择Yes，则关闭该窗口。

除上述响应函数外，还用到了辅助函数localUpdatePlot。该函数的定义如下。

```
function localUpdatePlot
% Helper function for plotting the selected plot type
    mPlotTypes{get(hPlotsPopupmenu, 'Value'), 2}(hPlotAxes);
end
```

该函数可以利用选中的绘图类型进行绘图。

7. 该 GUI 的完整 M 文件

```
function varargout = axesMenuToolbar(varargin)
% AXESMENUTOOLBAR Example for creating GUIs with menus, toolbar, and plots
%        AXESMENUTOOLBAR is an exampleGUIfor demonstrating how to creating
%        GUIs using nested functions. It shows how to generate different
%        plots and how to add menus and toolbar to the GUIs.

%   Copyright 1984-2007 The MathWorks, Inc.

% Declare non-UI data so that they can be used in any functions in this GUI
% file, including functions triggered by creating theGUIlayout below
mOutputArgs     = {};         % Variable for storing output whenGUIreturns
mPlotTypes      = {...        % Example plot types shown by this GUI
                  'plot(rand(5))',            @(a)plot(a, rand(5));
                  'plot(sin(1:0.01:25))',     @(a)plot(a, sin(1:0.01:25));
                  'bar(1:.5:10)',             @(a)bar(a,1:.5:10);
                  'plot(membrane)',           @(a)plot(a, membrane);
                  'surf(peaks)',              @(a)surf(a, peaks)};

% Declare and create all the UI objects in thisGUIhere so that they can
% be used in any functions
hMainFigure    =   figure(...        % the mainGUIfigure
                       'MenuBar','none', ...
                       'Toolbar','none', ...
                       'HandleVisibility','callback', ...
                       'Name', mfilename, ...
                       'NumberTitle','off', ...
                       'Color', get(0, 'defaultuicontrolbackgroundcolor'));
hPlotAxes      =   axes(...          % the axes for plotting the selected plot
```

```
                                'Parent', hMainFigure, ...
                                'Units', 'normalized', ...
                                'HandleVisibility','callback', ...
                                'Position',[0.11 0.13 0.80 0.67]);
hPlotsPopupmenu=   uicontrol(...      % list of available types of plot
                                'Parent', hMainFigure, ...
                                'Units','normalized',...
                                'Position',[0.11 0.85 0.45 0.1],...
                                'HandleVisibility','callback', ...
                                'String',mPlotTypes(:,1),...
                                'Style','popupmenu');
hUpdateButton    =   uicontrol(...     % Button for updating selected plot
                                'Parent', hMainFigure, ...
                                'Units','normalized',...
                                'HandleVisibility','callback', ...
                                'Position',[0.6 0.85 0.3 0.1],...
                                'String','Update',...
                                'Callback', @hUpdateButtonCallback);
hFileMenu        =   uimenu(...         % File menu
                                'Parent',hMainFigure,...
                                'HandleVisibility','callback', ...
                                'Label','File');
hOpenMenuitem    =   uimenu(...         % Open menu item
                                'Parent',hFileMenu,...
                                'Label','Open',...
                                'HandleVisibility','callback', ...
                                'Callback', @hOpenMenuitemCallback);
hPrintMenuitem   =   uimenu(...         % Print menu item
                                'Parent',hFileMenu,...
                                'Label','Print',...
                                'HandleVisibility','callback', ...
                                'Callback', @hPrintMenuitemCallback);
hCloseMenuitem   =   uimenu(...         % Close menu item
                                'Parent',hFileMenu,...
                                'Label','Close',...
                                'Separator','on',...
                                'HandleVisibility','callback', ...
                                'Callback', @hCloseMenuitemCallback);
hToolbar         =   uitoolbar(...      % Toolbar for Open and Print buttons
                                'Parent',hMainFigure, ...
                                'HandleVisibility','callback');
hOpenPushtool    =   uipushtool(...    % Open toolbar button
                                'Parent',hToolbar,...
                                'TooltipString','Open File',...
                                'CData',importdata(fullfile(matlabroot, ...
                                    '/toolbox/matlab/icons/opendoc.mat')),...
                                'HandleVisibility','callback', ...
                                'ClickedCallback', @hOpenMenuitemCallback);
```

```
hPrintPushtool =  uipushtool(...       % Print toolbar button
                        'Parent',hToolbar,...
                        'TooltipString','Print Figure',...
                        'CData',importdata(fullfile(matlabroot, ...
                        '/toolbox/matlab/icons/printdoc.mat')),...
                        'HandleVisibility','callback', ...
                        'ClickedCallback', @hPrintMenuitemCallback);

% Update the plot with the initial plot type
localUpdatePlot();

% Define default output and return it if it is requested by users
mOutputArgs{1} = hMainFigure;
if nargout>0
    [varargout{1:nargout}] = mOutputArgs{:};
end

    %------------------------------------------------------------------------
    function hUpdateButtonCallback(hObject, eventdata)
    % Callback function run when the update button is pressed
        localUpdatePlot();
    end

    %------------------------------------------------------------------------
    function hOpenMenuitemCallback(hObject, eventdata)
    % Callback function run when the Open menu item is selected
        file = uigetfile('*.fig');
        if ~isequal(file, 0)
            open(file);
        end
    end

    %------------------------------------------------------------------------
    function hPrintMenuitemCallback(hObject, eventdata)
    % Callback function run when the Print menu item is selected
        printdlg(hMainFigure);
    end

    %------------------------------------------------------------------------
    function hCloseMenuitemCallback(hObject, eventdata)
    % Callback function run when the Close menu item is selected
        selection = questdlg(['Close ' get(hMainFigure,'Name') '?'],...
                             ['Close ' get(hMainFigure,'Name') '...'],...
                             'Yes','No','Yes');
        if strcmp(selection,'No')
            return;
        end
```

```
        delete(hMainFigure);
    end
    %--------------------------------------------------------------------------
    function localUpdatePlot
    % Helper function for ploting the selected plot type
        mPlotTypes{get(hPlotsPopupmenu, 'Value'), 2}(hPlotAxes);
    end

end % end of axesMenuToolbar
```

10.5 通过App Designer创建GUI

Mathworks在R2016a中正式推出了GUIDE的替代产品：App Designer, 这是在MATLAB从图形系统转向使用面向对象系统之后(R2014b)所出现的一个重要后续产品。它旨在顺应Web的潮流，帮助用户利用新的图形系统方便地设计更加美观的GUI。

因此，MATLAB提供了另一种创建图形用户界面的方法：通过App Designer面向对象的方式创建GUI。

10.5.1 启动App Designer

App Designer设计台可以通过以下两种方法启动：在命令行中输入appdesigner，或单击“主页”工具栏中的“新建”|“APP”按钮，打开App Designer窗口，如图10-33所示。

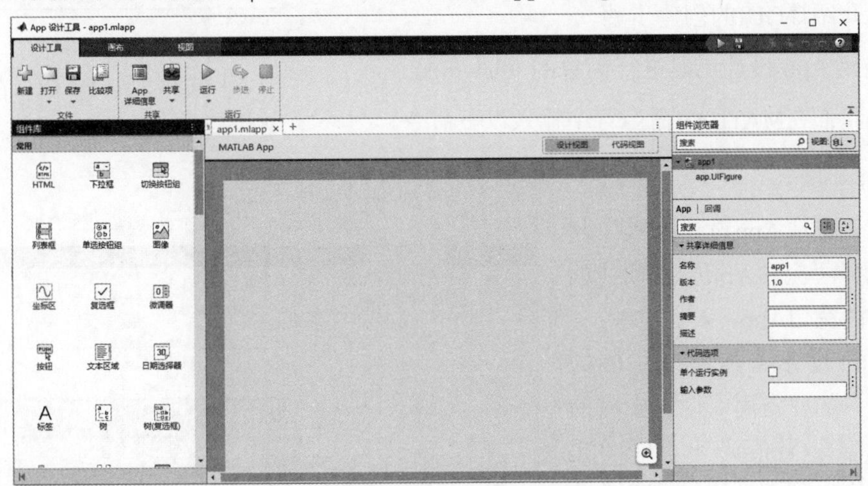

图 10-33　App Designer 窗口

App Designer有如下几个主要的特点。

(1) 最明显的特点：自动生成的代码使用了面向对象的语法。

(2) 最大的特点：增加了和工业应用相关的控件，比如仪表盘(Gauge)、旋钮(Knob)、开关(Switch)、指示灯(Lamp)等，如图10-34所示。

(3) App Designer采用了现代并且友好的界面，用户更容易自己学习和探索。

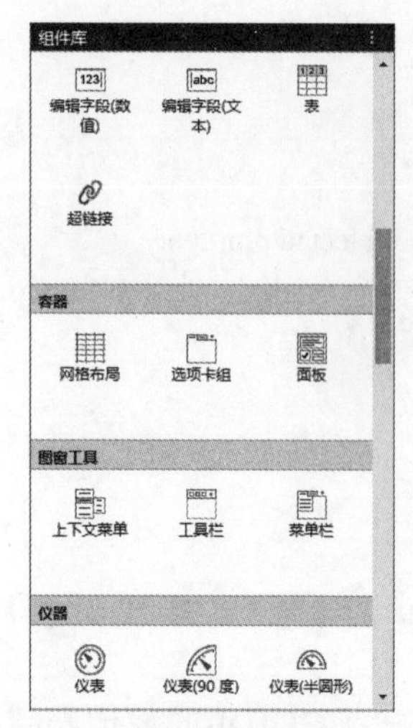

图 10-34　增加了更多新式的控件

10.5.2　创建一个简单的GUI

本节通过一个简单的例子介绍使用App Designer创建GUI的过程。该GUI是一个提款机界面，其中包含两个编辑字段(数值)框，分别用以显示账户存款余额和取款或者存款金额；两个按钮，分别用以确定取款或存款。其界面草图如图10-35所示。

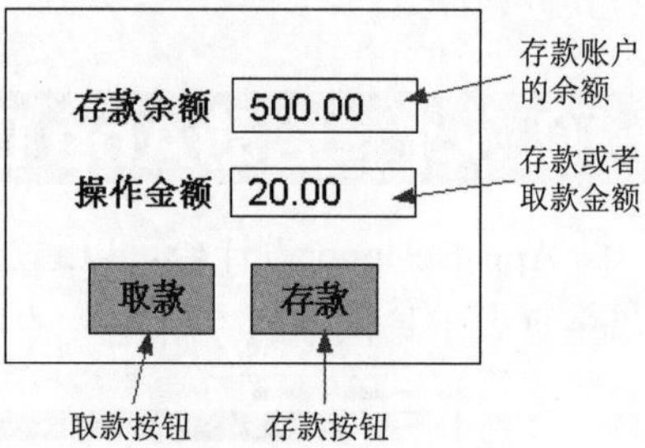

存款余额　500.00　存款账户的余额
操作金额　20.00　存款或者取款金额
取款　存款
取款按钮　存款按钮

图 10-35　待创建 GUI 的草图

下面介绍该GUI的创建步骤。

1. 使用 App 设计工具进行简单的 GUI 布局

首先我们在MATLAB命令行中输入以下命令。

```
>> appdesigner
```

在打开的“App设计工具”起始页中选择“空白App”选项，创建一个新的空白App。

从App设计工具窗口左侧的“组件库”的“常用”区域中将两个“编辑字段(数值)”和两个“按钮”控件拖曳到“设计视图”中，构建基本界面，如图10-36所示。

App设计工具对于画布控件的布局设计非常友好，如果用鼠标移动这些控件，画布上就会出现辅助线以辅助对齐控件，如图10-37所示。

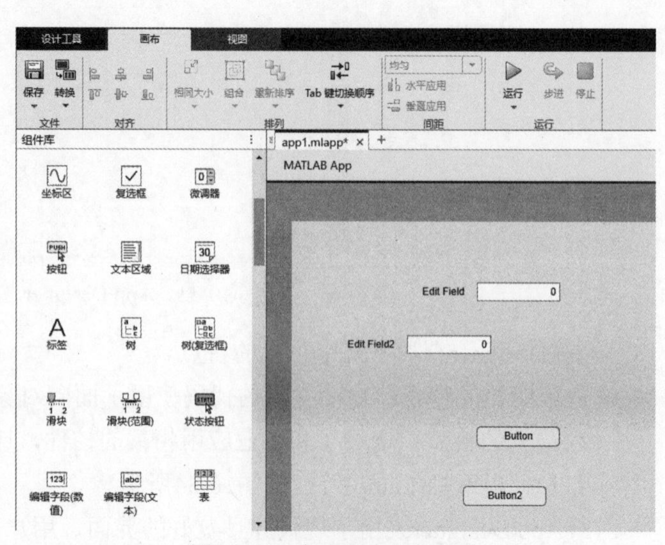

图 10-36　向界面中添加控件

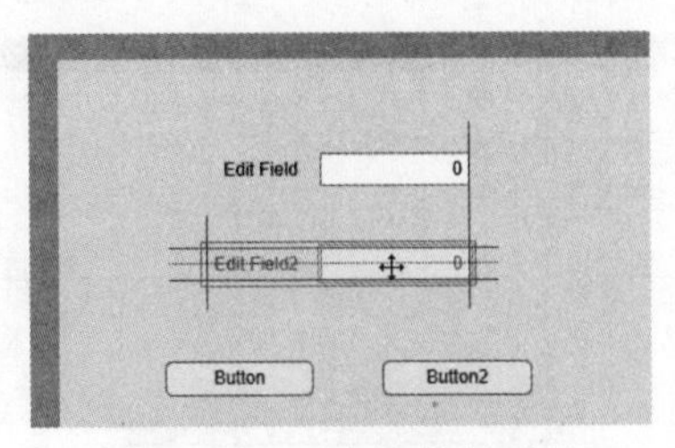

图 10-37　对齐控件辅助线

如果同时选择了多个控件，App设计工具还可以帮助自动布局它们在横向和纵向的分布等。比如在“画布”工具栏中的“对齐”区域中包括左右、上下居中对齐等；“排列”区域中包括大小控件相同组合等；“间距”区域中包括水平应用、垂直应用等，如图10-38所示。

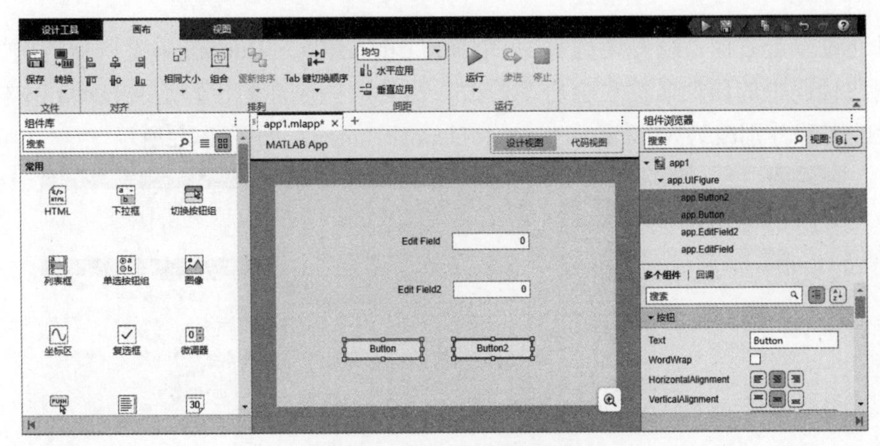

图 10-38　多个控件的分布

双击控件的文本部分，可以直接修改控件的说明文字，如图10-39所示。

调整控件的大小、间距之后，新的GUI看上去和用GUIDE设计的类似，如图10-40所示。

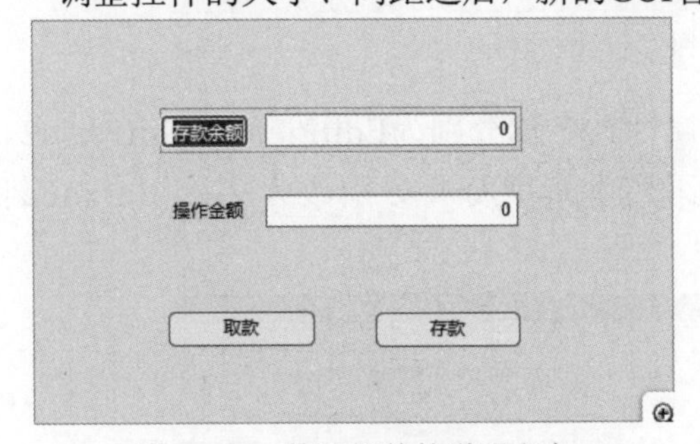

图 10-39　修改控件的说明文字

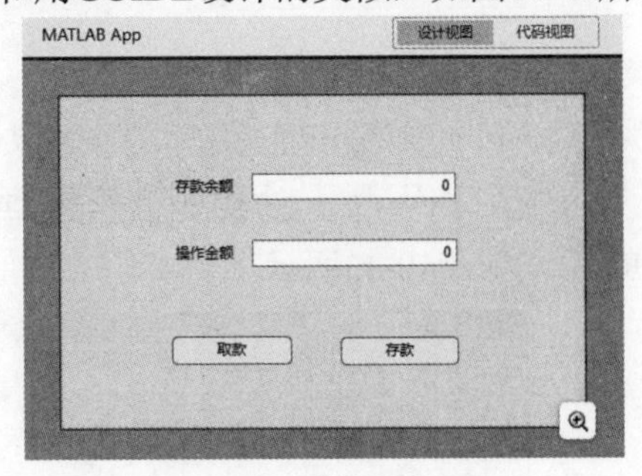

图 10-40　调整后的 GUI

2. 修改 App 设计工具控件的名称

单击“代码视图”，可以看到App设计工具为这个界面自动生成的面向对象的代码，整段代码中有些部分是灰显的，这表示它们不可以在编辑器中直接被修改，而要通过App设计工具提供的互动方式进行修改。

从“代码视图”中可以看到，两个“按钮”分别是类的两个属性，名称为Button和Button2，以这样的方式命名属性对理解程序的逻辑毫无用处，最好将其名称改为有实际意义的名称，如图10-41所示。

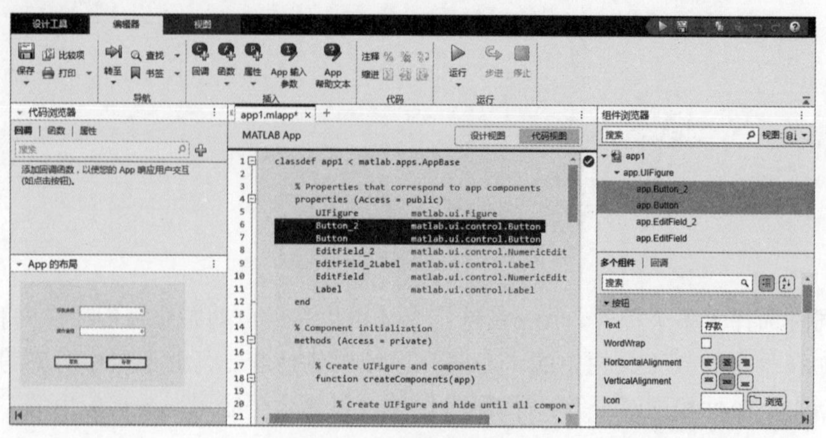

图 10-41 “代码视图”窗口

可以通过双击右栏“组件浏览器”中的app.Button和app.Button2来键入新的属性名称，同时，左边代码中的属性名称也会自动修改，尽管这些属性的代码是灰显的。本例将“按钮”属性的名称分别改为WithDrawButton和DepositButton，如图10-42所示。

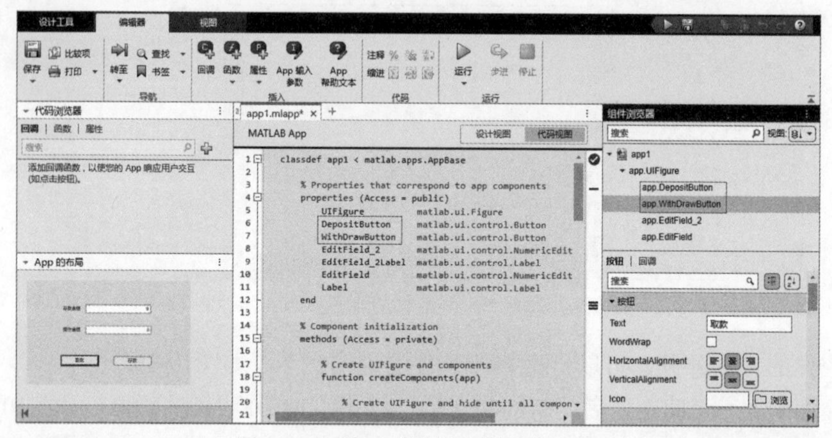

图 10-42 修改“按钮”属性的名称

另外，本例中的两个“编辑字段(数值)”属性的名称分别为EditField和EditField2。同样，这些名称不利于对程序逻辑的理解，因此本例中将其分别改为ViewBalance和ViewRMB，如图10-43所示。

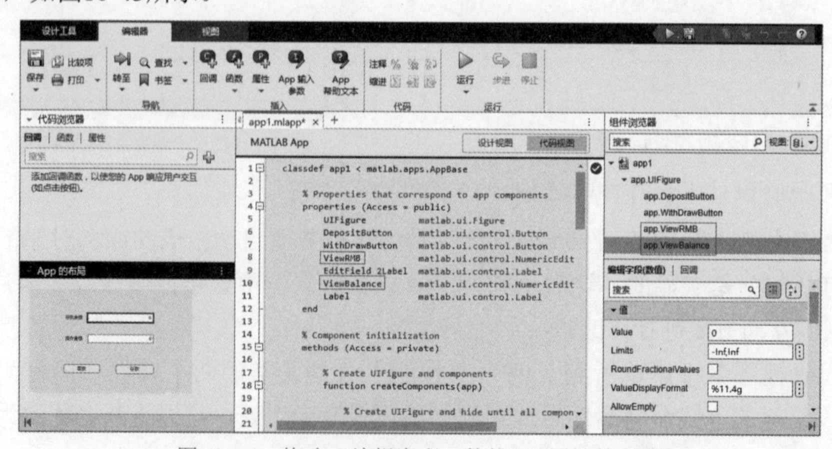

图 10-43 修改“编辑字段(数值)”属性的名称

3. 给 App 类添加属性

在本例中，应该包括账户Balance的值，于是可以给App类添加一个名为Balance的属性。这可以通过在“编辑器”的工具栏中选择“属性”|“私有属性”选项来实现。

如图10-44所示，App Designer自动在App类定义中插入了一段properties的代码，该properties的属性是private，即无法从外部访问和修改Balance。

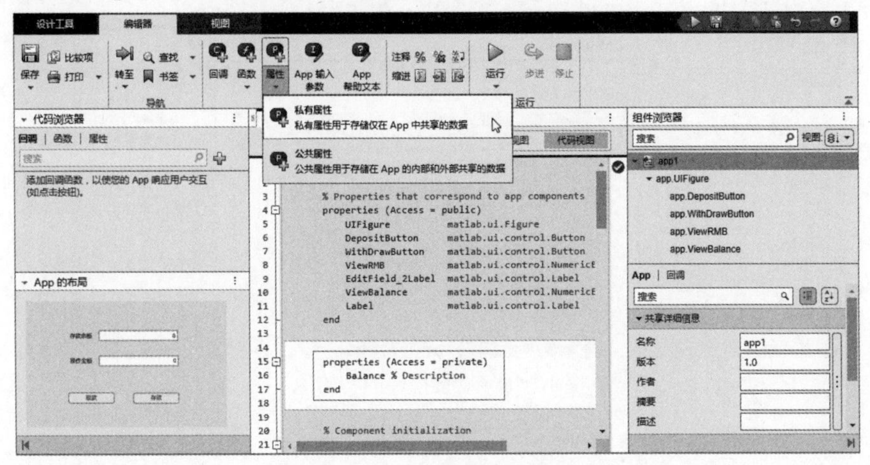

图 10-44　自动插入的属性定义

4. 设置 GUI 控件的初值

通常在将GUI呈现给用户时，栏目中应该包含一些初始值。由于本例希望ViewBalance和ViewRMB栏中能够显示初始值，因此只需修改startupFcn函数即可，代码如下。

```
% Code that executes after component creation
function startupFcn(app)
    app.Balance = 500;
    app.ViewRMB.Value = 0 ;
    app.ViewBalance.Value = app.Balance;
end
```

选择右栏“组件浏览器”中的app1，在组件属性区中选择“回调”|“StartupFcn”|“<添加StartupFcn 回调>”选项，如图10-45所示。

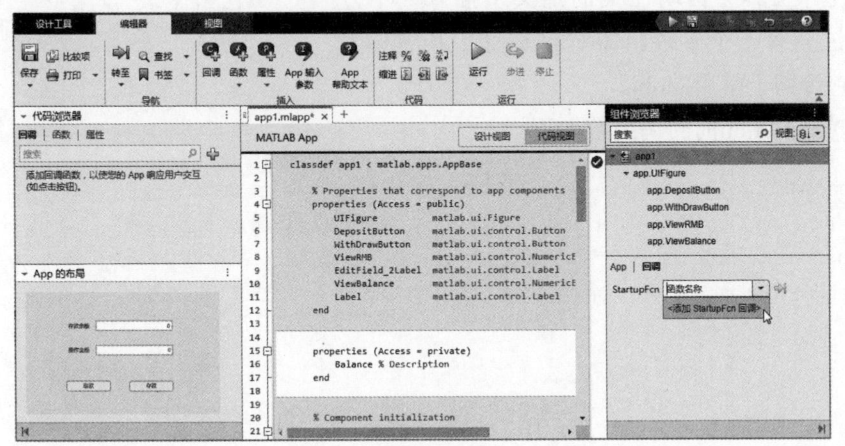

图 10-45　添加 StartupFcn 回调

将上述代码写入函数中，设置ViewBalance和ViewRMB控件的初始值，即初始余额为500元，初始操作(提款或者存款)金额为0元，如图10-46所示。单击工具栏中的“运行”按钮▶，保存并运行当前App，得到的结果如图10-47所示。

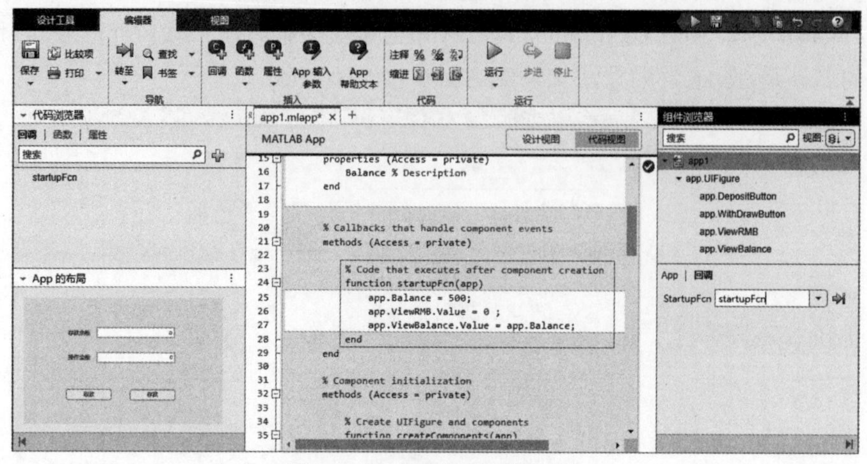

图 10-46　设置控件的初始值

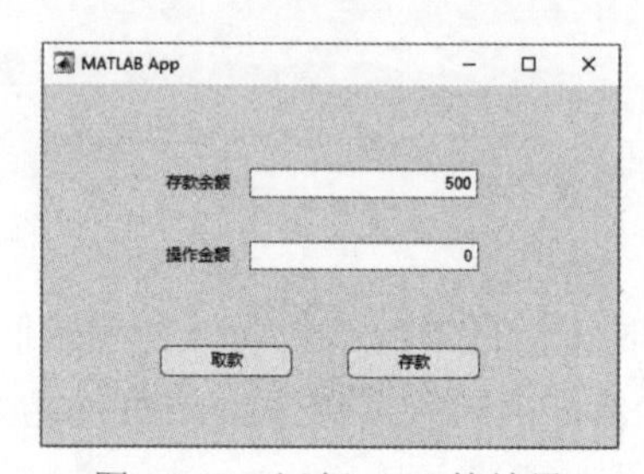

图 10-47　运行 GUI 的结果

5. 给控件添加回调函数

最后，需要给两个“按钮”添加回调函数，在“组件浏览器”中单击app.WithDrawButton，然后在属性区中选择“回调”|“ButtonPushedFcn”|“<添加ButtonPushedFcn回调>”选项，如图10-48所示。

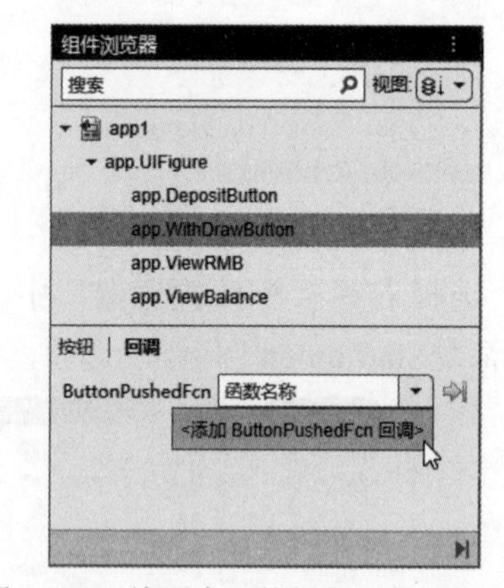

图 10-48　给两个“按钮”添加回调函数

App设计工具会自动在类的定义中插入一个方法，该方法只有一个参数，即对象本身，其名称为app, 其实它等同于常用的obj。

WithDrawButton的回调函数如下。

```
function WithDrawButton_ButtonPushed(app,event)
    value = app.ViewRMB.Value ;              % 获得界面上的“操作金额”栏的值
    app.Balance = app.Balance - value;       % 取款做减法
    app.ViewBalance.Value = app.Balance;     % 更新界面上的“存款余额”栏的值
end
```

DepositButton的回调函数如下。

```
function DepositButton_ButtonPushed(app,event)
        value = app.ViewRMB.Value ;
        app.Balance = app.Balance + value;
        app.ViewBalance.Value = app.Balance;
end
```

最后单击功能区中的“运行”按钮▶，测试一下这个简单的程序。若“存款余额”初始值500元，存款50元后，账户余额将变成550元，取款200元后，账户余额将变成350元，如图10-49所示。

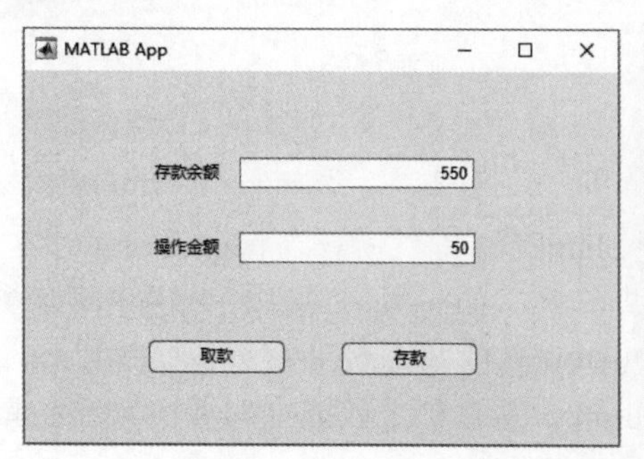

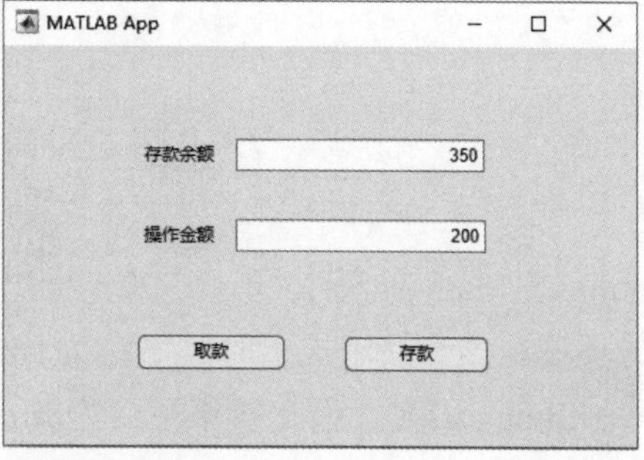

图 10-49　测试程序的结果

10.6 习题

1. 简述在MATLAB中创建GUI的步骤。

2. 简述GUI控件的种类及各自的功能。

3. 什么是回调函数？其作用是什么？

4. 创建一个 GUI，使用一个弹出式控件选择它的背景颜色。

5. 创建一个 GUI，绘制抛物线$y = ax^2 + bx + c$的图像。其中，参数a、b、c的值及绘图范围等通过界面上的文本编辑框输入。

第11章

Simulink的建模与仿真

Simulink是MathWorks公司于1990年推出的一款产品，用于在MATLAB下建立系统框图和仿真的环境。该产品刚推出时其名称为Simulab，由于该名称非常类似于当时一门很流行的语言——Simula语言，因此次年更名为Simulink。从名称上就能立即看出该产品具有两层含义：首先，“Simu”一词表明用于计算机仿真；而“link”一词表示它能进行系统连接，即把一系列的功能模块连接起来，构成复杂的系统模型。也正是因为这两方面的功能和特色，使它成为仿真领域首选的计算机环境。

早在Simulink出现之前，仿真一个给定的连续系统是件很复杂的事情，当时的MATLAB虽然支持一些较为简单的常微分方程求解，但是只用语句的方式建立起完整系统的状态方程是很困难的，所以需要借助ACSL等仿真语言工具。当时，采用这样的语言建立模型需要进行很多手工编程，这很不直观，对复杂的问题来说出错在所难免；而且由于涉及过多的手工编程，浪费的时间较多，因此很不划算。所以Simulink一出现，立即就成为主要的仿真工具。

本章重点是向读者介绍Simulink中的建模方法和基本功能模块。首先介绍Simulink建模的基本操作和基本流程，然后介绍Simulink的各功能模块和常见模型，最后介绍S函数，并通过实例建模使读者对Simulink有进一步的认识。

本章的学习目标：

- 掌握Simulink模型的建立方法。
- 熟悉Simulink模块库。
- 熟悉常见的Simulink模型。
- 了解S函数的设计和调用。

11.1 Simulink简介

在MATLAB命令行窗口中输入命令simulink，或在功能区中单击Simulink按钮，就可启动Simulink。此时，Simulink起始页(Simulink Start Page)随即打开，参见图11-1。在Simulink起始页中，包含各种可供选择的仿真模板。单击空白模型(Blank Model)可建立一个空白的模型，打开一个新的Untitled-Simulink模型窗口，如图11-2所示。在其中可创建模型，单击窗口上方的“库浏览器”按钮▦，可以打开/关闭模块库(库浏览器)。在打开的Simulink库浏览器窗口单击▦按钮，可以启动独立的库浏览器窗口，其中包含许多Simulink模块。在图11-3中的Simulink标题下显示了这些模块。根据计算机上所安装的MathWorks产品的不同，用户可能会在这个窗口中看到另外一些选项，例如Control System Toolbox和Stateflow。这些选项提供了额外的Simulink模块，通过单击这些选项左边的加号就可以显示它们。在给定某个模块名称的情况下，找到它的最佳方法是：在Simulink库浏览器窗口顶部的Find窗格中输入其名称，当按下回车键之后，Simulink将帮助用户找到这个模块的位置，并且在Find窗格下面的窗格中显示对这个模块的简短说明。

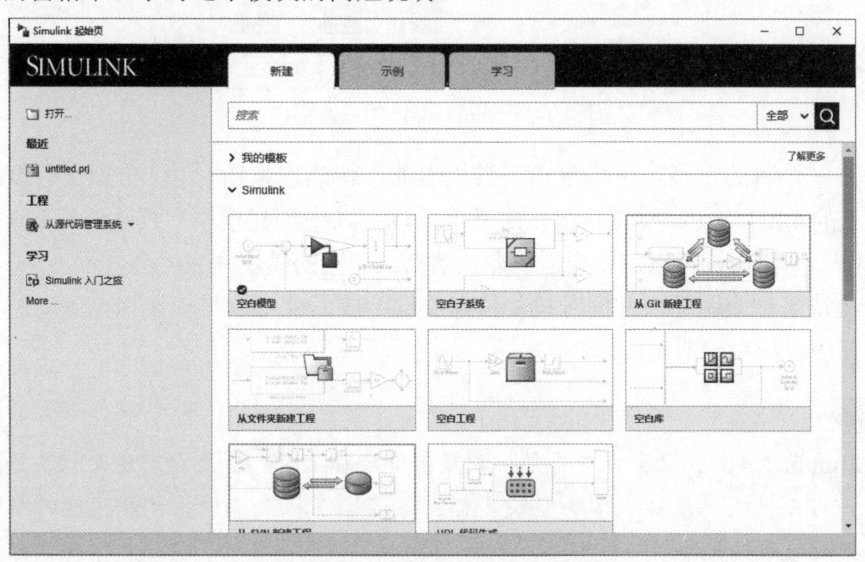

图 11-1　Simulink 起始页

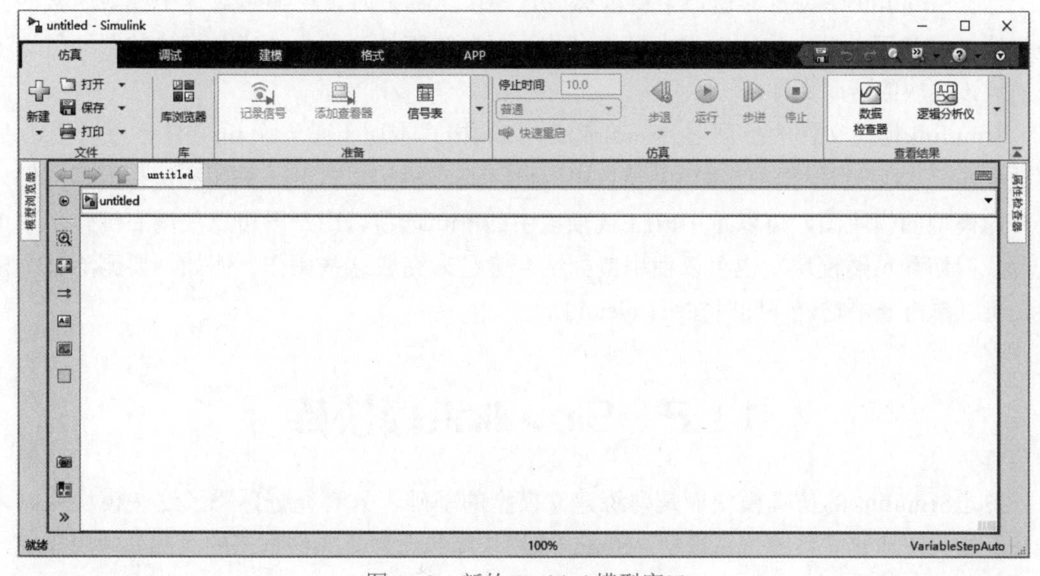

图 11-2　新的 Untitled 模型窗口

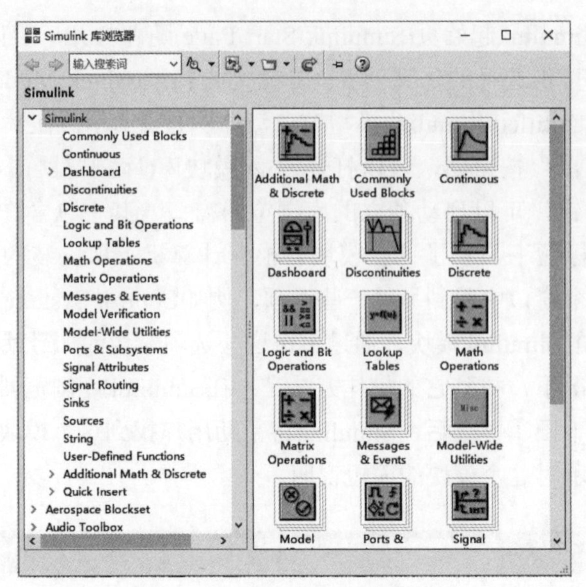

图 11-3　Simulink 库浏览器窗口

要建立一个新的模型，可以单击工具栏上的“新建”按钮。这个操作会打开一个如图11-2所示的新的Untitled模型窗口，之后就可以在其中创建模型。要从Simulink库浏览器窗口中选择一个模块，可以双击合适的库，然后该库中的模块列表就会显示出来。

单击模块名称或图标，并同时按住鼠标左键不放，就可以将模块拖曳到新的模型窗口中，此时释放鼠标左键即可。

❖ 注意

当在Simulink库浏览器窗口中将鼠标放置模块名称上时，会显示对这个模块函数的简短说明。用户可以单击按钮或右击模块名称，再选择下拉菜单中的“xx模块的帮助”选项来访问该模块的帮助文件。

当在Simulink库浏览器窗口中将鼠标放置模块名称上时，会显示对这个模块函数的简短说明。用户可以单击按钮或右击模块名称，再单击下拉菜单中的“xx模块的帮助”选项来访问该模块的帮助文件。

Simulink模型文件的扩展名为.mdl或.slx。slx格式本质上是一个zip文件，可以把slx后缀改成zip，然后解压缩。使用模型窗口中的FILE选项板可以打开、关闭和保存模型文件。要打印模型的模块图，可以选中FILE选项板中的Print选项。用户既可以使用右键弹出菜单复制、剪切和粘贴模块，也可以使用鼠标结合键盘来完成这些操作。例如，要删除某个模块，可以单击选中它，并同时按下Delete键。

11.2　Simulink模块库

熟悉Simulink的仿真模块库是熟练建立模型的基础，只有充分熟悉了这些模块库，才能正确和快速地建立系统仿真模型。Simulink模块库包含建立系统框图的大部分常用模块，下面简要介绍模块库的各部分。

11.2.1　连续模块

在Simulink基本模块中选择Continuous后，单击便可看到如图11-4所示的连续 (Continuous) 模块，其中包括的主要子模块如下所示。

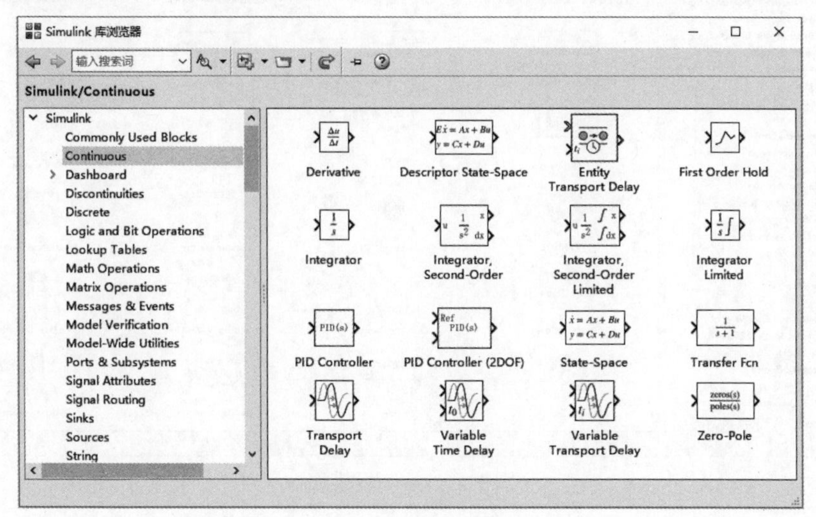

图 11-4　连续模块

- Derivative：微分器。
- Descriptor State-Space：描述符状态空间系统模块。
- Integrator：积分器。
- Integrator,Second-Order：二阶积分。
- Integrator,Second-Order Limited：二阶定积分。
- Integrator Limited：定积分。
- PID Controller：PID控制器。
- PID Controller(2DOF)：PID控制器(2DOF)。
- State-Space：状态空间系统模块。
- Transfer-Fcn：传递函数模块。
- Transport Delay：固定延时模块。
- Variable Time Delay：可变延时模块。
- Variable Transport Delay：可变传输延迟。
- Zero-Pole：零极点模块。

11.2.2　控制板模块

控制板(Dashboard)模块组包含的模块如图11-5所示，其中包含4个子模块组，各主要子模块列举如下。

- Callback Button：回调按钮。
- Check Box：复选框。
- Combo Box：组合框。

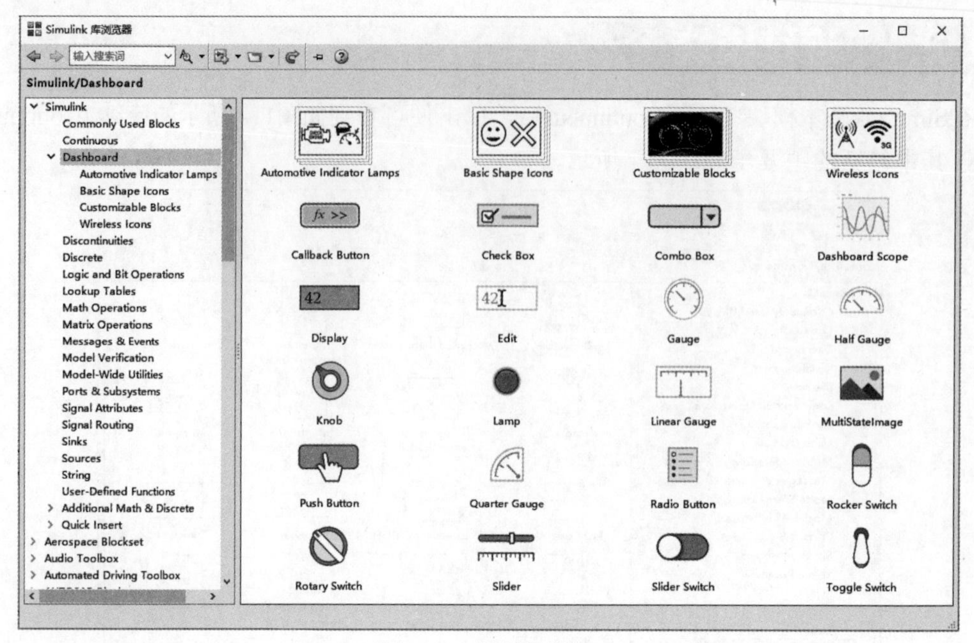

图 11-5　控制板模块

- Dashboard Scope：仪表盘。
- Display：显示。
- Edit：编辑。
- Gauge：圆形仪表。
- Half Gauge：半圆形仪表。
- Knob：手柄。
- Lamp：指示灯。
- Linear Gauge：线性仪表。
- MultiStateImage：多态图像。
- Push Button：按键。
- Quarter Gauge：1/4圆形仪表。
- Radio Button：单选按钮。
- Rocker Switch：摇杆开关。
- Rotary Switch：旋钮开关。
- Slider：滑动条。
- Slider Switch：滑动开关。
- Toggle Switch：拨动开关。

11.2.3 非连续模块

非连续(Discontinuities)模块组包含的模块如图11-6所示，其中各主要子模块列举如下。

- Backlash：间隙非线性模块。
- Coulomb & Viscous Friction：库仑和黏度摩擦非线性模块。

- Dead Zone：死区非线性模块。
- Dead Zone Dynamic：动态死区非线性模块。
- Hit Crossing：冲击非线性模块。
- Quantizer：量化非线性模块。

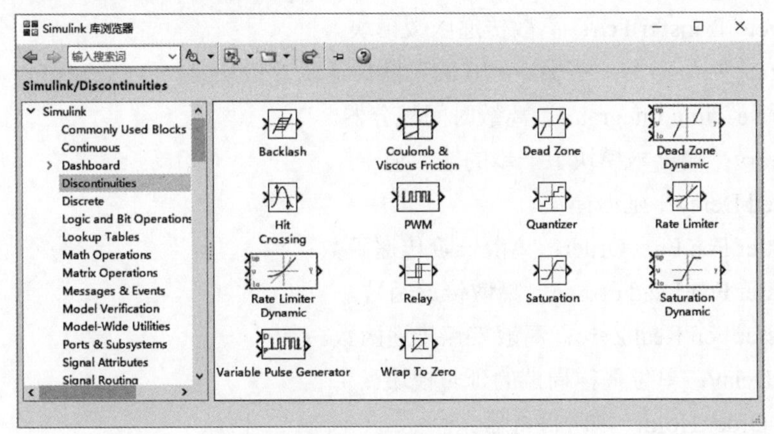

图 11-6　非连续模块

- Rate Limiter：信号变化率限制模块。
- Rate Limiter Dynamic：信号变化率动态限制模块。
- Relay：滞环比较器模块。
- Saturation：饱和输出模块。
- Saturation Dynamic：动态饱和输出模块。
- Warp To Zero：阈值过限清零。

11.2.4　离散模块

离散(Discrete)模块组包含的模块如图11-7所示，其中各主要子模块列举如下。

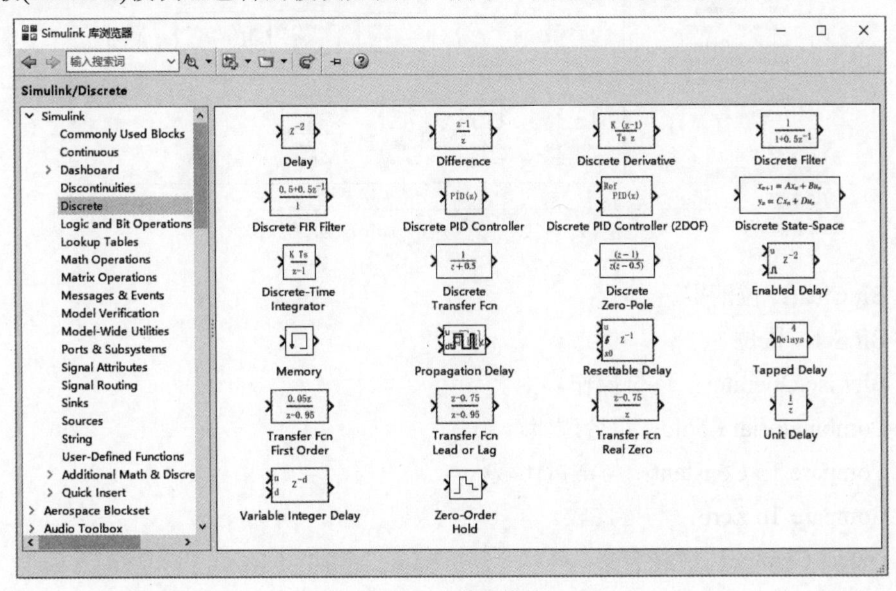

图 11-7　离散模块

- Difference：差分环节模块。
- Discrete Derivative：离散微分环节模块。
- Discrete Filter：离散滤波器模块。
- Discrete State-Space：离散状态空间模块。
- Discrete Transfer Fcn：离散传递函数模块。
- Discrete Zero-Pole：零极点形式的离散传递函数模块。
- Discrete-Time Integrator：离散时间积分器。
- Memory：输出本模块上一步的输入值。
- Tapped Delay：延迟模块。
- Transfer Fcn First Order：离散一阶传递函数。
- Transfer Fcn Lead or Lag：离散传递函数。
- Transfer Fcn Real Zero：离散零点传递函数。
- Unit Delay：单位采样周期的延时模块。
- Zero-Order Hold：零阶保持器。

11.2.5 逻辑和位操作模块

在Simulink基本模块中选择Logic and Bit Operations后，便可看到如图11-8所示的各种子模块，其中各主要子模块列举如下。

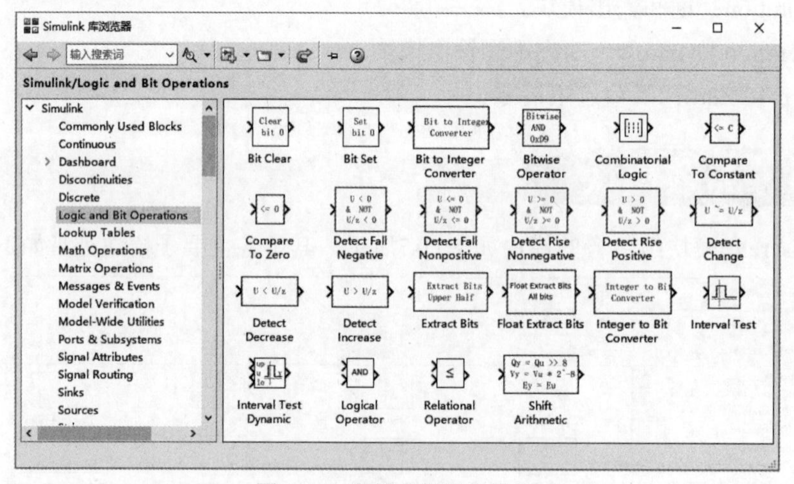

图 11-8　逻辑和位操作模块

- Bit Clear：位清零。
- Bit Set：置位。
- Bitwise Operator：逐位操作。
- Combinatorial Logic：组合逻辑。
- Compare To Constant：与常量比较。
- Compare To Zero：与零比较。
- Detect Change：检测突变。
- Detect Decrease：检测递减。

- Detect Fall Negative：检测负下降沿。
- Detect Fall Nonpositive：检测非负下降沿。
- Detect Increase：检测递增。
- Detect Rise Nonnegative：检测非负上升沿。
- Detect Rise Positive：检测正上升沿。
- Extract Bits：提取位。
- Interval Test：检测开区间。
- Interval Test Dynamic：动态检测开区间。
- Logical Operator：逻辑操作符。
- Relational Operator：关系操作符。
- Shift Arithmetic：移位运算。

11.2.6　查表模块

在Simulink基本模块中选择Lookup Table后，便可看到如图11-9所示的各种子模块，其中各主要子模块列举如下。

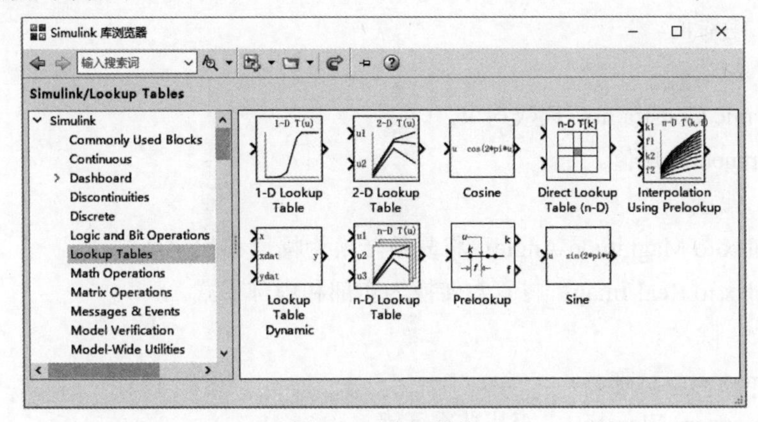

图 11-9　查表模块

- 1-D Lookup Table：信号查询表。
- 2-D Lookup Table：二维信号输入查询表。
- Cosine：余弦函数查询。
- Direct Lookup Table(n-D)：n个输入信号的查询表。
- Interpolation Using Prelookup：n个输入信号的预插值。
- Lookup Table Dynamic：动态查询表。
- Prelookup：预查询索引搜索。
- Sine：正弦函数查询表。
- n-D Lookup Table：n维信号输入查询表。

11.2.7　数学操作模块

在Simulink基本模块中选择Math Operations后，便看到如图11-10所示的各种子模块，其中各主要子模块列举如下。

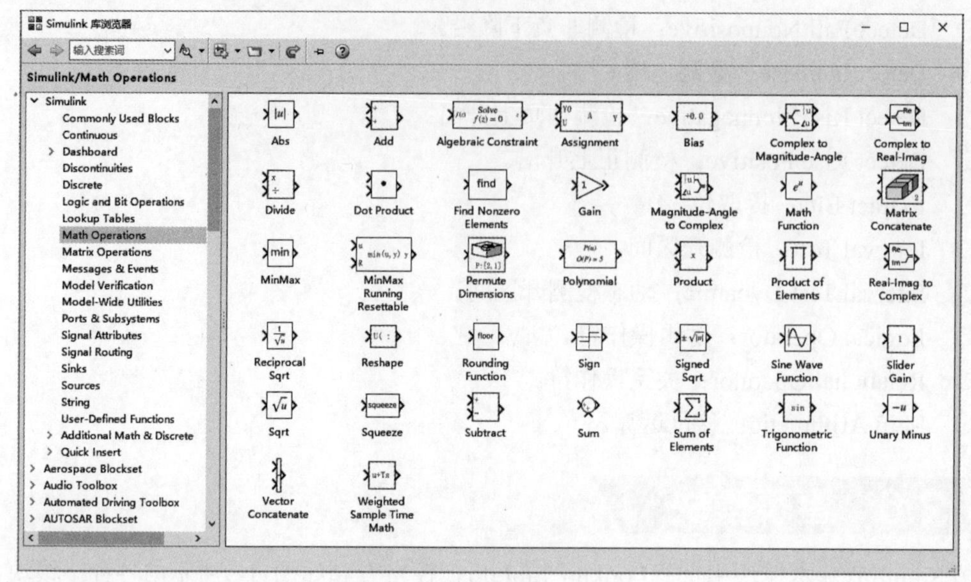

图 11-10　数学操作模块

- Abs：绝对值。
- Add：加法。
- Algebraic Constraint：代数约束。
- Assignment：赋值。
- Bias：偏重。
- Complex to Magnitude-Angle：将复数转换为幅值和相角形式。
- Complex to Real-Imag：将复数转换为实部和虚部形式。
- Divide：除法。
- Dot Product：点乘。
- Find Nonzero Elements：查找非零元素。
- Gain：增益运算。
- Magnitude-Angle to Complex：输入幅值和相角形式以合成复数。
- Math Function：常用数学函数。
- Matrix Concatenate：矩阵级联。
- MinMax：最值运算。
- MinMax Running Resettable：最大值及最小值运算。
- Permute Dimensions：按照指定顺序改变数组维数。
- Polynomial：多项式。
- Product：乘法运算。
- Product of Elements：元素乘法运算。
- Real-Imag to Complex：输入实部和虚部形式以合成复数。
- Reciprocal Sqrt：平方根的倒数运算。
- Reshape：取整运算。

- Rounding Function：舍入函数。
- Sign：符号函数。
- Signed Sqrt：平方根符号。
- Sine Wave Function：正弦波函数。
- Slider Gain：滑动增益。
- Sqrt：平方根运算。
- Squeeze：若多维数组中某一维元素只有1，则移出该维。
- Subtract：减法。
- Sum：求和运算。
- Sum of Elements：元素的求和运算。
- Trigonometric Function：三角函数。
- Unary Minus：一元减法运算。
- Vector Concatenate：矩阵连接。
- Weighted Sample Time Math：权值采样时间计算。

11.2.8 模型检测模块

在Simulink基本模块中选择Model Verification后，便可看到如图11-11所示的各种子模块，其中各主要子模块列举如下。

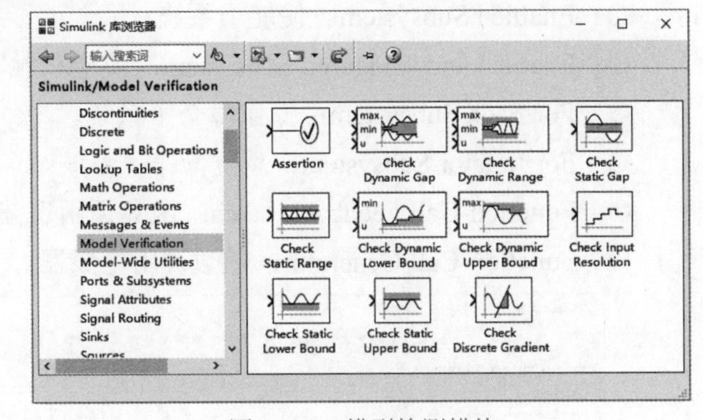

图 11-11　模型检测模块

- Assertion：确定操作。
- Check Dynamic Gap：检查动态偏差。
- Check Dynamic Range：检查动态范围。
- Check Static Gap：检查静态偏差。
- Check Static Range：检查静态范围。
- Check Discrete Gradient：检查离散梯度。
- Check Dynamic Lower Bound：检查动态下限。
- Check Dynamic Upper Bound：检查动态上限。
- Check Input Resolution：检查输入精度。
- Check Static Lower Bound：检查静态下限。
- Check Static Upper Bound：检查静态上限。

11.2.9 模型扩充模块

在Simulink基本模块中选择Model-Wide Utilities后，便可看到如图11-12所示的各种子模块，其中各主要子模块列举如下。

❍ Block Support Table：模块支持表。

❍ DocBolck：文档模块。

❍ Model Info：模型信息。

❍ Timed-Based Linearization：基于时间的线性分析。

❍ Trigger-Based Linearization：基于触发器的线性分析。

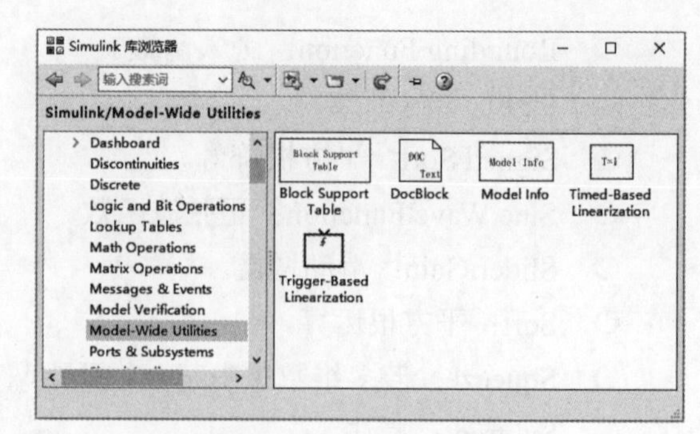

图 11-12　模型扩充模块

11.2.10　端口和子系统模块

在Simulink基本模块中选择Ports & Subsystems后，便可看到如图11-13所示的各种子模块，其中各主要子模块列举如下。

❍ Atomic Subsystem：单元子系统。

❍ CodeReuseSubsystem：代码重用子系统。

❍ Configurable Subsystem：可配置的子系统。

❍ Enable：使能。

❍ Enabled Subsystem：使能子系统。

❍ Enabled and Triggered Subsystem：使能和触发子系统。

❍ For Each Subsystem：操作每个子系统。

❍ For Iterator Subsystem：重复操作子系统。

❍ Function-Call Feedback Latch：函数调用反馈锁存器。

❍ Function-Call Generator：函数调用生成器。

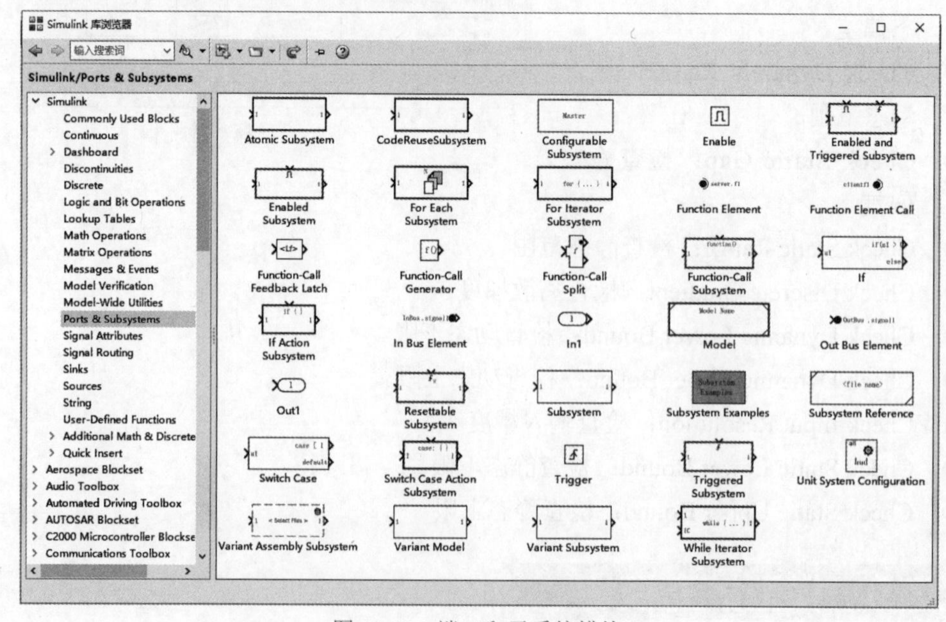

图 11-13　端口和子系统模块

- Function-Call Split：函数调用分离。
- Function-Call Subsystem：函数调用子系统。
- If：条件操作。
- If Action Subsystem：条件操作子系统。
- In Bus Element：总线组件输入端口。
- In1：输入端口。
- Model：模型。
- Out Bus Element：总线组件输出端口。
- Out1：输出端口。
- Resettable Subsystem：可重置的子系统。
- Subsystem：子系统。
- Subsystem Examples：子系统示例。
- Switch Case：事件转换。
- Switch Case Action Subsystem：事件转换操作子系统。
- Trigger：触发操作。
- Triggered Subsystem：触发子系统。
- Unit System Configuration：组件系统配置。
- Variant Model：变量模型。
- Variant Subsystem：变量子系统
- While Iterator Subsystem：重复子系统。

11.2.11　信号属性模块

在Simulink基本模块中选择Signal Attributes后，便可看到如图11-14所示的各种子模块，其中各主要子模块列举如下。

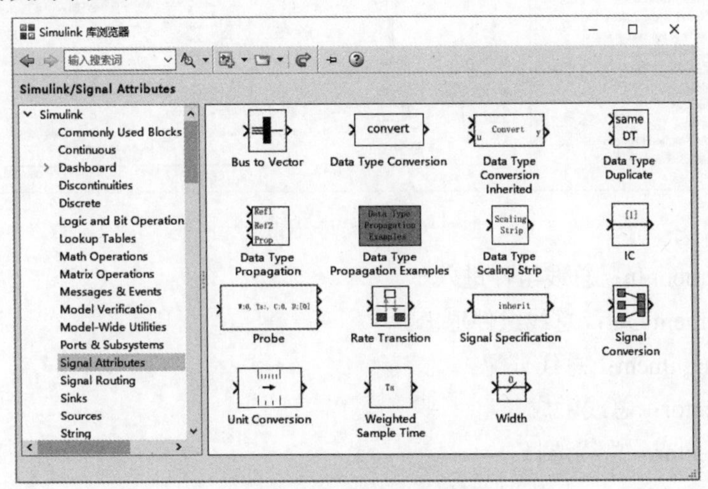

图 11-14　信号属性模块

- Bus to Vector：多路信号转换向量。
- Data Type Conversion：数据类型转换。

- Data Type Conversion Inherited：继承数据类型转换。
- Data Type Duplicate：数据类型复制。
- Data Type Propagation：数据类型传播。
- Data Type Propagation Examples：数据类型传播示例。
- Data Type Scaling Strip：数据类型缩放。
- IC：信号输入属性。
- Probe：信号探针。
- Rate Transition：比率变换。
- Signal Specification：信号说明。
- Signal Conversion：信号转换。
- Unit Conversion：组件转换。
- Weighted Sample Time：权重采样时间。
- Width：信号宽度。

11.2.12 信号线路模块

在Simulink基本模块中选择Signal Routing后，便可看到如图11-15所示的各种子模块，其中各主要子模块列举如下。

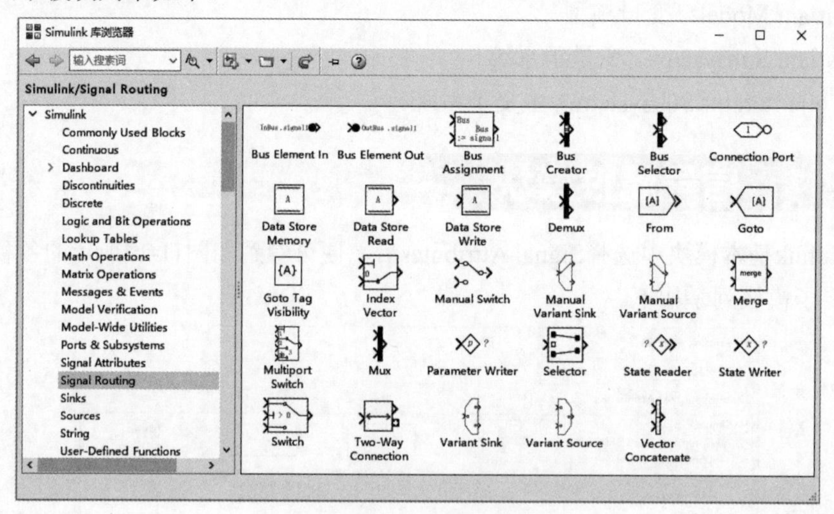

图 11-15　信号线路模块

- Bus Element In：总线组件进入。
- Bus Element Out：总线组件退出。
- Bus Assignment：总线分配。
- Bus Creator：总线生成。
- Bus Selector：总线选择。
- Data Store Memory：数据存储。
- Data Store Read：数据存储读取。
- Data Store Write：数据存储写入。

- Demux：将复合信号分解为多路单一信号。
- From：信号来源。
- Goto：信号去向。
- Goto Tag Visibility：标签可视化。
- Index Vector：索引向量。
- Manual Switch：手动选择开关。
- Merge：信号合并。
- Multiport Switch：多端口开关。
- Mux：将多路单一信号合并为复合信号。
- Selector：信号选择。
- Switch：开关选择。

11.2.13 接收模块

在Simulink基本模块中选择Sinks后，便可看到如图11-16所示的各种子模块，其中各主要子模块列举如下。

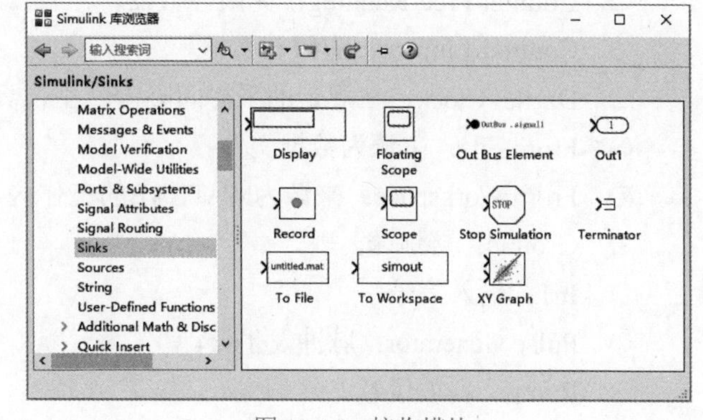

图 11-16 接收模块

- Display：数字显示。
- Floating Scope：浮动示波器。
- Out Bus Element：总线组件输出端口。
- Out1：输出端口。
- Record：将数据记录到工作区、文件。
- Scope：示波器。
- Stop Simulation：仿真停止。
- Terminator：信号终结端。
- To File：将数据写入文件加以保存。
- To Workspace：将数据写入工作区。
- XY Graph：显示二维图形。

11.2.14 输入模块

在Simulink基本模块中选择Sources后，便可看到如图11-17所示的各种子模块，其中各主要子模块列举如下。

- Band-Limited White Noise：限带白噪声。
- Chirp Signal：频率递增正弦波。
- Clock：仿真时间。
- Constant：常数。

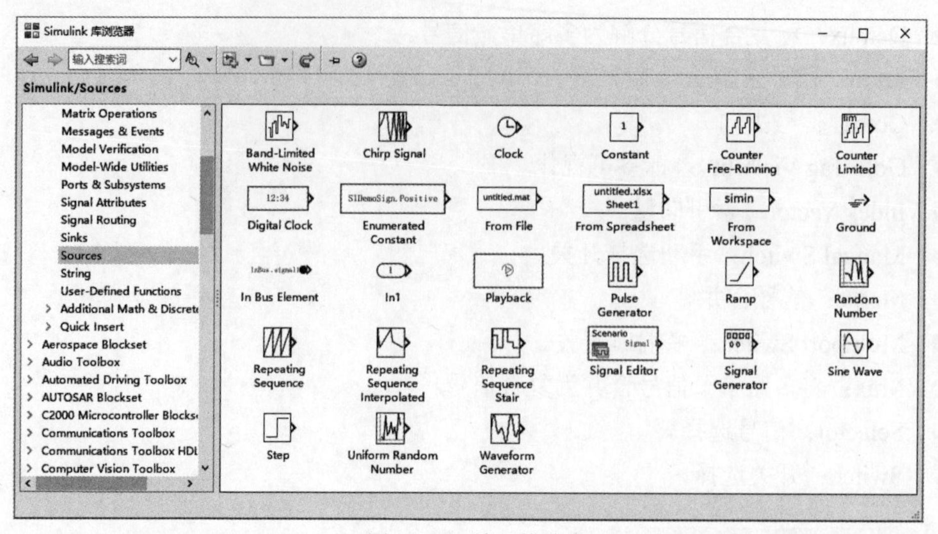

图 11-17 输入模块

- Counter Free-Running：无限计数器。
- Counter Limited：有限计数器。
- Digital Clock：在规定的采样间隔内产生仿真时间。
- From File：来源为数据文件。
- From Workspace：来源为MATLAB的工作区。
- Ground：接地端。
- In1：输入信号。
- Pulse Generator：脉冲发生器。
- Ramp：斜坡信号。
- Random Number：产生正态分布的随机数。
- Repeating Sequence：产生规律性重复信号。
- Repeating Sequence Interpolated：重复序列内插值。
- Repeating Sequence Stair：重复阶梯序列。
- Signal Generator：信号发生器。
- Sine Wave：正弦信号。
- Step：阶跃信号。
- Uniform Random Number：一致随机数。

11.2.15 字符串模块

在Simulink基本模块中选择String后，便可看到如图11-18所示的各种子模块，其中各主要子模块列举如下。

- ASCII to String：ASCII转换为字符串。
- Compose String：组合字符串。
- Scan String：扫描字符串。
- String Compare：字符串比较。

- String Concatenate：字符串串接。
- String Constant：字符串常数。
- String Find：字符串查找。
- String Length：字符串长度。
- String to ASCII：字符串转换为ASCII。
- String to Double：字符串转换为Double。
- String to Enum：字符串转换为Enum。
- String to Single：字符串转换为Single。
- Substring：子串。
- To String：转换为字符串。

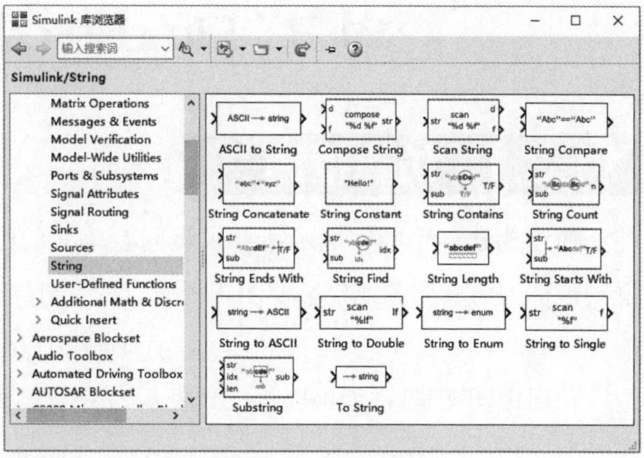

图 11-18　字符串模块

11.2.16　用户自定义函数模块

在Simulink基本模块中选择User-Defined Functions后，便可看到如图11-19所示的各种子模块，其中各主要子模块列举如下。

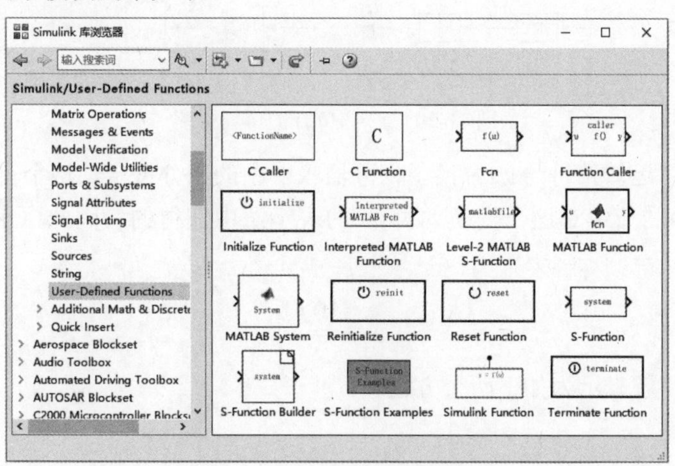

图 11-19　用户自定义函数模块

- Interpreted MATLAB Function：嵌入MATLAB函数。
- Level-2 MATLAB S-Function：M文件的S函数。
- MATLAB Function：MATLAB定义函数。
- S-Function：调用S函数。
- S-Function Builder：S函数创建器。
- S-Function Examples：S函数示例。

11.3 Simulink基本仿真建模

11.3.1 仿真框图

通过构建一个能够显示所要求解问题单元的框图，用户可以开发Simulink模型。这类框图被称为仿真框图或模块框图。考虑方程$\dot{y}=10f(t)$，可以用符号将它的解表示为

$$y(t)=\int 10f(t)\,\mathrm{d}t$$

使用中间变量x，就可以将上式表示为两个步骤。

$$x(t)=10f(t) \text{ 和 } y(t)=\int x(t)\,\mathrm{d}t$$

用户可以通过仿真框图以图形的方式来表示这个解，如图11-20(a)所示。其中的箭头代表变量y、x和f。模块则代表因果过程。因此，包含数字10的模块代表着过程$x(t)=10f(t)$。其中，$f(t)$是因(输入)，$x(t)$代表果(输出)。这类模块被称为乘法器或增益模块。

包含积分号$\int$的模块代表积分过程$y(t)=\int x(t)\,\mathrm{d}t$。其中，$x(t)$是因(输入)，$y(t)$代表果(输出)。这类模块被称为积分器模块。

仿真框图中所使用的表示法和符号有一些变化。图11-20(b)有一个变化，其中框图并不是使用方框来代表乘法过程，而是使用类似于代表电子放大器的三角形来替代此过程，因此名为增益模块。

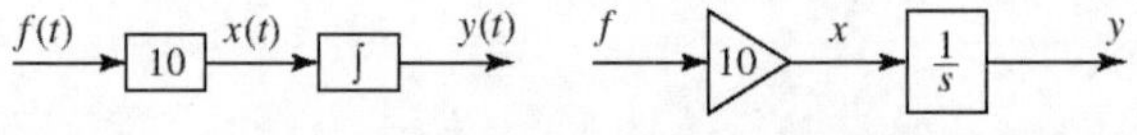

(a) (b)

图 11-20 $\dot{y}=10f(t)$ 的仿真框图

此外，已经用运算符符号$1/s$替换了积分器模块中的积分符号，这个符号$1/s$是从拉普拉斯变换(请参见7.6.2节中对这个变换的讨论)的表示法中获得的。因此，用$sy=10f$代表方程$\dot{y}=10f(t)$，于是，可以将解表示为

$$y=\frac{10f}{s}$$

用户也可以将解表示为如下两个方程。

$$x=10f \text{ 和 } y=\frac{1}{s}x$$

仿真框图中所使用的另一个单元是加法器。加法器用于对变量执行求差以及求和运算。图11-21(a)显示了加法器符号的两个版本，在每一种情况下，这个符号都代表方程：$z=x-y$。

❖ 注意

每个输入箭头都需要一个加号或减号。

可以使用加法器符号代表方程$\dot{y}=f(t)-10y$，并将其表示为

$$y(t)=\int [f[t]-10y]\,\mathrm{d}t$$

或者表示为

$$y = \frac{1}{s}(f - 10y)$$

图11-21(b)所示的仿真框图代表着上述方程。这个图形构成了研究求解方程的Simulink模型的基础。

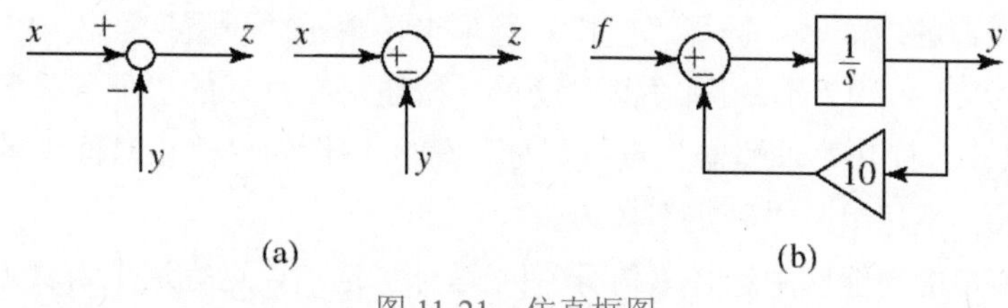

图 11-21　仿真框图

11.3.2　基本建模方法

下面通过示例来学习Simulink的基本建模方法。

例11-1　$\dot{y} = 10\sin t$的Simulink解。

使用Simulink针对$0 \leqslant t \leqslant 13$时的情况求解以下问题。

$$\frac{\mathrm{d}y}{\mathrm{d}t} = 10\sin t \qquad y(0) = 0$$

精确解是$y(t) = 10(1 - \cos t)$。

解：

要构建仿真，用户可以按以下步骤进行操作(见图11-21)。

(1) 按照上面的描述启动Simulink，并打开一个新的模型窗口。

(2) 从Sources库中选择Sine Wave模块，将其释放到新的窗口中。双击以打开模块参数窗口，同时确保：将“幅度”(Amplitude)设置为1；将“频率”(Frequency)设置为1；将“相位”(Phase)设置为0；将“采样时间”(Sample time)设置为0，然后单击“确定”按钮。

(3) 从Math Operations库中选择Gain模块，将其放置到新窗口中。双击模块，并在模块参数窗口中将Gain值设置为10，然后单击“确定”按钮。

❖ 注意

值10随后会出现在三角形中。要令这个数字更加显著，可以单击这个模块，同时拖动三角形的一角以扩大这个模块，这样可使所有文字都得以看清。

(4) 从Continuous库中选择Integrator模块，将其放置到新的窗口中。双击它以打开模块参数窗口，并将初始条件设置为0(这是因为$y(0) = 0$)，然后单击“确定”按钮。

(5) 从Sinks库中选择Scope模块，并且将其放置到新的窗口中。

(6) 一旦如图11-21所示放置完这些模块，就可以将每个模块的输入端口连接到前一个模块的输出端口。要完成这项工作，可以将指针移到一个输入端口或一个输出端口。这时，指针将变成十字形状。按下鼠标按钮，再将指针拖到另一个模块的某个端口处。当释放鼠标按钮时，Simulink将用一个指向输入端口的箭头连接它们。现在，模型应该如

图11-22所示。

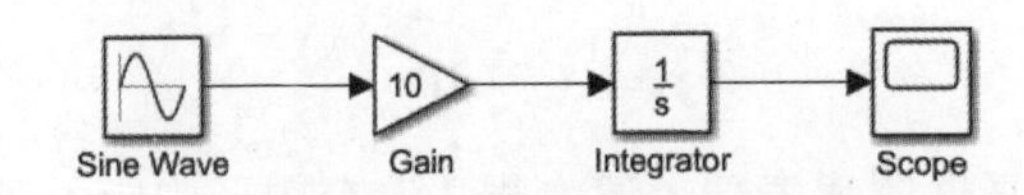

图 11-22 $\dot{y}$ =10sin$t$ 的 Simulink 模型

(7) 在模型窗口的功能区中选择“建模”选项卡，单击“设置”面板中的“模型设置”按钮，或单击“仿真”|“准备”|“模型设置”按钮，在打开的“配置参数”对话框中选择“求解器”标签，打开“求解器”设置界面。输入13作为“停止时间”的值。确认“开始时间”的值是0，然后单击“确定”按钮。

(8) 在模型窗口的功能区中选择“仿真”|“运行”选项以运行这个仿真。可以通过单击“仿真”面板上的“运行”按钮来启动这个仿真。

(9) 当仿真结束时，用户将听到铃声响了一下。双击Scope模块，在打开的Scope对话框中，用户就可以看到一条幅度为10且周期为2π的振荡曲线。Scope模块中的自变量是时间t；模块的输入是因变量y。这就完成了仿真，之后关闭Scope对话框。

在模型窗口的功能区中单击“模型设置”按钮，在打开的对话框中选择“求解器”标签，在显示的“求解器”设置界面的“求解器”下拉列表中选择要使用的ODE解算程序。默认的解算程序是ode45函数。

要让Simulink自动地连接两个模块，可以选中源模块，并按下Ctrl键，然后单击目标模块。Simulink还提供了许多简单的方法来连接多个模块和线条，请参见帮助以了解有关信息。

❖ 注意

(1) 当用户双击模块时，在模块中会打开“模块参数”窗口。在这个窗口中包含多个选项，选项的数量和特性取决于模块的特定类型。通常，除了用户明确指出的要修改的参数外，模块就只使用这些参数的默认值。用户可以通过单击“模块参数”窗口内的“帮助”按钮获得更多的信息。

(2) 当用户单击“应用”按钮时，任何修改都会立即生效。同时，窗口仍处于打开状态。如果用户单击“确定”按钮，那么所做的修改会生效，同时窗口会关闭。

(3) 大部分模块都有默认的标记。用户可以通过单击文本来进行一些修改，这样就可以编辑与模块相关的文本。用户通过在模型窗口中选择“文件”|“保存”命令，可以将Simulink模型保存为一个.mdl或.slx文件。保存完毕后，用户就可以在稍后重新加载这个模型文件。用户还可以通过在模型窗口中选择 “文件”|“打印”命令按钮来打印这个框图。

Scope模块对于解的检验很有用，但如果用户希望获得一幅做了标记和打印好的图形，就要使用To Workspace模块，这将在下一个示例中进行介绍。

例11-2　输出到MATLAB工作区中。

现在通过示例来说明如何将仿真结果输出到MATLAB工作区中，并在其中使用任何一个MATLAB函数来绘制仿真结果的图形或者对仿真结果进行分析。

解：

如图11-23所示，修改在例11-1中构建的Simulink模型。

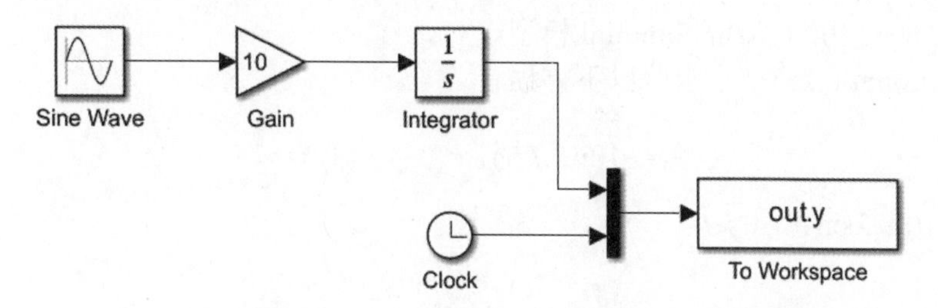

图 11-23　使用 Clock 和 To Workspace 模块的 Simulink 模型

(1) 删除连接Scope模块的箭头：单击它并且按下Delete键，并使用相同的方式删除Scope模块。

(2) 从Sinks库中选择To Workspace模块，再从Sources库中选择Clock模块，然后将它们放置到模型窗口中。

(3) 从Signal Routing库中选择Mux模块，并将它放置到模型窗口中，双击它，将输入的数量设置为2。然后单击“确定”按钮(名称Mux是多路复用器multiplexer的英文缩写，是用于传输多路信号的电气设备)。

(4) 将Mux模块上面的那个输入端口连接到Integrator模块的输出端口，再使用相同的方法将Mux模块下面的那个输入端口连接到Clock模块的输出端口。然后，将Mux模块的输出端口与To Workspace模块的输入端口连接起来。

(5) 双击To Workspace模块，就可以指定任何想要的变量名称作为输出：默认的输出是simout。将它的名称改为*y*。输出变量*y*的行数与仿真时间步数一样多，而列数则与模块的输入数量一样多。仿真中的第2列将是时间，这是因为用户已经将Clock连接到了Mux的第2个输入端口。将保存格式指定为数组(Array)。其他参数使用默认值，这些值应该分别是：将数据点限制到最后一最大行数(Limit data Points to last)为inf；抽取(Decimation)为1；采样时间(sample time)为-1，单击“确定”按钮。

❖ 注意

放置To Workspace模块时，如果看到这个模块带有out.前缀，则表示保存到工作区的数据不方便处理和查看。打开“模型设置”选项(快捷键为Ctrl+E)，单击左侧的“数据导入/导出”选项，然后取消“单一仿真输出”复选框的选中状态，单击“确定”按钮退出。此时To Workspace的前缀就去掉了。

(6) 运行完仿真之后，就可以从命令行窗口中使用MATLAB绘图命令绘制*y*(或者通常为simout)的列。要绘制*y*(*t*)的图形，可以在MATLAB命令行窗口中输入以下命令。

```
>>plot(y(:,2),y(:,1)),xlabel('t'),ylabel('y')
```

若用户正在使用To Workspace模块，可以对Simulink进行配置，使其将时间变量tout自动放入MATLAB工作区中。这可以通过由单击“模型设置”按钮打开的“配置参数”对话框中的“数据导入/导出”选项来实现。另一种方法则是使用Clock模块将变量tout放入工作区中。Clock模块有一个参数“抽取”(Decimation)。如果将这个参数设置为1，那么Clock模块将在每个时间步输出时间。例如，如果将其设置为10，那么这个模块将以每10个时间步输出时间，以此类推。

例11-3　$\dot{y}=-10y+f(t)$的Simulink模型。

构建一个Simulink模型来求解以下方程。

$$\dot{y}=-10y+f(t) \qquad y(0)=1$$

其中，$f(t)=2\sin 4t$，$0\leqslant t\leqslant 3$。

解：

要构建仿真，可以执行以下步骤。

(1) 可以按如图11-24所示对模块进行重新布局，这里使用如图11-22所示的模型，只需要添加一个Sum模块。

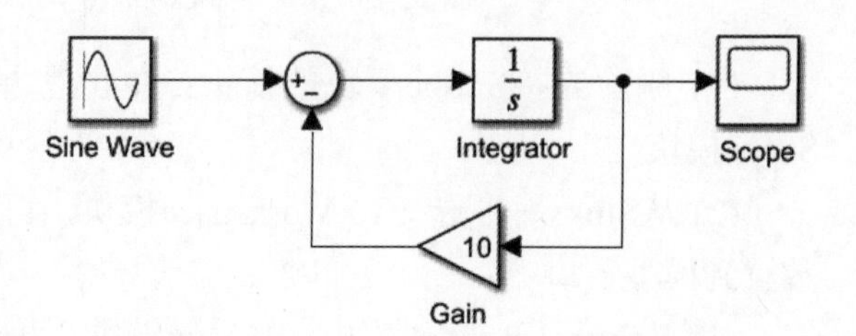

图 11-24　$\dot{y}=-10y+f(t)$ 的 Simulink 模型

(2) 从Math Operations库选择Sum模块，并且如仿真框图中所示的那样进行放置。其默认设置是对两个输入信号进行相加。要修改这个设置，可以双击这个模块，并且在“符号列表”文本框中输入 | + -。符号的顺序是从顶部开始的逆时针方向排列。符号“|”是一个分隔符，在此用于指示顶部端口为空。

(3) 要翻转Gain模块的方向，可以右击这个模块，从弹出的快捷菜单中选择“格式” | “翻转模块”命令。

(4) 当用户将Sum模块的负输入端口连接到Gain模块的输出端口时，Simulink将尝试绘制最短的线条。若要获得图11-23所示的更为标准的外观，可以先从Sum模块的输入端口垂直向下延长线条。释放鼠标按钮，然后单击线条的末端，就可以将它连接到Gain模块之上。仿真结果将是一条具有直角的线条。使用相同的方法可以将Gain模块的输入连接到连接了Integrator模块和Scope模块的箭头。出现的小圆点用于指示已经成功连接了线条。这个点被称为取出点，这是因为它取出了箭头所代表变量(这里是变量y)的值，并且让另一个模块也可以使用该值。

(5) 在模型窗口中选择“仿真” | “配置参数”命令，并将“停止时间”设置为3。然后单击“确定”按钮。

(6) 运行这个仿真，并且观察Scope中的结果。

11.3.3　Simulink基本仿真建模示例

现有如下微分-代数混合方程：

$$\begin{cases}\dot{x}_1 = 3x_1x_2 + x_2^2 + x_3 \\ \dot{x}_2 = x_1 + x_2x_3 + 3 \\ \dot{x}_3 = x_1x_2 + x_2x_3\end{cases}$$

初始条件为x_1= –20，x_2=3，x_3=0.5，根据以上方程构建出Simulink模型，其中积分器Integrator、Integrator1、Integrator2的初始值分别是–20、3、0.5。

对于这种微分方程，最重要的是要得出x_1、x_2、x_3。因为方程里有这3个未知数的微分，所以需要用Integrator模块将$\dot{x}_1$转换为x_1，然后将x_1x_2通过product模块相乘，之后通过Gain模块乘以3，加上x_2^2和x_3，就得到了$\dot{x}_1$。因此方程$\dot{x}_1 = 3x_1x_2 + x_2^2 + x_3$在Simulink中可以通过图11-25进行构建。

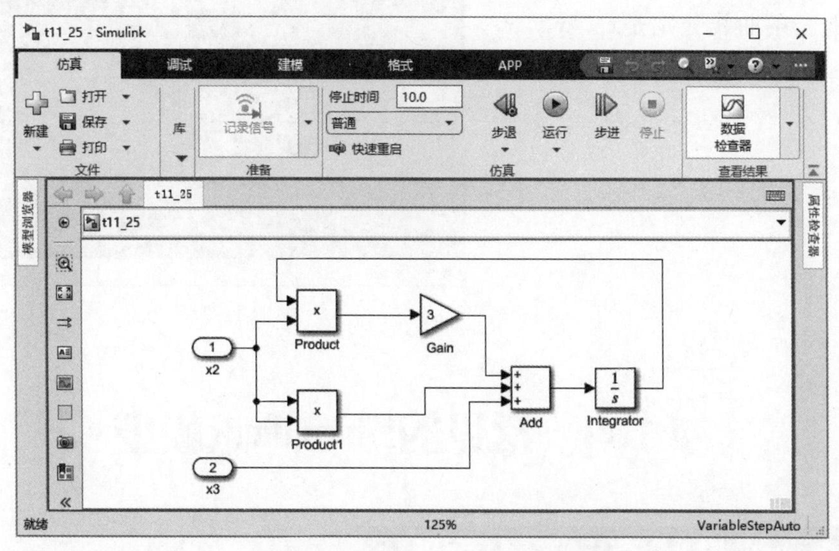

图 11-25　$\dot{x}_1 = 3x_1x_2 + x_2^2 + x_3$的结构图

在图11-25中，x_2、x_3都被简单的输入模块替代。完整的方程结构图如图11-26所示。

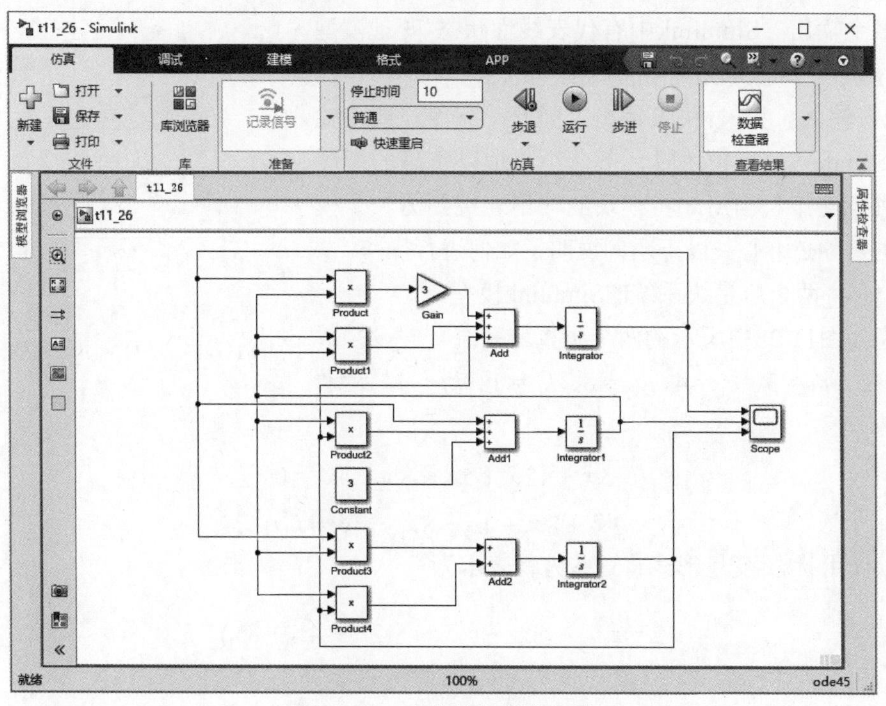

图 11-26　完整的方程结构图

构建完方程结构图后，单击“模型设置”按钮，设置相应的仿真参数，本例中将仿真时间设为10秒，将“求解器”设置为ode45。然后保存该模型文件，接着单击“运行仿真模型”按钮，仿真结果如图11-27所示。

得到的三条曲线分别是x_1、x_2、x_3的解。

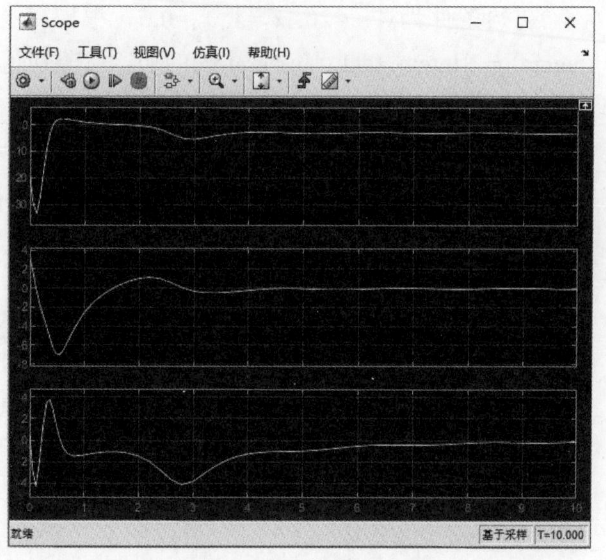

图 11-27　仿真结果

11.4　常见的Simulink模型

11.4.1　线性状态-变量模型

与传递-函数模型不同，状态-变量模型可以有多个输入和多个输出。Simulink中有代表线性状态-变量模型$\dot{\boldsymbol{x}} = \boldsymbol{Ax}+\boldsymbol{Bu}$、$\boldsymbol{y} = \boldsymbol{Cx}+\boldsymbol{Du}$的State-Space(状态-空间)模块。矢量$\boldsymbol{u}$代表输入；矢量$\boldsymbol{y}$代表输出。因此，当用户要将输入连接到State-Space模块时，务必小心地以正确的顺序对它们进行连接。当用户将模块的输出连接到另一个模块时，也要务必小心。以下示例说明了如何进行操作。

例11-4　两个质量块系统的Simulink模型。

考虑如图11-28中所示的两个质量块系统。假设参数值是$m_1 = 5$、$m_2= 3$、$c_1 = 4$、$c_2 = 8$、$k_1 = 1$和$k_2 = 4$。运动方程为

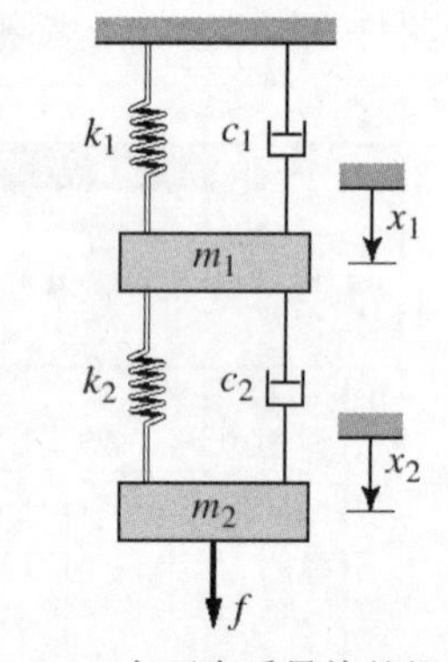

图 11-28　有两个质量块的振动系统

$$5\ddot{x}_1 + 12\dot{x}_1 + 5x_1 - 8\dot{x}_2 - 4x_2 = 0$$

$$3\ddot{x}_2 + 8\dot{x}_2 + 4x_2 - 8\dot{x}_1 - 4x_1 = f(t)$$

可以使用状态-变量形式将这些方程表示为

$$\dot{z}_1 = z_2 \qquad \dot{z}_2 = \frac{1}{5}(-5z_1 - 12z_2 + 4z_3 + 8z_4)$$

$$\dot{z}_3 = z_4 \qquad \dot{z}_4 = \frac{1}{3}[4z_1 + 8z_2 - 4z_3 - 8z_4 + f(t)]$$

使用矢量-矩阵形式，这些方程就是

$$\dot{z} = Az + Bf(t)$$

其中：

$$A = \begin{bmatrix} 0 & 1 & 0 & 0 \\ -1 & -\frac{12}{5} & \frac{4}{5} & \frac{8}{5} \\ 0 & 0 & 0 & 1 \\ \frac{4}{3} & \frac{8}{3} & -\frac{4}{3} & -\frac{8}{3} \end{bmatrix}$$

$$B = \begin{bmatrix} 0 \\ 0 \\ 0 \\ \frac{1}{3} \end{bmatrix}$$

和

$$z = \begin{bmatrix} z_1 \\ z_2 \\ z_3 \\ z_4 \end{bmatrix} = \begin{bmatrix} x_1 \\ \dot{x}_1 \\ x_2 \\ \dot{x}_2 \end{bmatrix}$$

研究一个Simulink模型，以绘制变量x_1和x_2的单位阶跃响应，初始条件为$x_1(0) = 0.2$、$\dot{x}_1(0) = 0$、$x_2(0) = 0.5$、$\dot{x}_2(0) = 0$。

解：

首先，为输出方程$y = Cz + Bf(t)$中的矩阵选择合适的值。由于用户希望绘制x_1和x_2的图形，因此按如下方式选择C和D。

$$C = \begin{bmatrix} 1 & 0 & 0 & 0 \\ 0 & 0 & 1 & 0 \end{bmatrix} \quad D = \begin{bmatrix} 0 \\ 0 \end{bmatrix}$$

要创建这个仿真，首先要获得一个新的模型窗口。然后按如下步骤创建图11-29所示的模型。

(1) 选中Step(阶跃)模块，将其放入新的窗口中。双击它以获得模块参数窗口，同时，将“阶跃时间”设置为0；将“初始值”和“终值”分别设置为0和1；将“采样时间”设置为0，然后单击“确定” 按钮。其中，“阶跃时间”是阶跃输入的开始时间。

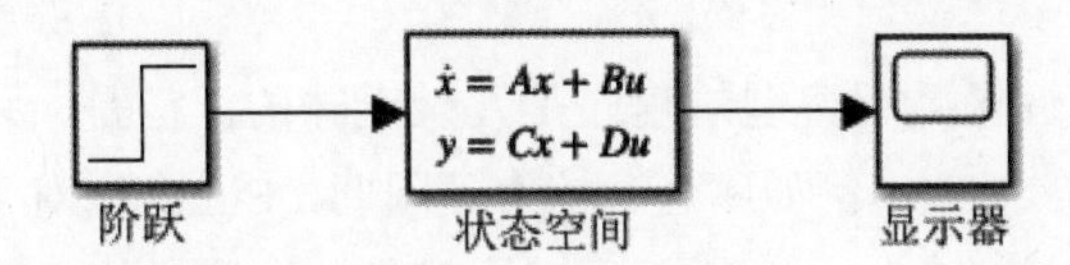

图 11-29　包含 State-Space 模块和 Step 模块的 Simulink 模型

(2) 选中State-Space模块，将其放入新窗口中。双击它，同时，输入[0, 1, 0,0; −1, −12/5, 4/5, 8/5; 0, 0, 0, 1; 4/3, 8/3, −4/3, −8/3]作为A的值；输入[0; 0; 0; 1/3]作为B的值；输入[1, 0, 0,

0; 0, 0, 1, 0]作为***C***的值；而输入[0; 0]作为***D***的值。然后再输入[0.2; 0; 0.5; 0]作为初始条件，单击“确定”按钮。

❖ 注意

矩阵***B***的维数告诉Simulink只有一个输入，而矩阵***C***和***D***的维数则告诉Simulink有两个输出。

(3) 选中并且放置Scope模块。

(4) 一旦放置好这些模块，就可以将每个模块的输入端口连接到图11-29所示的前一个模块的输出端口。

(5) 用不同的“停止时间”值进行实验，直到Scope显示已经达到稳态响应为止。对这个应用来说，满意的“停止时间”值为25秒。Scope中会出现x_1和x_2的图形，如图11-30所示。

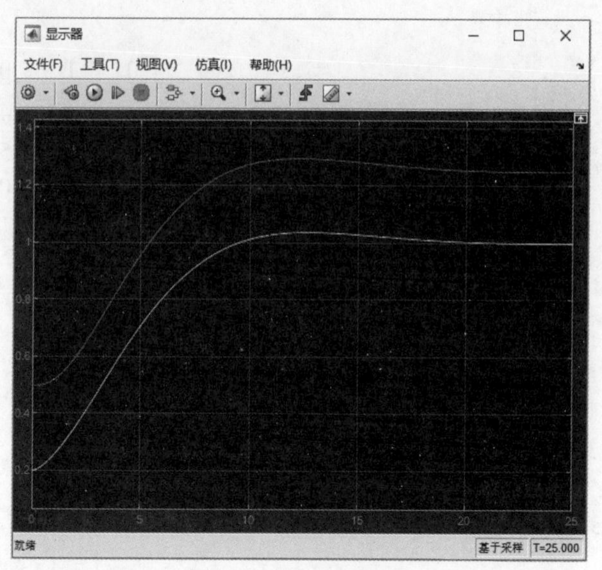

图 11-30　仿真结果

11.4.2　分段线性模型

与线性模型不同，大部分非线性微分方程都没有可用的闭式解，因此，用户必须通过数值法求解这类方程。如果一个微分方程中的因变量或其导数出现在超越函数中或者对它们进行求幂，就可以认为这个方程是非线性常微分方程。例如，以下方程就是非线性方程。

$$y\ddot{y}+5\dot{y}+y=0 \qquad \dot{y}+\sin y=0 \qquad \dot{y}+\sqrt{y}=0$$

尽管分段线性模型似乎是线性模型，但它们实际上是非线性模型。它们由在满足特定条件时才能生效的线性模型组成。在这些线性模型之间来回进行改变的效果使得整个模型非线性化。这类模型的一个示例是：系在一根弹簧上的质量块，其在一个具有库仑摩擦力的水平面上进行滑动。这个模型如下：

$$m\ddot{x}+kx=f(t)-\mu\mathrm{mg} \qquad 如果\ \dot{x}\geqslant 0$$

$$m\ddot{x}+kx=f(t)+\mu\mathrm{mg} \qquad 如果\ \dot{x}<0$$

也可以将这两个线性方程表示为一个非线性方程，如下所示：

$$m\ddot{x}+kx=f(t)-\mu mg\,\mathrm{sign}(\dot{x}) \qquad 其中，\mathrm{sign}(\dot{x})\begin{cases}+1 & 如果\dot{x}\geqslant 0\\ -1 & 如果\dot{x}<0\end{cases}$$

编写包含了分段线性函数解模型的程序是冗长乏味的。但是，可以用Simulink中的内置模块来表示许多常见的函数，例如库仑摩擦力。因此，Simulink对于这类应用特别有用。例如，Discontinuities库中的Saturation(饱和)模块就是一个这样的内置模块，该模块实现了如图11-31所示的饱和函数。

例11-5　由火箭推进的雪橇Simulink模型。

在图11-32中，将轨道上一个由火箭推进的雪橇表示为一个具有作用力f(代表火箭推力)的质量m。火箭推力最初是水平施加的，但在发动机点燃时偶然发生了转动，并且以$\ddot{\theta}=\pi/50\text{rad/s}$的角加速度进行旋转。如果$v(0)=0$，就计算雪橇在$0\leqslant t\leqslant 6$时的速度$v$。火箭推力是4000N，而雪橇质量则是450 kg。雪橇的运动方程如下：

$$450\,\dot{v}=4000\cos\theta(t)$$

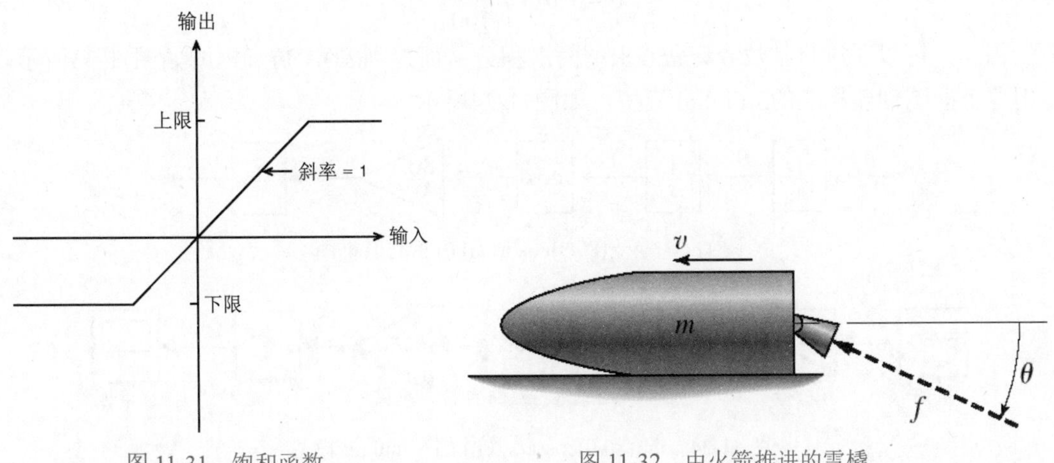

图 11-31　饱和函数　　图 11-32　由火箭推进的雪橇

要得到$\theta(t)$，应注意：

$$\dot{\theta}=\int_0^t\ddot{\theta}\,\mathrm{d}t=\frac{\pi}{50}t$$

以及

$$\theta=\int_0^t\dot{\theta}\,\mathrm{d}t=\int_0^t\frac{\pi}{50}t\mathrm{d}t=\frac{\pi}{100}t^2$$

因此，运动方程变为

$$450\dot{v}=4000\cos\left(\frac{\pi}{100}t^2\right)$$

或者

$$\dot{v}=\frac{80}{9}\cos\left(\frac{\pi}{100}t^2\right)$$

正式的解为

$$v(t)\frac{80}{9}\int_0^t\cos\left(\frac{\pi}{100}t^2\right)\mathrm{d}t$$

遗憾的是，这个积分(被称为菲涅耳余弦积分)并没有可用的闭式解，此例中将使用Simulink来求得解。具体步骤如下。

(1) 建立一个Simulink模型以求解这个问题，其中，$0\leqslant t\leqslant 10\text{s}$。

(2) 现在，假设发动机角度被机械制动装置限制为60°，也就是$60\pi/180\text{rad}$。建立一个Simulink模型以求解这个问题。

解：

(1) 有多种方法可以创建输入函数$\theta=(\pi/100)t^2$。此处，可以注意到：$\ddot{\theta}=\pi/50\ \mathrm{rad/s}$，以及

$$\dot{\theta}=\int_0^t \ddot{\theta}\mathrm{d}t$$

和

$$\theta=\int_0^t \ddot{\theta}\mathrm{d}t=\frac{\pi}{100}t^2$$

因此，可以通过将常数$\ddot{\theta}=\pi/50$求解两次积分从而得到$\theta(t)$，仿真框图如图11-33所示。使用这个框图创建相应的Simulink模型，如图11-34所示。

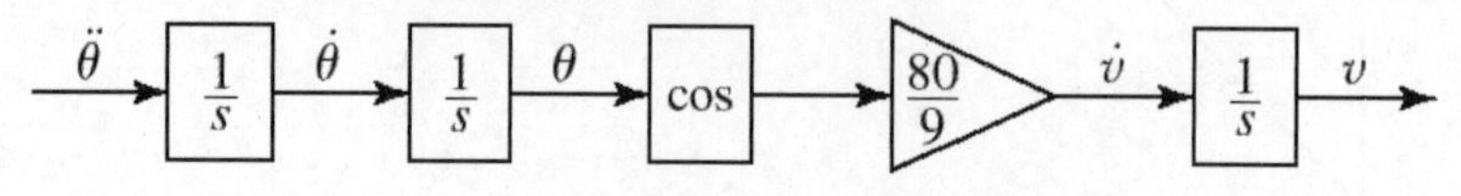

图 11-33　$v=(80/9)\cos(\pi t^2/100)$ 的仿真框图

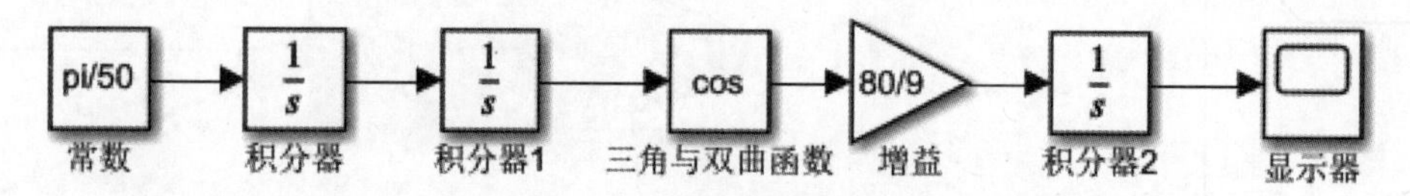

图 11-34　$v=(80/9)\cos(\pi t^2/100)$ 的 Simulink 模型

这个模型中有两个新的模块：一个是Constant(常数)模块，位于Sources库中。将其放置到窗口中，然后双击它，并在它的“常量值”窗口中输入pi/50。

另一个是Trigonometric(三角与双曲函数)模块，位于Math Operations库中。将其放置到窗口中，然后双击它，并在它的“函数”窗口中选中cos。

将“停止时间”设置为10，运行这个仿真，并检验Scope中的结果。

(2) 按如下方式修改图11-34中的模型，从而得到如图11-35所示的模型。本例中，使用Discontinuities库中的Saturation(饱和)模块将θ的范围限制为60π/180rad。如图11-35所示放置模块，然后双击它，并在其“上限”窗口中输入60*pi/180。然后再在它的“下限”窗口中输入0。

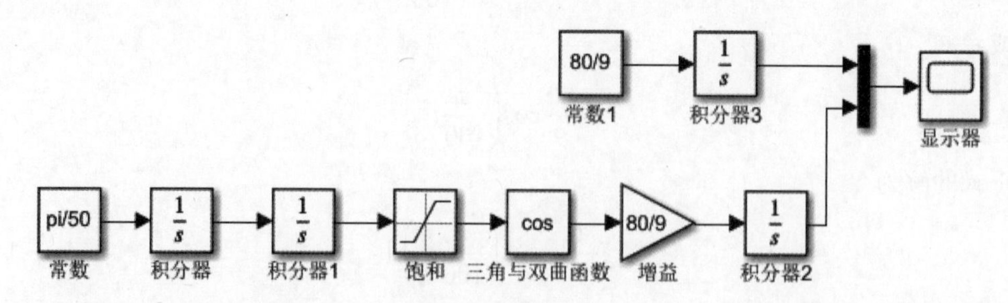

图 11-35　$v=(80/9)\cos(\pi t^2/100)$ 的 Simulink 模型，其中有一个 Saturation(饱和) 模块

输入并且连接图中所示的其余单元，同时运行这个仿真，仿真结果如图11-36所示。上面的Constant(常数)模块和Integrator(积分器)模块用于求得当发动机角度θ为0时的解，用于检验用户的结果($\theta=0$的运动方程是$\dot{v}=80/9$，这将给出$v(t)=80t/9$)。

如果用户喜欢，可以将仿真结果输出到 MATLAB工作区，可以用To Workspace模块替代Scope模块，双击To Workspace模块，将“变量名称”指定为y，将“保存格式”指定为“数组”，指定“将数据点限制为最后”为inf，“抽取”为1，“采样时间”为-1，之后单击“确定”按钮。添加一个Clock模块，并且将Mux模块的输入数量修改为3(通过双击实现)。修改后的模型如图11-37所示。运行仿真后，就可以在MATLAB命令行窗口中使用绘图命令绘制结果图形。例如，可以输入如下绘图命令。

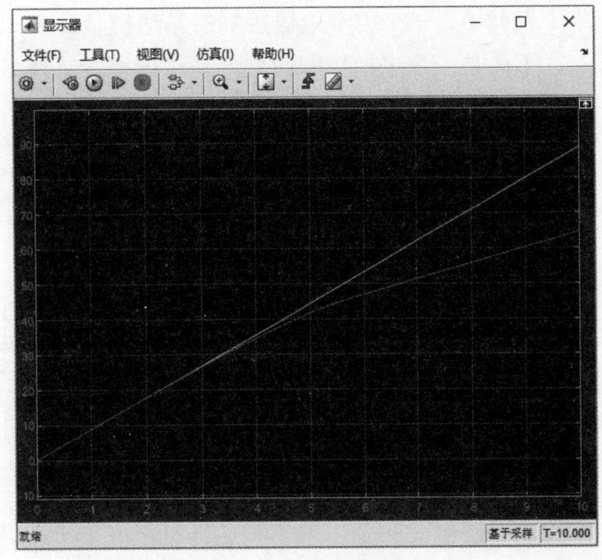

图 11-36　仿真结果

```
>> plot(y(:,3),y(:,1),y(:,3),y(:,2))
```

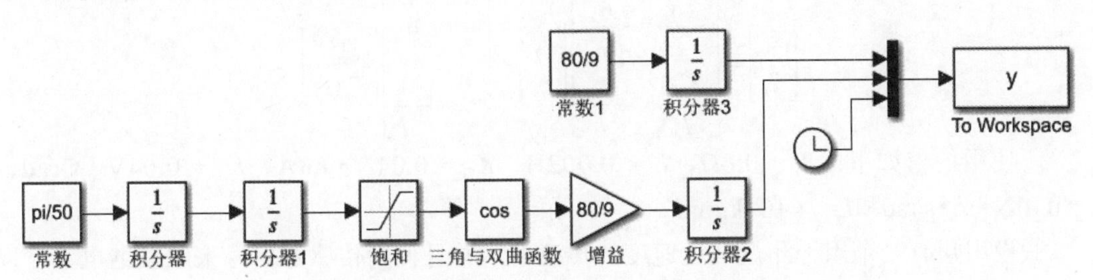

图 11-37　将仿真结果输出到 MATLAB 工作区的 Simulink 模型

在MATLAB中绘制的结果图形如图11-38所示。

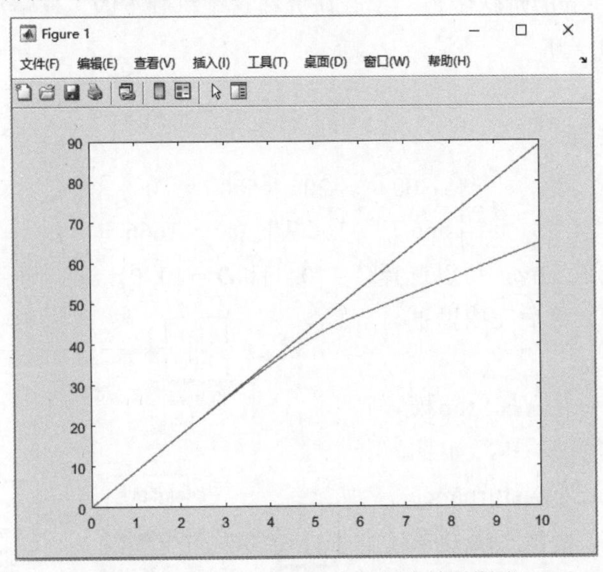

图 11-38　在 MATLAB 中绘制的结果图形

例11-6　一个由继电器控制的马达模型。

下面是一个电枢控制的直流马达模型，具体参见图11-39。模型为

$$L\frac{\mathrm{d}i}{\mathrm{d}t}=-Ri-K_e\,\omega+v(t)$$

$$I\frac{\mathrm{d}\omega}{\mathrm{d}t}=K_T\,i-c\omega-T_d\,(t)$$

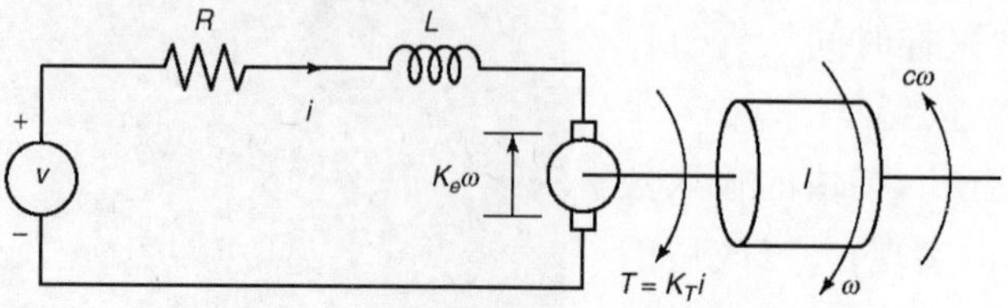

图 11-39　电枢控制的直流马达

该模型包含一个作用于马达转轴的扭矩$T_d(t)$，这可能是因为一些不受欢迎的原因而导致的，例如库仑摩擦力或阵风。控制系统工程师称其为“扰动”。可以将这些方程写成如下所示的矩阵形式，其中，$x_1=i$，$x_2=\omega$。

$$\begin{bmatrix}\dot{x}_1\\ \dot{x}_2\end{bmatrix}=\begin{bmatrix}-\dfrac{R}{L} & -\dfrac{K_e}{L}\\ \dfrac{K_T}{I} & -\dfrac{c}{I}\end{bmatrix}\begin{bmatrix}x_1\\ x_2\end{bmatrix}+\begin{bmatrix}\dfrac{1}{L} & 0\\ 0 & -\dfrac{1}{I}\end{bmatrix}\begin{bmatrix}v(t)\\ T_d(t)\end{bmatrix}$$

所使用的值如下：$R=0.6\Omega$、$L=0.002\mathrm{H}$、$K_T=0.04\mathrm{N\cdot m/A}$、$K_e=0.04\mathrm{V\cdot s/rad}$、$c=0.01\mathrm{N\cdot m\cdot s/rad}$和$I=\times10^{-5}\mathrm{kg\cdot m2}$。

假设用户有一个用于测量马达速度的传感器，并且使用传感器信号来触发继电器，以便外施电压$v(t)$在0和100V之间进行转换，从而将马达速度保持在250rad/s~350rad/s范围内。其中，$SwOff=250$、$SwOn=350$、$Off=100$和$On=0$。如果扰动扭矩是一个从$t=0.05$s时开始，并从0增加到3N·m的阶跃函数，那么研究在这个机制下的工作情况。假设系统从静止开始，$\omega(0)=0$和$i(0)=0$。

解：

对于给定的参数值：

$$\boldsymbol{A}=\begin{bmatrix}-300 & -20\\ 666.7 & -166.7\end{bmatrix}\begin{bmatrix}500 & 0\\ 0 & -16667\end{bmatrix}$$

检验作为输出的速度ω，可以选择$\boldsymbol{C}=[0,1]$和$\boldsymbol{D}=[0,0]$。要创建这个仿真，首先要得到一个新的模型窗口，然后完成以下操作。

(1) 从Sources库中选择Step模块，将其放入新的窗口中，如图11-40所示，将其标记为Disturbance Step(扰动阶跃信号)。双击它得到模块参数窗口，并将“阶跃时间”设置为0.05；将“初始值”和“终值”设

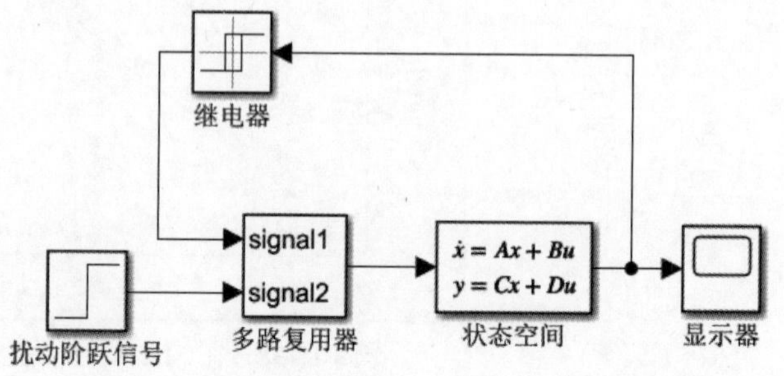

图 11-40　一个由继电器控制的马达的 Simulink 模型

置为0和3；将“采样时间”设置为0。然后单击“确定”按钮。

(2) 从Discontinuities库中选择Relay(继电器)模块，将其放到新窗口中。双击该模块，将“开启点”和“关闭点”分别设置为350和250，并将“打开时的输出”和“关闭时的输出”分别设置为0和100。然后单击“确定”按钮。

(3) 从Signal Routing库中选择Mux(多路复用器)模块，将其放到新窗口中。Mux模块会将两个或多个信号合并为一个矢量信号。双击Mux模块，将“输入数目”设置为2；将“显示选项”设置为信号。单击“确定”按钮。然后单击模型窗口中的Mux图标，同时拖动图标的一角放大方框，使所有文本都可见。

(4) 从Continuous库中选择State-Space模块，将其放到新窗口中。双击该模块，同时输入[−300, −20; 666.7, −166.7]作为$\boldsymbol{A}$值；输入[500, 0; 0,−16667]作为$\boldsymbol{B}$值；输入[0, 1]作为$\boldsymbol{C}$值；输入[0, 0]作为$\boldsymbol{D}$值。然后，输入[0; 0]作为初始条件，之后单击“确定”按钮。

❖ **注意**

矩阵$\boldsymbol{B}$的维数告诉Simulink有两个输入，矩阵$\boldsymbol{C}$和$\boldsymbol{D}$的维数则告诉Simulink只有一个输出。

(5) 从Sinks库中选择Scope(显示器)模块，将其放到新窗口中。

(6) 一旦放置好模块，就将每个模块的输入端口连接到如图11-36中所示的前一个模块的输出端口。同时，将Mux模块上面的端口(对应于第一个输入$v(t)$)连接到Relay模块的输出，并将Mux模块下面的端口(对应于第二个输入$T_d(t)$)连接到Disturbance Step模块的输出，这很重要。

(7) 将Stop Time设置为0.1，运行这个仿真程序，并且检验 $\omega(t)$ 在Scope中的图形。用户将看到如图11-41所示的图形。如果用户希望检验电流$i(t)$，就将矩阵$\boldsymbol{C}$修改为[1, 0]，并且再次运行这个仿真。

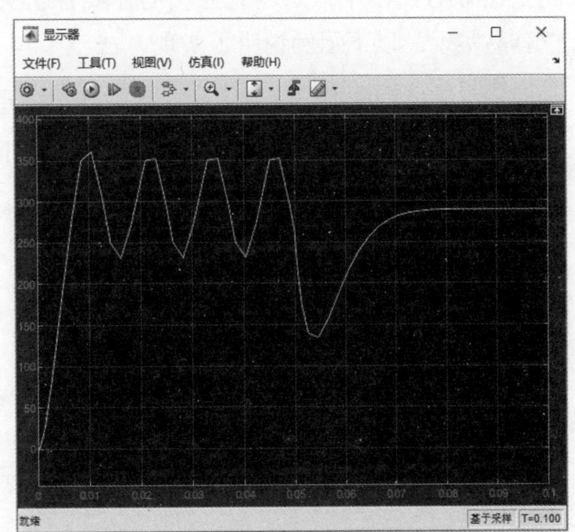

图 11-41　由继电器控制的马达速度响应在 Scope 上显示的图形

结果显示：在扰动扭矩开始起作用之前，继电器逻辑控制机制将速度维持在250和350的预期界限之内。当外施电压为0时，速度会因为后向电动势和黏滞性阻尼而减小，所以速度会进行振荡。当扰动扭矩开始起作用时，速度下降到低于250，这是因为外施电压在此时为0。而速度若低于250，继电控制器就会将电压转换到100。但是，由于马达扭矩必须对抗扰动，因此速度的增加需要花费更长的时间。

❖ **注意**

速度将变为恒定值且不再振荡，这是因为$v = 100$，系统达到了一个稳态条件：马达扭矩等于扰动扭矩和黏滞性阻尼扭矩之和。此时，加速度为0。

这个仿真的一个实际应用是：确定速度低于250这个界限的时间有多长。仿真显示这个时间值大约是 0.013s。仿真的其他应用包括：得到速度振荡的时间(大约为0.013s)以及继电控制器可以容忍的扰动扭矩最大值(大约为3.7N•m)。

11.4.3 传递-函数模型

一个质量块-弹簧-阻尼器系统的运动方程为

$$m\ddot{y}+c\dot{y}+ky=f(t)$$

由于有Control System工具箱，因此Simulink可以接受传递-函数形式和状态-变量形式的系统说明。如果质量块-弹簧-阻尼器系统受到一个正弦波的强迫外力函数$f(t)$，就很容易使用迄今为止所给出的MATLAB命令来求解和绘制响应$y(t)$的图形。但是，假设作用力$f(t)$是通过给一个具有死区非线性的液压活塞施加一个正弦波形输入电压而产生，这就意味着：活塞在输入电压超过某个幅度之后才产生一个力，因此，系统模型是分段线性函数。

死区非线性图如图11-38所示，当输入(图11-38中的自变量)在−0.5~0.5范围内时，仿真输出为0。当输入大于或等于上限0.5时，仿真输出则是输入减去上限。当输入小于或等于下限−0.5时，仿真输出则是输入减去下限。在这个示例中，死区关于0对称，但通常未必如此。在MATLAB中，对具有死区的非线性仿真进行编程有点冗长乏味，而在Simulink中却较容易实现。以下示例说明了实现方法。

例11-7　死区响应。

使用参数值m = 1、c = 2和k = 4创建并运行一个质量块-弹簧-阻尼器模型的Simulink仿真。强迫函数是$f(t)$ = sin 1.4t。系统具有图11-42所示的死区非线性。

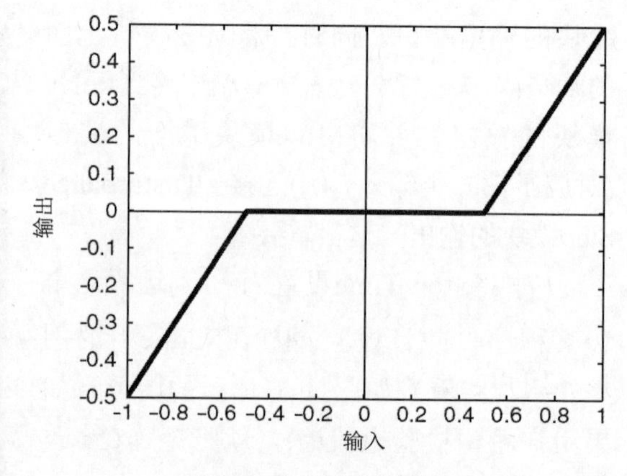

图 11-42　死区非线性

解：

要创建仿真，应完成以下步骤。

(1) 启动Simulink，如前所述，打开一个新的模型窗口。

(2) 从Sources库中选择Sine Wave(正弦波)模块，将其放到新窗口中。双击该模块，将“振幅”设置为1；将“频率”设置为1.4；将“偏置”设置为0。然后单击“确定”按钮。

(3) 从Discontinuities库中选择Dead Zone(死区)模块，将其放到新窗口中。双击该模块，将“死区起点”设置为−0.5；将“死区终点”设置为0.5。然后单击“确定”按钮。

(4) 从Continuous库中选择Transfer Fcn(传递函数)模块，将其放到新窗口中。双击该模块，将“分子系数”设置为[1]；将“分母系数”设置为[1, 2, 4]。然后单击“确定”按钮。

(5) 从Sinks库中选择Scope(显示器)模块，将其放到新窗口中。

(6) 一旦放置好模块，就将每个模块的输入端口连接到如图11-43所示的前一个模块的输出端口。此时，用户的模型将如图11-43所示。

(7) 单击“模型设置”按钮，打开“配置参数”对话框。单击“求解器”选项，同时输入10作为“停止时间”的值。确认“开始时间”为0，然后单击“确定”按钮。

图 11-43　死区响应的 Simulink 模型

(8) 单击“仿真”选项板上的“运行”按钮，运行这个仿真。用户将在Scope显示器中看到一条振荡曲线。

在同一张图上绘制Transfer Fcn模块的输入和输出相对于时间的图形。按以下步骤进行操作就可以达到这一目的。

(1) 删除Scope模块连接到Transfer Fcn模块的箭头。具体的实现方法为单击箭头线条，然后按下Delete键。

(2) 从Signal Routing库中选择Mux(多路复用)模块，将其放入窗口中。双击该模块，将“输入数目”设置为2，再单击“确定”按钮。

(3) 将Mux模块上面的输入端口连接到Transfer Fcn模块的输出端口，然后使用同一方法将Mux模块下面的输入端口连接到来自Dead Zone模块的输出端口的箭头。

❖ 注意

要从输入端口开始，Simulink将自动地检测箭头并进行连接。此时，用户的模型看起来类似于图11-44所示的模型。

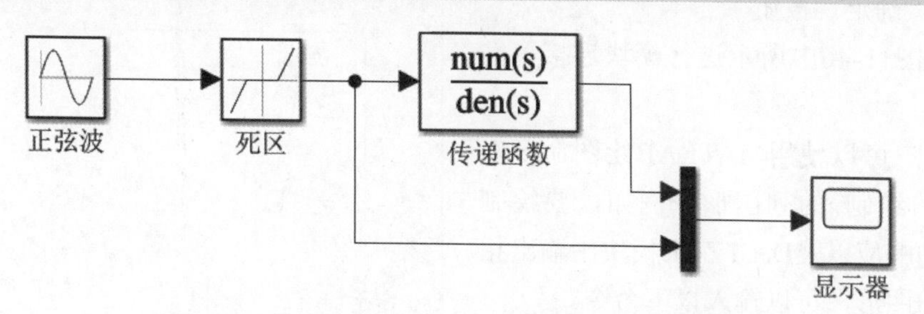

图 11-44　修改死区模型，使之包含一个 Mux 模块

(4) 将“停止时间”设置为10，如同以前一样运行仿真，在仿真过程中可弹出Scope显示器，用户可以看到图11-45所示的图形。这个图形显示了死区对正弦波的影响。

用户可以使用To Workspace模块，将仿真结果带入MATLAB工作区。例如，假设用户希望通过比较有死区的系统响应和无死区的系统响应来检验死区的影响，就可以使用图11-46所示的模型来完成这项工作。要创建这个模型，应先完成以下步骤。

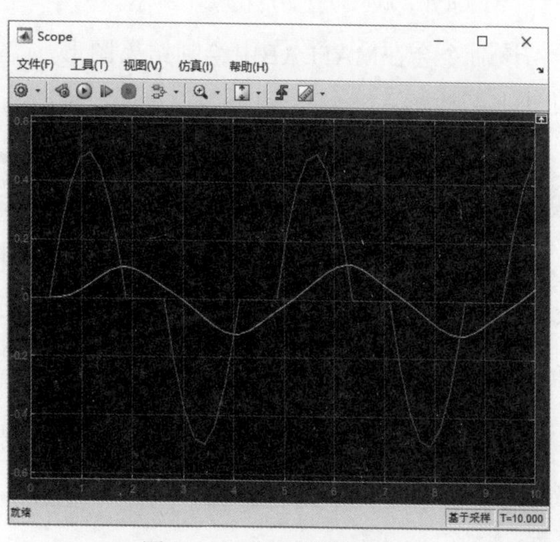

图 11-45　死区模型的响应

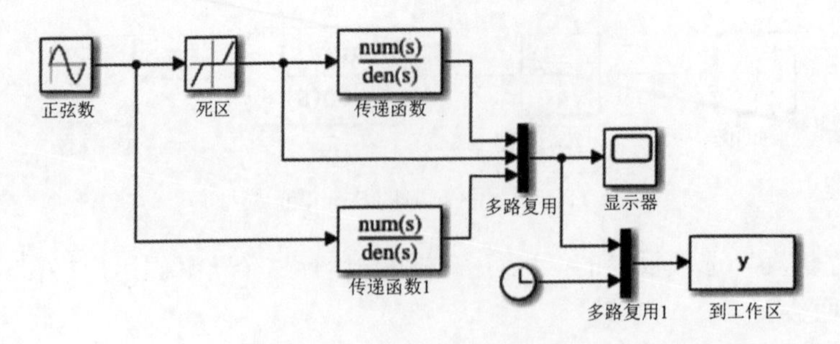

图 11-46 修改死区模型，将变量输出到 MATLAB 工作区中

(1) 复制Transfer Fcn模块：右击它，同时保持右键处于按下状态，将模块副本拖曳到一个新的位置，然后释放按钮。以相同的方法复制Mux模块。

(2) 双击第一个Mux模块，将它的“输入数目”修改为3。

(3) 使用常见的方法从Sinks库中选择To Workspace模块，并且从Sources库中选择Clock框，然后将它们放到窗口中。双击To Workspace模块，就可以将想要的任何一个变量名指定为输出。默认的变量名称是simout，用户可以将其改为y。输出变量y的行数将与仿真时间步数一样多，而列数将和到模块的输入数量一样多。这个仿真中的第四列将是时间，这是因为用户已经将Clock模块连接到了第二个Mux模块。将“保存格式”指定为“数组”。其他参数使用默认值(分别是：“将数据点限制为最后”为inf;“抽取”为1;“采样时间”为−1)。单击“确定”按钮。

(4) 如图11-46中所示进行模块连接，并运行仿真。

(5) 用户可以使用MATLAB绘图命令在命令行窗口绘制y的列图形。例如，要绘制两个系统的响应以及Dead Zone模块中输出相对于时间的图形，可以输入以下命令。

```
>> plot(y(:,4),y(:,1),y(:,4),y(:,2),y(:,4),y(:,3))
```

该命令会在MATLAB中绘制结果图形，如图11-47所示。

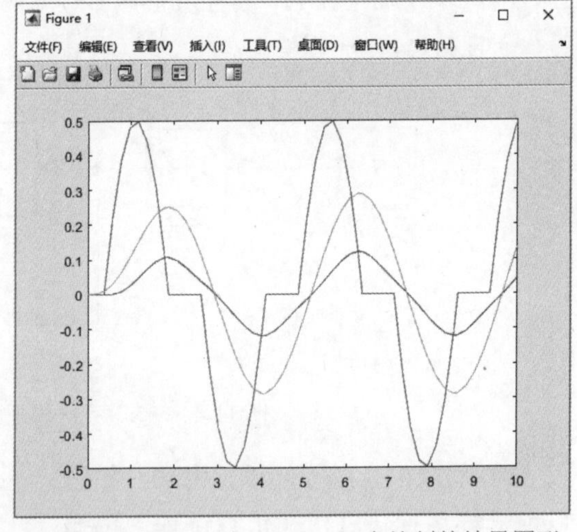

图 11-47 例 11-7 在 MATLAB 中绘制的结果图形

11.4.4 非线性状态-变量模型

在MATLAB中虽然无法将非线性模型写成传递-函数形式或状态-变量形式$\dot{x}=Ax+Bu$，但可以使用Simulink对它们进行仿真。以下示例说明了如何进行仿真。

例11-8 一个非线性钟摆的模型。

如果图11-48所示的钟摆在枢轴中具有黏滞性摩擦力，并且其在枢轴处有一个作用力矩$M(t)$，那么它就具有以下形式的非线性运动方程。

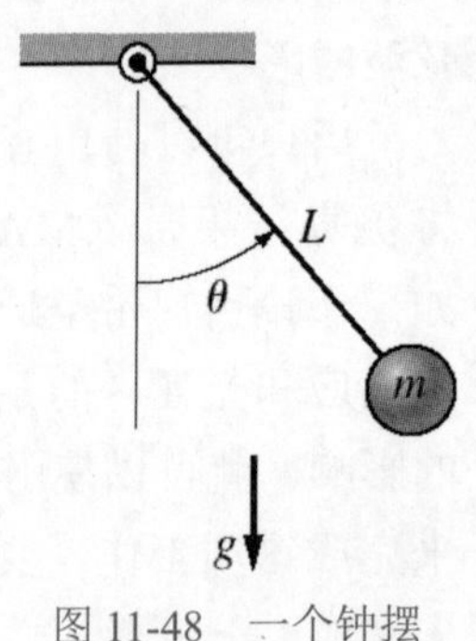

图 11-48 一个钟摆

$$I\ddot{\theta} + c\dot{\theta} + mgL\sin\theta = M(t)$$

其中，I是枢轴处的质量惯性矩。

针对以下情况为这个系统建立一个Simulink模型：I =4、mgL =10、c=0.8，同时$M(t)$是一个幅值为3而频率为0.5 Hz的方波。假设初始条件是：$\theta(0)$ =π/4 rad和 $\dot{\theta}(0) = 0$。

解：

要使用Simulink仿真这个模型，首先要定义一组变量，其允许用户将方程重写为两个一阶方程。令 $\omega = \dot{\theta}$，可以将模型写为

$$\dot{\theta} = \omega$$

$$\dot{\omega} = \frac{1}{I}[-c\omega - mgL\sin\theta + M(t)] = 0.25[-0.8\omega - 10\sin\theta + M(t)]$$

每个方程的两边同时对时间求积分，可以得到

$$\theta = \int \omega \mathrm{d}t$$

$$\omega = 0.25\int[-0.8\omega - 10\sin\theta + M(t)]\mathrm{d}t$$

本例将引入4个新的模块以创建这个仿真，从而获得一个新的模型窗口，并且在其中执行以下步骤。

(1) 从Continuous库中选择Integrator模块，将其放入新的窗口中，同时将它的标签修改为积分器1，如图11-49所示。用户可以通过单击文本并执行修改来编辑与模块相关的文本。双击这个模块以得到模块参数窗口，同时将初始条件设置为0(初始条件 $\dot{\theta}(0) = 0$ 。然后单击“确定”按钮。

(2) 复制 Integrator模块到如图11-49所示的位置，将它的标记修改为积分器2。通过在模块参数窗口中输入pi/4，从而将它的初始条件设置为π/4(初始条件 $\theta(0) = \pi/4$)。

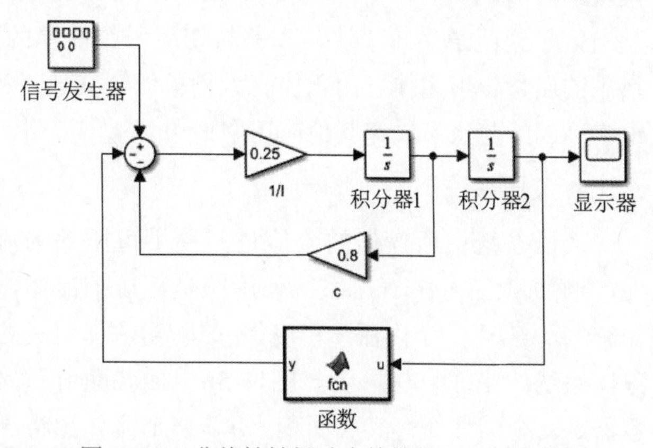

图 11-49 非线性钟摆动态特性的 Simulink 模型

(3) 从Math Operations库中选择Gain模块，将其放入新的窗口中。双击模块，并将增益值设置为0.25，单击“确定”按钮。同时将它的标记修改为1/I。然后，再单击这个模块，并拖动模块的一角以扩大方框，使得所有文本都可见。

(4) 复制Gain模块框，并将它的标记修改为c，同时如图11-49所示那样放置模块。双击该模块，并将增益值设置为0.8，单击“确定”按钮。要使这个方框从左向翻转变成右向翻转，右击它，在弹出的快捷菜单中先选择“格式”命令，再选中“翻转模块”。

(5) 从Sinks库中选择Scope模块，并将其放置在窗口中。

(6) 对于10 sinθ项，则无法使用Math库中的Trig Function模块，这是因为此项必须用10乘以sinθ。所以，本例中使用了用户自定义函数库中的MATLAB Function模块。选中这个模块，并且如图11-49中所示那样进行放置。双击模块，打开编辑代码的界面，并输入MATLAB函数表达式$y = 10$*sin(u)。这个模块默认的函数名称是fcn，输入量是u，输出量

是y。然后返回模型窗口，并同时翻转这个模块。

(7) 从Math Operations库中选择Sum模块，并将其放在窗口中。双击该模块，并且将图标的形状选为圆形。在“信号列表”窗口中，输入+--，再次单击“确定”按钮。

(8) 从Sources库中选择Signal Generator(信号发生器)模块，并将其放入窗口中。双击该模块，将“波形”设为平方(方波)，将“振幅”设为3，将“频率”设为0.5，而将“单位”设为Hertz。然后单击“确定”按钮。

(9) 一旦放置完模块，就可以如图11-44所示那样连接箭头。

(10) 将“停止时间”设置为10，运行这个仿真，并在Scope中检验$\theta(t)$的图形。这样就完成了这个仿真。

11.4.5 子系统

图形界面(如Simulink)的一个潜在缺点是：要仿真一个复杂的系统，框图可能会变得相当大，因此就会有些麻烦。但是，在Simulink中可以创建子系统模块，它们的作用类似于编程语言中的子程序。子系统模块实际上就是一个由单模块表示的Simulink程序。一旦创建了子系统模块，用户就可以在其他Simulink程序中使用它。本书在本节中还介绍了其他一些模块。

为了说明子系统模块，本书将使用一个简单的液压系统，这个系统基于工程师们都很熟悉的质量守恒定律。由于控制方程类似于其他工程应用(如电路和设备)，因此从这个示例中学到的经验也可以在其他应用中使用。

1. 液压系统

液压系统中所操作的流体是一种不可压缩的流体，例如水或硅油(气压系统使用的是可压缩流体，如空气)。考虑一个由流体密度为ρ的一箱流体组成的液压系统(如图11-50所示)。图11-50中横截面所示的容器是一个圆柱体，其底面积为A。一个流体源将流体以流速$q_{mi}(t)$注入这个容器。这个容器中的流体总质量是$m=\rho Ah$，而根据质量守恒定律，可以有

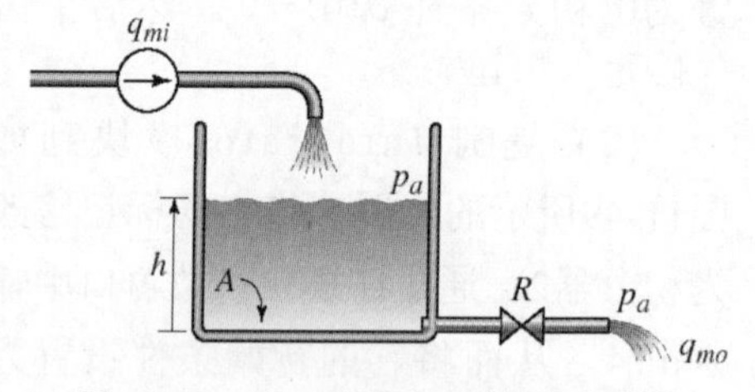

图 11-50　有一个流体源的液压系统

$$\frac{\mathrm{d}m}{\mathrm{d}t}=\rho A\frac{\mathrm{d}h}{\mathrm{d}t}=q_{mi}-q_{mo} \tag{11-1}$$

其中，ρ和A是常数。

如果排水口是这样的一个管道——受到大气压Pa开始放水，并且其给流水提供了与其端口上两端压力差成正比的阻力，那么排水口的流速是

$$q_{mo}=\frac{1}{R}[(\rho gh+p_a)]=\frac{\rho gh}{R}$$

其中，R称为流体阻力。将这个表达式代入方程(11-1)，就可得到以下模型。

$$\rho A\frac{\mathrm{d}h}{\mathrm{d}t}=q_{mi}(t)-\frac{\rho g}{R}h \tag{11-2}$$

传递函数是

$$\frac{H(s)}{Q_{mi}(s)}=\frac{1}{\rho As+\rho g/R}$$

另一方面，排水口可以是一个阀门或是为流动提供的其他非线性阻力限制。在这类情况下，一个常见的模型是带符号的平方根关系。

$$q_{mo}=\frac{1}{R}\mathrm{SSR}(\Delta p)$$

其中，q_{mo}是排水口的质量流速，R是阻力，Δp是阻力两端的压力差，并且

$$\mathrm{SSR}(\Delta p)=\begin{cases}\sqrt{\Delta p} & \text{如果}\Delta p\geqslant 0\\ -\sqrt{\Delta p} & \text{如果}\Delta p<0\end{cases}$$

注意：在MATLAB中可以将SSR(u)函数表示为：sign(u)*sqrt(abs(u))。

考虑图11-51所示的一个稍微有些差别的系统，这个系统中有一个流体源q和两个分别在压力p_l和p_r时供给流体的抽水泵。假设阻力是非线性函数，并且服从带符号的平方根关系，那么这个系统的模型如下所示。

$$\rho A\frac{\mathrm{d}h}{\mathrm{d}t}=q+\frac{1}{R_l}\mathrm{SSR}(p_l-p)-\frac{1}{R_r}\mathrm{SSR}(p-p_r)$$

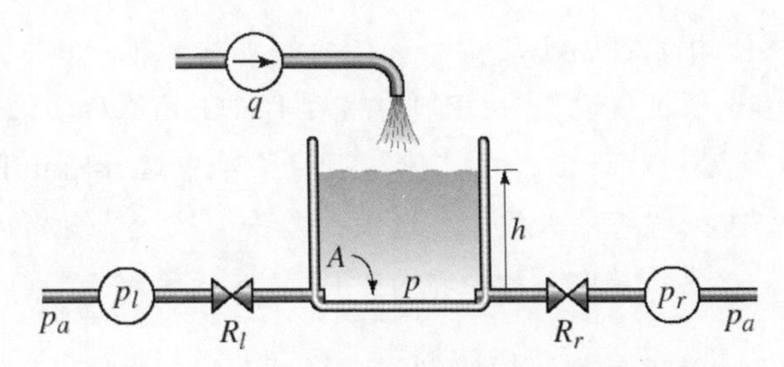

图 11-51　有一个流体源和两个抽水泵的液压系统

其中，A是底面积，并且$p=\rho gh$。压力p_l和p_r分别是左端和右端处的表压。表压是绝对压强和大气压之差。注意：由于使用了表压，因此在模型中抵消了大气压p_a。

本书将使用这个应用来介绍以下Simulink单元。

- Subsystem(子系统)模块。
- Input and Output Ports(输入和输出端口)。

用户可以使用以下两种方法建立一个子系统模块：通过从工具库中将Subsystem模块拖到模型窗口中；或者首先建立一个Simulink模型，然后将其“封装”到一个有界框中。本书将举例说明后一种方法。

本书将为如图11-51所示的液压系统建立一个子系统模块。首先，构建图11-52所示的Simulink模型。椭圆形的模块是 Input and Output Ports(In1和Out1)，其可以在Ports and Subsystems库中找到。

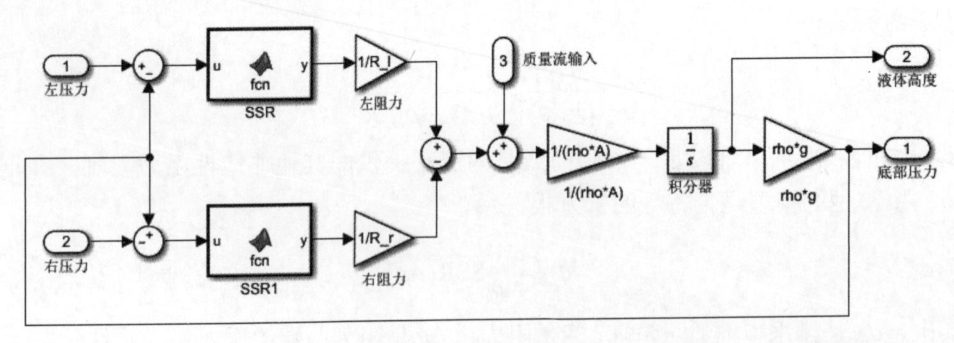

图 11-52　图 11-51 所示系统的 Simulink 模型

❖ **注意**

在给这4个Gain模块中的每个模块输入增益时，都要使用MATLAB变量和表达式。

在运行这个程序前，用户将在MATLAB的命令窗口中对这些变量进行赋值。使用模块中所示的表达式分别为4个Gain模块输入增益。用户还可以将一个变量用作Integrator模块的初始条件，同时将这个变量命名为*h*0。

❖ **注意**

在Simulink模型中使用MATLAB变量和表达式的方法如下：以“左阻力”Gain模块为例，双击该模块，将Gain增益值设置为1/R_l，然后单击Gain值后面的⋮创建R_l，打开如图11-53所示的“创建新数据”对话框，在“值”下拉菜单中选择Simulink.Parameter选项，在“位置”下拉菜单中选择“基础工作区”选项，单击“创建”按钮，系统打开Simulink.Parameter：R_l对话框，单击“确定”按钮即为R_l变量进行了赋值。

SSR模块可用MATLAB Function模块创建，MATLAB Function模块在User-Defined Functions库中。双击这个模块，打开编辑代码的界面(默认的函数名称是fcn，输入量是*u*，输出量是*y*)，然后输入MATLAB函数表达式*y*=sign(*u*)*sqrt(abs(*u*))。保存这个模型，同时给它起一个名称，例如Tank。

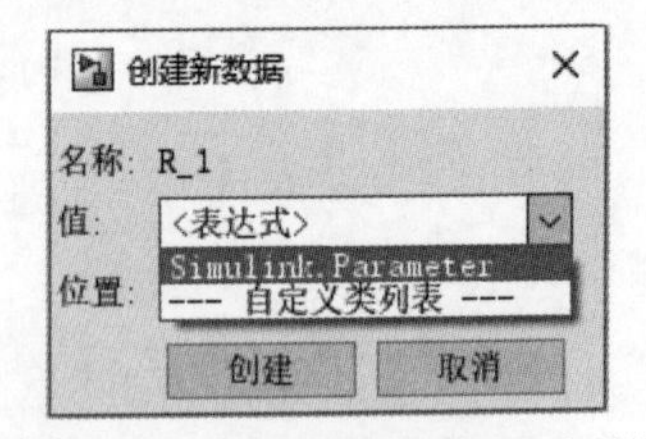

图 11-53　“创建新数据”对话框

现在，在这个框图的周围建立一个“有界框”。实现的方法是：将鼠标指针放在左上角，同时按下鼠标按钮，再将放大框向右下角拖曳以装入整个框图。之后将鼠标指向框右下方出现的图标⋯，在弹出的工具栏中单击“创建子系统”按钮，如图11-54所示。然后，Simulink将用一个输入和输出端口数与所需数量一样多的模块替换这个框图，同时，MATLAB将给它指定默认的名称。用户可以调整这个模块的大小，以确保可以阅读标记；还可以通过双击来查看或编辑子系统。结果如图11-55所示。

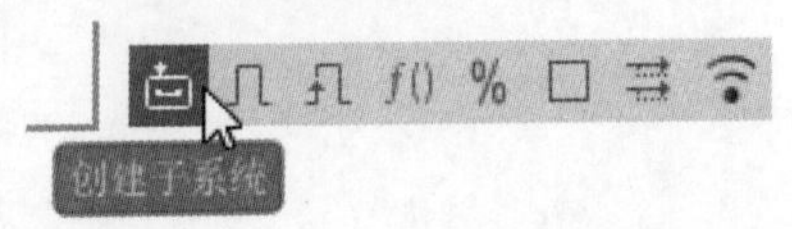

图 11-54　单击“创建子系统”按钮

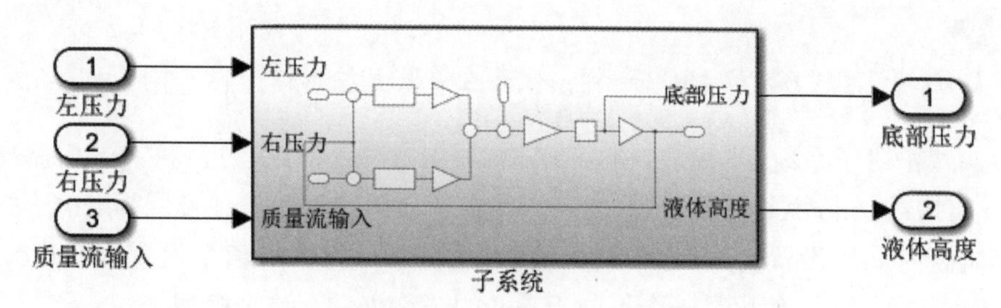

图 11-55　子系统模块

2. 连接子系统模块

现在，创建图11-56中所示系统的一个仿真。其中，质量流入速率q是一个阶跃函数。实现仿真的方法是创建图11-57所示的Simulink模型。正方形模块是Sources库中的Constant模块。这些模块给出了恒定的输入(这与阶跃函数输入有所不同)。

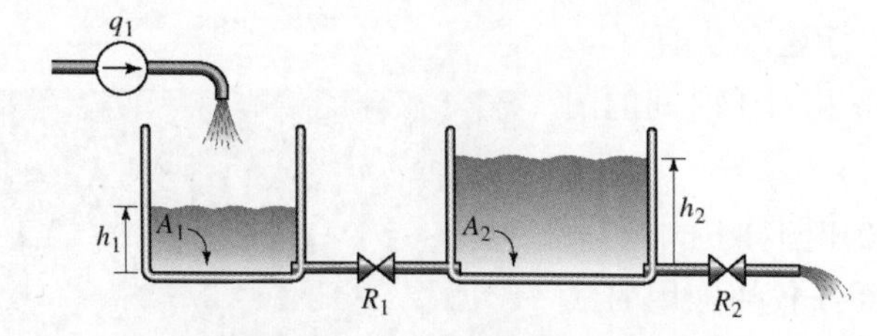

图 11-56　有两个容器的液压系统

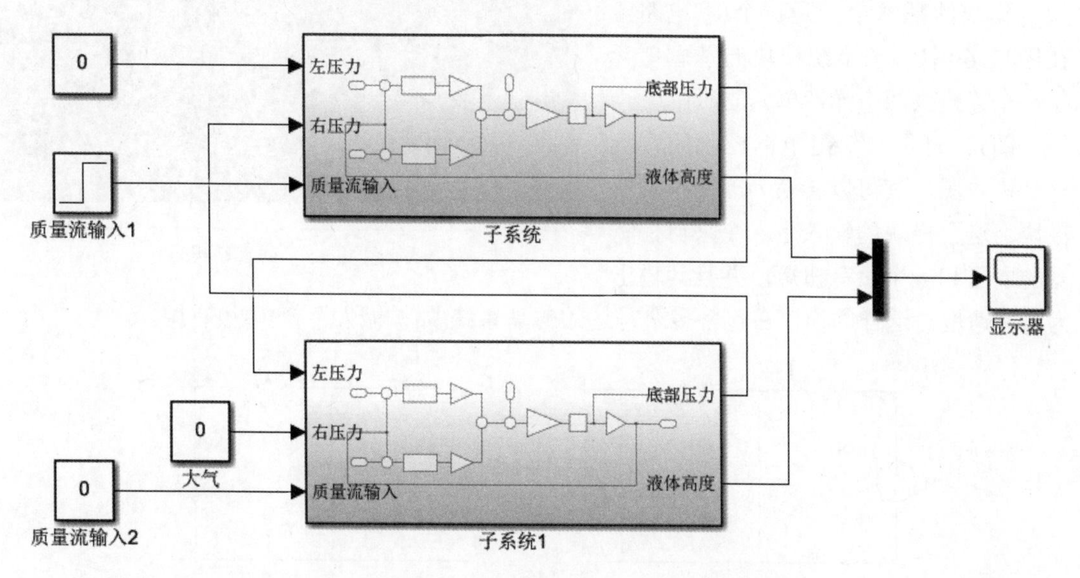

图 11-57　图 11-56 中所示系统的 Simulink 模型

两个较大的矩形就是刚刚所创建的那一类子系统模块。要把它们插入模型中，首先就要打开Tank子系统模型，选择“子系统”模块并在右键菜单选择“复制”命令，然后分别将它两次粘贴到新的模型窗口中。连接输入和输出端口，并按图11-57中所示的方式编辑标记。之后双击“子系统”模块，将左端增益1/R_l设置为0，将右端增益1/R_r设置为1/R_1，将增益1/rho*A设置为1/rho*A_1。同时，将积分器的初始条件设置为h10。

❖ 注意

将增益1/R_l设置为0等效于R_l = ∞，代表左端没有注水口。

然后，双击“子系统1”模块，将左端增益1/R_l设置为1/R_1，将右端增益1/R_r设置为1/R_2，将增益1/rho*A设置为1/rho*A_2，并将积分器的初始条件设置为h20。对于Step模块，将“阶跃时间”设置为0，将“初始值”设置为0，将“终值”设置为变量q_1，并将“采样时间”设置为0。使用另一个不同于Tank的名称来保存这个模型。

在运行这个模型之前，要在命令窗口中将数据值赋给变量。例如，用户可以在命令行窗口中为水量输入以下值(单位为美国习惯用法)。

```
>> A_1 = 2;A_2 = 5;rho = 1.94;g = 32.2;
>> R_1 = 20;R_2 = 50;q_1 = 0.3;h10 = 1;h20 = 10;
```

在选择了一个仿真“停止时间”之后，用户就可以运行这个仿真了。Scope将显示高度h_1和h_2相对于时间的图形，如图11-58所示。

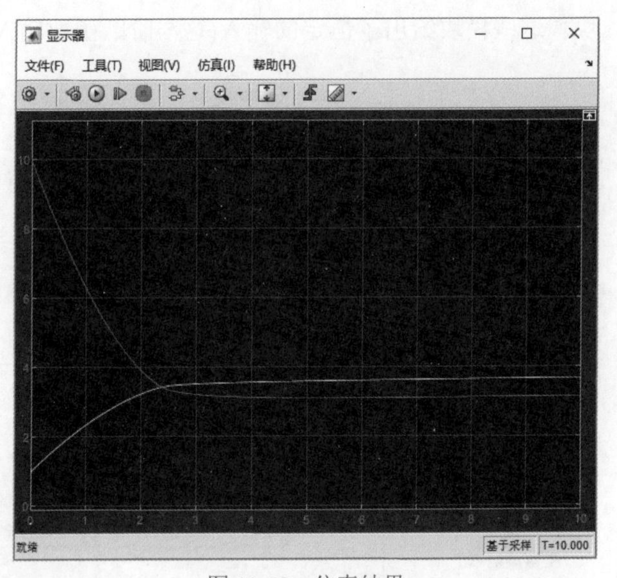

图 11-58　仿真结果

图11-59、图11-60和图11-61中列举了一些很可能作为子系统模块应用的候选电气和机械系统。在图11-59中，子系统模块的基本单元是一个RC电路。在图11-60中，子系统模块的基本单元是一个连接到两个弹性单元的质量块。

图11-61是一个由电枢控制的直流马达模块图，其可以转换为一个子系统模块。这个模块的输入是一个来自控制器的电压和一个负荷扭矩，并且其输出为马达速度。这样的模块在包含多个马达的仿真系统(如机械人手臂)中很有用。

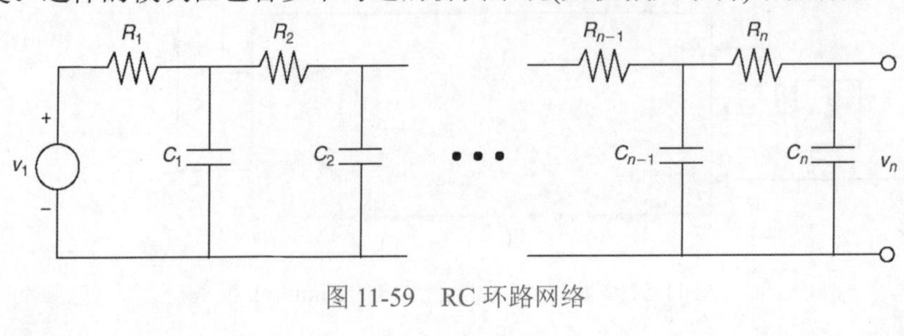

图 11-59　RC 环路网络

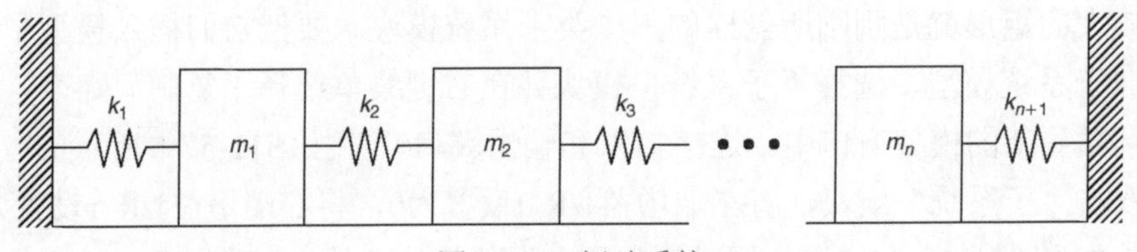

图 11-60　振动系统

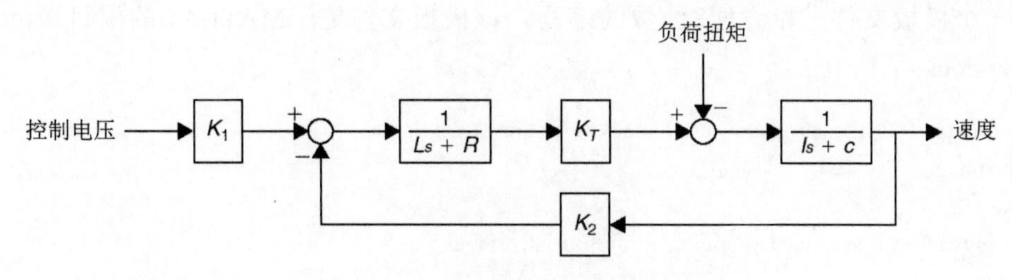

图 11-61　一个由电枢控制的直流马达

11.5　S函数的设计与应用

从前面的介绍可以看出，Simulink为用户提供了很多内置的基本库模块，通过这些模块的连接可以构成系统的模型。由于这些内置的基本库模块是有限的，因此很多情况下，尤其是在特殊的应用中，需要用到一些特殊的模块。这些特殊的模块可以通过基本模块进行构建，它们由基本模块扩展而来。

11.5.1　S函数介绍

S函数就是S-Functions，是System-Functions的缩写。当MATLAB所提供的模型不能完全满足用户要求时，就可以通过S函数来编写自己的程序，从而满足用户自己所要求模型的接口。S函数可以用MATLAB、C、C++、Ada和Fortran编写。C、C++、Ada和Fortran的S函数需要编译为Mex文件，Simulink可以随时动态地调用这些文件。

S函数使用的是一种比较特殊的调用格式，可以和Simulink求解器交互式操作，这种交互式操作与Simulink求解器和内置固有模块的交互式操作相同。S函数的功能非常全面，适用于连续、离散以及混合系统。

S函数允许用户向模型中添加自己编写的模块，只要遵照一些简单的规则，就可以在S函数中添加设计算法。在编写好S函数之后就可以在S函数模块中添加相应的函数名，也可以通过封装技术来定制自己的交互界面。

11.5.2　S函数的调用

在Simulink中使用S函数的方法就是从Simulink的User-Defined Functions模块库中向Simulink模型文件窗口中拖放S-Functions模块。然后在S-Functions模块的对话框中，在S-Functions Name文本框中输入S函数的文件名，在S-Functions Parameters文本框中输入S函数的参数值。

在选择Edit选项后，可以编辑S函数的代码部分，利用S函数实现需要的功能，主要是要对代码部分进行修改。

11.5.3　S函数的设计

对于代码部分的修改，可以使用MATLAB语言按照S函数的格式来进行。MATLAB

提供了一个模板文件，以方便S函数的编写，该模板文件位于MATLAB的根目录toolbox/Simulink/blocks下。

```
function [sys,x0,str,ts,simStateCompliance] = sfuntmpl(t,x,u,flag)
switch flag,
   case 0,
      [sys,x0,str,ts,simStateCompliance]=mdlInitializeSizes;
   case 1,
      sys=mdlDerivatives(t,x,u);
   case 2,
      sys=mdlUpdate(t,x,u);
   case 3,
      sys=mdlOutputs(t,x,u);
   case 4,
      sys=mdlGetTimeOfNextVarHit(t,x,u);
   case 9,
      sys=mdlTerminate(t,x,u);
   otherwise
      DAStudio.error('Simulink:blocks:unhandledFlag', num2str(flag));
end
function [sys,x0,str,ts,simStateCompliance]=mdlInitializeSizes
sizes = simsizes;
sizes.NumContStates    = 0;
sizes.NumDiscStates    = 0;
sizes.NumOutputs       = 0;
sizes.NumInputs        = 0;
sizes.DirFeedthrough   = 1;
sizes.NumSampleTimes = 1;
sys = simsizes(sizes);
x0= [];
str = [];
ts= [0 0];
simStateCompliance = 'UnknownSimState';
function sys=mdlDerivatives(t,x,u)
sys = [];
function sys=mdlUpdate(t,x,u)
sys = [];
function sys=mdlOutputs(t,x,u)
sys = [];
function sys=mdlGetTimeOfNextVarHit(t,x,u)
sampleTime = 1;
sys = t + sampleTime;
function sys=mdlTerminate(t,x,u)
sys = [];
```

在该模板文件中，当*flag*为不同值时，使用switch语句进行判别。其基本结构就是，当*flag*为不同值时，调用不同的M文件子函数。比如*flag*的值为2时，调用的子函数为sys=mdlUpdate(*t*,*x*,*u*)。模板文件也只是Simulink为方便用户而提供的一种参考格式，并非严格编写S函数的语法要求。在实际应用时，并不是只有模板文件这一种结构，也可以使用其他语句(如if语句)来实现同样的功能。甚至可以根据需要去掉一些值，改变子函数的名称，以及直接把代码写在主函数中。

使用模板编写S函数，把函数名换成自己需要的函数名即可。如果需要更多的输入量，那么应该在输入参数的列表里增加所需要的参数。模板文件中的*t*、*x*、*u*和*flag*是Simulink在调用S函数时自动传入的。对于现有的输出参数，最好不做修改。用户所要做的工作就是用相应的代码去替代模板里各个子函数的代码，以实现实际需求。

M文件中S函数可用的子函数及其说明如下所示。

(1) mdlInitializeSizes：定义S-Function模块的基本特性，包括采样时间、连续或离散状态的初始条件和sizes数组。

(2) mdlDerivatives：计算连续状态变量的微分方程。

(3) mdlUpdate：更新离散状态、采样时间和主时间同步的要求。

(4) mdlOutputs：计算S函数的输出。

(5) mdlGetTimeOfNextVarHit: 计算下一个采样时间点的绝对时间。

(6) mdlTerminate：结束仿真任务。

为了让Simulink识别一个M文件的S函数，用户必须在S函数里提供有关S函数的说明信息，包括采样时间、连续或离散状态个数的初始条件。这一部分主要是在mdlInitializeSizes子函数中完成的。

模板文件的子函数如下所示。

```
function [sys,x0,str,ts]=mdlInitializeSizes
sizes = simsizes;
sizes.NumContStates     = 0;
sizes.NumDiscStates     = 0;
sizes.NumOutputs        = 0;
sizes.NumInputs         = 0;
sizes.DirFeedthrough    = 1;
sizes.NumSampleTimes = 1;
sys = simsizes(sizes);
x0 = [];
str = [];
ts = [0 0];

function sys=mdlDerivatives(t,x,u)
sys = [];

function sys=mdlUpdate(t,x,u)
sys = [];

function sys=mdlOutputs(t,x,u)
sys = [];

function sys=mdlGetTimeOfNextVarHit(t,x,u)
sampleTime = 1;
```

```
sys = t + sampleTime;

function sys=mdlTerminate(t,x,u)
sys = [];
```

sizes数组是S函数信息的载体，其内部字段的含义如下。

- NumContStates：连续状态的个数(状态向量连续部分的宽度)。
- NumDiscStates：离散状态的个数(状态向量离散部分的宽度)。
- NumOutputs：输出变量的个数(输出向量的宽度)。
- NumInputs：输入变量的个数(输入向量的宽度)。
- DirFeedthrough：有无直接馈入。
- NumSampleTimes：采样时间个数。

S函数默认的4个输入参数*t*、*x*、*u*和*flag*，排列次序不能变动，各自代表的含义如下。

- *t*：表示当前仿真时刻，是采用绝对计量的时间值，是从仿真开始模型运行时间的计量值。
- *x*：模块的状态向量，包括连续状态向量和离散状态向量。
- *u*：模块的输入向量。
- *flag*：执行不同操作的标记变量。

同时，S函数默认的4个返回参数为*sys*、*x*0、*str*和*ts*，其其排列次序也不能改变，各自代表的含义如下。

- *sys*：通用的返回函数。
- *x*0：初始状态值，当*flag*的值为0时才有效。
- *str*：没有明确定义，是MathWorks为将来应用所做的保留。
- *ts*：一个m×2矩阵，它的两列分别表示采样时间间隔和偏移。

11.6 习题

1. 熟悉Simulink的模块库，掌握常用的模块。

2. 求解微分方程$\begin{cases}\dot{x}_1 = 4x_1 + x_2^2 + x_2x_3 \\ \dot{x}_2 = 2x_1 + x_3^2 + 10 \\ x_1 + x_2 + x_3 = 8\end{cases}$，初始条件$x_1 = x_2 = x_3 = 0$。

3. 使用S函数实现*y*=5**x*+3，建立仿真模型并得出仿真结果。

4. 在水平角度30°方向，以100m/s的速度投掷一个抛射物。建立一个Simulink模型，求解这个抛射物的运动方程，其中，*x*和*y*分别是这个抛射物的水平和垂直位移。

$$\ddot{x} = 0 \quad x(0) = 0 \quad \dot{x}(0) = 100\cos 30$$
$$\ddot{y} = -g \quad y(0) = 0 \quad \dot{y}(0) = 100\sin 30$$

使用这个模型来绘制抛射物轨迹*y*相对于*x*的图形，其中，0≤*t*≤10s。

5. 考虑如图11-62中所示的系统。运动方程是：

$$m_1\ddot{x}_1+(c_1+c_2)\dot{x}_1+(k_1+k_2)x_1-c_2\dot{x}_2-k_2x_2=0$$
$$m_2\ddot{x}_2+c_2\dot{x}_2+k_2x_2-c_2\dot{x}_1-k_2x_1=f(t)$$

假设$m_1=m_2=1$、$c_1=3$、$c_2=1$、$k_1=1$和$k_2=4$。

(1) 开发这个系统的Simulink模型。在开发系统模型时，考虑是使用模型的状态-变量表示法还是传递-函数表示法。

(2) 使用Simulink模型，针对以下输入绘制响应$x_1(t)$的图形，初始条件为0。

$$f(t)=\begin{cases}t & 0\leqslant t\leqslant 1\\ 2-t & 1<t<2\\ 0 & t\geqslant 2\end{cases}$$

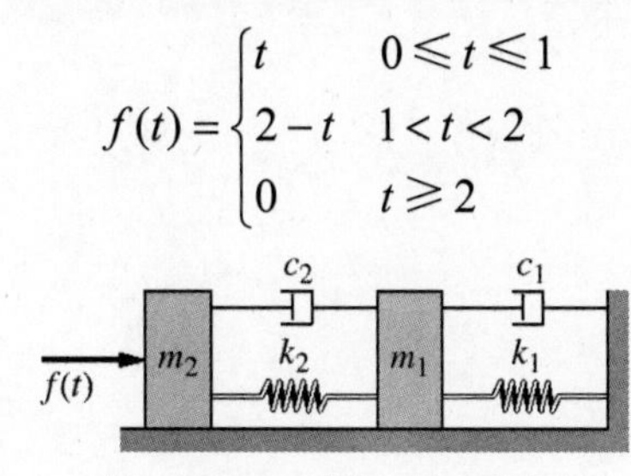

图 11-62　习题 5 的系统图

第 12 章

文件和数据的导入与导出

在编写程序时，经常需要从外部读入数据，或者将程序的运行结果保存为文件。MATLAB可以使用多种格式打开和保存数据。本章将介绍 MATLAB中文件的读写和数据的导入与导出。

本章的学习目标

- 了解MATLAB的基本数据操作。
- 掌握MATLAB中文本文件的读写方式。
- 掌握MATLAB通过界面导入与导出数据。
- 了解MATLAB中的基本输入与输出函数。

12.1 数据的基本操作

本节介绍基本的数据操作，包括工作区的保存、导入和文件的打开。

12.1.1 文件的存储

MATLAB支持工作区的保存。用户可以将工作区或工作区中的变量以文件的形式保存，以备在需要时再次导入。保存工作区可以通过工具栏进行，也可以通过命令行窗口进行。

1. 保存整个工作区

单击“主页”工具栏中的“保存工作区”按钮，可以将工作区中的变量保存为MAT文件。

2. 保存工作区中的变量

在工作区浏览器中，右击需要保存的变量名，在弹出的快捷菜单中选择“另存为”命令，可将该变量保存为MAT文件。

3. 利用 save 命令保存

该命令可以保存工作区或工作区中的任何指定文件。该命令的调用格式如下。

- save：将工作区中的所有变量保存到当前工作区的文件中，文件名为 matlab.mat。MAT文件可以通过load函数再次导入工作区，MAT文件可以被不同的机器导入，甚至可以通过其他程序调用。
- save('*filename*')：将工作区中的所有变量保存为文件，文件名由*filename*指定。如果*filename*中包含路径，就将文件保存在相应目录下，否则默认路径为当前路径。
- save('*filename*', '*var*1', '*var*2', ...)：将指定的变量保存到*filename*指定的文件中。
- save('*filename*', '-*struct*', '*s*')：保存结构体*s*中的全部域，将其作为单独的变量。
- save('*filename*', '-*struct*', '*s*', '*f* 1', '*f* 2', ...)：保存结构体*s*中的指定变量。
- save('-*regexp*', *expr*1, *expr*2, ...)：通过正则表达式指定待保存的变量需要满足的条件。
- save(..., '*format*')：指定保存文件的格式，格式可以为MAT文件、ASCII文件等。

12.1.2 数据的导入

在MATLAB中导入数据通常由函数load实现，该函数的用法如下。

- load：如果matlab.mat文件存在，则导入该文件中的所有变量；如果不存在，则返回错误提示。
- load *filename*：将*filename*中的全部变量导入工作区中。
- load *filename X Y Z* ...：将*filename*中的变量*X*、*Y*、*Z*等导入工作区中，如果是MAT文件，在指定变量时可以使用通配符“*”。
- load *filename* -*regexp expr*1 *expr*2 ...：通过正则表达式指定需要导入的变量。
- load -*ascii filename*：无论输入文件名是否包含扩展名，都以ASCII格式导入；如果指定的文件不是数字文本，则返回error。
- load -*mat filename*：无论输入文件名是否包含扩展名，都以MAT格式导入；如果指定的文件不是MAT文件，则返回error。

例12-1　将文件matlab.mat中的变量导入工作区中。

首先应用命令whos -file查看该文件中的内容：

```
>> whos -file    s12_1.mat
  Name          Size          Bytes    Class     Attributes
  M2            2x2           32       double
  M3            3x3           72       double
  ans           1x1            8       double
  magic_str     1x13          26       char
  x             1x7           56       double
```

将该文件中的变量导入工作区中。为此，可以在“命令行窗口”键入如下load命令，或在“当前文件夹”中直接双击要查看的MAT文件导入数据。

```
>> load s12_1.mat
```

执行该命令后，可以在工作区浏览器中看见这些变量，如图12-1所示。

工作区

名称 ▲	值	最小值	最大值
ans	392.6991	392.6991	392.6991
M2	[1,3;4,2]	1	4
M3	[8,1,6;3,5,7;4,9,2]	1	9
magic_str	'M3 = magic(n)'		
x	[1.9200,0.0500,-...	-2.4300	1.9200

图 12-1　导入变量后的工作区视图

接下来，用户可以访问这些变量：

```
>> ans
ans =
    392.6991
```

在MATLAB中，另一个导入数据的常用函数为importdata，该函数的用法如下。

- importdata('*filename*')：将*filename*中的数据导入工作区中。
- *A* = importdata('*filename*')：将*filename*中的数据导入工作区中，并保存为变量*A*。
- importdata('*filename*','*delimiter*')：将*filename*中的数据导入工作区中，以*delimiter*指定的符号作为分隔符。

例12-2　从文件中导入数据。

```
>> imported_data = importdata('s12_1.mat')
imported_data =
    包含以下字段的 struct:

           M2: [2×2 double]
           M3: [3×3 double]
          ans: 392.6991
    magic_str: 'M3 = magic(n)'
            x: [1.9200 0.0500 -2.4300 -0.0200 0.0900 0.8500 -0.0600]
```

与load函数不同，importdata是将文件中的数据以结构体的方式导入工作区中。

12.1.3 文件的打开

在MATLAB中可以使用open命令打开各种格式的文件，MATLAB可以自动根据文件的扩展名选择相应的编辑器。

需要注意的是：open('filename.mat')和load('filename.mat')不同，前者是将filename.mat以结构体的方式在工作区中打开，后者是将文件中的变量导入工作区中。如果需要访问其中的内容，需要以不同的格式进行。

例12-3　open与load的比较。

```
>> clear
>> A = magic(3);
>> B = rand(3);
>> save
正在保存到: D:\2023MATLAB\MATLAB\chap12\matlab.mat
>> clear
>> load('matlab.mat')
>> A
A =
```

```
    8     1     6
    3     5     7
    4     9     2
>> B
B =
    0.8147    0.9134    0.2785
    0.9058    0.6324    0.5469
    0.1270    0.0975    0.9575
>> clear
>> open('matlab.mat')
ans =
  包含以下字段的 struct:
    A: [3×3 double]
    B: [3×3 double]
>> struc1=ans;
>> struc1.A
ans =
    8     1     6
    3     5     7
    4     9     2
>> struc1.B
ans =
    0.8147    0.9134    0.2785
    0.9058    0.6324    0.5469
    0.1270    0.0975    0.9575
```

12.2 文本文件的读写

在12.1节中介绍的函数和命令主要用于读写MAT文件，而在实际应用中，需要读写更多格式的文件，如文本文件、Word文件、XML文件、XLS文件、图像文件和音视频文件等。本节介绍文本文件(TXT)的读写。有关其他文件的读写，用户可以参考MATLAB帮助文档。

MATLAB中实现文本文件读写的函数及其功能如表12-1所示。

表12-1 MATLAB中的文本文件读写函数及其功能

函数	功能
csvread	读入以逗号分隔的数据
csvwrite	将数据写入文件，数据间以逗号分隔
dlmread	将以ASCII码分隔的数值数据读入矩阵中
dlmwrite	将矩阵数据写入文件中，以ASCII码分隔
textread	从文本文件中读入数据，将结果分别保存
textscan	从文本文件中读入数据，将结果保存为单元数组

下面详细介绍这些函数。

1. csvread 和 csvwrite 函数

csvread函数的调用格式如下。

- ***M*** = csvread('*filename*')，将文件*filename*中的数据读入，并且保存为变量*M*。*filename*中只能包含数字，并且数字之间以逗号分隔。***M***是一个矩阵变量，行数与*filename*的行数相同，列数为*filename*列的最大值。对于元素不足的行，以0补充。
- ***M*** = csvread('*filename*', *row*, *col*)，读取文件*filename*中的数据，起始行为*row*，起始列为*col*。需要注意的是，此时的行列从0开始。
- ***M*** = csvread('*filename*', *row*, *col*, *range*)，读取文件*filename* 中的数据，起始行为*row*，起始列为*col*，读取的数据由*range*指定。*range*的格式为：[R1 C1 R2 C2]。其中，R1、C1为读取区域左上角的行和列，R2、C2为读取区域右下角的行和列。

csvwrite 函数的调用格式如下。

- csvwrite('*filename*',***M***)，将矩阵***M***中的数据保存为文件*filename*，数据间以逗号分隔。
- csvwrite('*filename*', ***M***, *row*, *col*)，将矩阵***M***中的指定数据保存在文件中，数据由参数*row*和*col*指定，保存*row*和*col*右下角的数据。
- csvwrite在写入数据时，每一行以换行符结束。另外，该函数不返回任何值。

有关这两个函数的详细应用见下面的例子。

例12-4　csvread和csvwrite函数的应用。

本例首先将MATLAB的图标转换为灰度图，将数据存储在文本文件中，再读取该文本文件中的部分内容，显示为图形。

编写M文件，命名为immatlab.m，内容如下。

```
% the example of functions csvread and csvwrite
I_MATLAB= imread('D:\2023matlab\matlab\chap12\matlab.jpg');       % read in the image
I_MATLAB= rgb2gray(I_MATLAB);       % convert the image to gray image
figure,imshow(I_MATLAB,'InitialMagnification',100); % show the image
csvwrite('D:\2023matlab\matlab\chap12\matlab.txt',I_MATLAB);       % write the data into a text file
sub_MATLAB= csvread('D:\2023matlab\matlab\chap12\matlab.txt',100,100);       % read in part of the data
sub_MATLAB= uint8(sub_MATLAB);       % convert the data to uint8
figure,imshow(sub_MATLAB,'InitialMagnification',100);       % show the new image
```

在命令行窗口中运行该脚本，输出图形如图12-2所示。

该例涉及少量的图像处理内容，感兴趣的读者可以查阅 MATLAB帮助文档中关于Image Processing Toolbox的介绍。

2. dlmread 和 dlmwrite 函数

dlmread函数用于从文档中读入数据，其功能强于csvread函数。dlmread函数的调用格式如下。

- ***M*** = dlmread('*filename*')
- ***M*** = dlmread('*filename*', *delimiter*)

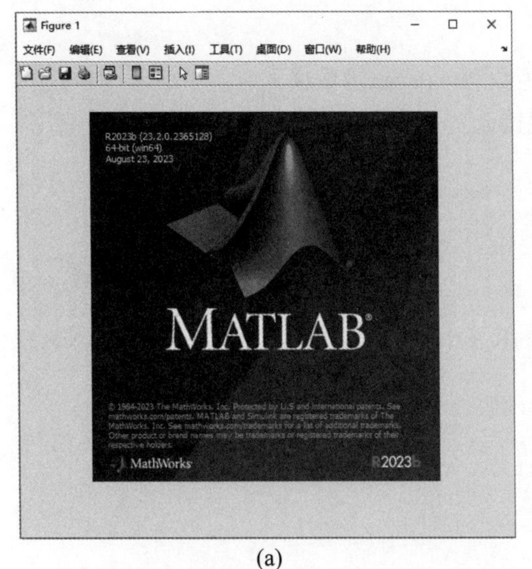

(a)

(b)

图 12-2　例 12-4 的运行结果

- ***M*** = dlmread('*filename*', *delimiter*, *R*, *C*)
- ***M*** = dlmread('*filename*', *delimiter*, *range*)

其中，参数*delimiter*用于指定文件中的分隔符，其他参数的含义与csvread函数中参数的含义相同，这里不再赘述。dlmread函数与csvread函数的差别在于：dlmread函数在读入数据时可以指定分隔符，不指定时默认分隔符为逗号。

dlmwrite函数用于向文档中写入数据，其功能强于csvwrite函数。dlmwrite函数的调用格式如下。

- dlmwrite('*filename*', ***M***)，将矩阵***M***的数据写入文件*filename*中，以逗号分隔。
- dlmwrite('*filename*', ***M***, '*D*')，将矩阵***M***的数据写入文件*filename*中，采用指定的分隔符分隔数据，如果需要Tab键，可以用“\t”指定。
- dlmwrite('*filename*', ***M***, '*D*', *R*, *C*)，指定写入数据的起始位置。
- dlmwrite('*filename*', ***M***, *attribute*1, *value*1, *attribute*2, *value*2, ...)，指定任意数目的参数，可以指定的参数见表12-2。
- dlmwrite('*filename*', ***M***, '-*append*')，如果*filename*指定的文件存在，在文件后面写入数据，不指定时则覆盖原文件。
- dlmwrite('*filename*', ***M***, '-*append*', *attribute*-*value list*)，续写文件，并指定参数。

dlmwrite 函数的可用参数及其功能如表12-2所示。

表12-2　dlmwrite函数的可用参数及其功能

参数名	功能
delimiter	用于指定分隔符
newline	用于指定换行符，可以选择“pc”或“unix”
roffset	行偏差，指定文件第一行的位置，roffset的基数为 0
coffset	列偏差，指定文件第一列的位置，coffset的基数为 0
precision	指定精确度，可以指定精确维数，或采用C语言的格式，如“%10.5f”

3. textreadhe 和 textscan 函数

当文件的格式已知时，可以利用textread函数和textscan函数读入。

例12-5　通过%读入文件，按照原有格式读入。

mat.txt文件的内容如下。

```
Sally    Level1 12.34 45 Yes
```

在命令行窗口中输入如下内容。

```
>> [names, types, x, y, answer] = textread('D:\2023matlab\matlab\chap12\mat.txt','%s %s %f %d %s', 1)
```

得到的结果如下。

```
names =
  1×1 cell 数组
    {'Sally'}
types =
  1×1 cell 数组
    {'Level1'}
x =
  12.3400
y =
    45
answer =
  1×1 cell 数组
    {'Yes'}
```

12.3　低级文件I/O

本节介绍一些基本的文件操作，这些操作及其功能如表12-3所示。

表12-3　MATLAB的基本文件操作及其功能

函数	功能
fclose	关闭打开的文件
feof	判断是否为文件结尾
ferror	文件输入与输出中的错误查找
fgetl	读入一行，忽略换行符
fgets	读入一行，直到换行符
fopen	打开文件或者获取打开文件的信息
fprintf	将数据格式化后输入文件中
fread	从文件中读取二进制数据
frewind	将文件的位置指针移至文件开头位置
fscanf	格式化读入
fseek	设置文件位置指针
ftell	文件位置指针
fwrite	向文件中写入数据

下面重点介绍fprintf函数。该函数的调用格式如下。

```
count = fprintf(fid, format, A, ...)
```

该语句将矩阵***A***及后面其他参数中数字的实部以*format*指定的格式写入*fid*指定的文件中，返回写入数据的字节数。

上述语句中，参数*format*由%开头，共由4部分组成，分别如下。

- 标记，为可选部分。
- 宽度和精度指示，为可选部分。
- 类型标识符，为可选部分。
- 转换字符，为必需部分。

1. 标记

标记用于控制输出的对齐方式，可以选择的内容如表12-4所示。

表12-4　标记的可选内容

标记	功能	示例
负号(−)	在参数左侧进行判别	%−5.2d
加号(+)	在数字前添加符号	%+5.2d
空格	在数字前插入空格	% 5.2d
0	在数字前插入0	%05.2d

2. 宽度和精度指示

用户可以通过数字指定输出数字的宽度及精度，格式如下。

- %6f，指定数字的宽度。
- %6.2f，指定数字的宽度及精度。
- %.2f，指定数字的精度。

例12-6　fprintf函数的宽度和精度指识符示例。

在命令行窗口中输入如下命令。

```
>> file_h = fopen('D:\2023matlab\matlab\chap12\type.txt','w');
>> fprintf(file_h, '%6.2f %12.8f\n', 1.2, −43.3);
>> fprintf(file_h, '%6f %12f\n', 1.2, −43.3);
>> fprintf(file_h, '%.2f %.8f\n', 1.2, −43.3);
>> fclose(file_h)
ans =
     0
```

打开文件type.txt，其内容如下。

```
1.20          −43.30000000
1.200000      −43.300000
1.20          −43.30000000
```

从上述结果可以看出宽度和精度的控制效果。

3. 转换字符

转换字符用于指定输出的符号，可以选择的内容如表12-5所示。

表12-5　格式化输出的转换字符及其含义

标识符	含义
%c	输出单个字符
%d	输出有符号十进制数
%e	采用指数格式输出，采用小写字母 e，如3.1415e+00
%E	采用指数格式输出，采用大写字母 E，如3.1415E+00
%f	以定点数的格式输出
%g	%e及%f的更紧凑格式，不显示数字中无效的 0
%G	与%g相同，但是使用大写字母E
%i	有符号十进制数
%o	无符号八进制数
%s	输出字符串
%u	无符号十进制数
%x	十六进制数(使用小写字母a~f)
%X	十六进制数(使用大写字母A~F)

其中，%o、%u、%x、%X支持使用子类型，具体情况这里不再赘述。格式化输出标识符的效果见例12-7。

例12-7　使用fprintf函数格式化输出示例。

```
>> x = 0:.1:1;
>> y = [x; exp(x)];
>> fid = fopen('exp.txt', 'wt');
>> fprintf(fid, '%6.2f %12.8f\n', y);
>> fclose(fid)
ans =
     0
```

该文件的显示内容如下。

```
>> type exp.txt
   0.00      1.00000000
   0.10      1.10517092
...
   0.90      2.45960311
   1.00      2.71828183
```

例12-8　利用 fprintf 函数在显示器上输出字符串。

```
>> fprintf(1,'It''s Friday.\n')
It's Friday.
```

在本例中，利用1表示显示器，并且用两个单引号显示单引号，使用\n进行换行。在格式化输出中，这类符号被称为转义符。MATLAB中的常用转义符及其功能如表12-6所示。

表12-6　MATLAB中的常用转义符及其功能

转义符	功能
\b	退格
\f	表格填充
\n	换行符
\r	回车
\t	Tab
\\	\，反斜线
\" 或 "	'，单引号
%%	%，百分号

12.4　利用界面工具导入数据

除前面几节介绍的函数外，还可以通过界面工具将数据导入工作区中。本节介绍如何利用工作区浏览器中的工具导入数据。

单击“主页”选项卡中的“导入数据”按钮，在打开的对话框中选择待导入的文件，这里选择一个文本文件，其内容为逗号分隔的数字，打开的窗口如图12-3所示。

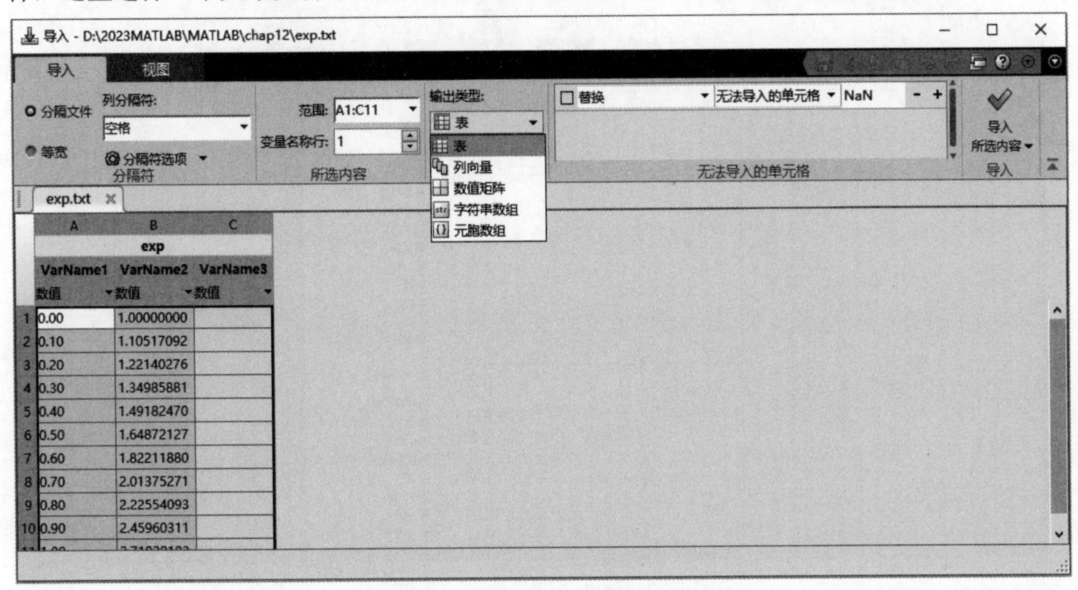

图 12-3　利用工具导入数据的界面

在该窗口中选择分隔符，设置导入数据的范围、起始行和导入方式、导入的变量等。设置完毕后，单击右上角的对号按钮，完成数据的导入。另外，还可进行导入预览的视图设置，如图12-4所示。

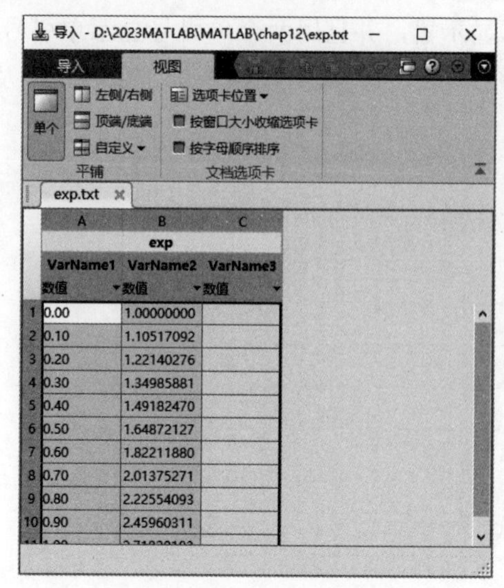

图 12-4　导入预览的视图设置

单击“主页”选项卡中的“清洗数据”按钮，打开“数据清洗器”窗口，单击“导入”按钮，可以从工作区或文件中导入数据，这里选择前面导入工作区的数据，对其进行相应的清洗和处理。最后，单击“导出”按钮，将处理完成的数据导出到工作区，也可生成脚本或函数，如图12-3所示。

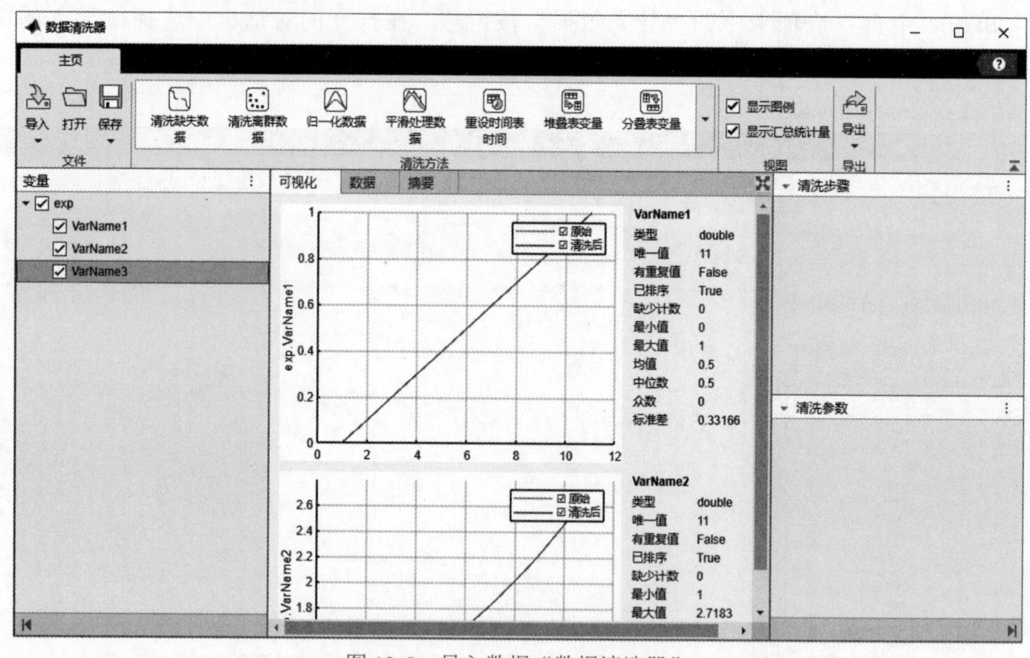

图 12-5　导入数据“数据清洗器”

12.5　习题

1. 尝试保存当前工作区，之后利用clear命令清空当前工作区，再将保存的工作区导入(用界面和命令两种方法实现)。

2. 尝试保存当前工作区中的变量，之后清除该变量，再将其导入(用界面和命令两种方法实现)。

3. 创建矩阵，将其以不同的方式保存在文件中，之后再读出。例如，通过save、csvwrite、fprintf等函数读出。

参考文献

[1] 丁丽娟. 数值计算方法[M]. 北京：北京理工大学出版社，1997.
[2] Hanselman D, Littlefield B. 精通MATLAB 7[M]. 朱仁峰，译. 北京：清华大学出版社，2006.
[3] 王高雄，周之铭，朱思铭，等. 常微分方程[M]. 3版. 北京：高等教育出版社，2006.
[4] 陈杨，陈莱娟，郭颖辉，等. MATLAB 6.X图形编程与图像处理[M]. 西安：西安电子科技大学出版社，2002.
[5] Smith D M. MATLAB工程计算[M]. 石志广，唐玲艳，译. 北京：清华大学出版社，2008.
[6] http://www.mathworks.com/上的相关资源。
[7] 徐潇，李远. MATLAB面向对象编程——从入门到设计模式[M]. 2版. 北京：北京航空航天大学出版社，2017.
[8] 薛山. MATLAB基础教程[M]. 4版. 北京：清华大学出版社，2019.
[9] 薛山. MATLAB基础教程(微课版)[M]. 5版. 北京：清华大学出版社，2022.